Auto-Reparaturanleitung Band 1352

AF644934

Audi Q3

Baureihe 8U
Front- und Allradantrieb

Motoren
1,4 l TFSI Benzinmotor
2,0 l TFSI Benzinmotor
2,0 l TDI Dieselmotor

Modelljahre 2011 bis 2018

bucheli verlag

IMPRESSUM

ISBN 978-3-7168-2325-5

Auto-Reparaturanleitung
Band 1352

Text und redaktionelle Bearbeitung:
Christoph Pandikow

Bilder/Zeichnungen:
Silke Pandikow; Christoph Pandikow; autoaid GmbH; Hella KGaA Hueck & Co; Bosch Presseabteilung, Audi Presseabteilung, PCI-Diagnosetechnik GmbH & Co. KG

Herstellung: Silke Pandikow, 65554 Limburg/Lahn

Druck und Bindung:
Multiprint Ltd.,
Slavyanska Str. 10A,
2230, Kostinbrod, Bulgarien,
Printed in Bulgaria

Sie finden uns im Internet unter
www.motorbuch.de und
www.bucheli-verlag.de

1. Auflage 2024

Inhalt

Audi Q3

Inhalt

Folgende Symbole verdienen im Laufe der Arbeit besondere Beachtung:

Sichtprüfung
Teil genau ansehen; besonders beachten.

Messen
Schieblehre oder anderes Messwerkzeug nötig.

Achtung
Besondere Vorsicht geboten; Sicherheitshinweise beachten!

Tipp
Wertvoller Hinweis für einfacheres Schrauben; Erläuterung von Bauteilen und Begriffen.

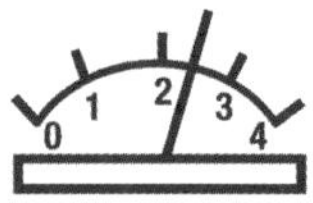

Messen mit elektr. Messgeräten
Multimeter- oder Diagnosegeräte-Einsatz erforderlich.

1 Einleitung

Arbeiten mit diesem Buch

Ein Reparaturhandbuch ist dann ein Reparaturhandbuch, wenn es bei Reparaturen zur Hand gehen kann. Es soll also helfen, Ihren Audi Q3 wieder »in die Gänge« zu bringen. Ganz klar, als blutiger Laie werden Sie nur mit einiger Hilfe gezielt arbeiten können. Bedenken Sie, dass Ihr Fahrzeug in jedem (oder zumindest in fast jedem) Teil etwas mit Sicherheit im Straßenverkehr zu tun hat. Jede einzelne Sekunde, in der Ihr Fahrzeug in Betrieb ist. Nehmen Sie die Fehler deshalb immer ernst. Gerade Anfänger übersehen oft Kleinigkeiten, die nachher durchaus größere oder zumindest schwer aufzufindende Fehler ergeben. Bei einer Fehlersuche am eigenen Fahrzeug unterhielten sich zwei angehende Kfz-Mechatroniker: »... was hast du denn zuletzt repariert?«, letztendlich fand sich dort dann auch der Fehler. Diese Anekdote zeigt sehr deutlich, dass zum einen die eigene Arbeit, zum anderen der Ablauf der Arbeiten, die Kenntnisse über den Funktionszusammenhang der Systeme und natürlich auch über die Informationsquellen, die zur Verfügung stehen, immer hinterfragt werden müssen. Dieses Buch eignet sich aber auch, um die Details Ihres Audi Q3 einmal genauer unter die Lupe zu nehmen.

Wir haben den Aufbau so gestaltet, dass die Informationen praxisgerecht auf- und umgearbeitet wurden.

In den einzelnen Kapiteln wird der Umgang mit den Test- und Messgeräten genauer vorgestellt. Es handelt sich um getestete Übungen, die Sie problemlos nachvollziehen können. »An modernen Autos kann man gar nichts mehr selber machen!«, das ist ein typischer Satz, der weder richtig ist noch die motivierten Schrauber unter den Lesern von der Reparatur abhalten sollte. Betrachtet man sich die Probleme genauer, die mit der Fehlerdiagnose entstehen, stellt sich ein einfaches Prinzip heraus. Grundsätzlich sind Bauteile, deren Funktionsabläufe nachvollzogen und im wahrsten Sinne des Wortes »begriffen« werden können, leicht zu prüfen.

Elektrisches Messen

Leuchtet eine Glühlampe nicht, wird sie in der Regel demontiert und der Zustand des Glühfadens gegen das Licht kontrolliert. Über die Glühlampe, beziehungsweise ihren Aufbau, ist jedem bekannt, dass sie ohne den Glühfaden nicht funktionieren kann. Könnte man in alle Bauteile hineinsehen und den Funktionsablauf und den Aufbau auf diese Art kontrollieren, würde kaum ein Mechaniker über die immer komplizierter werdende Technik schimpfen. Hier kommt die Messtechnik zum Zuge. Es ist nämlich möglich, die Funktionsabläufe und die Funktion optisch zu überprüfen. Es ist auch möglich, das Bauteil selbst zu prüfen. Auch dafür werden keine teuren Spezialgeräte gebraucht. Sie oder Ihr Mechaniker müssen sich lediglich bereit erklären, die Technik und dazugehörige Prüfmethoden anzunehmen und gelegentlich auch etwas dazuzulernen.

Ganz klar gibt es Einschränkungen für Arbeiten, die aus Sicherheitsgründen nicht durchgeführt werden sollten. Dazu zählen Arbeiten z. B. an der Klimaanlage und am Airbagsystem.

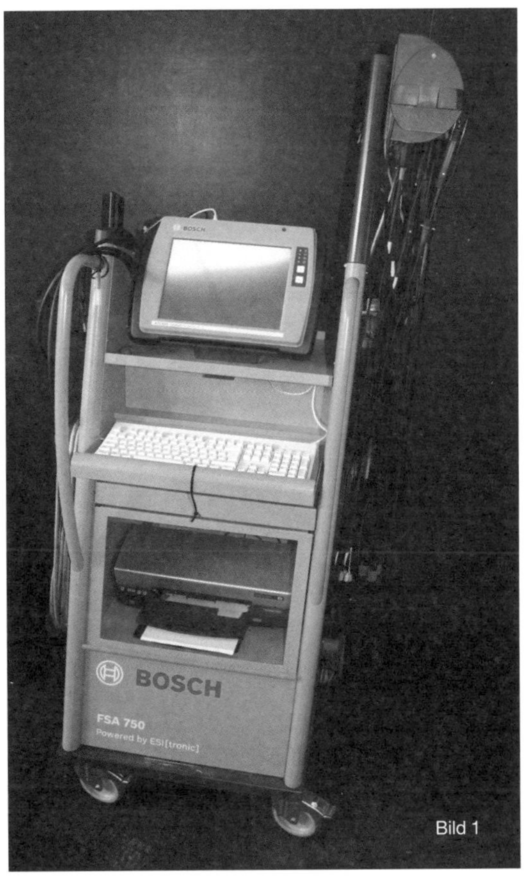

Bild 1
Bosch KTS 650/670 mit FSA 750-Modul und Abgastester.

Sichtprüfung Messen

»Die Tester kann sich keiner leisten!«, ist auch eine These, die wir widerlegen werden. Anhand der Beschreibungen der Spezialwerkzeuge und deren ungefähren Preise lassen sich hier die Kosten leicht überschauen. Die notwendige Ausrüstung ist bei den meisten Schraubern oftmals schon vorhanden. Andere Teile sind gar nicht so teuer und lassen sich sinnvoll als Geburtstagsgeschenkidee an die Lieben weitergeben. Die Aufgabe dieses Reparaturhandbuches ist es, eine Hilfestellung für Wartungsarbeiten und Reparaturen am Audi Q3 zu geben.
Das Buch wendet sich an die ambitionierten Schrauber, die mit ihrer Erfahrung Reparaturen, Wartungsarbeiten und Einstellungen an ihrem Fahrzeug vornehmen wollen. Da zu allen diesen Arbeiten ein OBD-Diagnosetester dazugehört und dieser für deutlich unter 100 Euro im günstigsten Fall erhältlich ist, wird die Arbeit anhand eines »Beispiel«-Testers dargestellt. Sie halten ein Buch in der Hand, das Lernstoff, Informationsquelle und Nachschlagewerk ist. Es soll die praktische Arbeit am Fahrzeug erleichtern, und Sie ermutigen sich »Know-how« anzueignen, auch als Ungeübter den ersten Schritt zu machen oder als Erfahrener sich recht tiefgehend mit der Diagnose auseinanderzusetzen.
Um einen möglichst schnellen Zugriff auf die Informationen in diesem Buch zu ermöglichen, sind die technischen Daten, die zur Einstellung, Reparatur und Wartung benötigt werden, in einem separaten Kapitel zusammengefasst. Alle technischen Angaben, die speziell bei den Arbeiten benötigt werden, finden Sie natürlich auch an den entsprechenden Stellen. Die Montagearbeiten werden auf gängige Reparaturen beschränkt. Sie sollten aber immer sicherstellen, dass Sie in der Lage sind, die Reparaturen selbst durchzuführen. Ungeeignete Messgeräte oder auch fehlerhafte Handhabung eines Messgerätes können nicht nur finanzielle Folgen haben. Für die Arbeiten an Airbagsystemen ist eine spezielle Ausbildung erforderlich, die mit einem Sachkundenachweis abgeschlossen wird.

⚠ Unterlassen Sie es zu Ihrer eigenen Sicherheit, an Sitzen oder anderen Bauteilen Hand anzulegen, ohne diese spezielle Ausbildung abgeschlossen zu haben. Arbeiten an diesem System ohne Sachkunde sind GROB fahrlässig und gefährden Ihr Leben. Sollten Probleme an diesem System auftauchen, suchen Sie immer eine Werkstatt auf und erkundigen Sie sich auch darüber, inwieweit die »Airbag-Sachkunde« besteht.

⚠ In den einzelnen Airbageinheiten befinden sich zwar »kleine«, aber nicht ungefährliche Mengen an Sprengstoff. Nicht umsonst sind der Transport, der Umgang und die Lagerung gesetzlich im Sprengstoffgesetz geregelt. Die Arbeiten am Airbagsystem werden aus diesem Grunde nicht beschrieben. Es gibt aber auch so noch genügend Arbeiten, die Sie durchaus in Eigenregie angehen können.
Natürlich beschäftigt sich dieses Buch nicht nur mit Elektronik oder der reinen Montagearbeit. Auch einige Arbeiten mit den Diagnosegeräten wurden mit Praxisbezug ausgewählt und im Detail dargestellt.

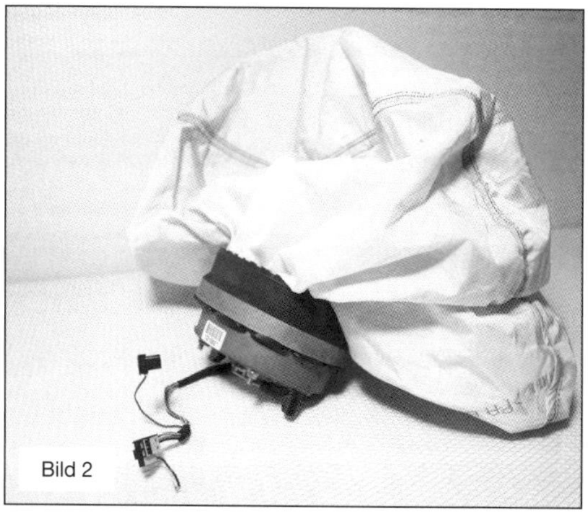

Bild 2

Bild 2
EXPLOSIV: gezündeter Airbag.

Bild 3

Bild 3
»Self-made«-Beulendoktor.

Sicherheit geht immer vor

Sicherheit hat beim Heimwerken absolute Priorität. Sie sollten nur Arbeiten anpacken, die Sie wirklich beherrschen. Handwerkliche Tätigkeiten, mit denen man in der Praxis bislang wenig oder gar keine Erfahrung hatte, sollte man niemals auf die leichte Schulter nehmen. Unsachgemäß ausgeführte Arbeiten können früher oder später fatale Folgen haben (Bilder 4-12).

Umgang mit Pyrotechnik-Bauteilen

⚠ Der Sicherheitsaspekt gilt insbesondere für pyrotechnische Bauteile. Diese enthalten einen Treibstoff, bei dessen Abbrand ein Gas erzeugt wird. In manchen Fällen steht für die Gaserzeugung noch zusätzlich in einem Druckbehälter gespeichertes Druckgas zur Verfügung.
Die Zündung erfolgt über elektrische/mechanische Anzünder. Bei unsachgemäßer Handhabung von Komponenten dieser Systeme kann es zu schweren Unfällen kommen. Deshalb keine Schraub- oder gar Reparaturversuche an der Sicherheitsausstattung vornehmen, sondern bei notwendigen Instandsetzungen an eine Fachwerkstatt mit Fehler-Auslesegeräten, Diagnose-Einrichtungen und geschultem Personal wenden!

⚠ Mechaniker, die an Rückhaltesystemen arbeiten, müssen spezielle Schulungen nachweisen und bei den zuständigen Behörden gemeldet sein. Pyrotechnische Bauteile dürfen auch nur im eingebauten Zustand und mit vom Hersteller frei gegebenen Diagnosesystemen geprüft werden, keinesfalls mit Prüflampe, Voltmeter oder Ohmmeter.
Nach dem Berühren von gezündeten pyrotechnischen Bauteilen: Hände waschen!
Bauteile, die auf eine harte Unterlage herabgefallen sind oder Beschädigungen zeigen, dürfen nicht mehr verbaut werden.

⚠ Lagerung, Transport und Entsorgung von Airbag-, Gurtstraffer- und Batterieabtrennungseinheiten (pyrotechnische Bauteile) unterliegen der jeweiligen nationalen Gesetzgebung.

Bild 4

Bild 5

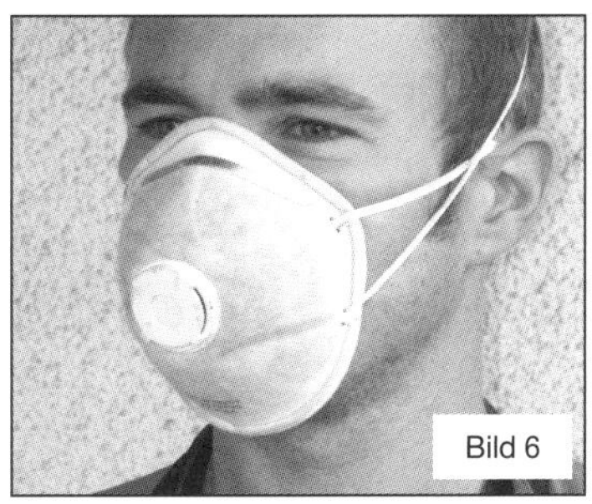
Bild 6

Bild 7

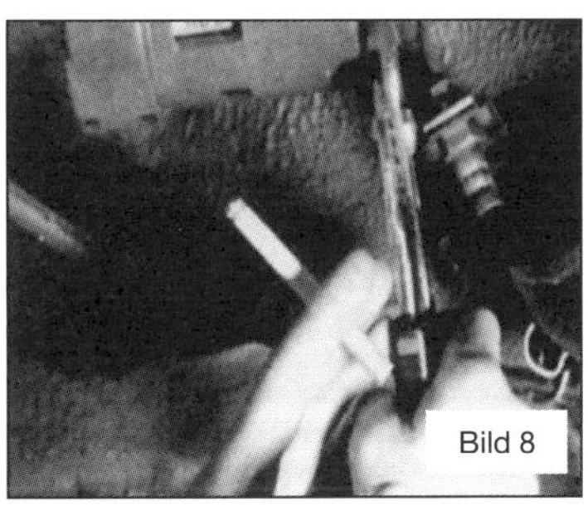
Bild 8

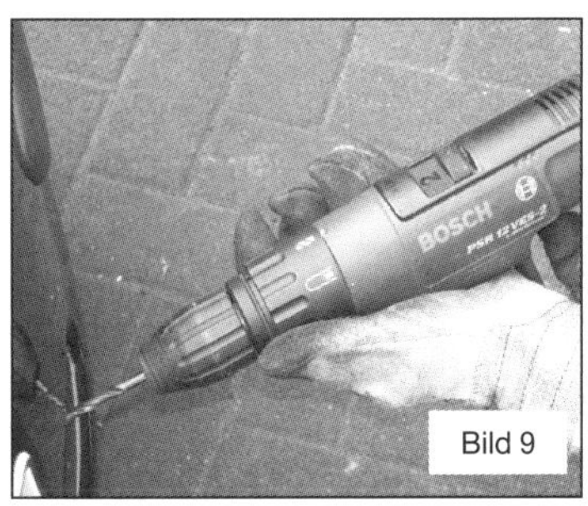

Bild 9

Bild 10

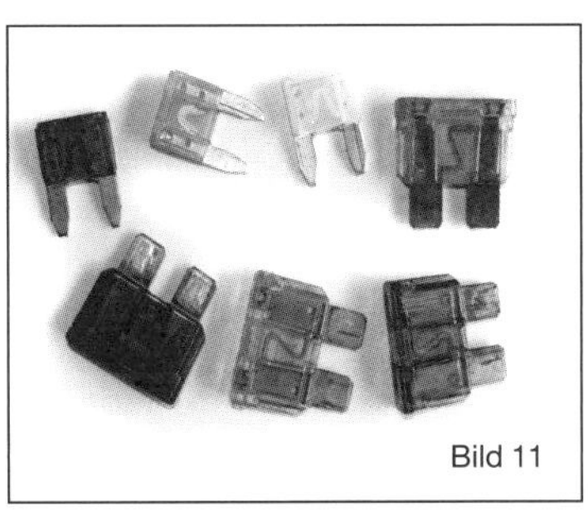
Bild 11

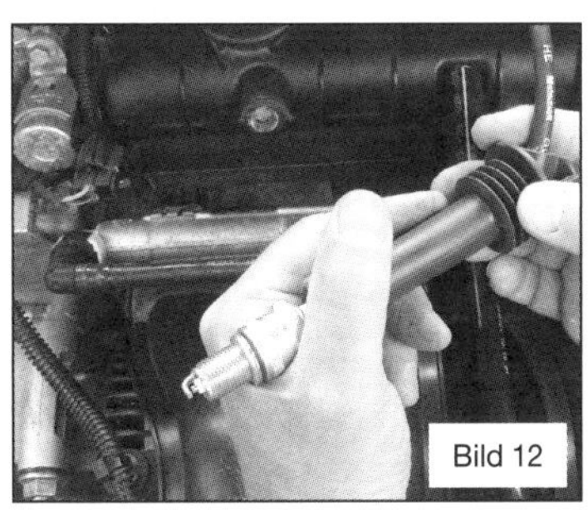
Bild 12

Bild 4
Gehörschutz: Bei Blecharbeiten mit Winkelschleifer u. Ä. notwendig.

Bild 5
Schutzbrille: Besonders beim Bohren, Schleifen und Meißeln tragen.

Bild 6
Atemschutzmaske mit auswechselbaren Filterelementen: Bei Arbeiten mit atemgängigen Stäuben unerlässlich.

Bild 7
Bei Arbeiten in der Grube: Unbedingt für Frischluft sorgen.

Bild 8
Nicht rauchen: Das sollte eigentlich bei Arbeiten gerade an der Kraftstoffanlage die Regel sein.

Bild 9
Arbeitshandschuhe: Bei vielen Arbeiten angebracht, beim Umgang mit Bohrmaschinen jedoch sehr gefährlich.

Bild 10
Leere Sprühdosen, Altöl, Bremsflüssigkeit u. Ä. als Sondermüll entsorgen.

Bild 11
Durchgebrannte Sicherungen niemals mit Alufolie, Büroklammern o. Ä. flicken.

Bild 12
Hochspannung: Vorsicht bei laufendem Motor oder eingeschalteter Zündung.

Umgang mit Bauteilen der Klimaanlage
Für das Kfz-Gewerbe sind z. B. auf europäischer Ebene zahlreiche relevante Gesetze erlassen worden. National ist z. B. in der BRD zusätzlich zur Präzisierung der europäischen Gesetzgebung ab dem 1. August 2008 die Chemikalien-Klimaschutzverordnung in Kraft getreten.

- Verordnung (EG) Nr. 1005/2009
- Verordnung (EG) Nr. 842/2006
- Verordnung (EG) Nr. 706/2007
- Verordnung (EG) Nr. 307/2008
- Richtlinie 2006/40/EG
- Chemikalien-Klimaschutzverordnung, Kreislaufwirtschafts- und Abfallgesetz (für die BRD)

Alle Personen, die an Kraftfahrzeug-Klimaanlagen Wartungs- und Reparaturarbeiten durchführen, müssen eine Schulung oder ein Trainingsprogramm besucht haben und die Sachkunde nachweisen (Sachkunde-Nachweis).

⚠ Beim unkontrollierten Druckablassen besteht Gefahr durch Vereisung. Hieraus können schwerwiegende Verletzungen entstehen (Gefrierbrand ist nicht nur bei Grillfleisch unschön!). Bei nicht entleertem Kältemittelkreislauf tritt Kältemittel aus. Das Kältemittel ist vor dem Öffnen des Kältemittelkreislaufs abzusaugen. Wird der Kältemittelkreislauf nach dem Absaugen innerhalb 10 Minuten nicht geöffnet, kann durch Nachverdampfung Druck im Kältemittelkreislauf entstehen. Das Kältemittel muss dann nochmals abgesaugt werden. Alle geöffneten Bauteile des Kältemittelkreislaufs sind gegen Eintritt von Luftfeuchtigkeit mit geeigneten Verschlussstopfen zu verschließen. Es ist verboten beim Betrieb, bei Instandsetzungsarbeiten und bei Außerbetriebnahme von Erzeugnissen, die Kältemittel enthalten, entgegen dem Stand der Technik, die in ihnen enthaltenen Stoffe in die Atmosphäre entweichen zu lassen.

Bild 13

Bild 13
Achtung Stromschlag! Restladungen und Induktionsspannungen können gesundheitsgefährdend sein.

Verletzungsgefahr durch automatischen Motorstart bei Fahrzeugen mit Start-Stopp-System
Bei Fahrzeugen mit aktiviertem Start-Stopp-System (erkennbar an einer Meldung im Schalttafeleinsatz) kann der Motor bei Bedarf automatisch starten.

☞ Deshalb sicherstellen, dass bei Arbeiten am Fahrzeug das Start-Stopp-System deaktiviert ist (Zündung ausschalten, bei Bedarf Zündung wieder einschalten).

Verletzungsgefahr bei Arbeiten an der elektrischen Anlage
Nicht nur die schon angesprochene Zündanlage birgt einige Überraschungen, die Sie in ungünstigen Situationen oder bei körperlichen Vorschäden leicht in Lebensgefahr bringen können. Im Gegensatz zur Hauselektrik sind keine »Personenschutzschalter« vorgesehen. Ziehen Sie grundsätzlich nicht leitende Handschuhe an, wenn Sie an Bauteilen arbeiten, deren Ladungszustand Sie nicht kennen.

Elektrischer Antrieb im Audi Q3
In der Baureihe 8U (2011-2018) wurde noch kein elektrischer Antrieb verbaut. Erst im Nachfolgemodell dem F3 wurde unter der Modellbezeichnung »Audi Q3 45TFSIe« ein permanent erregter Synchonmotor, zusammen mit einem 1,4-Liter-TFSI (Turboaufgeladenem Benzin-Direkteinspritzer) verbaut. Die Fahrzeuge mit elektrischem Antrieb werden wir in gesonderten Buchbänden mit den Anforderung an die Montage betrachten.

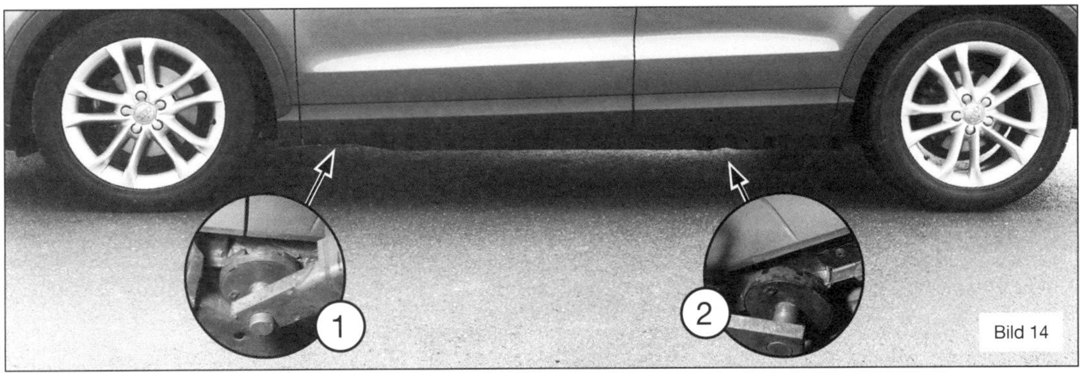

Bild 14

Bild 14
Aufnahmepunkte an der Karosserie für Wagenheber und Hebebühne.
1 Wagenheberaufnahme am Schweller vorne
2 Wagenheberaufnahmepunkt am Schweller hinten

Richtiges Aufbocken

Im Bordwerkzeug des Audi Q3 ist, wie bei vielen Fahrzeugen heute, kein Wagenheber mehr vorhanden. Spindelwagenheber sind für das Fahrzeuggewicht weniger geeignet. Wenn Sie einen Werkstattwagenheber einsetzen, sollte grundsätzlich eine geeignete Gummi- oder Holzzwischenlage verwendet werden, um Schäden an der Karosserie oder auch am Korrosionsschutz der Karosserie zu vermeiden. Die im Bordwerkzeug vorhandenen Unterlegkeile sichern gegen Wegrollen.

Das Fahrzeug darf keinesfalls an der Motorölwanne, am Getriebe, an der Hinterachse, der Vorderachse oder an den Unterholmen angehoben werden, da sonst schwerwiegende Schäden eintreten können.

Es darf nur an den auf den Abbildungen gezeigten Aufnahmepunkten angehoben werden. Andere Bereiche sind nicht in der Lage, das Fahrzeuggewicht auf der Hebebühne sicher und ohne Schäden aufzunehmen.

Wichtige Grundregeln:

Aufgrund der Unfallgefahr niemals bei angehobenem Fahrzeug den Motor anlassen.

Wenn unter dem Fahrzeug gearbeitet werden soll, muss es mit geeigneten Unterstellböcken sicher abgestützt werden.

Wenn möglich, sollten Sie das Fahrzeug niemals beladen anheben. Beachten Sie, dass das angehobene Fahrzeug nicht kippt oder abrutschen kann.

Bei Arbeiten auf der Hebebühne müssen Sie das Fahrzeug zusätzlich mit Spanngurten an der Hebebühne gegen Abrutschen sichern.

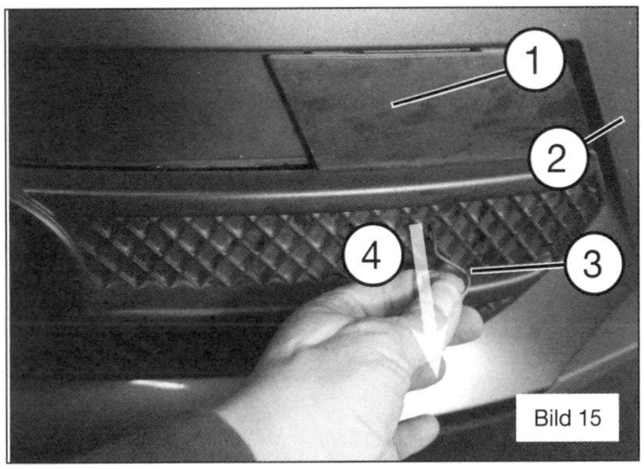

Bild 15

Bild 15
Abdeckung der Abschleppöse vorne im Stoßfänger.
1 Abdeckung
2 Stoßfänger
3 Drahthaken
4 Zugrichtung

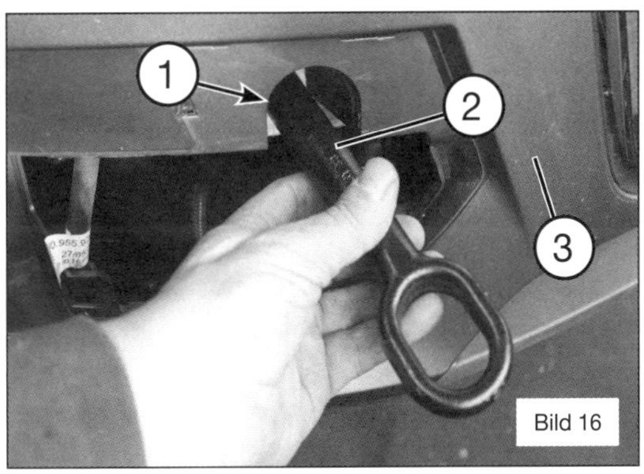

Bild 16

Bild 16
Einschrauben der Abschleppöse vorne.
1 Gewinde im Rahmenträger
2 Abschleppöse
3 Stoßfänger

An- und Abschleppen

Bei manchen Pannen muss das Fahrzeug abgeschleppt werden. Anschleppen, weil der Motor nicht anspringen will, sollte man nur, wenn keine Möglichkeit besteht, den Motor mit Starthilfekabeln zu starten.

Fahrzeuge ohne Schmiermittel im Schaltgetriebe oder mit Automatikgetriebe dürfen nur mit angehobenen Antriebsrädern abgeschleppt werden.

Das Anschleppen von Fahrzeugen mit automatischem Getriebe zum Starten des Motors ist aus technischen Gründen nicht möglich. Beim Abschleppen von Fahrzeugen mit automatischem Getriebe muss der Wählhebel in Position »N« sein, und es darf nicht weiter als 50 km und nicht schneller als 50 km/h geschleppt werden, da sonst das Getriebe zerstört wird. Grundsätzlich ist es natürlich auch hier besser, zumindest die Antriebsachse anzuheben.

Zum An- und Abschleppen sollten Kunstfaserseile oder Seile aus ähnlich elastischem Material verwendet werden. Sicherer ist eine Abschleppstange. Beim Abschleppen dürfen keine unzulässigen Zugkräfte und keine stoßartigen Belastungen auftreten. Seil oder Stange dürfen nur an den vorgesehenen Abschleppösen vorn oder hinten angebracht werden. Die einschraubbare Öse befindet sich im Bordwerkzeug, die Einschraubgewinde werden nach Entfernen einer kleinen Abdeckung in den Stoßfängerverkleidungen vorn und hinten zugänglich. Von Hand eindrehen, mit durchgestecktem Radschraubenschlüssel festziehen.

Bei Schleppmanövern abseits regulärer Straßen besteht die Gefahr, dass die Befestigungsteile überlastet werden. Wird ein Abschleppseil verwendet, muss der Fahrer des ziehenden Wagens beim Anfahren und Schalten besonders weich einkuppeln.

Der Fahrer des gezogenen Wagens hat darauf zu achten, dass das Seil straff gehalten wird. An beiden Fahrzeugen die Warnblinkanlage einschalten. Die Zündung muss eingeschaltet sein, damit das Lenkrad nicht blockiert ist und Blinkleuchten, Hupe und Scheibenwischer bei Notwendigkeit eingeschaltet werden können. Da der Bremskraftverstärker nur bei laufendem Motor arbeitet, muss ggf. das Bremspedal kräftiger getreten werden. Beim Anschleppen von Fahrzeugen mit Schaltgetriebe ist Folgendes zu beachten:

- Vor dem Anschleppen 2. oder 3. Gang einlegen, Kupplung halten.
- Zündung einschalten, damit das Lenkrad nicht blockiert und Blinkleuchten, Hupe sowie Wisch-/Waschanlage benutzt werden können.
- Kupplungspedal loslassen, wenn beide Fahrzeuge in Bewegung sind.
- Sobald der Motor angesprungen ist, Kupplung treten und Gang herausnehmen, um Auffahren auf das Zugfahrzeug zu vermeiden.

Einige Kniffe für Schrauber

Eine unlösbare Verschraubung oder eine abgerissene Schraube haben schon manchen Heimwerker von seinem Reparaturvorhaben wieder abgebracht. Unsere Hinweise sollen helfen, ungewohnte Arbeiten durchzuführen.

Passendes Werkzeug

Achten Sie gerade dann, wenn Verschraubungen schlecht zugänglich sind oder schon erkennbare Korrosionsschäden haben, auf passgenaues Werkzeug. Nichts ist ärgerlicher, als eine unnötige Mehrarbeit selbst verschuldet zu haben.

Verrostete Verschraubungen lösen

- Die freiliegenden Gewindegänge des Gewindebolzens von Rost und Schmutz befreien.
- Gewinde mit einer Drahtbürste säubern und anschließend mit Rostlöser besprühen.
- Bei Schnell-Rostlösern die Mutter sofort losdrehen.
- Bei anderen Rostlösern etwas warten.
- Wenn die Kanten einer Mutter bereits rund gedreht sind, oder wenn Rost die Anlageflächen deformiert hat, helfen nur noch Hitze oder Gewalt.
- Erwärmen Sie die Verschraubung.
- Gripzange verwenden. Damit lässt sich die Mutter fest greifen und oft losdrehen.
- Hilft das nicht weiter, wird ein scharfer Meißel angesetzt und die Mutter aufgemeißelt.
- Eine gut zugängliche Mutter kann auch entlang des Gewindes mit einer Metallsäge aufgesägt werden. Werkstätten benutzen einen Muttersprenger.

Innensechskant- und Innenvielzahnschrauben lösen

- Das Schraubenloch muss von jeglichem Schmutz gesäubert sein, ehe das Werkzeug angesetzt wird.
- Am besten eignen sich Steckeinsätze mit langem Sechskant oder Vielzahn (Torx).
- Im Gegensatz zu Winkelschlüsseln, bei denen die Kraft schräg ansetzt, vertragen die Steckeinsätze einen Hammerschlag auf der Adapterseite mit dem Vierkant. Der Schlag lockert den Sitz der Schraube und erleichtert merklich das Lösen.

Schlitz- und Kreuzschlitzschrauben lösen

Schrauben können so fest sitzen, dass sie sich nicht mehr mit dem Schraubendreher herausdrehen lassen. Bei Kreuzschlitzschrauben dreht sich der Schraubendreher auch bei starkem Druck auf den Griff aus dem Kreuzschlitz heraus. Nach einigen erfolglosen Versuchen ist der Schlitz vermurkst, die Schraube ist praktisch unlösbar.

- Stabilen Schraubendreher ansetzen und mit kräftigem Hammerschlag auf das Griffende versuchen die Schraubverbindung zu lösen. Meistens bricht die mit dem Kopf fest korrodierte Schraube los. Sie lässt sich dann normal herausdrehen.
- Hilft der kräftige Hammerschlag nichts, muss ein Schlagschrauber her. Bei jedem Schlag auf dessen Griffoberseite wird der Schraubendrehereinsatz unter Druck ein wenig weitergedreht.

Blechschrauben ausbohren

Lässt sich in einem Schraubenkopf kein Werkzeug mehr ansetzen, hilft nur noch Ausbohren.

- Erst entfernt man mit einem passenden Bohrer den Schraubenkopf, eventuell mit einem kleineren Bohrer vorbohren.
- Das Gewindeteil lässt sich jetzt entweder durchstoßen oder mit einer Zange von der Rückseite abnehmen. Andernfalls mit einem dünnen Bohrer das Gewindeteil ausbohren. Den Bohrerdurchmesser nicht zu groß wählen, sonst hält später nur eine dickere Blechschraube.

Stehbolzen lösen und festdrehen

- Anlagefläche für Schraubenschlüssel schaffen.
- Auf dem freien Gewindeteil zwei Muttern fest gegeneinander drehen (kontern).
- An den blockierten Muttern den Schraubenschlüssel ansetzen und den Bolzen lösen.

Abgerissene Schrauben ausbohren

Das Gegengewinde, in dem die abgerissene Schraube steckt, sollte möglichst wenig Schaden nehmen.

- Körnerschlag auf Schraubenrest Mitte.
- Bis Schraubengröße M8 mit einem Kernlochbohrer arbeiten. Das ist der Durchmesser einer Schraube ohne Gewindeflanken.

Bild 17
Genaues Bohren ist erforderlich, um die Bauteile nicht zu beschädigen.

Bild 18
Gewindeschneiden mit Vorsicht und Bedacht.

Faustregel: Gewindedurchmesser multipliziert mit 0,8.

- Schrauben größer als M8 mit einem dünneren Bohrer vorbohren.
- Wenn sich die Metallreste nicht mit einer Reißnadel aus den Gewindegängen entfernen lassen, Gewinde nachschneiden.

Gewinde schneiden

Hat das Metall noch genug Substanz, kann ein größeres Gewinde eingeschnitten werden. Andernfalls muss eine Gewindebuchse eingesetzt werden.

Das Nach- oder Neuschneiden von Gewinden geht in drei Stufen vor sich. Die entsprechenden Gewindeschneider heißen Vorschneider (mit einem Ring am Schaft gekennzeichnet), Mittelschneider (zwei Ringe am Schaft) und Fertigschneider (drei Ringe oder ohne Kennzeichnung).

- Gewindeschneider nacheinander unter ständigem Ölen in das vorgebohrte Kernloch hinein- und wieder herausdrehen.
- Beim Hineindrehen ab und zu absetzen und ein Stück zurückdrehen, sonst werden die Metallspäne zu lang und klemmen.

Bild 1
Abmessung Frontansicht.
A Fahrzeughöhe
B Spurweite vorne
C Breite ohne Spiegel
D Breite mit Spiegeln

Die Abmessungen können je nach Ausstattung, Fahrwerksausführung und Rad/Reifenkombinationen unterschiedlich ausfallen!

Bild 2
Abmessung Heckansicht.
E Höhe bei geöffneter Heckklappe
F Lichte Höhe der Kofferraumöffnung
G Ladekantenhöhe
H Lichte Breite der Kofferraumöffnung
I Spurweite hinten

Die Abmessungen können je nach Ausstattung, Fahrwerksausführung und Rad/Reifenkombinationen unterschiedlich ausfallen!

Bild 3
Abmessung Seitenansicht.
J Überhang vorne
K Radstand
L Überhang hinten
M Fahrzeuglänge

Die Abmessungen können je nach Ausstattung, Fahrwerksausführung und Rad/Reifenkombinationen unterschiedlich ausfallen!

2 Modell

Modellvorstellung

Der Audi Q3 wurde am 21.10.2011 auf dem deutschen Markt eingeführt. Er gehört in die Fahrzeugklasse der SUV (**S**port-**U**tility-**V**ehicles). Die Fahrzeugklasse umfasst Pkw´s mit erhöhter Bodenfreiheit, die oftmals an das Erscheinungsbild von Geländewagen angepasst sind. Nicht alle Fahrzeuge dieser Klasse sind mit einem Allradantrieb ausgestattet. Die Allradler unter den Q3 SUV´s sind meist am Schriftzug Quattro auf der Heckklappe und dem Kühlergrill erkennbar.

Markante Veränderungen

Als Übergang zum 2018er Nachfolgemodell wurde 2015 ein Facelift umgesetzt. Hinsichtlich der Abmessungen ergaben sich nur geringfügige Veränderungen, die wir in den folgenden Übersichtstabellen in Klammern darstellen werden. Ein gutes Erkennungszeichen ist der untere Bereich des vorderen Stoßfängers. Die Lufteinlässe, in die auch die Nebelscheinwerfer eingelassen, sind im Faceliftmodel eingerahmt. Der Kühlergrillrahmen ist anstatt des schmalen Chromrahmens nun deutlicher abgegrenzt und liegt an den Frontscheinwerfern an. Die Karosserie wurde über die Seitenführungslinien, einen markanteren Kühlergrill, einer geschärften Linienführung bis hin zur charakteristischen umgreifenden Heckklappe erkennbar nachgezeichnet. Technisch gehören jetzt Xenon-Plus-Scheinwerfer zum Serienumfang. Die LED-Scheinwerfer und dynamisches Blinklicht (ein »wischen-

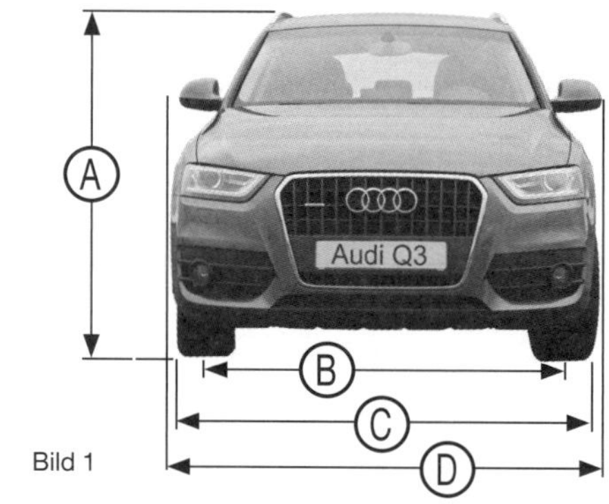

Bild 1

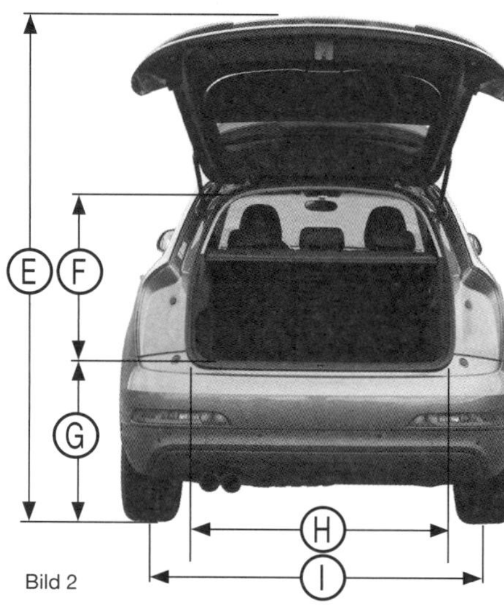

Bild 2

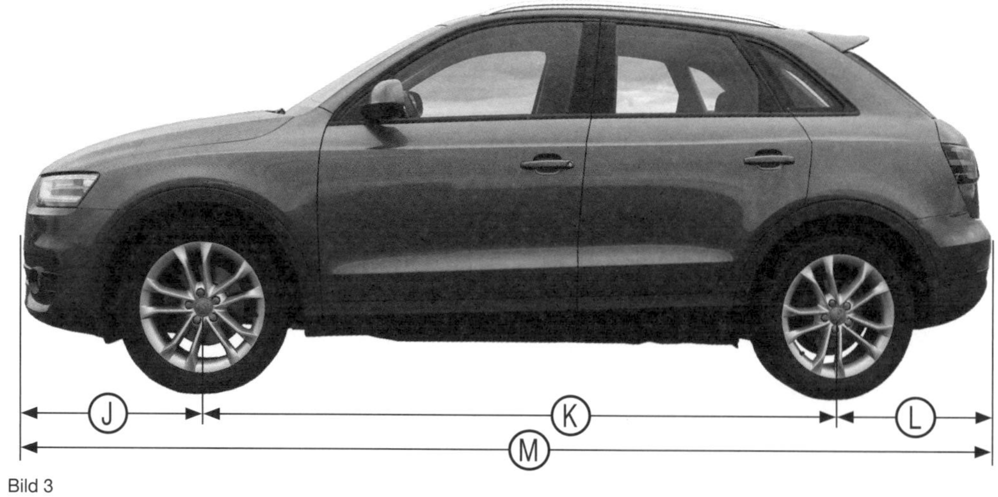

Bild 3

der« Blinker) in den LED-Heckleuchten ist optional erhältlich. Im Innenraum verschließt nun, als eine der Neuheiten, ein Rollo den Gepäckraum.

Abmessungen

Die Abmessungen können je nach Ausstattung und Fahrwerksausführung abweichen.

Kürzel	*Bezeichnung*	*Abmessung*
A	Fahrzeughöhe (Facelift)	1608 mm (1608 mm)
B	Spurweite vorne (Facelift)	1571 mm (1571 mm)
C	Karosseriebreite (Facelift)	1831 mm (1831 mm)
D	Fahrzeugbreite mit Spiegel (Facelift)	2019 mm (2019 mm)
E	Höhe bei geöffnetem Kofferaumdeckel (Facelift)	2110 mm (2110 mm)
F	Lichte Höhe der Kofferraumöffnung (Facelift)	675 mm (675 mm)
G	Ladekantenhöhe	781 mm (781 mm)
H	Lichte Breite der Kofferraumöffnung (Facelift)	1067 mm (1067 mm)
I	Spurweite hinten (Facelift)	1575 mm (1575 mm)
J	Überhang vorne (Facelift)	901 mm (905 mm)
K	Radstand (Facelift)	2603 mm (2603 mm)
L	Überhang hinten ohne Anhängekupplung (Facelift)	881 mm (880 mm)

Ausstattungsvarianten

Die Ausstattung des Q3 wird auf den Grundvarianten »Basis«, »Sport« und »Design« aufgebaut. Es können viele Komponenten ausgewählt werden, um das Fahrzeug neben den Grundvarianten zu individualisieren.

S-Line und S-Line Plus:
Eine weitere spezifische Besonderheit liegt in den Ausstattungsvarianten »S-Line« und »S-Line Plus«. Die beiden Ausstattungspakete ergänzen die Ausstattungslinien markant in sportlicher Richtung. Neben den »S-Line« Schriftzügen werden am Fahrzeug eine andere Front und Heckschürze sowie ein Dachkantenspoiler verbaut. Mit dem »S-Line plus«- Paket wird dann die Innenausstattung mit Sportsitzen vorne, sportlichem Lederlenkrad und veränderten Dekorleisten ausgerüstet. Hinzu kommen noch andere Rad-Reifen-Kombinationen und ein Sportfahrwerk.

Bild 4

Bild 4
Kompaktes Kraftpaket im Audi Q3-Motorraum. Den 1,4-l-TFSI-Motor gibt es auch mit dem dem COD (Cylinder On Demand)-System.

Motor und Antrieb

1,4-Liter-Turbo-Benzinmotoren:
Aus der Motorbaureihe VWEA211 stammen die drei Motoren mit 1,4-Liter-Hubraum mit einer Leistung von 92 und 110 kW. In dieser Baureihe wurde auch die Zylinderabschaltung »COD« (**C**ylinder **O**n **D**emand) umgesetzt, die wir noch näher vorstellen werden.

2,0-Liter-Turbo-Benzinmotoren:
Die fünf Motoren, mit denen wir uns in diesem Buch befassen werden, stammen aus der Motorbaureihe VWEA888. Sie liefern eine Leistung zwischen 125 kW und 162 kW.

Bild 5

Bild 5
Der 2,0-l-TFSI-Motor mit extern verbautem Luftfilterkasten und Ladeluftkühler.

2,0-Liter-Turbo-Dieselmotoren:
Sechs unterschiedliche Leistungsklassen von 88 kW bis zu 135 kW werden aus den beiden Motorbaureihen VWEA189 und VWEA288 gewonnen. Hinter der Bezeichnung »Ultra« steht ein Q3 mit einem Dieselmotor, der hinsichtlich des Verbrauchs und des Schadstoffausstoßes optimiert konstruiert wurde. Bei Volkswagen werden diese Fahrzeuge mit »BlueMotion« bezeichnet.

Getriebevarianten:
Vier unterschiedliche Getriebebauarten stehen für die unterschiedlichen Motorisierungen zur Verfügung. Als Schaltgetriebe wird grundsätzlich ein 6-Gang-Getriebe verwendet. Für den Markt in den USA und Kanada wurde auch ein 6-Gang-Tiptronic-Getriebe verbaut, was allerdings für den europäischen Markt keine Rolle spielt. Optional konnte für den 1,4-l-TFSI-Motor ein 6-Gang-S-tronik geordert werden. Für den 2,0-l-TFSI-Motor und die 2,0-l-TDI-Motoren waren auch 7-Gang-S-tronik bestellbar.

Audi Q3 quattro:
Ausgeliefert wurde der Q3 auch als Frontantrieb. Die Allradvarianten des Audi Q3 sind zuerst einmal an den unscheinbaren Schriftzügen zu erkennen. Die Technik dahinter ist allerdings legendär. Die Allradtechnik ist ein deutlicher Zugewinn an Traktion, Geradeauslauf und aktiver Sicherheit im Vergleich zu den frontgetriebenen Fahrzeugen. Die Verteilung der Antriebskraft auf die vier Räder ist nicht nur bei losem oder rutschigem Untergrund spürbar. Den Quattroantrieb gab es bei den 2,0-l-TFSI-Motor und den 2,0-l-TDI-Motoren mit dem 6-Gang-Schaltgetriebe oder dem 7-Gang-S-tronik-Getriebe.

Bild 6

Bild 6
Der 2,0-l-TDI-Motor mit VTG-Turbolader (variable Turbinengeometrie).

Assistenzsysteme

Fahrassistenzsysteme gehören heute zu fast jeder Ausstattungsliste der Fahrzeuge in diesen Baujahren. Auch im Audi Q3 finden Sie viele Systeme, die ohne Elektronik und

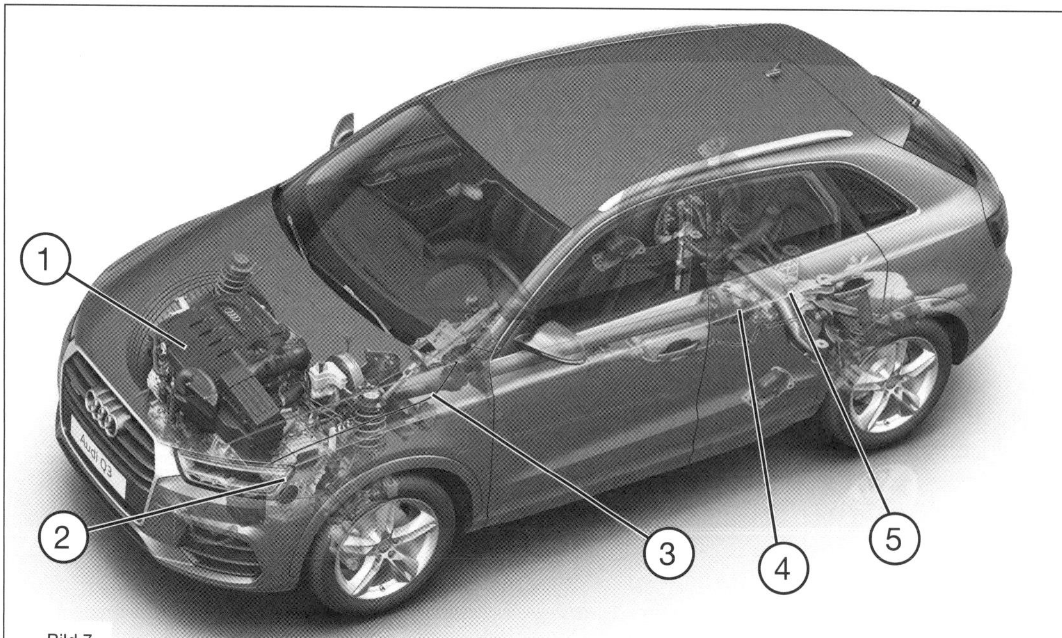

Bild 7

Bild 7
Audi Q3 quattro.
1 Antriebsmotor
2 Schaltgetriebe mit Abtrieb für die Hinterachse
3 Kardanwelle zur Hinterachse
4 Haldexkupplung am Achsgetriebe hinten
5 Achsgetriebe hinten

vernetzte Systeme im Auto nicht denkbar wären. Je nach Ausstattung unterschiedliche Systeme und Funktionen, die aus Verknüpfungen der Systeme entstehen.

Das Start-Stopp-System
Eine weitere Besonderheit der technischen Ausrüstung ist das Start-Stopp-System. Die Start-Stopp-Funktion ist recht leicht vorstellbar. Über das Bordnetzsystem lässt sich natürlich auch die Nutzung des Fahrzeuges erkennen. Entsprechend wird bei aktiviertem System und einer Haltephase der Motor abgestellt. So wird Kraftstoff und eine CO2-Senkung realisiert. Bei diesen Fahrzeugvarianten ist ein verstärkter Starter verbaut.

Sicherheitssysteme
Airbagsystem:
Zur Serienausstattung des Audi Q3 zählen je ein Full-Size-Airbag für Fahrer und Beifahrer sowie Seiten-Airbags auf der Fahrer- und Beifahrerseite. Die Airbags im Lenkrad und in der Instrumententafel werden ausgelöst, wenn ein Aufprall entsprechender Stärke von vorn erfolgt und die Kollisionskräfte innerhalb eines 60°-Winkels wirken. Die Seiten-Airbags werden durch den jeweiligen Crash-Sensor einzeln, je nach Aufprall von links oder rechts, ausgelöst. Hinzu kommen noch die beiden Window-Bags, die über den Türfenstern verbaut sind und den Kopfbereich schützen.

Reifendruckkontrolle:
Im Audi Q3 ist ein »passives« System verbaut, das den Abrollumfang jedes Rades über die ABS-Sensoren erfasst. In den Rädern sind bei diesem System keine Sensoren verbaut. Bei Luftverlust verändert sich der Abrollumfang des betroffenen Rades und die Drehgeschwindigkeit wird etwas höher. Bei Geradeausfahrt ohne Lastanforderung und korrektem Radumfang ist die Drehgeschwindigkeit der Räder in etwa gleich groß, im Tachometerdisplay wird die Reifendruckwarnung angezeigt.

ISOFIX und Kindersitzbefestigung:
Im Audi Q3 sind nur die hinteren Sitzreihen für die Befestigung eines Kindersitzes über ein ISO-Fixsystem vorgesehen. Die Befestigung auf den Vordersitzen ist möglich. Sie sollten hier unbedingt Ihre Fahrzeugbedienungsanleitung und die Anleitung zu dem Kindersitz beachten.

Bremssysteme:
Auch das Bremssystem des Audi Q3 verfügt über EBD (Electronic Brake Force Distribution), die elektronische Bremskraftverteilung auf Vorder- und Hinterräder, ESP (Electronic Stability Program) ist die elektronische Kontrolle der Fahrzeugstabilität und ergänzend der Hill Holder (mit ESP), der das Bremsen und Anfahren auf geneigten Straßen ohne Hilfe der Handbremse erlaubt. Der HBA

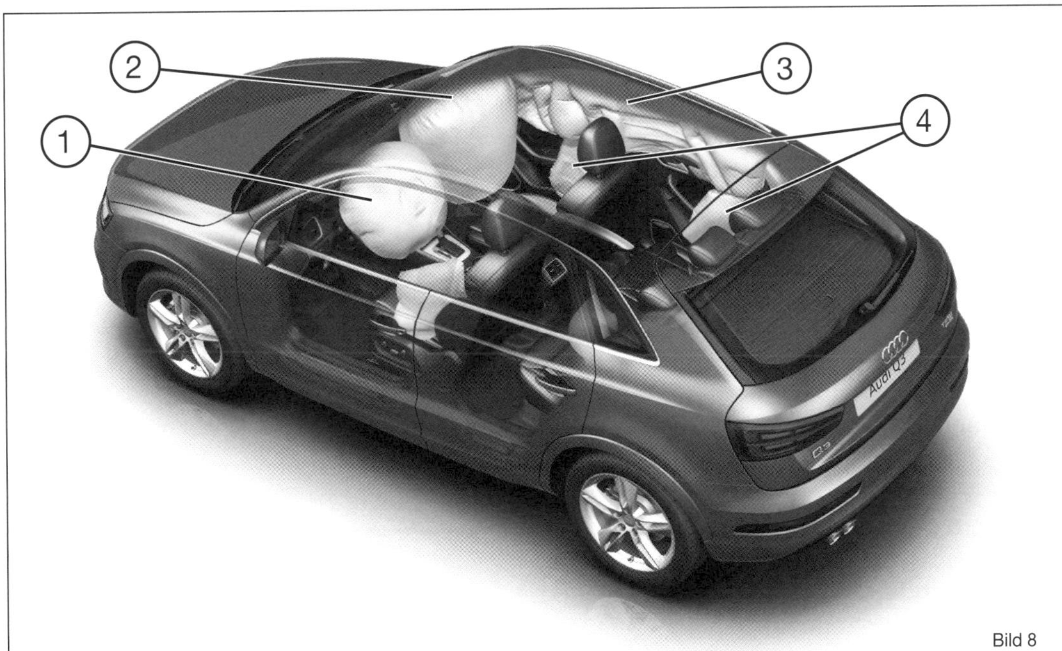

Bild 8

Bild 8
Ausgelöstes Airbagsystem am Audi Q3.
1 Fahrerairbag,
2 Beifahrerairbag
3 Curtain- oder Fensterairbag
4 Side- Airbag im Sitz

(Hydraulic Brake Assistance) ist der elektrohydraulische Bremsassistent, der automatisch den Druck des Bremskreises während einer Notbremsung (mit ESP) erhöht.

Elektrische Servolenkung
Anstatt einer mechanischen Lenkung, die durch ein hydraulisches System unterstützt wurde, wird im Q3 ein elektrisches Lenksystem verbaut. Das EPS (Electric-Power-Steering) übernimmt neben der Lenkkraftunterstützung auch die Anpassung der Lenkkräfte an die tatsächlichen Anforderungen und die Fahrgeschwindigkeit sowie die aktive Lenkrückstellung. Es gibt keine hydraulischen Komponenten mehr.

Identifizierung

Fahrgestellnummer
Die Fahrzeug-Identifizierungsnummer (1 im Bild 9) befindet sich im Motorraum unter der Geräuschabdeckung (2 im Bild 9) und ist durch Aufklappen oder Entfernen der Abdeckung (4) einsehbar. Des Weiteren im Sichtfenster (3 im Bild 10) in der Windschutzscheibe (2) und auf der Fahrerseite und auf dem Typenschild (1 im Bild 11) im unteren Bereich der B-Säule auf der Beifahrerseite. Im Bild 7 ist sie mit der Kennziffer (2) gekennzeichnet.

Aufschlüsselung der Fahrzeug-Identifizierungsnummer (FIN):

FIN	Bedeutung
WAU	Herstellerzeichen
ZZZ	Füllzeichen
8U	Fahrzeugtyp
5	Füllzeichen
E	Modelljahr (A = 2010 bis R = 2024)
R	Produktionsort (Martorell Spanien)
010000	Laufende Nummerierung

Das Typenschild (1 im Bild 11)
Das Typenschild findet sich je nach Fahrzeugvariante am Schlossträger der B-Säule der Beiahrerseite.

Der Fahrzeugdatenträger (Bild 12)
Der Fahrzeugdatenträger wird in der Regel einmal im Kofferraum unter der Abdeckung

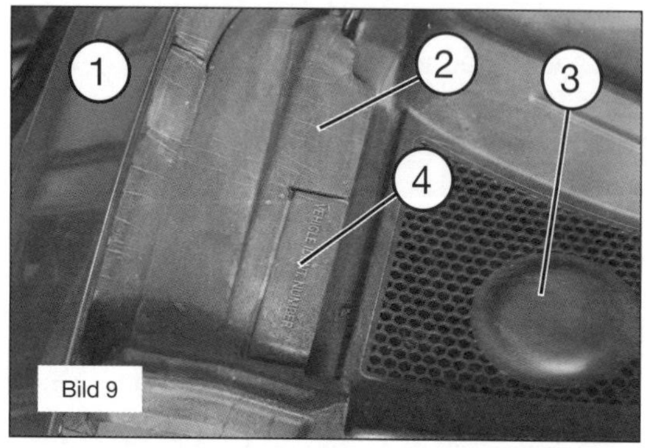

Bild 9
Gravur im Kotflügelstehblech.
1 Kotflügel
2 Geräuschdämmung
3 Wasserkastenabdeckung
4 Abdeckung über der eingravierten Fahrgestellnummer

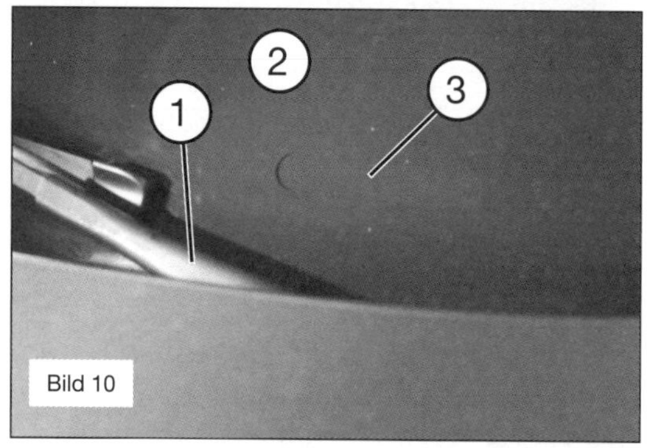

Bild 10
Im Sichtfeld der Frontscheibe unten links.
1 Wischerarm links
2 Frontscheibe
3 Sichtfenster für die Fahrgestellnummer (die Gravur kann abbestellt werden)

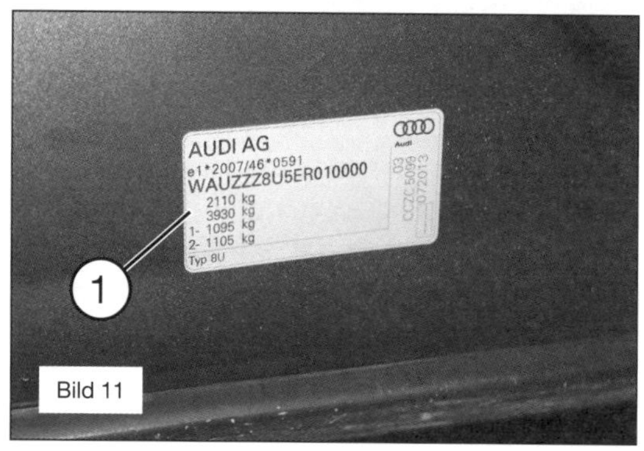

Bild 11
Im unteren Bereich der B-Säule auf der Beifahrerseite.
1 Fahrzeugtypenschild

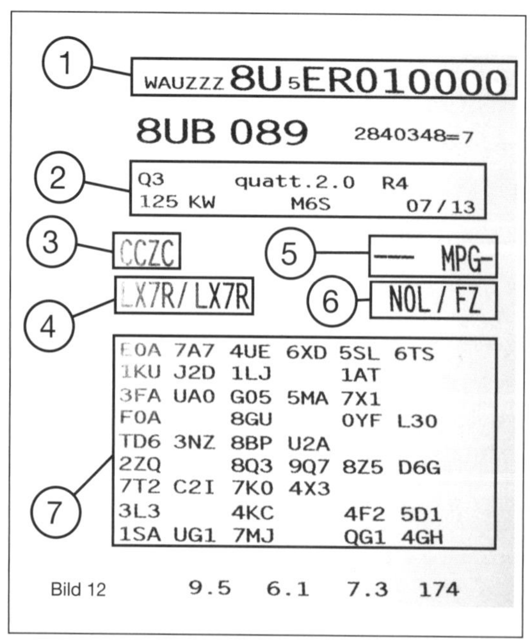

Bild 12
Fahrzeugdatenträger vorne im Serviceheft.
1 Fahrgestellnummer
2 Fahrzeugtyp, Motorisierung und Herstellungsdatum
3 Motorkennbuchstabe
4 Farbnummer und
5 Getriebekennnummer
6 Innenausstattungscode
7 Ausstattungs- und Ausrüstungscodierung

und ein weiteres Mal auf der Innenseite des Deckels des Serviceplans verklebt. Auf ihm können Sie auch die Fahrgestellnummer (1 im Bild 12) ablesen. Zusätzlich finden Sie weitere Angaben aus der Produktion:

Die Farbnummer:
Die Farbnummer (4) und die Ausstattungscodenummer (6) sind hier vermerkt. Die Farbnummer kann auch, soweit es sich um den originalen Farbton handelt, leicht über den Fachhandel über die Fahrgestellnummer ausgelesen werden. Diese Informationen können Sie über Ersatzteilprogramme oder im Netz abfragen.

Die Motornummer:
Die Motornummer finden Sie als Einschlag oder Fräszahlen auf einer Fläche auf dem Motorblock. Sie ist meist aber schlecht lesbar und bei eingebautem Motor zudem grundsätzlich schlecht zugänglich. Auf dem Fahrzeugdatenträger finden Sie den Motorkennbuchstaben (3), den Sie für die Bestellung der Ersatzteile benötigen.

Die Getriebekennnummer:
Die Getriebekennzeichnung kann an zwei unterschiedlichen Stellen erfolgen. Meist finden Sie die Kennnummer im Bereich des Differenzialgehäuses. Natürlich finden Sie die Kennnummer auch auf dem Datenträger (5 im Bild 12).

Servicevorgaben

SIA (Service-Intervall-Anzeige)
Die SIA wird für eine flexible Wartungsintervallanzeige verwendet. Der nächste Servicetermin wird in Abhängigkeit von der Fahrleistung und der Fahrweise des Fahrers ermittelt. Die Zeit zwischen einzelnen Serviceterminen verlängert sich, wenn das Fahrzeug schonend, bei mittleren Drehzahlen gefahren und Kurzstrecken vermieden wurden, bei denen der Motor die Betriebstemperatur nicht erreicht hat. Kurz vor dem Erreichen des Servicetermins wird bei jedem Einschalten der Zündung die verbleibende Strecke oder die verbleibenden Tage bis zum Service im Tachodisplay angezeigt. Ist der Service fällig, wird »SERVICE« beziehungsweise »Service fällig« im Tachodisplay angezeigt.

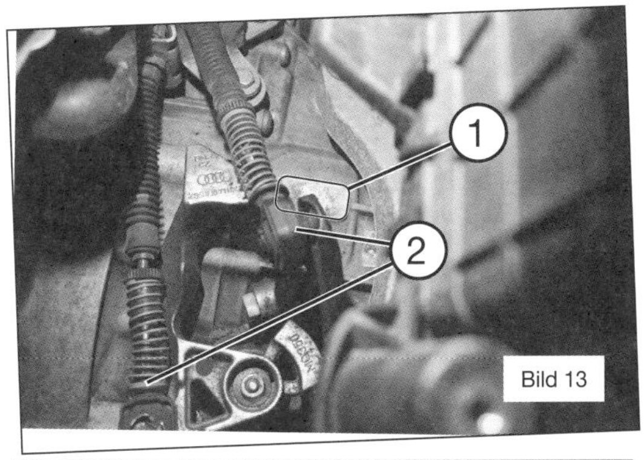

Bild 13

Bild 13
Getriebekennnummer oben am Schaltgetriebe (beim 6-Gang-Getriebe).
1 Kennnummer
2 Schaltzüge

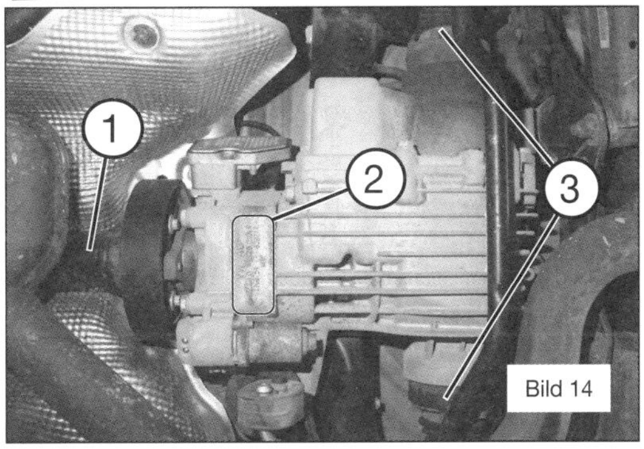

Bild 14

Bild 14
Getriebekennnummer am Achsgetriebe hinten beim Quattro.
1 Kardanwelle
2 Hinterachsgetriebe mit Haldex-Kupplung
3 Antriebswellen hinten

Bild 15

Bild 15
Motornummer schwungradseitig am Motorgehäuse.

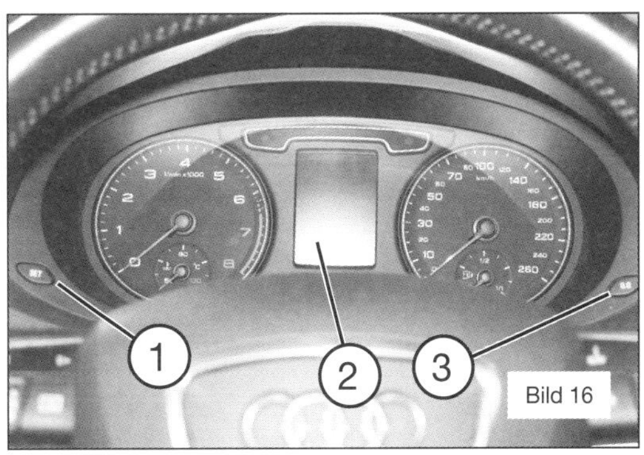

Bild 16

Bild 16
Anfrage über die Tachometertasten.
1 SET-Taste
2 Tachometerdisplay
3 Rücksetz-Taste

Service-Intervall-Anzeige abfragen
Welche Serviceart fällig wird oder fällig ist, können Sie über die »SET« abfragen.
- Schalten Sie die Zündung ein.
- Drücken Sie die Taste »SET« (1 im Bild 16) so lange, bis die Stundenanzeige im Tachodisplay (2) blinkt.
- Drücken Sie die Taste »SET« (1) so oft,

bis unter der Uhrzeitanzeige im Tachometerdisplay die Zeit in Tagen und »SERVICE« für den Inspektionsservice oder »OEL« für den Ölwechsel angezeigt wird.

■ Schalten Sie die Zündung wieder aus. Es sind keine weiteren Schritte erforderlich.

Rücksetzen der SIA ohne Diagnosetester

Grundsätzlich wird die Serviceanzeige mit dem Diagnosegerät zurückgesetzt. Dies ist auch zwingend nötig, wenn Sie den Longlife-Service aktiviert haben und das auch so bleiben soll. Denn die manuelle Rückstellung der Anzeige hat zur Folge, dass Ihr Audi Q3 auf starre Intervalle umprogrammiert wird.

Die Rückstellung in der Werkstatt hat zudem einen weiteren Vorteil: Wenn das Fahrzeug sowieso am Diagnoseanschluss (Stecker unter dem Armaturenbrett) hängt, können Sie bei dieser Gelegenheit gleich den Fehlerspeicher auslesen (lassen). Das Auslesen des Fehlerspeichers ist übrigens Prüfpunkt bei jedem Kundendienst und sollte nicht vernachlässigt werden.

Rücksetzen über die Tachometertaste:

■ Schalten Sie die Zündung ein.

■ Drücken Sie die Taste »SET« (1 im Bild 16) so lange, bis die Stundenanzeige im Tachodisplay (2) blinkt.

■ Drücken Sie die Taste »SET« (1) so oft, bis unter der Uhrzeitanzeige im Tachometerdisplay die Zeit in Tagen und »SERVICE« für den Inspektionsservice oder »OEL« für den Ölwechsel angezeigt wird.

■ Drücken Sie die Taste »00« (3 im Bild 16) mindesten 3 Sekunden. Das Service-Ereignis, ob Ölwechsel oder Wartungsservice ist nun zurückgesetzt.

■ Schalten Sie die Zündung aus und fragen Sie die SIA wie beschrieben erneut ab.

Regelmäßige Kontrollen

Hier beschreiben wir die Arbeitsschritte, die Sie zwischendrin z. B. beim Tanken oder bei der Fahrzeugreinigung kontrollieren sollten:

Arbeitsschritte	Bemerkung	OK/Defekt
Scheibenwaschwasser auffüllen. Scheibenwischer und Waschanlage prüfen.		
Wasserablauf im Wasserkasten prüfen (Blätter u. Blütenreste).		
Motorölstand und Kühlflüssigkeit prüfen, eventuell nachfüllen.		
Kontrollleuchten, Standlicht, Abblend- und Fernlicht prüfen.		
Bremsleuchten, Blinker und Warnblinker sowie das Signalhorn (auch Lichthupe) prüfen.		
Bremsen und Bremsflüssigkeit prüfen, Handbremshebelweg prüfen und eventuelle Einstellung prüfen.		
Reifen (und, falls vorhanden, Reserverad): Zustand, Reifenlaufbild, Fülldruck und Profiltiefe prüfen. Wenn damit ausgestattet: Haltbarkeitsdatum des Reifenreparatur-Sets prüfen (Bild 17).		
Prüfen Sie, ob das Haltbarkeitsdatum des Verbandskastens überschritten ist (Bild 18).		

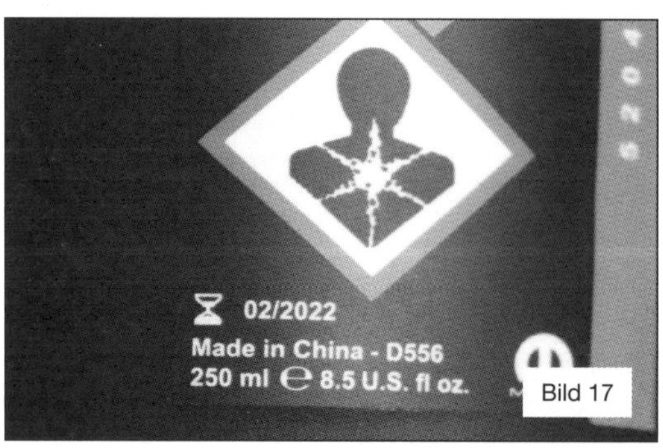

Bild 17

Bild 17
Fälligkeitsdatum für das Reifenfüllset.

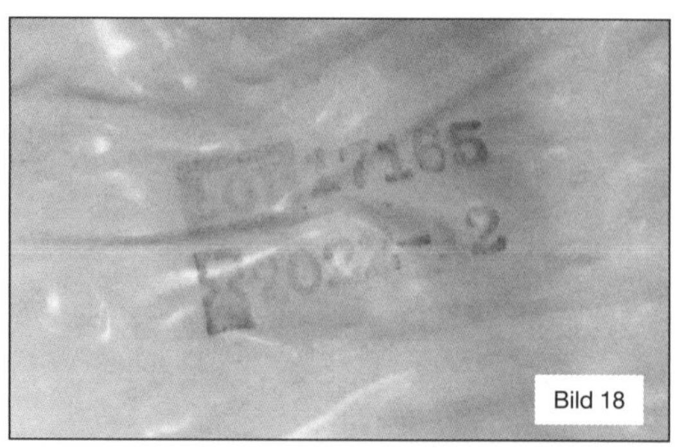

Bild 18

Bild 18
Fälligkeitsdatum für den Verbandskasten.

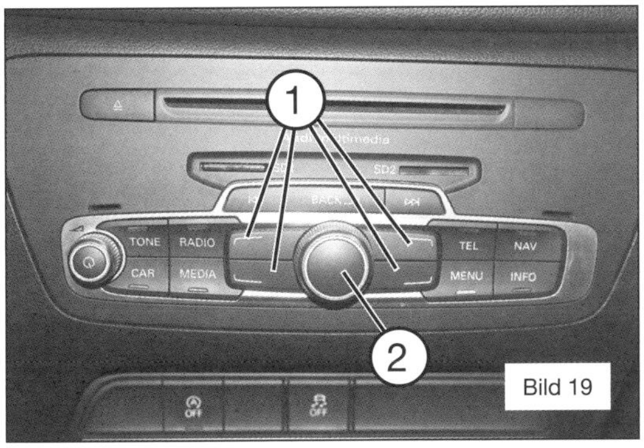

Bild 19

Bild 19
Bedienfeld Multimediasystem im Audi.
1 Eckfeldtasten
2 Dreh- und Druckknopf zur Anwahl im Display

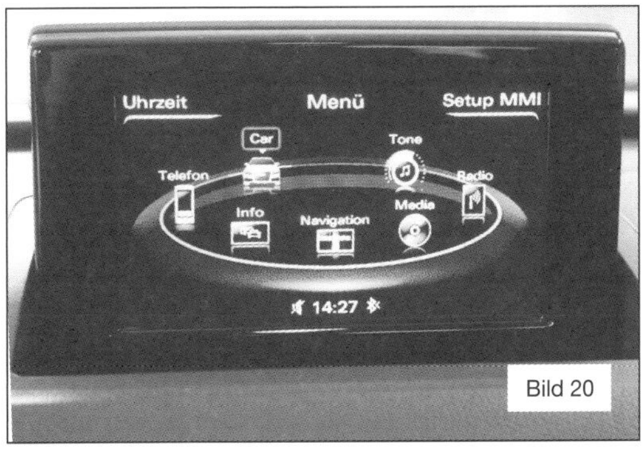

Bild 20

Bild 20
Eingangsbildschirm zur Anwahl »CAR«.

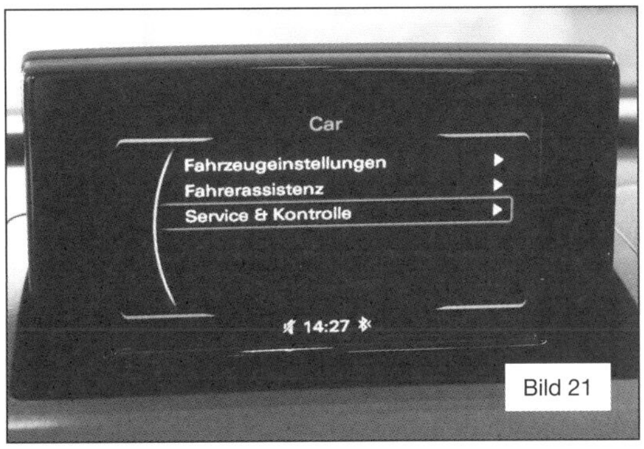

Bild 21

Bild 21
Eingangsbildschirm »CAR« zur Anwahl »Service & Kontrolle«.

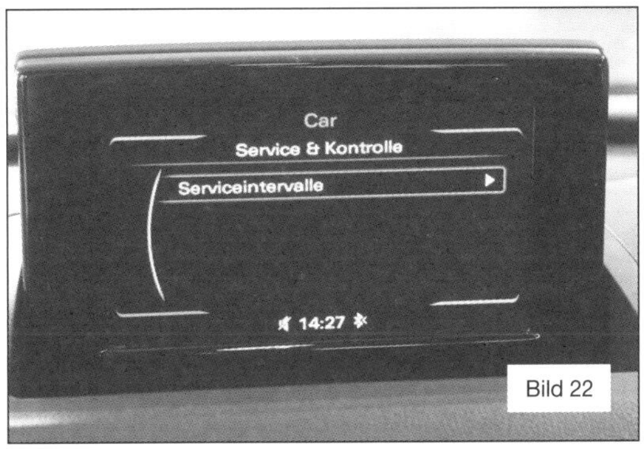

Bild 22

Bild 22
Eingangsbildschirm »Service & Kontrolle« zur Anwahl »Serviceintervalle«.

Rücksetzen über das Infotainment:

■ Schalten Sie die Zündung ein.
■ Wählen Sie im Display das Menü »CAR« an.
■ Wählen Sie im Display das Untermenü »Service & Kontrolle« an.
■ Wählen Sie im Display das Untermenü »Serviceintervalle« an. Es wird Ihnen nun die Fälligkeit für den Ölwechsel und den Inspektionsservice angezeigt.
■ Wählen Sie das gewünschte Serviceereignis an.
■ Wählen Sie das Rücksetzen des Serviceereignis an.
■ Bestätigen Sie die Rücksetzung. Die Rückstellung des Serviceereignisses ist nun erfolgt.

Rücksetzen mit dem Diagnosetester

Die Rücksetzung der Wartungsanzeige funktioniert nur mit Testern, die für diese Funktion auch vorgesehen sind.

Grundsätzlich sollten Sie die Inspektionen und Wartungsarbeiten nicht außerhalb der Intervalle zurücksetzen. Da längst keine Ölzettel mit Datum und Fahrleistung im Motorraum zu finden sind, ist die Wartungsanzeige die wichtigste Informationsquelle für den Wartungsstatus Ihres Fahrzeuges.

Bild 23

Bild 23
Eingangsbildschirm »Service & Kontrolle« zur Anwahl »Serviceintervalle«

■ Den Tester im Fahrzeug an der OBD-Anschlussdose anschließen.
■ Zündung einschalten und den Tester starten. Der VDO-Tester in unserem Beispiel beginnt mit einer »Fastceck« Anwendung.
■ Die Inspektionsrücksetzung erfolgt im Tachometersteuergerät. Der Zugang wird meist über die »Geführte Funktionen« erleichtert.

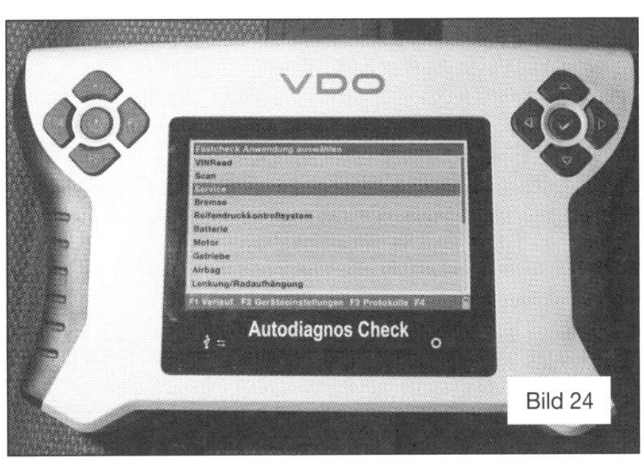

Bild 24

Bild 24
»Fastcheck« Anwendung als Eingangsmaske beim VDO-Tester. Unter »Service« erfolgt der Zugang zur Wartungsanzeige.

Bild 25
Bildschirmmaske mit Zugang zu den »Geführten Funktionen« beim VDO-Tester.

Bild 26
Übersicht der »Geführten Funktionen« beim VDO-Tester.

Bild 27
Anzeige des aktuellen abgespeicherten Servicestandes.

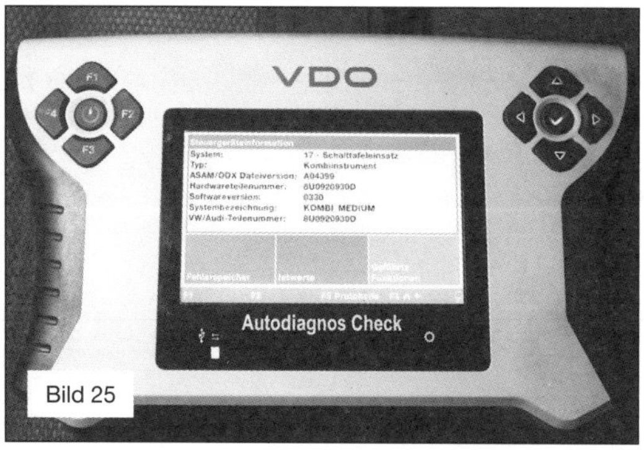

Bild 25

- Anschließend muss der Fahrzeughersteller angewählt werden. Die weiteren Details werden vom Tester selbstständig über die Steuergeräte bezogen.
- Wählen Sie mit den Pfeiltasten die Kachel »geführte Funktionen« an und bestätigen Sie diese mit dem Haken.
- Wählen Sie aus den »Beschreibungen« in der nächsten Bildmaske die erforderliche Rücksetzung aus und bestätigen Sie diese mit dem Haken.

Sie können nun die abgelegten Servicedaten einsehen. Um mit der Rücksetzung fortzufahren, werden sie vom Tester aufgefordert, die Rückstellung zu bestätigen. Folgen Sie den Anweisungen auf dem Bildschirm. Im Anschluss werden Sie aufgefordert, die Zündung auszuschalten und anschließend wieder einzuschalten. Abschließend wird die erfolgte Rückstellung im Display des Testers bestätigt.

Umcodierung SIA

Die Rücksetzung (Umcodierung) der Wartungsanzeige von festen Wartungsintervallen auf flexible funktioniert nur mit Testern, die für diese Funktion auch vorgesehen sind.

Der Wechsel von flexiblen Wartungsintervallen zu festen Wartungsintervallen erfolgt auch dann, wenn die Servicerückstellung ohne Diagnosetester durchgeführt wurde. Bei der Umprogrammierung wird der Zähler für das Wartungsintervall neu gestartet. Die Umprogrammierung sollte also grundsätzlich nur im Rahmen eines Serviceereignisses durchgeführt werden. Im Bild 26 finden Sie unter den »Beschreibungen« der »geführten Funktionen« die Möglichkeit die Wartungsanzeige auf den flexiblen Service mit »Ölqualität Longlife« umzustellen.

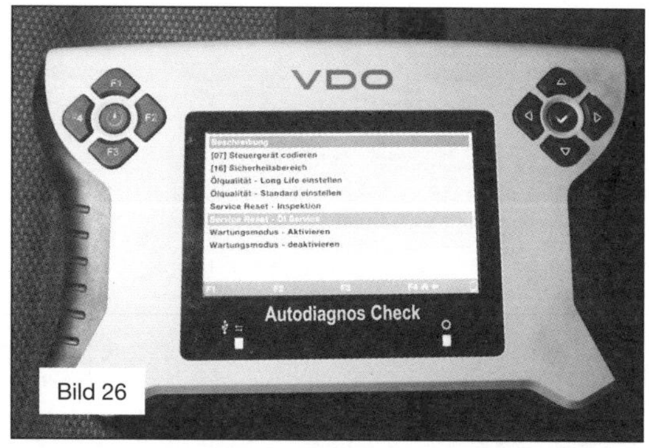

Bild 26

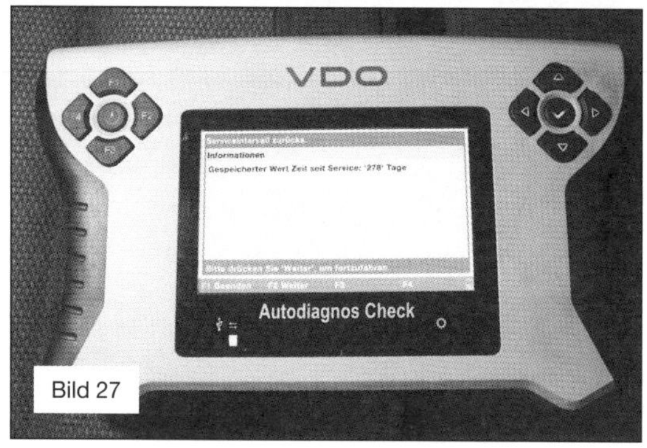

Bild 27

Wartung nach Plan

Bei Fahrzeugen, die überwiegend auf Kurzstrecken oder im Anhängerbetrieb eingesetzt werden, sollten die Wartungsintervalle verkürzt werden. Wir haben hier einen eigenen Wartungsplan erstellt, der (angelehnt an den originalen Wartungsplan) die Arbeitsschritte in einen Arbeitsablauf integriert.
In der Spalte Bemerkung können Sie Auffälligkeiten oder auch die Haltbarkeit von Verbandskasten oder Reifenfüllset vermerken.

Ölservice (»Ö« in den nachfolgenden Tabellen) als kleine Inspektion
Wir empfehlen diese Wartungsschritte alle 15.000 km oder zumindest einmal im Jahr durchzuführen.

Wartung (»W« in den nachfolgenden Tabellen) als große Inspektion
Wir empfehlen diese Wartungsschritte alle 30.000 km oder zumindest alle zwei Jahre durchzuführen.

Zusatzarbeiten (»Z« in den nachfolgenden Tabellen) als Zusatzarbeiten
Für die Zusatzarbeiten finden Sie Anmerkungen im Beschreibungstext oder auch Fälligkeitshinweise. Diese Arbeiten fallen dann je nach Beschreibung zusätzlich an.

Umfang im Fahrzeuginnenraum

Hier beschreiben wir die Arbeiten, die im Fahrzeuginnenraum durchgeführt werden sollen (Ö = Ölservice 10.000 - 20.000 km, W = Wartung 20.000 - 40.000 km, Z = Zusatzarbeiten):

Ö	W	Z	Bezeichnung	Bemerkung	Ok/Defekt
X	X		Elektrische Fensterheber, Heckscheibenheizung, Sitzheizung, Zigarettenanzünder und Spiegeleinstellung auf Funktion prüfen.		
X	X		Bedienelemente von Heizung, Lüftung und Klimaanlage auf Funktion prüfen.		
X	X		Scheibenwischer, Scheibenwaschanlage auf Funktion prüfen.		
X	X		Leuchten im Kombiinstrument und Innenbeleuchtung prüfen.		
X	X		Kombiinstrument: Serviceanzeige zurücksetzen.		
		X	Dieselpartikelfilter prüfen	ab 180.000 alle 30.000 km	
		X	Verbandskasten prüfen.	Verfallsdatum:	
		X	Reifendichtmittel prüfen.	Verfallsdatum:	
	X		Batterie: Flüssigkeitsstand prüfen	eventuell korrigieren	
		X	Aktivkohle-Staubfilter Innenraum erneuern (je nach Verschmutzung).		
X	X		Fehlerspeicher auslesen.		
	X		Kupplungspedalweg prüfen/nachstellen.		
X	X		Wartungsintervall zurücksetzen ( ) Manuell / ( ) Tester.		

Umfang an der Fahrzeugaußenseite

In diesem Abschnitt geht es um die Karosserie und die Anbauteile außen (Ö = Ölservice 10.000 - 20.000 km, W = Wartung 20.000 - 40.000 km, Z = Zusatzarbeiten):

Ö	W	Z	Bezeichnung	Bemerkung	Ok / Defekt
X	X		Außenbeleuchtung auf Funktion prüfen.		
		X	Scheinwerfereinstellung prüfen und einstellen.		
			Scheinwerferreinigungsanlage Dichtigkeit, Einstellung und Funktion prüfen.		
X	X		Karosserie im sichtbaren Bereich auf Lackschäden prüfen.		
X	X		Zustand der Türdichtungen prüfen.		
X	X		Frontscheibe auf Beschädigung prüfen.		
	X		Zentralverriegelung auf Funktion prüfen.		
	X		Scharniere und Türschlösser und Klappen schmieren.		

Sichtprüfung Messen

Umfang an der Fahrzeugunterseite

Arbeiten unter dem Fahrzeug sind in diesem Abschnitt als Schwerpunkt anzusehen (Ö = Ölservice 10.000 - 20.000 km, W = Wartung 20.000 - 40.000 km, Z = Zusatzarbeiten):

Ö	W	Z	Bezeichnung	Bemerkung	OK / Defekt
X	X		Reifen auf Beschädigung und Rissbildung prüfen.		
X	X		Alle sichtbaren Teile der Fahrzeugunterseite auf Beschädigungen und Undichtheit prüfen.		
X	X		Alle Anschlussleitungen und Anschlusskabel auf Beschädigungen und schadhafte Befestigung prüfen.		
X	X		Motor, Getriebe und Bauteile der Betriebshilfsstoffe auf Undichtheiten und schadhafte Befestigung prüfen.		
		X	Haldex-Öl beim Quattro.	Wechsel alle 3 Jahre (am besten mit Filter)	
X	X		Alle sichtbaren Teile der Abgasanlage auf Beschädigungen, Undichtheiten und schadhafte Befestigung prüfen.		
X	X		Hitzeschutzbleche auf Beschädigungen, Befestigung und Korrosion prüfen.		
X	X		Gummilagerung der Hinterachse und der Stoßdämpfer hinten auf Verschleiß, Rissbildung oder Beschädigungen prüfen.		
X	X		Alle sichtbaren Teile von Motor und Getriebe auf Beschädigungen, Undichtheiten und schadhafte Befestigung prüfen.		
X	X		Antriebswellen auf Spiel und den Zustand der Manschetten überprüfen.		
X	X		Spur- und Lenkstangen Manschetten prüfen.		
X	X		Keilrippenriemen im sichtbaren Bereich auf Verschleiß prüfen (Dieselmotor).		
	X		Vorderachsgelenke auf Spiel prüfen, Manschetten prüfen.		
	X		Spur- und Lenkstangengelenke auf Spiel prüfen (1 x jährlich).		
	X	X	Koppelstangen und Stabilisatoren: Lagerungen und Manschetten prüfen.		
		X	Keilrippenriemen erneuern	bei Bedarf	
		X	Kühlmittel Hauptkreislauf erneuern (alle 60.000 km)	siehe auch: »Umfang im Motorraum«	
		X	Dichtmanschetten, Radbremszylinder und Bremsnachsteller auf Beschädigung prüfen.		
X	X		Unterbodenverkleidung auf Beschädigungen, Befestigung und Korrosion prüfen.		

Umfang im Motorraum

Arbeiten, die speziell im Motorraum anfallen, werden hier vorgestellt (Ö = Ölservice 10.000 - 20.000 km, W = Wartung 20.000 - 40.000 km, Z = Zusatzarbeiten):

Ö	W	Z	Bezeichnung	Bemerkung	OK / Defekt
X	X		Motorkühlsystem: Kühlmittelstand und Frostschutzgehalt prüfen.		
		X	Motorkühlsystem: Wechsel (alle 180.000 km)	oder bei Verschmutzung	
X	X		Motor Öl- und Filterwechsel.		
		X	Getriebeölstand kontrollieren/wechseln.	Schaltgetriebe: Kontrolle alle 60.000 km, Wechsel bei 180.000 km S-tronik: Wechsel bei 60.000 km	
	X		Kraftstoffleitungen auf Dichtheit und Zustand prüfen.		
		X	Kraftstofffilter wechseln.	TDI alle 90.000 km	
		X	Luftfiltereinsatz erneuern	alle 90.000 km	
		X	Innenraumfiltereinsatz erneuern	alle 30.000 km oder 2 Jahre	
		X	Zahnriemen (Nockenwelle)	Kontrolle alle 30.000 km Wechsel bei 210.000 km	
X	X		Scheibenwaschanlage: Flüssigkeitsstand prüfen, richtigstellen.		
X	X		Bremsanlage: Bremsflüssigkeitsstand prüfen.		
X	X	X	Bremsflüssigkeit Nasssiedepunkt prüfen/erneuern (alle 2 Jahre).		

Umfang rund um das Thema Rad und Bremse

In diesem Abschnitt stellen wir Ihnen die Arbeiten für die Wartung an Rad und Bremse vor (Ö = Ölservice 10.000 - 20.000 km, W = Wartung 20.000 - 40.000 km, Z = Zusatzarbeiten):

Ö	W	Z	Bezeichnung	Bemerkung	OK / Defekt
X	X		Bremsentest auf einem Prüfstand durchführen und Ergebnisse notieren.		
	X		Vorderachse: Bremsbelagstärke prüfen Bremsscheiben auf Zustand prüfen.		
	X		Hinterachse: Bremsbelagstärke prüfen Bremsscheiben auf Zustand prüfen.		
	X		Zustand, Einbaulage und Leichtgängigkeit der Bremsseile prüfen.		
X	X		Reifendruck korrigieren und den korrigierten Reifendruck unter Bemerkungen vermerken.		
	X		Zustand von Bremsleitungen und Schläuchen prüfen.		
	X		Befestigungen von Bremsleitungen und Schläuchen prüfen.		

3 Werkzeug und Ausrüstung

Ob nun reines Hobby oder beruflich: Das Schrauben birgt gewisse Risiken. Vom kleinen Kratzer bis hin zum tödlichen Unfall ist schon alles vorgekommen. Ärgerlich ist es aber auch schon, wenn durch einen unpassenden Schraubenschlüssel eine Schraube so beschädigt wird, dass sie sich nur mit einem erheblichen Aufwand lösen lässt. Einige Arbeiten werden durch Spezialwerkzeug deutlich erleichtert. Sollten Sie bestimmte Tätigkeiten öfter durchführen, scheuen Sie sich nicht, die Preise für das Spezialwerkzeug anzufragen. Gelegentlich sind die Preise so günstig, dass es sich nicht mal lohnt, die Werkzeuge nachzubauen.

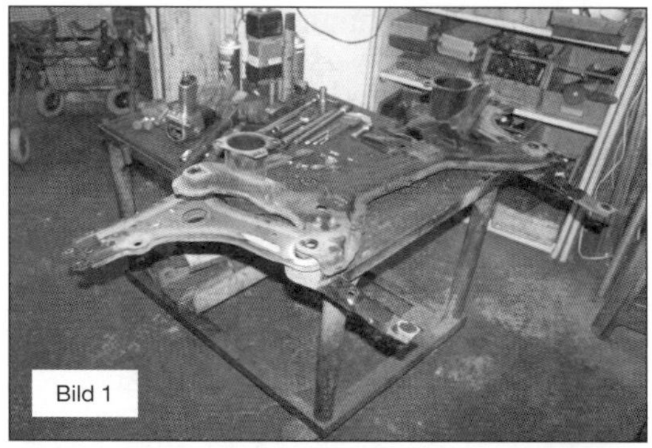

Bild 1

Bild 1
Werkbank und Ablage.

Bild 2

Bild 2
Kistchen und Kästchen – das spart Zeit.

Standardausrüstung für mechanische Arbeiten

Sicherlich ist es immer besser, auf die Werkzeugsätze der Top-Markenhersteller zurückzugreifen. Als Basis allerdings sind auch schon günstigere Ausführungen recht bekannter Marken erhältlich. Gerade für die Arbeiten an modernen Fahrzeugen müssen neben den üblichen Sechskantnüssen auch Vielzahn- und Torxeinsätze zur Verfügung stehen (Bild 4). Eine günstige Alternative für unsere Zwecke bieten »Snap On«- oder »KS-Tool«-Werkzeugkoffer, die ein sehr komplettes Angebot liefern. Sind die Sätze im Angebot, kann man sein Werkzeugsortiment mit einem solchen Set leicht auch um 100 Euro erweitern.

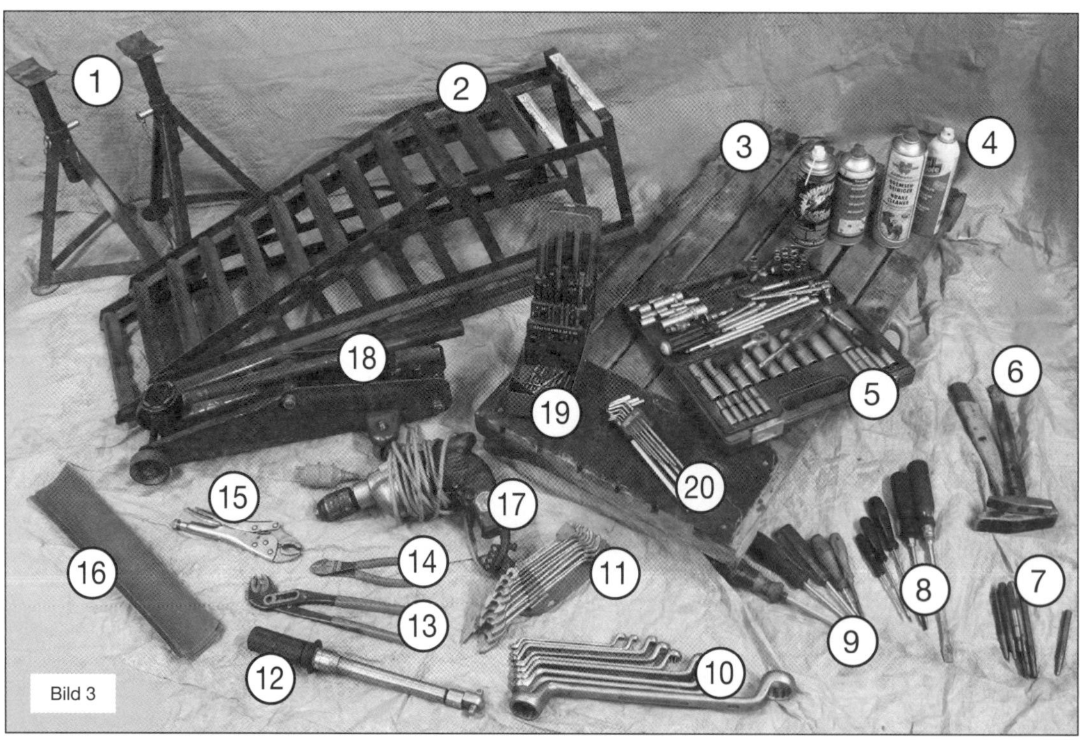

Bild 3

Bild 3
Standardwerkzeug in der Übersicht.

1 Unterstellböcke
2 Auffahrrampen
3 Rollbrett
4 Sprühfett, Rostlöser und Bremsenreiniger
5 Ratschenkasten-Werkzeugset
6 Schlosserhammer 500 g und Schlosserhammer 200 g
7 Durchschlagset und Körner
8 Schlitz-Schraubendreherset
9 Kreuz-Schraubendreherset
10 Ringschlüsselset
11 Gabelschlüsselset
12 Drehmomentschlüssel
13 Wasserpumpenzange
14 Seitenschneider
15 Grip- oder Schnappzange
16 Schleifpapier Korn 120
17 Handbohrmaschine
18 Hydraulischer Wagenheber
19 Bohrerset
20 Innensechskant/Torx/Vielzahnset

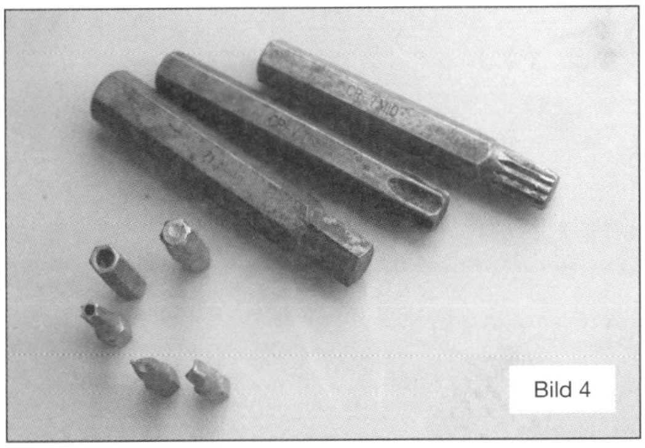
Bild 4

Bild 4
Innensechskant, Torx und Vielzahn bis öfter mal was Neues.

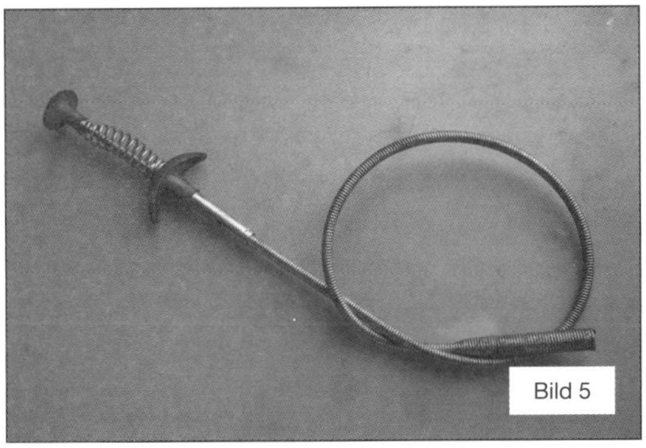
Bild 5

Bild 5
Greifer, um unzugängliche Stellen erreichen zu können.

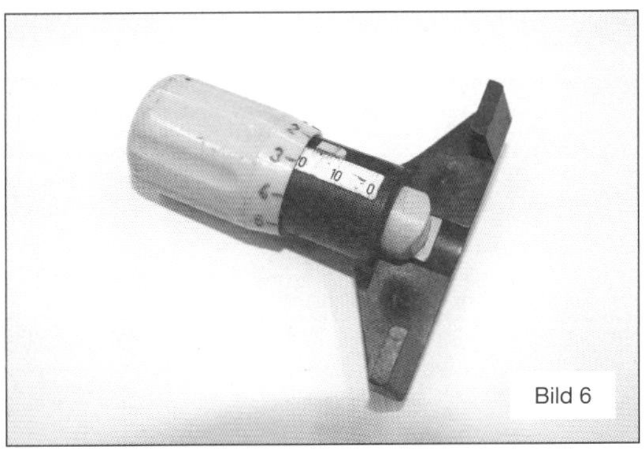
Bild 6

Bild 6
Zahnriemenvorspannungsprüfer.

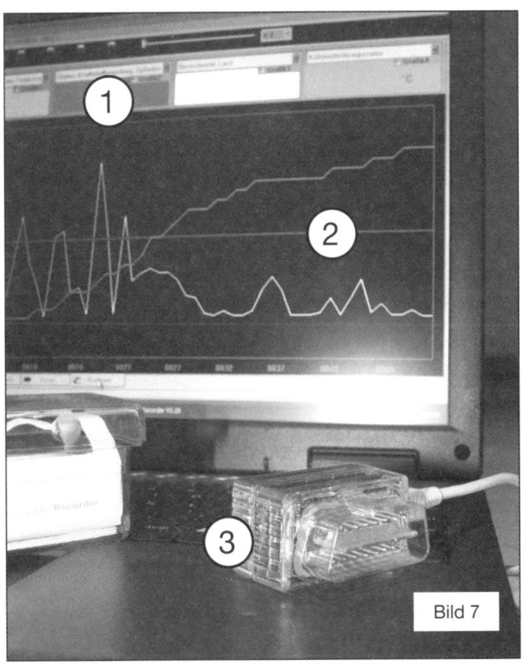

Bild 7

Bild 7
Aufzeichnen während der Fahrt. Alle OBD-Daten bis zu 24 Stunden erfassen.
1 Laptop
2 Kennlinien
3 Datenlogger

An Werkzeug lässt sich leider kein Geld einsparen. Zum einen ist die Lebenserwartung dieses Werkzeuges stark an den Anschaffungspreis gekoppelt und zum anderen ist es extrem wichtig, dass die Maßhaltigkeit genau stimmt.
Wenn es um die Demontage von einzelnen Bauteilen geht oder auch nur zur Ablage von ausgebauten Fahrzeugteilen, ist eine Werkbank sehr hilfreich (Bild 1). Ist sie stabil genug, kann sie bei der Demontage der Motorteile gute Dienste leisten. Bei der Demontage fallen regelmäßig einige Schrauben an. Um diese besser wieder zuordnen zu können und sie sicher und sauber zu lagern, empfiehlt es sich, für die einzelnen Baugruppen jeweils eine, am besten verschließbare Kiste zu verwenden (Bild 2).

Spezialwerkzeuge
Ein hilfreicher Spezialist für enge Stellen ist ein sogenannter Greifer oder auch ein »Magnet am Stiel« (Bild 5). Der Motorraum ist gerade bei heutigen Fahrzeugen recht zugebaut. Fällt eine Schraube oder Klammer hinunter, muss diese natürlich wieder herausgesammelt werden. Oft genug wird es für die Finger zu eng. Der Versuch, mit einem Schraubendreher das Entfallene in erreichbare Nähe zu bekommen, endet meist mit einer noch verzwickteren Lage. Der Greifer oder auch ein Magnet kann helfen, die entflohenen Teile ohne fingerbrecherische Aktionen wieder einzufangen.

Riemenvorspannungsprüfer (Bild 6)
Bei allen Motorvarianten ohne automatischen Riemenspanner muss dieser entsprechend den Angaben des Herstellers gespannt werden. Ist er zu lose, können genau wie bei zu fester Spannung Schäden an Riemen oder den Umlenkungen entstehen.

Standardausrüstung für Arbeiten an der elektrischen Anlage

Diagnose-Tools und Auslesegeräte
Unabdingbar ist heutzutage die in jedem Steuergerät eingebauten Fehlerspeicher auszulesen. Es geht schon lange nicht mehr

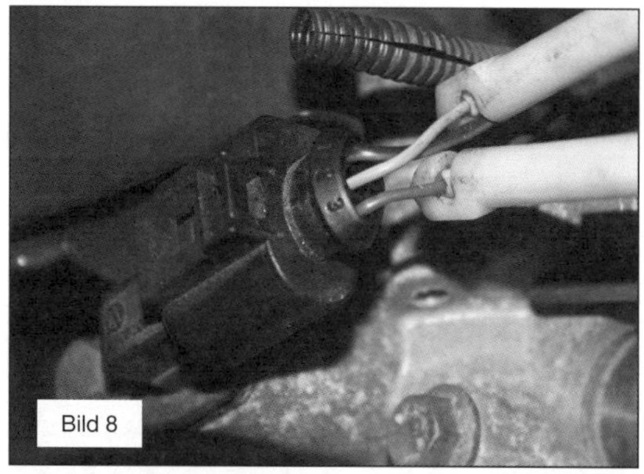

Bild 8

Bild 8
Nadelkontaktierer im Einsatz.

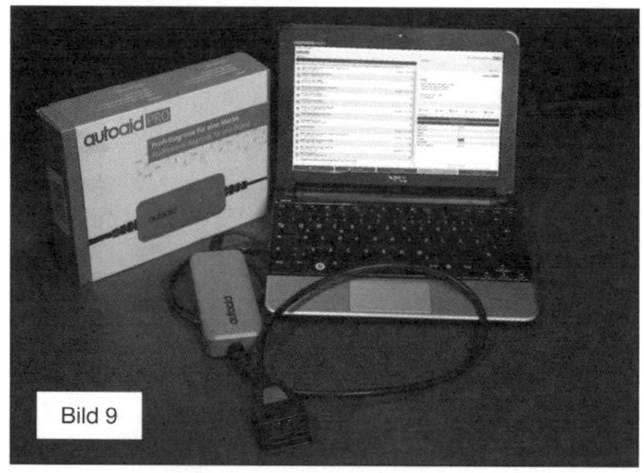

Bild 9

Bild 9
Freier Tester.
Autoaid STARTER, PRO oder EXPERT als Diagnoseset mit Dongel und Software.

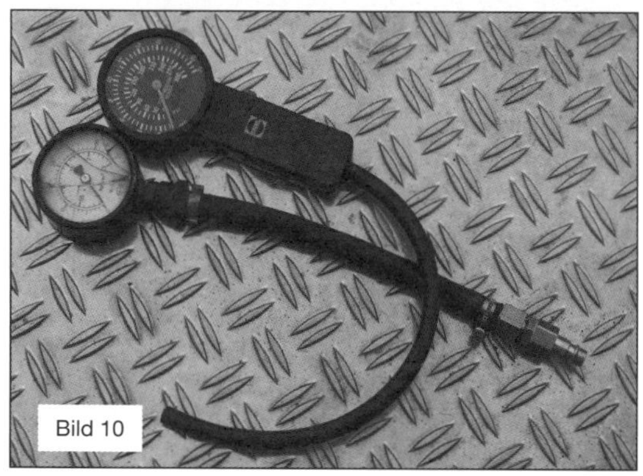

Bild 10

Bild 10
Kraftstoffdruckmanometer. Die Alten sind die besten: Sind die Innereien aus Blech, lassen sich damit nicht nur Luft-, sondern auch der Öl- und der Kraftstoffdruck messen. Anschlüsse und Gewindestücke gibts oft schon beim örtlichen Hydraulik-Händler oder im Werkzeugladen.

darum, die großen Fehler abzulegen, sondern eben auch kleine Funktionsstörungen, die vom Steuergerät erkannt werden, für eine Fehlerabfrage bei der Inspektion oder bei der Reparatur zu sichern. Es gibt heute schon Auslesegeräte für die OBD (On Board Diagnose) unter 100 Euro, die zumindest das Auslesen nach Codenummer ermöglichen. Wir verwenden den »Autoaid« (Autoaid GmbH und den VAG-COM (PCI-Diagnosetechnik), um die Auslese, einige Bauteilprüfungen und Einstellungen im Bordnetz durchzuführen. Diese PC-basierten Diagnosesysteme liegen zwischen 300 und 600 Euro ungefähr beim Preis eines Profiwerkzeugkastens. Zusätzlich wird lediglich ein Notebook mit Windows-Betriebssystem oder ein ausgedienter Desktop-PC benötigt. Regelmäßige, kostenlose Software-Updates halten Sie stets auf dem neuesten Stand (Bild 9). Die Auslesegeräte werden zunehmend vielfältiger und es ergeben sich neue Möglichkeiten. Der »C-Recorder« ermöglicht eine Langzeitüberwachung der Bordelektronik bis zu 24 h Fahrzeit (Nr. 3 in Bild 7). Das ist eine sehr hilfreiche Variante für die Fehlersuche, gerade bei kaum zu ortenden sporadisch auftretenden Fehlern.

Sinnvolle Anschaffung für die Messtechnik

Messspitzen

Riesige Probleme bereitet es, eine Messung an einem angeschlossenen Kabel am Bauteil in Funktion zu realisieren. Zumal ja weder die Isolierung noch das Kabel selbst oder der Stecker beschädigt werden sollen. Die Firma Rose Messtechnik in Limburg-Offheim stellt einen Nadelkontaktierer (Bild 8) her, der genau diese Anforderungen erfüllt (www.rose-netztechnik.de). Das Anstichloch im Kabel ist so klein, dass es keine relevanten Löcher in der Isolierung hinterlässt.

Messbechersatz »kraftstofffest«

Für die Messungen an der Benzinpumpe oder auch nur mal, um den Kraftstoff aufzufangen, werden Behältnisse mit Volumenangaben benötigt. Mit etwas Geduld finden sich in der Haushaltsabteilung des Supermarktes recht günstig verwendbare Messbecher oder Schüsseln. Auch ausrangierte Messuhren eignen sich durchaus für die Prüfung des Kraftstoff- oder Öldruckes.

Zum Selbermachen

Natürlich sind Messwerkzeuge in der Regel teuer. Es sei denn, man zeigt etwas Kreativität und Bastlerspürsinn. Die Profigeräte sind sicherlich deutlich professioneller, der Eigenbau aber ist genauso einsatzfähig und kostet oft nur wenige Euro. Messkabelsätze lassen sich aus passenden Anschlüssen vom Schrottplatz leicht und funktionell selbst herstellen (Bilder 11 bis 13). Neben normalen Labormesskabeln werden unterschiedliche Anschlüsse, Stecker und Y-Kabel benötigt, um Bauteile und Funktionen rund um die Motorsteuerung zu prüfen. Im Laufe der Berufsjahre sammeln sich schnell die unterschiedlichen Messadapter an.

Arbeiten an der Karosserie

Die Standardausrüstung für Arbeiten an der Karosserie haben wir im Bild 14 als Übersicht zusammengestellt. Mit der Ausrüstung lassen sich auch Korrosionsschäden und Kampfspuren, die im Alltagseinsatz entstehen, beseitigen. Korrosionsschutz und Ausbesserung des Unterbodens gehören schließlich auch zu den Wartungsarbeiten. Zumindest zu den erweiterten Arbeiten rund um die Wartung.

Bild 11

Bild 11
Freier Tester.
FI-Com als Diagnoseset mit Dongel und Software.

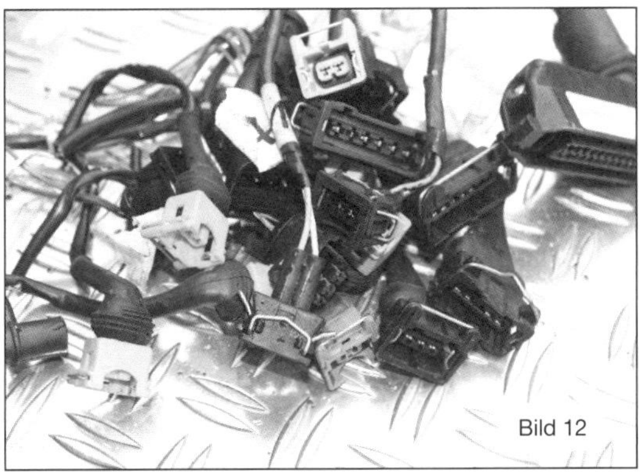

Bild 12

Bild 12
Die Kabel und Stecker ermöglichen den Test auch außerhalb des Fahrzeuges.

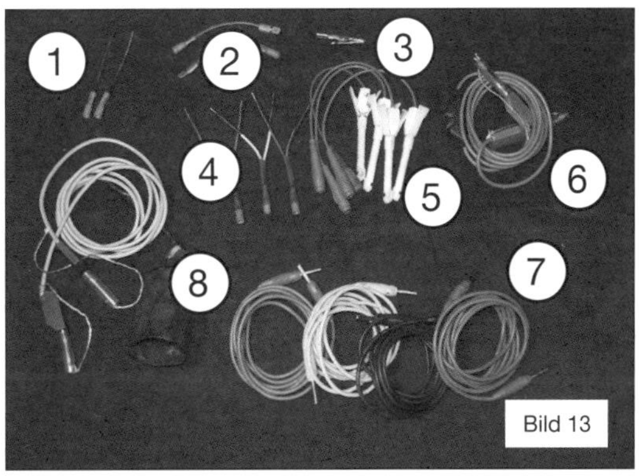

Bild 13

Bild 13
Messkabelsatz.
1 Messspitzen
2 Flachstecker auf Rundstecker für Laborkabel
3 Krokodilklemme
4 Y-Stecker
5 Nadelkontaktierer
6 Anschlusskabel mit Sicherung
7 Laboranschlusskabel
8 Anschlusskabel mit Schalter

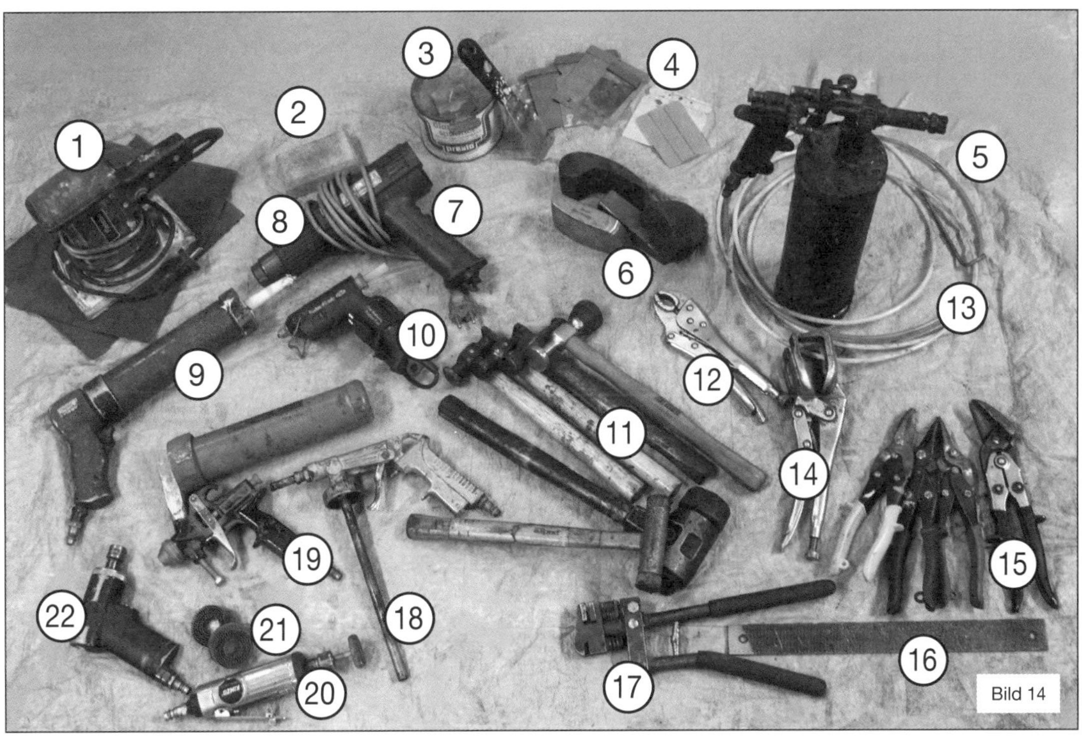

Bild 14

Bild 14
Standard-Ausrüstung für Arbeiten an der Karosserie.
1 Schwingschleifer
2 Schleifklotz
3 Spachtelmasse
4 Japanspachtelset
5 Hohlraumpistole
6 Ausbeuleisen
7 Heißluftföhn
8 Schleifpapier
9 Kartuschen-Pistole
10 Heißklebepistole
11 Hammerset
12 Gripzange flach
13 Hohlraumversiegelungssonden
14 Gripzange abgesetzt und breit
15 Scherenset für gerade und kurvige Schnitte
16 Karosseriefeile
17 Absetzzange
18 Unterbodenschutzpistole
19 Nahtabdichtungs-Spritzpistole
20 Luftschleifer gerade
21 Bristol Look-Kunststoffschleifpads
22 Luftschleifer winklig

4 Motoren

Den Audi Q3 gibt es nicht mehr mit einer klassischen Saugrohreinspritzung. Die Einspritzung erfolgt ausschließlich mit hohem Druck direkt in den einzelnen Zylinder des Motors. Alle Motoren werden mit einem Turbolader aufgeladen. Die Bezeichnung »TFSI« bedeutet »**T**urbocharged **F**uel **S**tratified **I**njektion«. In diesem Buch stellen wir Ihnen die Vierzylindermotoren vor, die im Audi 8U im Bauzeitraum zwischen 2011 bis 2018 eingebaut wurden. Die Otto-Motoren (Benziner) bilden hier eine Gruppe mit 9 Motorkennbuchstaben und Leistungsstufen. Die Basis für diese Motoren sind zwei Motorbaureihen. Eine Besonderheit ist für zwei Motorkennbuchstaben zu vermerken. Die 1,4-l-COD-(**C**ylinder **O**n **D**emand) Motoren sind mit einer Zylinderabschaltung ausgerüstet. Die 2,0-l-Dieselmotoren basieren auf zwei Motorbaureihen. Hier stehen 8 Motorkennbuchstaben in unterschiedlichen Leistungsstufen zur Auswahl. Der »Ultra«- Motor ist hier zusammen mit dem gesamten Fahrzeug auf möglichst geringen Kraftstoffverbrauch und Effizienz ausgerichtet. Wir werden die Arbeiten an den Motoren soweit möglich zusammenfassen und die für Sie und Ihre Arbeit relevanten Besonderheiten für die Montage hervorheben.

Bild 1
TFSI-Motor im Audi Q3.

Die Motormerkmale - Technische Daten

1,4-l-TFSI und 1,4-l-TFSI COD (Ottomotoren)

Bezeichnung	1,4-l-TFSI	1,4-l-TFSI	1,4-l-TFSI-COD	1,4-l-TFSI-COD
Motorkennbuchstabe	CZDB	CHPB	CZDA	CZEA
Bauzeitraum	06/2016 bis 06/2018	09/2013 bis 11/2014	11/2014 bis 06/2018	11/2014 bis 06/2018
Motorbaureihe	VW EA211			
Aufladung	Turbolader			
Gemischaufbereitung	MED			
Besonderheit	-		Zylinderabschaltung	
Zylinder / Motorbauart	4 Zylinder / Reihe			
Ventile je Zylinder	4			
Max. Leistung/Drehzahl	92 kW (125 PS) bei 5000 1/min	110 kW (150 PS) bei 5000-6000 1/min		
Max. Drehmoment/Drehzahl	220 Nm bei 1500 - 3500 1/min	250 Nm bei 1500 - 3500 1/min		
Abgasnorm	EURO 6			
CO_2 Emission	133 g/km	137-145 g/km	127-134 g/km	
Nockenwellenantrieb	Zahnriemen			
Bauform Nockentrieb	DOHC			
Hubraum	1395 cm³			
Bohrung	74,5 mm			
Hub	80,0 mm			
Getriebe und Antrieb	Frontantrieb			

2,0-l-TFSI (Ottomotoren)

Bezeichnung	2,0-l-TFSI	2,0-l-TFSI (Quattro)		2,0-l-TFSI (Quattro)	
Motorkennbuchstabe	CCZC	CULB	CCTA	CPSA	CULC
Bauzeitraum	06/2011 bis 11/2014	12/2014 bis 06/2018	2014 bis 2018	06/2011 bis 11/2014	11/2014 bis 06/2018
Motorbaureihe	VW EA888				
Aufladung	Turbolader				
Gemischaufbereitung	MED				
Besonderheit	-		Kanada und USA	-	
Zylinder/Motorbauart	4 Zylinder/Reihe				
Ventile je Zylinder	4				
Max. Leistung/Drehzahl	125 kW (170 PS) bei 4300-6200 1/min	132 kW (180 PS) bei 4000-6200 1/min	147 kW (200 PS) bei 5100-6000 1/min	155 kW (211 PS) bei 5000-6200 1/min	162 kW (220 PS) bei 4500-6200 1/min
Max. Drehmoment/ Drehzahl	280 Nm bei 1700 - 4200 1/min	320 Nm bei 1400 - 3900 1/min	280 Nm bei 1700 - 5000 1/min	300 Nm bei 1800 - 4900 1/min	350 Nm bei 1500 - 4400 1/min
Abgasnorm	EURO 5	EURO 6	keine Angabe	EURO 5	EURO 6
CO_2 Emission	174-179 g/km	146-154 g/km	keine Angabe		
Nockenwellenantrieb	Steuerkette				
Bauform Nockentrieb	DOHC				
Hubraum	1984 cm³				
Bohrung	92,8 mm				
Hub	80,0 mm				
Getriebe und Antrieb	Allrad (Quattro)	Allrad (Quattro) oder Frontantrieb		Allrad (Quattro)	Allrad (Quattro)

2,0-l-TDI (Dieselmotoren)

Bezeichnung	2,0-l-TDI	2,0-l-TDI	2,0-l-TDI (Quattro)	2,0-l-TDI	2,0-l-TDI (Quattro)
Motorkennbuchstabe	CUVD DFTC	CFFA (DFTB)	CFFB	CLJA	CUVC
Bauzeitraum	01/2015 bis 06/2018 (ab 11/2015)	09/2011 bis 04/2015 (ab 11/2015)	06/2011 bis 11/2014	05/2013 bis 04/2015	11/2014 bis 06/2018
Motorbaureihe	VW EA189 oder VW EA288 (Nachfolger)				
Aufladung	VTG-Turbolader				
Gemischaufbereitung	Common-Rail				
Besonderheit	-				
Zylinder / Motorbauart	4 Zylinder/Reihe				
Ventile je Zylinder	4				

Max. Leistung/Drehzahl	88 kW (120 PS) bei 3250-4500 1/min	100 kW (136 PS) bei 3250-4500 1/min	103 kW (140 PS) bei 3250-4500 1/min	103 kW (140 PS)	110 kW (150 PS) bei 3500-4000 1/min
Max. Drehmoment/ Drehzahl	290 Nm bei 1500 - 2750 1/min	320 Nm bei 1750 - 2500 1/min	320 Nm bei 1750 - 2500 1/min	-	340 Nm bei 1750 - 3000 1/min
Abgasnorm	EURO 6	EURO 5	EURO 5	-	EURO 6
CO_2 Emission	121-128 g/km	137-152 g/km	137-152 g/km	-	119-132 g/km
Nockenwellenantrieb	Zahnriemen				
Bauform Nockentrieb	DOHC				
Hubraum	1968 cm^3				
Bohrung	81,0 mm				
Hub	95,5 mm				
Getriebe und Antrieb	Frontantrieb				Allrad (Quattro) od. Frontantrieb

Bezeichnung	**2,0-l-TDI (Quattro)**	**2,0-l-TDI (Quattro)**	**2,0-l-TDI (Quattro)**	**2,0-l-TDI (Ultra)**
Motorkennbuchstabe	CFGD	CFGC CLLB	CYLA DFUA	CUVB (DFTA) (DBBA)
Bauzeitraum	06/2011 bis 042015	06/2011 bis 11/2014	ab 05/2015	11/2014 bis 06/2018 (ab 11/2015)
Motorbaureihe	VW EA189 oder VW EA288 (Nachfolger)			
Aufladung	VTG-Turbolader			
Gemischaufbereitung	Common-Rail			
Besonderheit			-	Verbrauchsoptimiert
Zylinder / Motorbauart	4 Zylinder/Reihe			
Ventile je Zylinder	4			
Max. Leistung/Drehzahl	120 kW (177 PS)	130 kW (177 PS) bei 4200 1/min	135 kW (184 PS)	110 kW (150 PS) bei 3500-4000 1/min
Max. Drehmoment/ Drehzahl		380 Nm bei 1750 - 3000 1/min		340 Nm bei 1750 - 3000 1/min
Abgasnorm		EURO 5		EURO 6
CO_2 Emission		144-156 g/km		114 g/km
Nockenwellenantrieb	Zahnriemen			
Bauform Nockentrieb	DOHC			
Hubraum	1968 cm^3			
Bohrung	81,0 mm			
Hub	95,5 mm			
Getriebe und Antrieb	Allrad (Quattro)	Allrad (Quattro) oder Frontantrieb	Allrad (Quattro) oder Frontantrieb	Frontantrieb

Arbeiten am Motor

Maßnahmen für Sicherheit, einwandfreie Funktion und Sauberkeit

Bei Arbeiten am Motor, an der Kraftstoffversorgung (Kapitel 7) und an der Einspritzanlage sind bestimmte Maßnahmen zu treffen und Hinweise zu befolgen. Diese dienen der Arbeitssicherheit und der einwandfreien Funktion aller Systeme. Fehlfunktion oder Schäden durch Verunreinigung sollen durch diese Maßnahmen vermieden werden. Wir stellen sie hier als grundlegend für alle folgenden Arbeiten an Motor und Gemischaufbereitung voran.

Sicherheit

- Bei allen Montagearbeiten am Kraftstoffsystem unbedingt Schutzbrille und Schutzhandschuhe tragen. Hautkontakt mit Kraftstoff vermeiden. Abschließend grundsätzlich die Hände waschen.
- Der Kraftstoff bzw. die Kraftstoffleitungen im Kraftstoffsystem können sehr heiß werden (Verbrühungsgefahr). Das Kraftstoffsystem steht unter Druck. Vor dem Öffnen des Systems deshalb Putzlappen um die Verbindungsstelle legen und durch vorsichtiges Lösen der Verbindung Druck abbauen.
- Aus Sicherheitsgründen muss vor dem Öffnen des Kraftstoffsystems die Sicherung für die Kraftstoffpumpe aus dem Sicherungshalter entfernt werden, da die Pumpe durch den Türkontaktschalter der Fahrertür aktiviert werden kann.
- Kraftstoffleitungen sind mit Schnellverschlüssen gesichert. Kraftstoffschläuche dürfen nur mit Federbandschellen gesichert werden. Die Verwendung von Klemm- oder Schraubschellen ist nicht zulässig.
- Beim Aus- und Einbau des Gebers für Kraftstoffvorratsanzeige oder der Kraftstoffpumpe (Kraftstofffördereinheit) aus gefüllten oder teilweise gefüllten Kraftstoffbehältern muss bereits vor Beginn der Arbeiten in die Nähe der Montageöffnung des Kraftstoffbehälters der Schlauch einer eingeschalteten Abgas-Absauganlage zum Absaugen der frei werdenden Kraftstoffgase gelegt werden.

Bei Diesel-Motoren ist die Einspritzanlage in einen Hochdruckbereich (maximal bis 2000 bar) und in einen Niederdruckbereich (ca. 6 bar) aufgeteilt.

- Vor dem Öffnen des Hochdruckbereichs, z. B. beim Ausbau der Hochdruckpumpe, des Kraftstoffverteilers, der Einspritzventile, der Kraftstoffrohre oder des Kraftstoffdruckgebers, muss der Kraftstoffdruck im Hochdruckbereich definiert auf einen Restdruck von ca. 6 bar abgebaut werden. Dazu ist ein Werkstatt-Diagnosesystem nötig. Bei Einsatz des Werkstatttesters wird eine »Geführte Funktion: Kraftstoffhochdruck abbauen« nach Testeranweisungen ausgeführt.
- Grundsätzlich muss die Zündung ausgeschaltet werden und ein sauberer Putzlappen um die Verbindungsstelle gelegt werden. Dann wird die Verbindungsstelle vorsichtig geöffnet und der Druck abgelassen. Der ausfließende Kraftstoff muss aufgefangen werden.
- Abschließend sollten der Fehlerspeicher abgefragt, alle Einträge gelöscht und ein Readinesscode erzeugt werden.

Funktionssicherheit

- Bei allen Montagearbeiten, insbesondere aufgrund der engen Bauverhältnisse im Motorraum, Leitungen aller Art z. B. für Kraftstoff, Kühl- und Kältemittel, Unterdruck und elektrische Leitungen so verlegen, dass die ursprüngliche Leitungsführung wieder hergestellt wird.
- Alle Kabelbinder, die beim Ausbau gelöst oder aufgeschnitten werden, sind beim Einbau an der gleichen Stelle wieder zu befestigen.
- Um Beschädigungen an den Leitungen zu vermeiden, auf ausreichenden Freigang zu allen beweglichen oder heißen Bauteilen achten.

Sauberkeit (5 Regeln)

- Verbindungsstellen und deren Umgebung vor dem Lösen gründlich reinigen.
- Ausgebaute Teile auf einer sauberen Unterlage ablegen und abdecken. Keine fasernden Lappen benutzen.
- Geöffnete Bauteile sorgfältig abdecken bzw. verschließen, wenn die Reparatur nicht umgehend ausgeführt wird.
- Nur saubere Teile einbauen: Ersatzteile erst unmittelbar vor dem Einbau aus der Verpackung nehmen. Keine Teile verwenden, die unverpackt (z. B. im Regal oder in Werkzeugkästen) aufgehoben wurden.

Bild 2
Anschluss eines Diagnose-Dongels an der fahrzeugeigenen OBD-Anschlussdose.

■ Bei geöffneter Kraftstoff- und Einspritzanlage möglichst nicht mit Druckluft arbeiten und das Fahrzeug nach Möglichkeit nicht bewegen.

Diagnosetester einsetzen

An diesem Kapitel lässt es sich leicht erkennen, dass viele Funktionen über die Elektronik virtuell realisiert worden sind.
☞ Die Anschaffung eines Testers für die Diagnose ist zwingend erforderlich.
Nicht einmal der Anbau der Anhängerkupplung oder das Einstellen des Lichtes ist mehr möglich, wenn man eine fachgerechte Arbeit abliefern möchte.
Es geht nicht darum, die Einträge im Fehlerspeicher zu löschen, um dann mal »rumzuraten«, was es denn gewesen sein könnte. Es wäre das Gleiche, wenn Sie die Seiten dieses Buches ungelesen ausreißen und dann raten, was denn dringestanden haben könnte. Die Diagnose über die Fehlerspeicher vereinfacht die Arbeit am Fahrzeug um einiges. Man muss lediglich lernen, mit diesem »Werkzeug« zu arbeiten. Ohne Tester bleibt nur der Weg zum Händler, um den Fehlerstatus zu erfassen oder Einstellungen zu machen.

VW-/Audi-Tester

Ein großer Teil der Reparaturarbeiten schließt die Diagnose von Fehlern ein. Diese wird durch das Werkstatttestsystem bei den Audi-Werkstätten im Zusammenspiel mit den Diagnosegeräten unterstützt. Diese können in der Fachwerkstatt an allen vernetzten Arbeitsplätzen betrieben werden und bieten direkten Zugriff auf aktuelle Werkstattliteratur sowie Unterstützung vom Hersteller über Telediagnose. Bei der Diagnose werden alle Kunden- und Fahrzeugdaten an die angeschlossenen Geräte weitergeleitet und sind automatisch an jedem Arbeitsplatz abrufbar. Während einer Reparatur können technische Problemlösungen nachgeschlagen oder im Servicenetz des Herstellers tagesaktuelle Zusatzinformationen abgerufen werden. Diese Anbindung an das Netzwerk ermöglicht Software-Updates von Steuergeräten, Geheimnis- und Komponentenschutz, Soft-

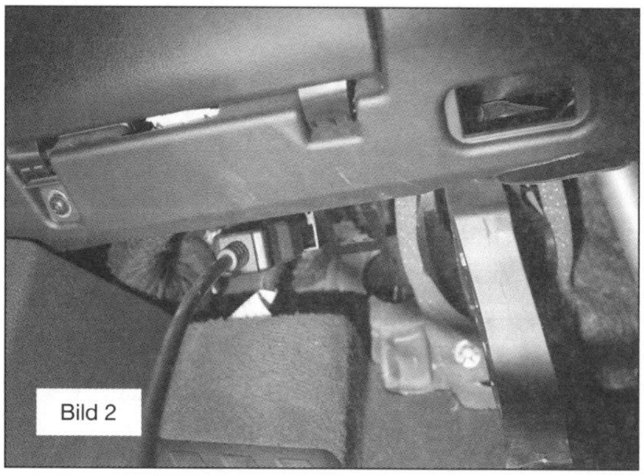
Bild 2

wareversionsmanagement, Übertragung von Diagnoseprotokollen, die besagte Telediagnose, die softwaregestützte Durchführung von Aktionen und viele weitere Funktionen.

Das System »WIS/ASRA« steht mit aktuellen Daten zur Verfügung. Möglich sind dadurch:
■ Datenaustausch zwischen kaufmännischem Bereich und Werkstatt.
■ Datenaustausch über Werkstattauslastung und Terminvereinbarung.
■ Austausch von Kunden-, Fahrzeug- und Termindaten.
■ Rückfluss von Daten über bereits ausgeführte Reparaturen von der Werkstatt auf den Fortschrittsmonitor, sodass der Serviceberater gegebenenfalls in den laufenden Prozess eingreifen kann.
■ Datenrückfluss von der Werkstatt für Qualitätskontrolle und Rechnungserstellung.
■ Bereitstellung von Daten über benötigte Arbeitszeiten, Arbeitspositionen und Ersatzteile.
■ Einbeziehung des Teiledienstes ab Terminvorbereitung in den Service-Prozess.

Testgerät für Mehrmarkenwerkstätten

Gerade für Mehrmarkenwerkstätten und auch freie Werkstätten ergibt sich durch die Vielzahl der unterschiedlichen Fahrzeugmarken das Problem, den Zugang zu

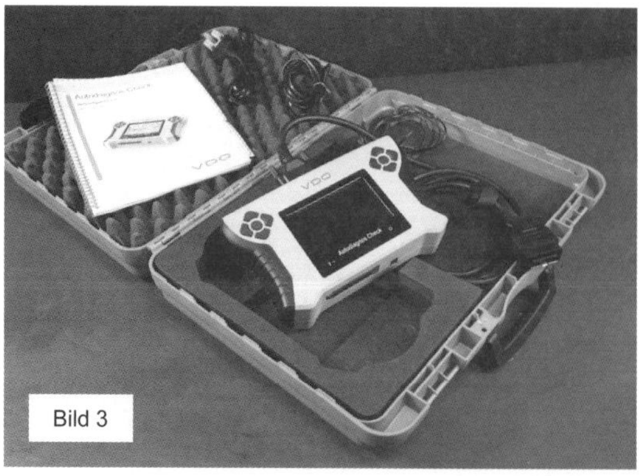

Bild 3

Bild 3
VDO-Diagnosetester. Kleines Handgerät ohne Messfunktionen.

den einzelnen Fahrzeugen mit möglichst wenigen Testern zu realisieren. Schließlich müssen die Tester nicht nur angeschafft, sondern auch auf dem neuesten Stand gehalten werden. Neben den Großen der Branche wie Bosch und Gutmann sind auch günstigere Tester als Komplettlösung wie der »VDO Autodiagnose Check« (Bild 4) als Beispiel für ein unabhängiges Handgerät oder dem »Autoaid« (Bild 3) als Beispiel für einen Laptop-basierten Tester auf dem Markt. Der Schwerpunkt für diese Testerkategorie liegt in typischen Servicearbeiten und der Diagnose rund um den Antrieb.

Diagnosewerkzeuge für den Schrauber

Natürlich wählen wir wie auch beim Werkzeug nicht die billigste Variante aus, sondern empfehlen Ihnen die Anschaffung eines Systems, das im Laufe der nächsten Jahre noch einiges an Potenzial liefern wird.

Beispiel Laptoplösung »Autoaid«:
Der Fahrzeughersteller Audi ist bei den meisten Testerherstellern für die Diagnose außerhalb des genormten Bereichs der OBD im Fokus. Das verkleinert die Auswahl an Testern erheblich. Die Berliner Firma Autoaid liefert ab etwa 100 Euro ein Diagnosetool, das auch im Audi Q3 eine schon herausragende Diagnosetiefe liefert. Gerade diejenigen unter den Lesern, die dem Thema »Diagnose« kritisch gegenüberstehen, werden zumeist nach wenigen Versuchen erkennen, wie einfach der Umgang mit Laptop und Fahrzeug wird. Eine typische Situation im Umgang mit den Fahrzeugen dieser Generation liegt in der schon recht umfangreichen Steuerung und Regelungstechnik. Abgestimmt und eingestellt wird oft nur noch auf der virtuellen Ebene.

Handgeräte zum Lesen und Löschen

OBD2 ist das Zauberwort, welches den Zugang zumindest zu den Motorsteuergeräten ermöglicht. Die Normung der Diagnose ermöglicht zumindest in diesem Bereich den Zugang zu allen aktuellen Fahrzeugen. Um den Fehlerspeicher auszulesen oder auch Prüffunktionen der Eigendiagnose ausführen zu können, reicht meist schon ein Diagnosetool, welche durchaus schon um 50 Euro in diversen Onlineversteigerungen angeboten

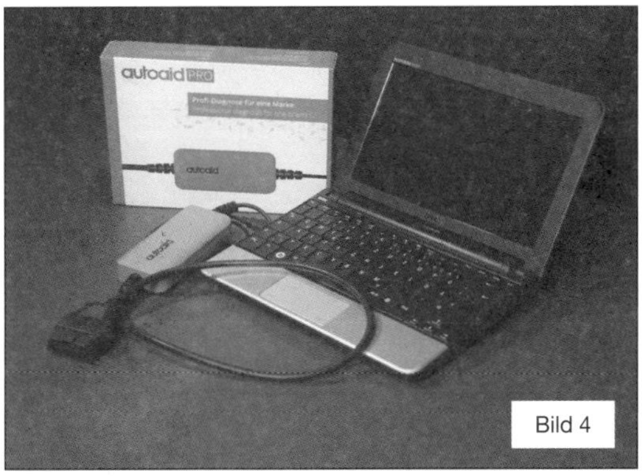

Bild 4
Autoaid.
Dongel mit OBD-Zugang und Software auf Laptop oder PC.

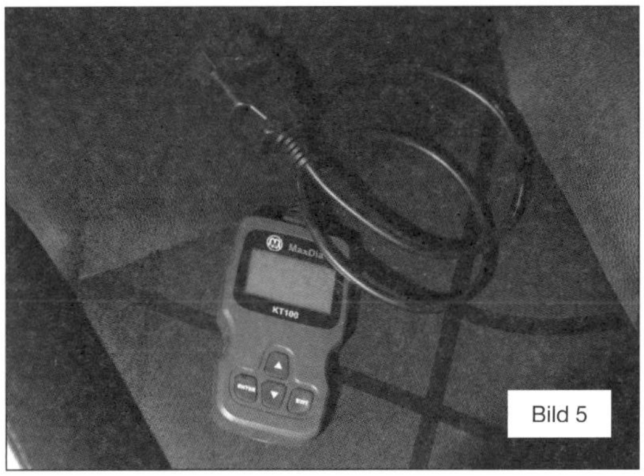

Bild 5
OBD-Handtester zum Lesen und Löschen.

werden. Oft noch günstiger sind die kleinen Handgeräte (Bild 5) schon im Baumarkt um die Ecke erhältlich. Wichtig ist, dass die entsprechende Software und zumindest eine Beschreibung auf Deutsch mitgeliefert wird. Normalerweise geht die Diagnosetiefe der günstigen Handgeräte aber nicht über das Motorsteuergerät hinaus.

Fehlerspeicher abfragen

Schwierig? Kann ich nicht? Ach was! Wer es schafft, E-Mails abzurufen, ohne den Computer zu zerstören, kann auch diese Arbeiten leicht erlernen. Wir zeigen Ihnen an einigen Beispielen, wie Aufgaben dieser Art angegangen werden können, und möchten Sie animieren, sich zusammen mit Fachforen auch mit der Thematik Tester und Diagnose genauer auseinanderzusetzen. Die Vorgehensweise unterscheidet sich zwischen den einzelnen Testgeräten kaum. Auch dann, wenn Sie ein Handgerät benutzen, werden Sie über die Menüführung eine ähnliche Beschreibung wie die Folgende erhalten. Wir werden diese Beschreibung am »Autoaid PRO« vorstellen.

■ Wir gehen davon aus, dass Sie den Diagnosetester ordnungsgemäß nach Handbuch installiert haben.

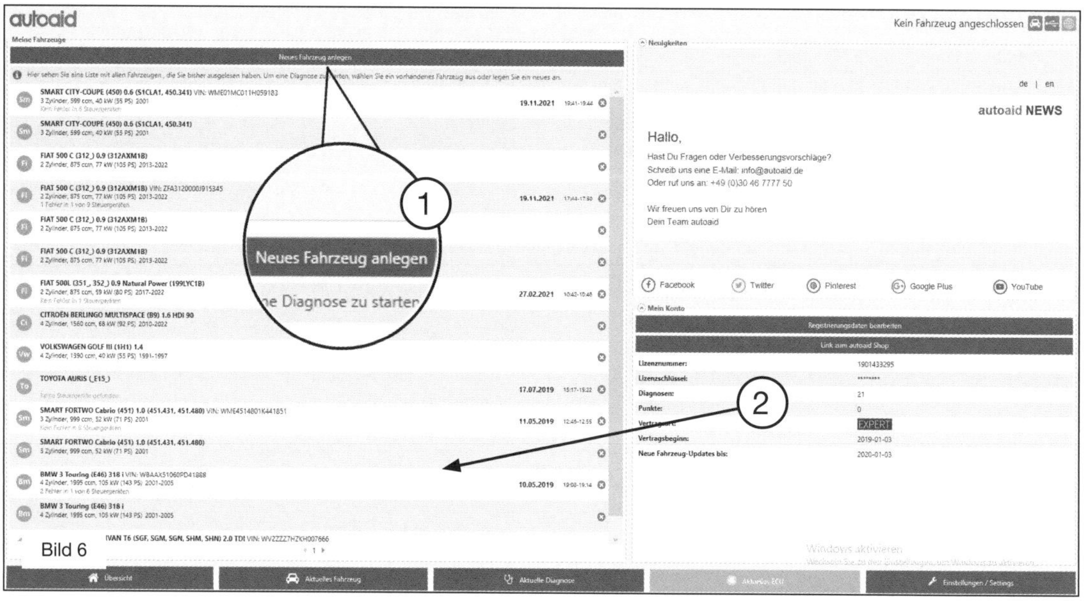

Bild 6
Startmaske des Diagnosetesters.
1 Funktionstaste zum Anlegen eines neuen Fahrzeuges
2 Liste der Fahrzeuge, die bereits angelegt wurden

■ Schließen Sie den Diagnosetester an die OBD-Dose im Fahrerfußraum an.

Die Diagnosedose finden Sie unter der Verkleidung links im Kniebereich der Armaturentafel (Bild 2). Der Anschluss ist sofort erkennbar. Stecken Sie den OBD-Stecker in die Diagnosedose und den Anschluss in die entsprechende Anschlussdose Ihres Testers.

■ Starten Sie die entsprechende Diagnosesoftware auf Ihrem Laptop oder dem Tester (Bild 6).
■ Schalten Sie die Zündung ein.
■ Starten Sie die Testersoftware. Autoaid hat auf einen klassischen Startbildschirm verzichtet und führt Sie direkt in den Diagnosemodus zur Fahrzeugauswahl.

■ Klicken Sie mit einem Klick auf die Taste »neues Fahrzeug anlegen (1 im Bild 6)«. Die Diagnosesoftware wird nun gestartet und die Bildschirmmaske wechselt zur Auswahl des Fahrzeugherstellers.
■ Wählen Sie den Hersteller »Audi« (Bild 7) mit einem Klick an. Die Bildschirmmaske wechselt zur Auswahl des Fahrzeugmodells.
■ Wählen Sie das Modell Ihres Audi Q3 (Bild 8) an. Die Bildschirmmaske wechselt nun zur Auswahl der Motorvariante.
■ Wählen Sie die Modellbezeichnung (1 im Bild 8) Ihres Audi Q3 mit der passenden Motorbezeichnung mit einem Klick aus.

Der Tester fragt nun alle Steuergeräte ab und stellt den Fehlerstatus (1 im Bild 9) in einer Übersicht dar.

■ Wählen Sie das Steuergerät für die Zentralelektronik (2) Ihres Audi Q3 mit einem Klick an.

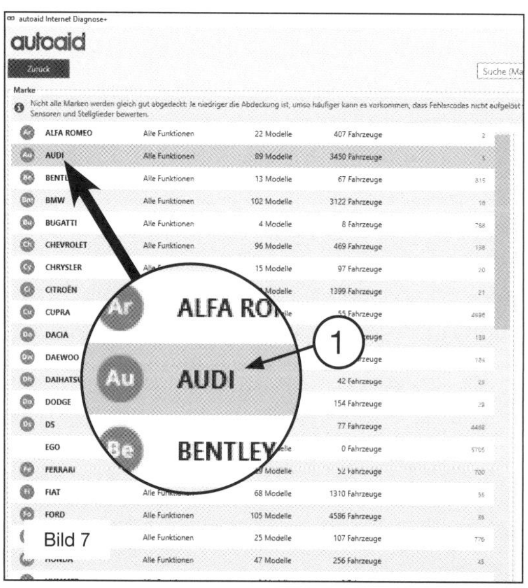

Bild 7
Anwahl des Fahrzeugherstellers.
1 Audi in der umfangreichen Herstellerliste

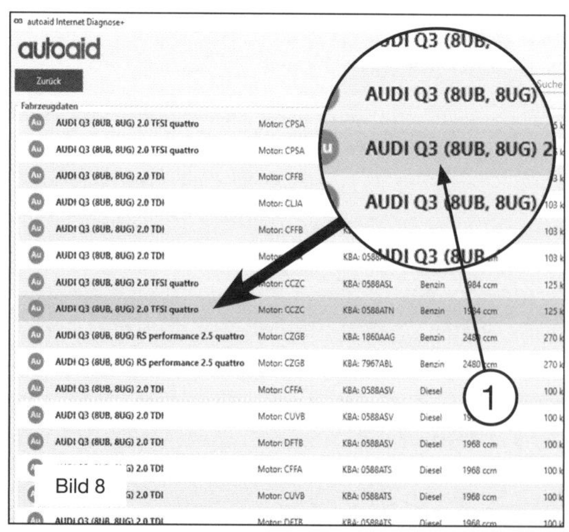

Bild 8
Anwahl des Fahrzeugtyps des Herstellers Audi.
1 Anwahl unseres Audi Q3 2,0-l-TFSI Quattro

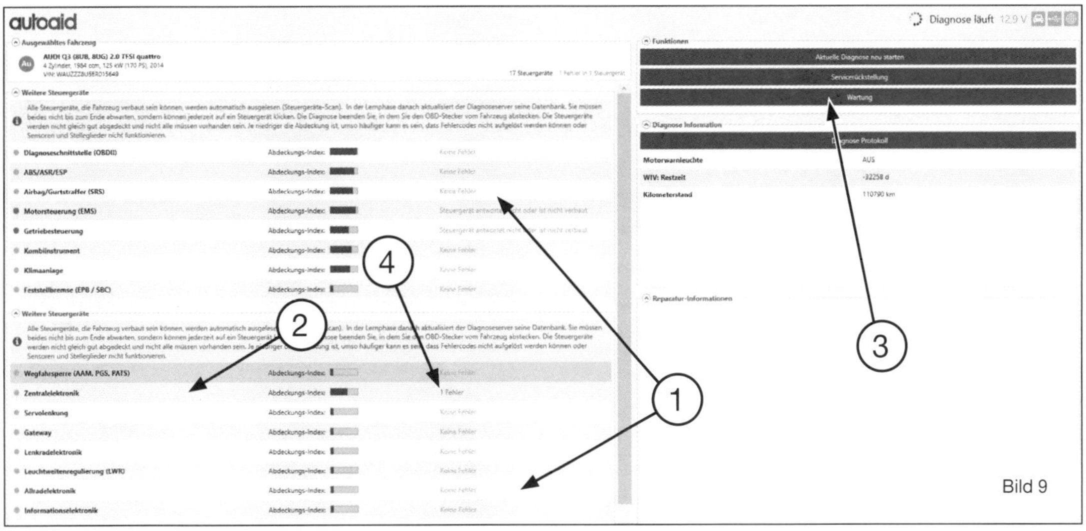

Bild 9

Bild 9
Praktische Übersicht vorliegender Fehler aller verbauten Steuergeräte.
1 Statusübersicht der Steuergeräte
2 Anwahl Zentralelektronik (mit Doppelklick)
3 Anwahl für Wartungsarbeiten und Ähnliches
4 Erkannter Fehlereintrag

Soweit Fehler vorliegen, können Sie hier die Details (3 im Bild 10), Informationen zum Fahrzeug (1) einsehen oder über die Funktionstasten (2) Funktionen und Sensoren prüfen und auch einen abgearbeiteten Fehler löschen.

Hier stellt sich dann auch ein Unterschied in der Diagnosetiefe der einzelnen Tester heraus. Bei einfachen Testern beschränkt man sich auf die Möglichkeiten, den Fehlerspeicher zu lesen und zu löschen. Je mehr Funktionen sich hinter dem einzelnen Steuergerät verbergen, umso aufwendiger ist die Software des Diagnosesystems.

Fehlerspeichereinträge drucken

Wenn Sie die Fehlereinträge speichern oder ausdrucken wollen, wählen Sie die entsprechende Funktion über die Funktionstasten Ihres Computers aus.

Fehlerspeichereinträge löschen

Sind Fehler im Fehlerspeicher abgelegt, die bekannt sind und lediglich noch nicht gelöscht wurden, können Sie nun wie im Folgenden beschrieben vorgehen.

- Klicken Sie die Funktionstaste »Fehler löschen« (2 im Bild 10) an.
- Lassen Sie das Fahrzeug einige Minuten laufen.
- Klicken Sie die Funktionstaste »Fehlerspeicher erneut lesen« (2) an und kontrollieren Sie, ob der Fehler nicht erneut vorliegt.

Derselbe Vorgang kann auf dem Handgerät nachvollzogen werden. Lediglich die Anwahl ist deutlich geringer. Für einen Ausdruck muss eigentlich jedes mobile Gerät an einen Computer oder Laptop angeschlossen werden.
Die Anwahl der Funktionen erfolgt meist über die Pfeiltasten. »Enter« betätigt die getroffene Anwahl und »ESC« erlaubt den Rückzug aus der angewählten Maske.

Reine OBD2-Geräte ermöglichen in der Regel nur den Zugang zur Motorelektronik. Die Belegung und die Steuergerätesprache ist nur für den OBD2-Bereich

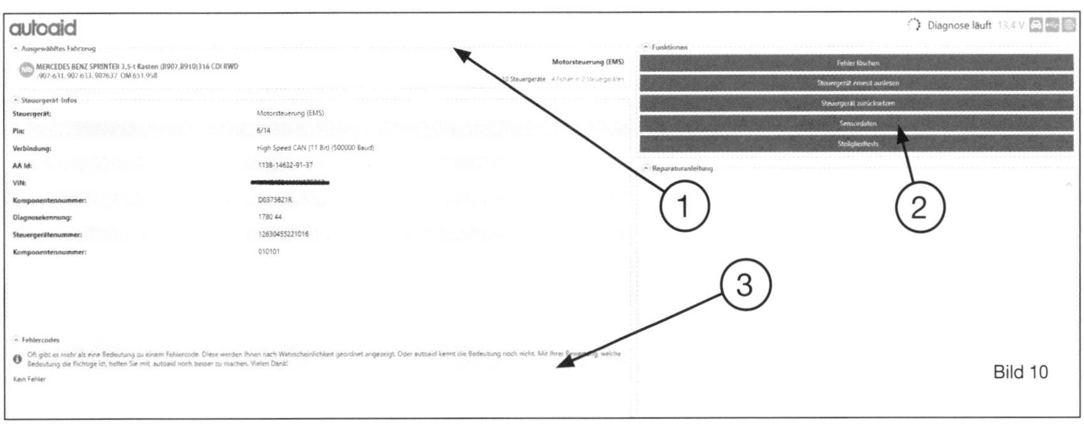

Bild 10

Bild 10
Übersicht für das Motorsteuergerät im Detail.
1 Informationsfeld
2 Funktionstasten
3 Detailinformationen, wenn Fehler im Steuergerät abgelegt sind

verbindlich auf die abgasrelevanten Bauteile und die Motorelektronik geregelt.

Motor- und Unterbodenabdeckung aus- und einbauen

Die Motorabdeckung (Geräuschdämmung) ist bei allen Modellen verbaut. Über dem Ventildeckel fällt die Abdeckung aus Kunststoff und die darunter liegende Geräuschdämmmatte unterschiedlich aus. Die Demontage allerdings unterscheidet sich nicht nennenswert.

Geräuschdämmung oben über dem Ventildeckel demontieren

Bei Ausführungen der Motorabdeckung oben, bei denen der Ölpeilstab in der Verkleidung sitzt, muss der Ölpeilstab vor der Demontage der Verkleidung herausgezogen werden.

■ Ziehen Sie die Abdeckung (1 in den Bildern 11, 12 und 13) nach oben ab.

■ Nehmen Sie die innere Abdeckung (bei zweiteiligen Verkleidungen) nach oben ab.

■ Nehmen Sie die Geräuschdämmung über dem Ventildeckel ab (soweit diese lose auf dem Ventildeckel liegt).

Die Montage erfolgt sinngemäß in umgekehrter Reihenfolge.

■ Tragen Sie etwas Fett auf die Rastpunkte und Aufnahmen der oberen Verkleidung auf. Sie lässt sich später deutlich leichter lösen.

Geräuschdämmung unten demontieren

Geräuschdämmung vorne:

Die Schnellverschlussschrauben verschmutzen im Laufe der Betriebszeit zunehmend. Korrodierte Schnellverschlussschrauben und Gewindeklammern sollten Sie grundsätzlich ersetzen, um den festen Sitz der Geräuschdämmverkleidung sicherzustellen.

■ Drehen Sie die Schnellverschlussschrauben rechts und links in der Unterbodenverkleidung heraus.

■ Drehen Sie die Schraube vorne mittig im Bereich des Stoßfängers heraus.

■ Drehen Sie die verbliebenen Schrauben hinten heraus.

■ Ziehen Sie die Geräuschdämmverkleidung vorne etwas nach hinten und nehmen Sie sie nach unten ab.

Bild 11

Bild 11
1,4-l-TFSI-Motoren.
1 Motorabdeckung oben

Bild 12

Bild 12
2,0-l-TFSI-Motoren.
1 Motorabdeckung oben

Bild 13

Bild 13
2,0-l-TDI-Motoren.
1 Abdeckrahmen (Motorabdeckung) oben
2 Abdeckung Mitte

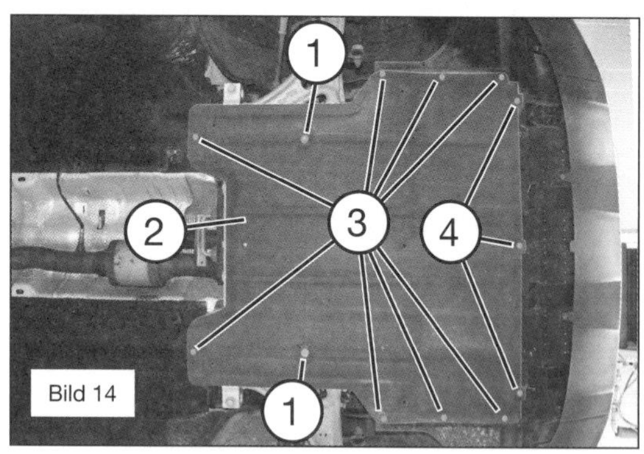

Bild 14

Bild 14
Geräuschdämmung unten vorne.
1 Gewindeschraube
2 Motorabdeckung unten
3 Rastschrauben
4 Blechschrauben

Die Montage erfolgt sinngemäß in umgekehrter Reihenfolge.

■ Drehen Sie die Schrauben und Muttern zuerst nur leicht an und richten Sie die Geräuschdämpfung spannungsfrei aus.

■ Drehen Sie die Schrauben nacheinander handfest an.

Geräuschdämmung Mitte (soweit verbaut) demontieren:
■ Schrauben (3 Stück vorn und hinten) herausdrehen und die Geräuschdämpfung Mitte abnehmen.

Die Montage erfolgt sinngemäß in umgekehrter Reihenfolge.
■ Drehen Sie die Schrauben und Muttern zuerst nur handfest an und richten Sie die Geräuschdämpfung spannungsfrei aus.
■ Drehen Sie die Schrauben mit jeweils 5 Nm Anzugsdrehmoment fest.

Geräuschdämmung hinten (soweit verbaut) demontieren:
■ Die Sechskantmuttern links und rechts abschrauben.
■ Die verbliebenen Schrauben herausdrehen und die Geräuschdämpfung hinten abnehmen.

Die Montage erfolgt sinngemäß in umgekehrter Reihenfolge.
■ Drehen Sie die Schrauben und Muttern zuerst nur leicht an und richten Sie die Geräuschdämpfung spannungsfrei aus.
■ Drehen Sie die Schrauben nacheinander handfest an.

Prüfung auf Undichtigkeiten und Beschädigung

Die Sichtprüfung ist von oben und von unten vorzunehmen, weshalb die Geräuschdämpfung oben und unten abzubauen ist.

Sichtprüfung wie folgt durchführen:
■ Motor und Bauteile im Motorraum auf Undichtigkeiten und Beschädigungen prüfen.

Bild 15
Kontrolle der Spannung des Keilrippenriemens.

■ Leitungen, Schläuche und Anschlüsse des Kraftstoffsystems, des Kühl- und Heizsystems, des Ölkreislaufs, der Klimaanlage, der Ansauganlage und der Bremsanlage auf Undichtigkeiten, Scheuerstellen, Porosität und Brüchigkeit prüfen.
■ Alle festgestellten Mängel durch Reparatur beseitigen.
■ Bei nicht verbrauchsbedingtem Flüssigkeitsverlust muss grundsätzlich die Ursache ermittelt und der Schaden beseitigt werden.

Keilrippenriemen prüfen

Der Keilrippenriemen oder auch Flachriemen ist für den Antrieb vieler Nebenaggregate wie der Klimaanlage zuständig. Aber auch Generator und Wasserpumpe werden durch ihn angetrieben. Die unterschiedlichen Einbaulagen des Keilrippenriemens Ihres Audi Q3 stellen wir Ihnen auch für die Montagearbeiten am Generator Aus- und Einbau an dieser Stelle vor. In diesem Kapitel werden wir uns neben der Einbaulage auch mit den unterschiedlichen Spannvorrichtungen befassen und den Umgang mit ihnen darstellen.

Zustand prüfen
Kontrollieren Sie den Keil- und Keilrippenriemen nach folgenden Gesichtspunkten an mehreren Stellen:
■ Unterbaurisse (Anrisse, Kernbrüche, Querschnittsbrüche),
■ Lagentrennung (Deckschicht, Zugstränge),
■ Ausbruch am Unterbau,
■ Ausfransen der Zugstränge,
■ Flankenverschleiß (Materialabtrag, Ausfransungen, Flankenverhärtung, Oberflächenrisse),
■ Öl- und Fettspuren.

Spannung für Keilrippenriemen prüfen (mit automatischer Spannvorrichtung)
■ Drücken Sie den Keilrippenriemen in einem Bereich, wo er frei hängt (siehe auch Bild 16), mit einem kräftigen Daumendruck nach unten.
Die Spannrollen müssen nun ruckfrei und ohne zu hakeln nachgeben. Wenn Sie den Druck wegnehmen, muss sich die

Bild 16
Riemenspannung prüfen. Grundsätzlich an Stellen, an denen der Riemen frei hängt (A).

Bild 17
Keilrippenriemen beim 1,4-l-TFSI-Motor 2,0-l-TFSI-Motor und 2,0-l-TDI Motor

1 Spannrolle
2 Kurbelwelle
3 Keilrippenriemen
4 Drehrichtung Motor
G Generator
K Klimakompressor

Bild 18
Entspannen des automatischen Riemenspanners.
1 Bewegungsrichtung zum Entspannen
2 Sicherungsstift
3 Bohrung und Lasche am Spannergehäuse und Arm
4 Zwölfkant zum Verdrehen (Entspannen)
5 Befestigungsschraube

Schraubertipp: Einbaulage des Keilrippenriemens

■ Achten Sie vor dem Einbau des Keilrippenriemens darauf, dass alle Aggregate (Generator, Klimakompressor) festmontiert sind.

■ Beim Einbauen des Keilrippenriemens achten Sie bitte auf die Laufrichtung und auf einen korrekten Sitz des Riemens in den Riemenscheiben.

■ Nach fertiggestellter Arbeit grundsätzlich den Motor starten und Riemenlauf kontrollieren.

Spannrolle ohne Verzögerung und ruckfrei zurückbewegen und den Antriebsriemen wieder spannen.
■ Verdrehen Sie den Keilrippenriemen in einem Bereich, wo er frei hängt (siehe auch Bild 15).
■ Der Antriebsriemen muss sich etwa 90° leicht verdrehen lassen. So ist die optimale Vorspannung erreicht.

Keilrippenriemen aus- und einbauen

Der Keilrippenriemen treibt als wichtiger Teil des Kurbeltriebs die Nebenaggregate Drehstromgenerator und Klimakompressor an. Der Aufbau sieht für die Dieselmotoren ähnlich aus, unterscheidet sich aber im Detail. Sehen Sie sich die Einbaulage des Riemens genau an. Zeichen Sie sich dazu eine Skizze oder markieren Sie den Riemenlauf anhand der Abbildungen in diesem Buch.

Unterschiede bei Fahrzeugen mit Start-Stopp-Automatik

Für die Montagearbeiten am Generator gibt es keinen Unterschied für Fahrzeuge mit Start-Stopp-Funktion oder Fahrzeugen ohne dieses Ausstattungsmerkmal. Das Anlassen erfolgt über den Starter. Es ist lediglich ein Generator mit höherer Leistung verbaut.

Generator, Lima, Klima und Servo

Wir fassen die Arbeitbeschreibungen trotz leichter Unterschiede zusammen und stellen

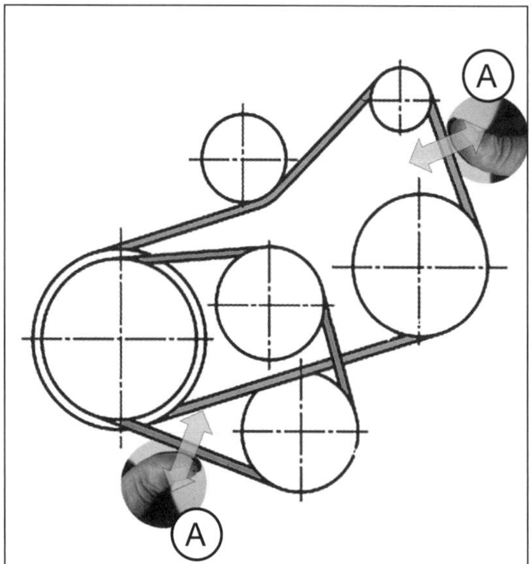

Bild 16

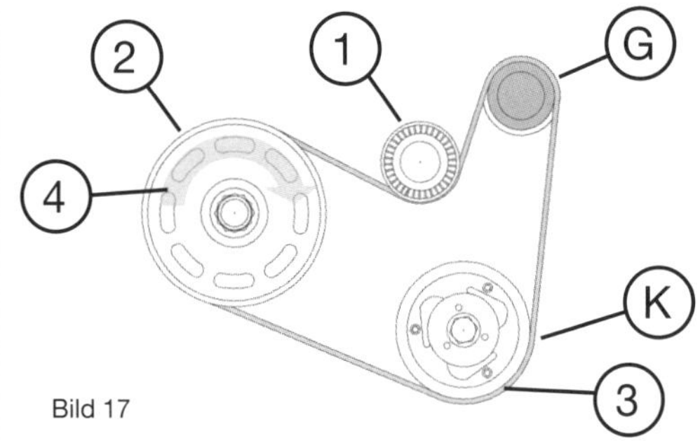

Bild 17

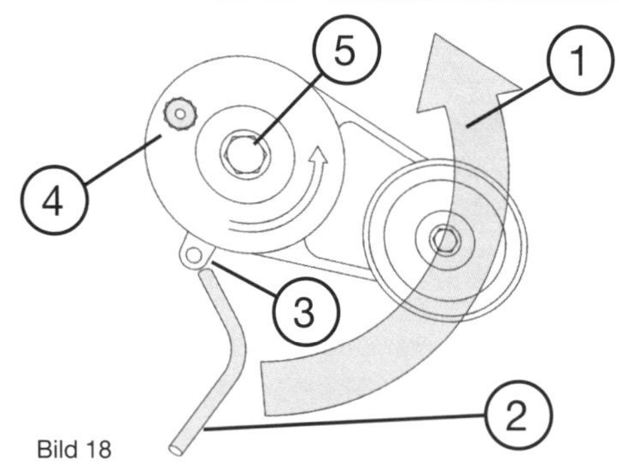

Bild 18

Ihnen eine allgemeingültige Variante zusammen. Die Einbaulage und die Montage ist für die unterschiedlichen Motoren sehr ähnlich. Der Keilrippenriemen ist durchaus unterschiedlich schwierig erreichbar.

⚠ Fahrzeug zwischen den Hebebühnensäulen ausrichten und die vier Aufnahmeteller an den vom Fahrzeughersteller vorgeschriebenen Hebebühnenaufnahmepunkten platzieren.

■ Die Geräuschdämpfung unten wie beschrieben ausbauen.

Soll der gebrauchte Keilrippenriemen wieder verwendet werden, muss die Laufrichtung auf dem Keilrippenriemen markiert werden.

■ Keilrippenriemen entspannen und den Stift zum Arretieren der Keilrippenriemen-Spannvorrichtung einsetzen.

■ Keilrippenriemen abnehmen. Bei weiterführenden Arbeiten am Motor oder Steuergehäusedeckel die Spannvorrichtung entlasten.

Die Montage erfolgt sinngemäß in umgekehrter Reihenfolge.

■ Vor dem Einbau des Keilrippenriemens ist die Spannvorrichtung auf Beschädigungen zu prüfen und ggf. zu erneuern.

■ Vor dem Einbau des Keilrippenriemens darauf achten, dass alle Aggregate (Generator, Klimakompressor, Flügelpumpe) fest angebaut sind.

■ Starten Sie den Motor und kontrollieren Sie den Riemenlauf.

Demontage des automatischen Riemenspanners

Austausch von Spanner und Umlenkrolle

Die Umlenkrolle (1 in den Bildern 19-21) sowie der automatische Riemenspanner sind oft einzeln erhältlich.

Spanner und/oder Umlenkrolle sollten dann gewechselt werden, wenn Sie folgende Merkmale feststellen können:

■ Laufspuren oder Schäden sind auf der Rolle erkennbar.

■ Das Lager macht hörbare Geräusche.

■ Das Lager oder die Rolle weist seitliches Spiel auf.

Demontage des Riemenspanners mit Spannrolle

■ Bauen Sie wie bereits beschrieben die Motorabdeckung oben ab.

■ Stecken Sie eine passende Nuss auf den Sechskant (2 in den Bildern 19 - 21) auf.

■ Verdrehen Sie den Spanner im Uhrzeigersinn (Pfeil 4) soweit, bis die Bohrungen übereinander stehen, um den Keilrippenriemen zu entspannen.

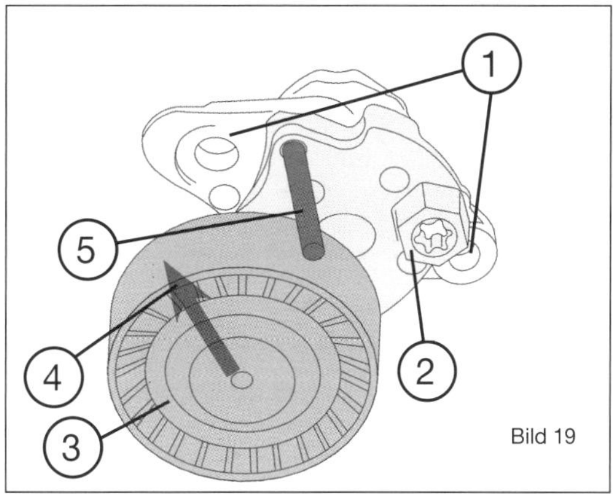

Bild 19

Bild 19
Spannvorrichtung Keilrippenriemen beim 1,4-l-TFSI-Motor.
1 Verschraubungen
2 Fester Sechskant zum Verdrehen
3 Spannrolle
4 Bewegungsrichtung zum Entspannen
5 Sicherungsstift 4 mm zum Festsetzen

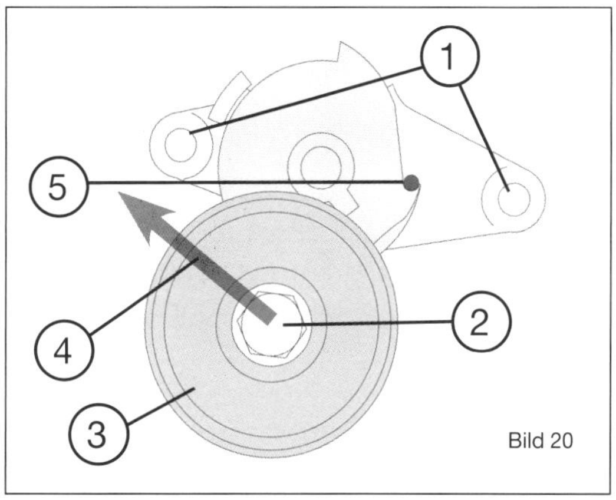

Bild 20

Bild 20
Spannvorrichtung Keilrippenriemen beim 2,0-l-TFSI-Motor.
1 Verschraubungen
2 Fester Sechskant zum Verdrehen
3 Spannrolle
4 Bewegungsrichtung zum Entspannen
5 Sicherungsstift 4 mm zum Festsetzen

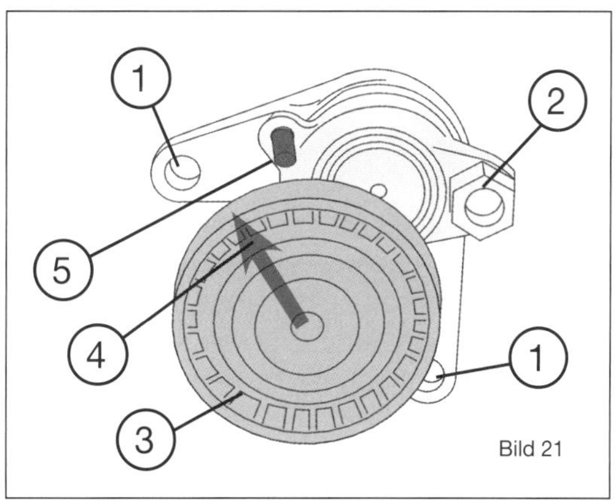

Bild 21

Bild 21
Spannvorrichtung Keilrippenriemen beim 2,0-l-TDI-Motor.
1 Verschraubungen
2 Sechskant zum Verdrehen
3 Schraube der Spannrolle zum Verdrehen beim Spannen
4 Bewegungsrichtung zum Entspannen
5 Sicherungsstift 4 mm zum Festsetzen

■ Stecken Sie den Sicherungsstift (5) in die Bohrung und fixieren Sie so den automatischen Spanner.

■ Nehmen Sie den Keilrippenriemen ab.

■ Drehen Sie die Schraube (1) heraus.

■ Nehmen Sie den Riemenspanner mit Spannrolle ab.

Die Montage erfolgt sinngemäß in umgekehrter Reihenfolge.

■ Achten Sie auf den korrekten Sitz des Antriebsriemens auf den Riemenscheiben.

■ Starten Sie den Motor und kontrollieren Sie den Riemenlauf.

Bild 22
Zahnriemenschutz und rechte Motorstütze beim 1,4-l-TFSI.
1 Zahnriemenschutz oben
2 Schraube
3 Klammern Zahnriemenschutz oben
4 Zahnriemenschutz unten
5 Schrauben
6 Schrauben
7 Motorstütze und Zahnriemenschutz

Bild 23
Einsatz der »Motorbrücke« im Motorraum.
1 Motorbrücke
2 Spannschraube und Flügelmutter
3 Motorhalterung (Öse)

Zahnriemenschutz am 1,4-l-Motor demontieren

Die Montagearbeiten für die unterschiedlichen Motorentypen unterscheiden sich kaum. Wir stellen Ihnen hier eine allgemeingültige Beschreibung zur Verfügung. Für den Wechsel des Zahnriemens oder Arbeiten am Zahnriementrieb müssen alle drei Teile (1, 4 und 7 im Bild 22) demontiert werden.

Zahnriemenabdeckung oben (1 im Bild 22) aus- und einbauen

■ Lösen Sie den Leitungsclip an der Zahnriemenabdeckung oben (1) und legen Sie die Leitungen aus dem Arbeitsbereich hinaus.
■ Drehen Sie die Schraube (2) heraus.
■ Öffnen Sie die beiden Klammern (3) und nehmen Sie die Zahnriemenabdeckung oben ab.

Die Montage erfolgt sinngemäß in umgekehrter Reihenfolge.

Zahnriemenabdeckung unten (4 im Bild 22) aus- und einbauen

■ Entspannen Sie den Keilrippenriemen und bauen Sie ihn, wie schon auf Seite 38 beschrieben, ab.
■ Bauen Sie die Motorabdeckung unten ab.
■ Setzen Sie einen geeigneten Gegenhalter in die Riemenscheibe ein.
■ Lösen Sie die Zentralschraube.

⚠ Der Motor darf mit gelöster oder demontierter Riemenscheibe nicht mehr verdreht werden. Es besteht sonst die Gefahr, dass die Steuerzeiten verstellt werden.

■ Nehmen Sie die Riemenscheibe von der Kurbelwelle ab.
■ Drehen Sie die Schrauben (5) heraus und nehmen Sie die Zahnriemenabdeckung unten (4) ab.
Die Montage erfolgt sinngemäß in umgekehrter Reihenfolge.

Motorstütze (7 im Bild 22) aus- und einbauen

☞ Die Motorstütze ist gleichzeitig der mittlere Teil der Zahnriemenabdeckung. Für die Demontage muss der Motor

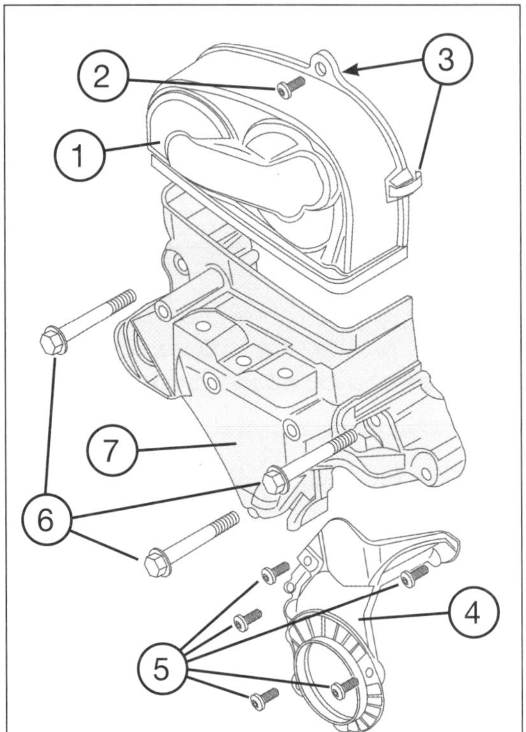

Bild 22

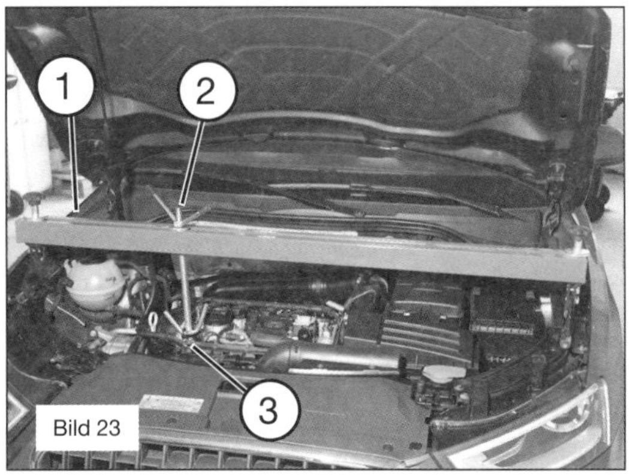

Bild 23

abgefangen werden. Da für die meisten Arbeiten um den Zahnriemen das Fahrzeug angehoben werden muss, ist der Einsatz einer Motorbrücke (Bild 23) sehr sinnvoll.
■ Schalten Sie die Zündung aus und klemmen Sie die Batterie ab.
■ Demontieren Sie die Zahnriemenabdeckung oben und unten.
■ Bauen Sie den automatischen Riemenspanner wie beschrieben aus.
■ Demontieren Sie die Schrauben für den Halter am Auspuffflexrohr zum Motorträger.
■ Drehen Sie die Schraube des Kühlmittelschlauches am Motorträger heraus.
■ Demontieren Sie den Haltewinkel zur Motorstütze und nehmen Sie ihn heraus.
■ Lösen Sie die Generatorschrauben. Dre-

hen Sie aber lediglich die obere Schraube heraus.

- Kippen Sie den Generator nach vorne.
- Stellen Sie die breite Motorbrücke so ein, dass sie auf dem Rand der Kotflügel (siehe 1 im Bild 23) aufsteht.
- Hängen Sie den Motor an einem geeigneten Haltepunkt in die Spindel (2) der Motorbrücke ein.
- Drehen Sie die Spindel der Motorbrücke soweit an, dass das Motorlager entlastet wird.
- Bauen Sie das Motorlager aus.
- Heben Sie mit der Spindel der Motorbrücke den Motor etwa 3 cm an.
- Lösen Sie die drei Schrauben (6 im Bild 22) und nehmen Sie das Motorlager (7) mit den Schrauben (6) heraus.

Die Montage erfolgt sinngemäß in umgekehrter Reihenfolge.

- Die Dicht- und Anlageflächen gründlich reinigen.

Zahnriemen am 1,4-l-Motor demontieren

Die Montagearbeiten für die unterschiedlichen Motorentypen unterscheiden sich kaum. Wir stellen Ihnen hier eine allgemeingültige Beschreibung zur Verfügung und gehen auf die Besonderheiten der einzelnen Bautypen gesondert ein.

Auch beim Zahnriemen gilt: Vor dem Ausbau die Laufrichtung markieren, den Riemen auf Verschleiß prüfen und ihn nicht knicken. Der Ausbau ist kompliziert, die Arbeit wird durch den Gebrauch von Spezialwerkzeugen erleichtert.

Es besteht erhebliche Zerstörungsgefahr durch Überspringen des Zahnriemens. Die Kurbelwelle darf nur in Motordrehrichtung durchgedreht werden.

- Lösen Sie die Schlauchschellen am Luftführungsrohr zum Luftfilter und nehmen Sie das Luftführungsrohr heraus.
- Ziehen Sie den Steckkontakt zum Ladedruckfühler ab.
- Lösen Sie die Verrastungen am Luftführungsrohr vom Turbolader zum Ladeluftkühler.
- Drehen Sie die Schrauben der Anschlüsse für die Kurbelgehäuseentlüftung heraus.

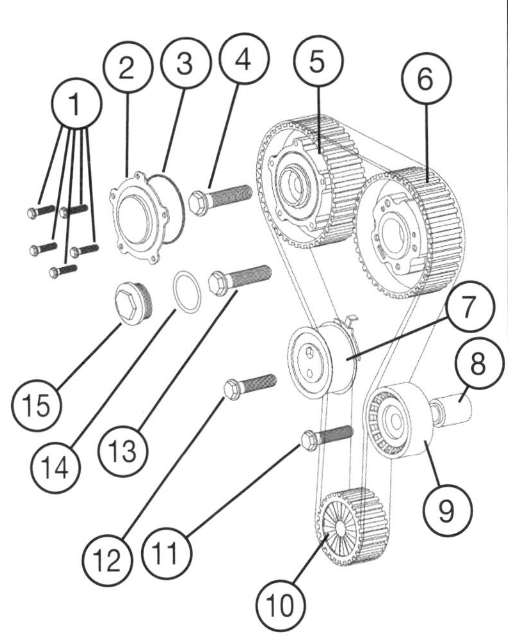

Bild 24

Bild 24
Zahnriemen beim 1,4-l-Motor mit zwei Nockenwellenverstellern.
1 Schrauben
2 Verschlussdeckel
3 Dichtring
4 Schraube
5 Nockenwellenrad Auslassnockenwelle
6 Nockenwellenrad Einlassnockenwelle
7 Spannrolle
8 Abstandshülse
9 Umlenkrolle
10 Kurbelwellenrad
11 Schraube
12 Schraube
13 Schraube
14 Dichtring
15 Verschlussschraube

- Legen Sie die Entlüftungsleitung mit angeschlossenem Schlauch zum Aktivkohlebehälter aus dem Arbeitsbereich hinaus.
- Lösen Sie den elektrischen Leitungsstrang an der Abdeckung des Zahnriemenschutz der Kühlmittelpumpe.
- Drehen Sie die beiden Schrauben heraus und nehmen Sie den Zahnriemenschutz ab.
- Drehen Sie die beiden Schrauben heraus und nehmen Sie den Verschlussdeckel der Einlassnockenwelle (getriebeseitig) ab.
- Demontieren Sie die Verschlussschraube (15 im Bild 24). Verwenden Sie hier einen Gegenhalter, um das Nockenwellenrad oder die Nockenwelle nicht zu verdrehen.

Motorvarianten ohne Zylinderabschaltung
Motorvarianten mit Verstellung auf der Auslassnockenwelle (zwei Versteller):

- Drehen Sie die Schrauben (1 im Bild 24) heraus und nehmen Sie den Verschlussdeckel (2) ab.

Weiter für alle Motorvarianten:

Fangen Sie austretendes Restöl mit einem fusselfreien Lappen auf.

- Lösen Sie die Leitungen am Zahnriemenschutz für die Nockenwelle und befestigen Sie sie außerhalb des Arbeitsbereiches.
- Bauen Sie die Zahnriemenabdeckungen oben wie bereits beschrieben aus.

Bild 25
Stellung der Nockenwellen »getriebeseitig«.
1 Einlassnockenwelle
2 Asymmetrische Aussparung
3 Nockenwellenrad Kühlmittelzahnriemen
4 Aussparung im Nockenwellenrad
5 Asymmetrische Aussparung
6 Symmetrisch angeordnete Aussparungen

Bild 26
Auf der Auslassseite im Motorblock.
1 Verschlussschraube für die Kurbelwellenarretierung

Bild 27
Nockenwellenfixierung auf der »Getriebeseite«.
1 Schraube
2 Nockenwellenfixierung »T10494«
3 Nockenwellenrad Antriebszahnriemen Wasserpumpe

Bild 28
Zahnriemen zum Einsetzen der Nockenwelle drücken.
1 Bewegungsrichtung
2 Zahnriemen

■ Verdrehen Sie den Motor an der Kurbelwellenschraube bis das Nockenwellenrad auf »OT« steht.

Die asymmetrischen Aussparungen (2 und 5 im Bild 25) in der Nockenwelle stehen über der jeweiligen Nockenwellenmitte. Bei der Auslassnockenwelle sind die Nuten (5) durch die Aussparungen (4) im Antriebsrad (3) für die Kühlmittelpumpe auf der Getriebeseite einzusehen. Die Nuten der Einlassnockenwelle sind durch den demontierten Deckel im Zylinderkopf einsehbar.

■ Drehen Sie die Verschlussschraube (1 im Bild 26) im Motorblock heraus.

■ Drehen Sie die Fixierschraube (VW T-10340) in den Motorblock hinein.

Lässt sich die Fixierschraube »T10340« nicht bis zum Anschlag eindrehen, steht die Kurbelwelle nicht in der richtigen Stellung.

Wenn sich die Fixierschraube »T10340« nicht vollständig eindrehen lässt:

■ Die Fixierschraube »T10340« wieder herausdrehen.

■ Den Motor 90° in Motordrehrichtung weiterdrehen.

■ Die Fixierschraube »T10340« wieder hineindrehen und mit 30 Nm anziehen.

■ Den Motor vorsichtig bis Anschlag weiter in Drehrichtung drehen.

Die Fixierschraube fixiert die Kurbelwelle nur in Drehrichtung.

■ Die Lage der Nuten in den Nockenwellen getriebeseitig (Bild 25) prüfen.

Befinden sich die asymmetrisch angeordneten Nuten unterhalb der Mitte der Nockenwellen, müssen die Anschlagschraube nochmal herausgedreht und die beschriebenen Arbeitsschritte wiederholt werden.

Weiterarbeit mit fixierter Kurbelwelle:

■ Schieben Sie die Nockenwellenfixierung »T10494« (2 im Bild 27) bis Anschlag auf das Nockenwellenrad (3) und die Einlassnockenwelle im Zylinderkopf von der Getriebeseite des Zylinderkopfes auf.

Die Nockenwellenfixierung »T10494« muss sich gewaltfrei und ohne Schlagwerkzeug einsetzen lassen. Lässt sich die Nockenwellenfixierung nicht einsetzen, kann wie im Bild 28 gezeigt, auf den Zahnriemen gedrückt werden. Das kann von Hand oder

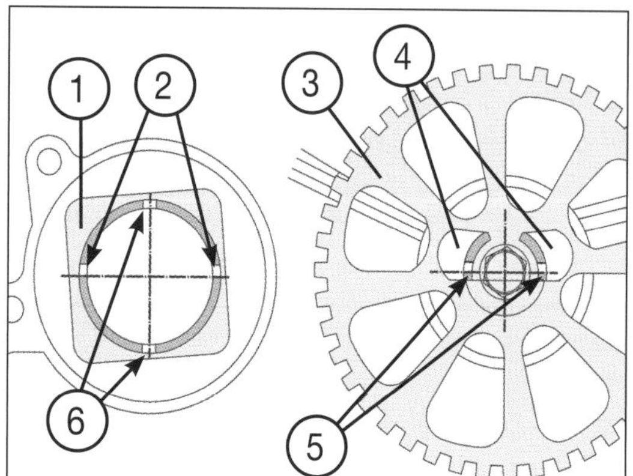

Bild 25

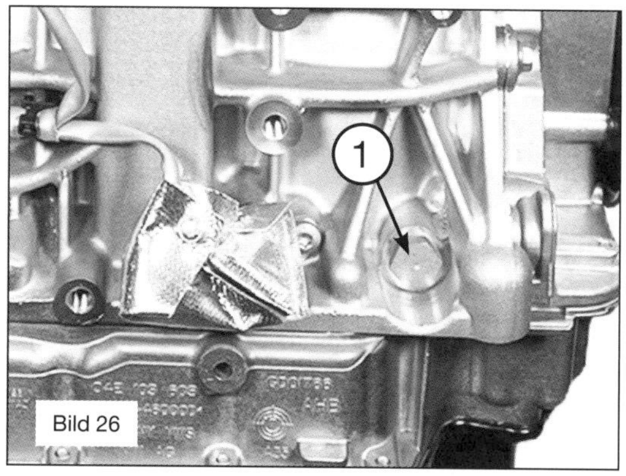

Bild 26

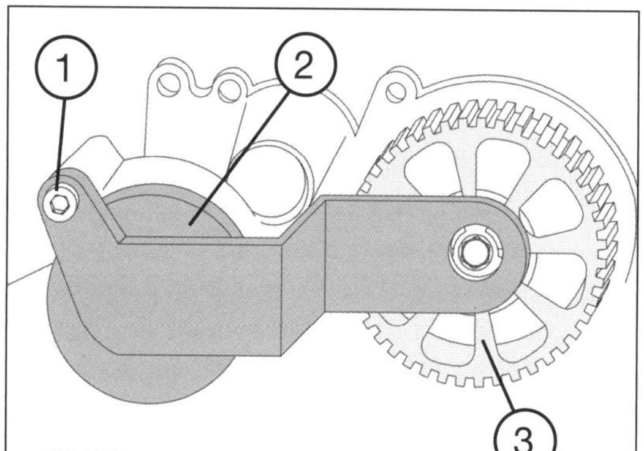

Bild 27

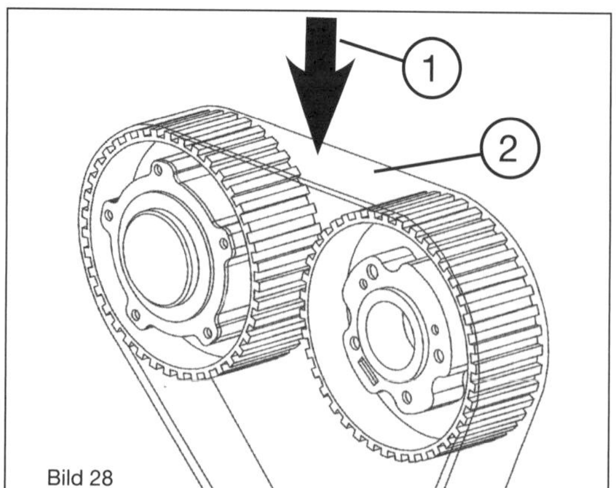

Bild 28

mit einem entsprechenden Werkzeug erfolgen. Audi empfiehlt hier ein Spezialwerkzeug »T10487«.

■ Sichern Sie die Nockenwellenfixierung mit der Schraube (1) im Zylinderkopf.

■ Lösen Sie die Zentralschraube des Keilrippenriemens. Verwenden Sie hier einen Gegenhalter, um die Riemenscheibe/Kurbelwelle nicht zu verdrehen.

■ Bauen Sie die Riemenscheibe für den Keilrippenriemen ab.

■ Demontieren Sie den unteren Zahnriemenschutz wie bereits beschrieben.

■ Bauen Sie die Verschlussschraube an dem Nockenwellenrad der Einlassnockenwelle ab. Verwenden Sie einen Gegenhalter, um das Nockenwellenrad nicht zu verdrehen.

■ Lösen Sie die Zentralschraube des Nockenwellenverstellers auf der Einlassnockenwelle etwa um eine Umdrehung. Verwenden Sie hier einen Gegenhalter, um das Nockenwellenrad oder die Nockenwelle nicht zu verdrehen.

■ Lösen Sie die Zentralschraube des Nockenwellenrades auf der Auslassnockenwelle etwa um eine Umdrehung. Verwenden Sie hier einen Gegenhalter, um das Nockenwellenrad oder die Nockenwelle nicht zu verdrehen.

■ Lösen und entspannen Sie nun den Zahnriemenspanner.

Tipp: Mit den Spezialwerkzeugen »Einsteckwerkzeug SW 13 (T10500)« und dem Ringschlüssel »SW 30 (T10499 A) kann die Spannrolle auch ohne die Demontage der Motorstütze entspannt werden. Ohne dieses Werkzeug muss der Motor mit der Motorbrücke (Bild 23) abgefangen und die Motorstütze wie beschrieben demontiert werden.

Tipp: Wenn der Zahnriemen später wiederverwendet werden soll, muss die Laufrichtung mit einem geeigneten Stift markiert werden. Nehmen Sie den Zahnriemen ab. Beachten Sie, dass der Zahnriemen weder geknickt noch einen Biegeradius von 25 mm unterschreiten darf.

■ Nehmen Sie das Zahnriemenrad von der Kurbelwelle ab.

Die Montage erfolgt sinngemäß in umgekehrter Reihenfolge.

■ Die Nockenwellenfixierung (Bild 27) muss montiert sein.

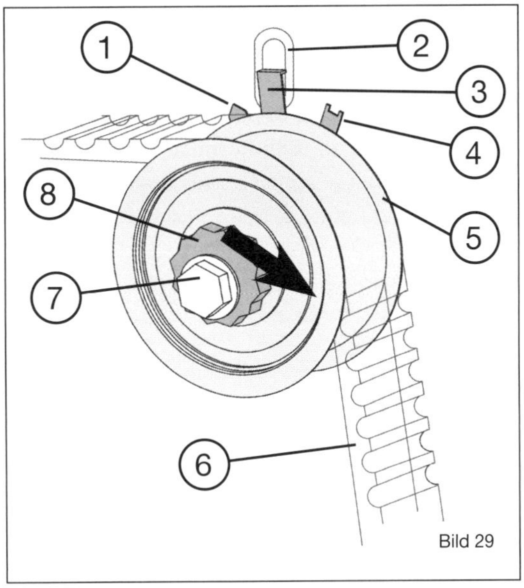

Bild 29

Bild 29
Spannrolle Zahnriemen.
1 Zeiger Vorspannung
2 Vertiefung im Zylinderkopf
3 Haltewinkel
4 Lasche Anzeigefeld
5 Spannrolle
6 Zahnriemen
7 Sicherungsschraube
8 Verstellexzenter

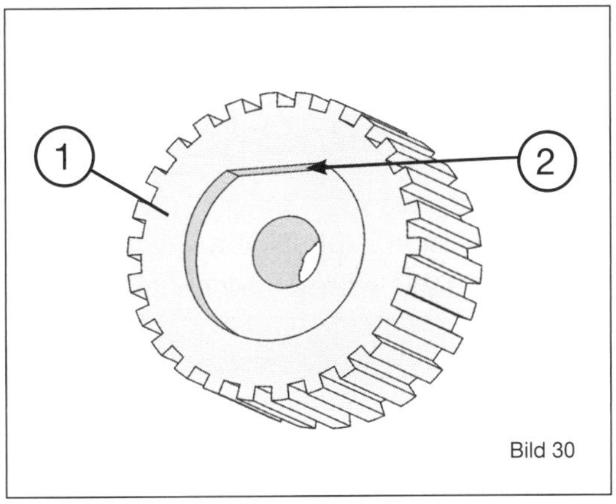

Bild 30

Bild 30
Spannrolle Zahnriemen.
1 Zahnriemenrad auf der Kurbelwelle
2 Abflachung im Kurbelwellenrad

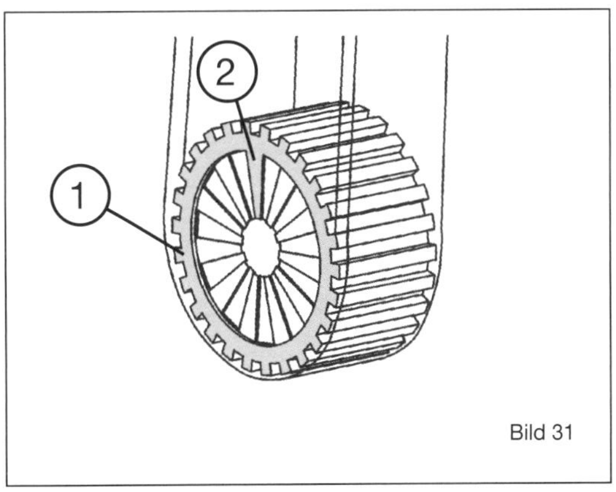

Bild 31

Bild 31
Spannrolle Zahnriemen.
1 Zahnriemenrad auf der Kurbelwelle
2 Passfläche am Zahnriemenrad zur Riemenscheibe

■ Die Fixierschraube der Kurbelwelle muss vollständig eingeschraubt sein und die Kurbelwelle in Drehrichtung an der Fixierschraube anliegen.

■ Die Nockenwellenräder sind auf den Nockenwellen montiert und müssen sich gerade noch verdrehen lassen.

■ Die Abflachung (2 im Bild 30) des Zahnriemenrades (1) muss auf der Abfräsung der

Sichtprüfung Messen

Kurbelwelle sitzen. Auf der Außenseite ist dann die Passfläche (2) zur Riemenscheibe wie auf dem Bild 31 zu erkennen.

■ Legen Sie den Zahnriemen auf das Zahnriemenrad (10 im Bild 24) der Kurbelwelle auf.

■ Legen Sie den Zahnriemen auf die Spannrolle (7) auf.

■ Legen Sie den Zahnriemen auf die beiden Nockenwellenräder (5 und 6) auf.

■ Legen Sie den Zahnriemen auf die Umlenkrolle (9) auf.

■ Montieren Sie den unteren Zahnriemenschutz und die Riemenscheibe wieder.

■ Ziehen Sie die Riemenscheibe auf Drehmoment fest. Halten Sie die Riemenscheibe mit einem geeigneten Gegenhalter fest.

■ Verdrehen Sie die Spannrolle im Uhrzeigersinn, bis der Zeiger (1 im Bild 32) etwa einen Zentimeter rechts von dem mittleren Feld der Markierung (2) steht.

■ Drehen Sie den Exzenter zurück (gegen den Uhrzeigersinn), bis der Zeiger (1) im Feld der Markierung (2) steht und ziehen Sie die Sicherungsschraube fest.

■ Ziehen Sie die Zentralschraube der Auslassnockenwelle auf Drehmoment fest. Halten Sie das Zahnriemenrad dazu mit einem geeigneten Gegenhalter fest.

■ Ziehen Sie die Zentralschraube der Einlassnockenwelle auf Drehmoment fest. Halten Sie das Zahnriemenrad dazu mit einem geeigneten Gegenhalter fest.

■ Demontieren Sie den Nockenwellengegenhalter (Bild 27) und die Kurbelwellenarretierung (Bild 26).

■ Drehen Sie den Motor zwei Umdrehungen in Drehrichtung durch und kontrollieren Sie die Zahnriemenspannung erneut.

Motorvarianten mit Zylinderabschaltung

■ Drehen Sie die Schrauben (1 im Bild 24) heraus und nehmen Sie den Verschlussdeckel (2) ab.

Fangen Sie austretendes Restöl mit einem fusselfreien Lappen auf.

■ Lösen Sie die Leitungen am Zahnriemenschutz für die Nockenwelle und befestigen Sie sie außerhalb des Arbeitsbereiches.

■ Bauen Sie die Zahnriemenabdeckungen oben wie bereits beschrieben aus.

■ Verdrehen Sie den Motor an der Kurbelwellenschraube, bis das Nockenwellenrad auf »OT« stehen.

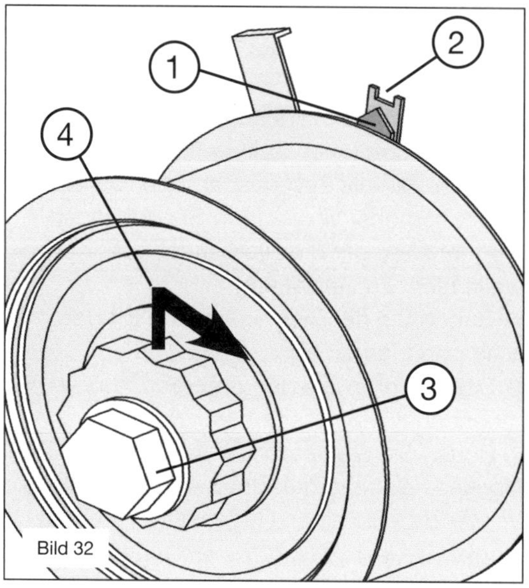

Bild 32

Spannrolle beim 1,4-l-Motor.

1 Zeiger
2 Feld der Markierung (Vorspannungsanzeige)
3 Sicherungsschraube
4 Bewegungsrichtung

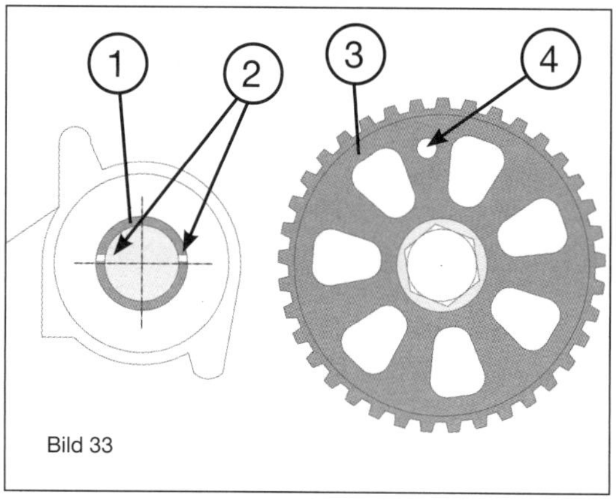

Bild 33

Ansicht der Nockenwellen »getriebeseitig«.

1 Einlassnockenwelle
2 Asymmetrische Aussparungen
3 Antriebsrad der Wasserpumpe auf der Auslassnockenwelle
4 Bohrung im Nockenwellenrad

Die asymmetrischen Aussparungen (2 im Bild 33) in der Nockenwelle stehen über der Nockenwellenmitte. Im Antriebsrad der Wasserpumpe auf der Auslassnockenwelle ist oben eine Bohrung (4) angebracht, die deckungsgleich mit der Bohrung im Zylinderkopf stehen muss.

■ Drehen Sie die Verschlussschraube (1 im Bild 26) im Motorblock heraus.

■ Drehen Sie die Fixierschraube (VW T-10340) in den Motorblock hinein.

Lässt sich die Fixierschraube »T10340« nicht bis zum Anschlag eindrehen, steht die Kurbelwelle nicht in der richtigen Stellung.

Wenn sich die Fixierschraube »T10340« nicht vollständig eindrehen lässt:

■ Die Fixierschraube »T10340« wieder herausdrehen.

■ Den Motor 90° in Motordrehrichtung weiterdrehen.

■ Die Fixierschraube »T10340« wieder hineindrehen und mit 30 Nm anziehen.
■ Den Motor vorsichtig bis Anschlag weiter in Drehrichtung drehen.

Die Fixierschraube fixiert die Kurbelwelle nur in Drehrichtung.

■ Die Lage der Nuten in den Nockenwellen getriebeseitig (Bild 25) prüfen.

Befinden sich die asymmetrisch angeordneten Nuten unterhalb der Mitte der Nockenwellen, müssen die Anschlagschraube nochmal herausgedreht und die beschriebenen Arbeitsschritte wiederholt werden.

Weiterarbeit mit fixierter Kurbelwelle:

■ Schieben Sie die Nockenwellenfixierung »T10504« und »T10504/1« (2 und 3 im Bild 34) bis Anschlag in die Bohrung des Nockenwellenrades (4) und die Einlassnockenwelle (1) im Zylinderkopf von der Getriebeseite des Zylinderkopfes auf.

Die Nockenwellenfixierungswerkzeuge »T10504« und »T10504/1« müssen sich gewaltfrei und ohne Schlagwerkzeug einsetzen lassen. Lässt sich die Nockenwellenfixierung nicht einsetzen, kann wie im Bild 28 gezeigt auf den Zahnriemen gedrückt werden. Das kann von Hand oder mit einem entsprechenden Werkzeug erfolgen. Audi empfiehlt hier ein Spezialwerkzeug »T10487«.

■ Sichern Sie die Nockenwellenfixierung mit den Schrauben (1 im Bild 34) im Zylinderkopf.
■ Lösen Sie die Zentralschraube des Keilrippenriemenrades. Verwenden Sie hier einen Gegenhalter um die Riemenscheibe/Kurbelwelle nicht zu verdrehen.
■ Bauen Sie die Riemenscheibe für den Keilrippenriemen ab.
■ Demontieren Sie den unteren Zahnriemenschutz wie bereits beschrieben.
■ Bauen Sie die Verschlussschraube an dem Nockenwellenrad der Einlassnockenwelle ab. Verwenden Sie hierzu einen Gegenhalter, um das Nockenwellenrad nicht zu verdrehen.
■ Lösen Sie die Zentralschraube des Nockenwellenverstellers auf der Einlassnockenwelle etwa um eine Umdrehung. Verwenden Sie hier einen Gegenhalter, um das Nockenwellenrad oder die Nockenwelle nicht zu verdrehen.
■ Lösen Sie die Zentralschraube des Nockenwellenrades auf der Auslassnockenwelle etwa um eine Umdrehung. Verwenden Sie hierzu einen Gegenhalter, um das Nockenwellenrad oder die Nockenwelle nicht zu verdrehen.
■ Lösen und entspannen Sie nun den Zahnriemenspanner.

Mit den Spezialwerkzeugen »Einsteckwerkzeug SW 13 (T10500)« und dem Ringschlüssel »SW 30 (T10499 A) kann die Spannrolle auch ohne die Demontage der Motorstütze entspannt werden. Ohne dieses Werkzeug muss der Motor mit der Motorbrücke (Bild 23) abgefangen und die Motorstütze wie beschrieben demontiert werden.

Wenn der Zahnriemen später wiederverwendet werden soll, muss die Laufrichtung mit einem geeigneten Stift markiert werden. Nehmen Sie den Zahnriemen ab. Beachten Sie, dass der Zahnriemen weder geknickt noch einen Biegeradius von 25 mm unterschreiten darf.

■ Nehmen Sie das Zahnriemenrad von der Kurbelwelle ab.

Die Montage erfolgt sinngemäß in umgekehrter Reihenfolge.

■ Die Nockenwellenfixierung (Bild 34) muss montiert sein.
■ Die Fixierschraube der Kurbelwelle muss vollständig eingeschraubt (Bild 26) sein und die Kurbelwelle in Drehrichtung an der Fixierschraube anliegen.
■ Die Nockenwellenräder sind auf den Nockenwellen montiert und müssen sich gerade noch verdrehen lassen.
■ Die Abflachung (2 im Bild 30) des Zahnriemenrades (1) muss auf der Abfräsung der Kurbelwelle sitzen. Auf der Außenseite ist dann die Passfläche (2) zur Riemenscheibe wie auf dem Bild 31 zu erkennen.

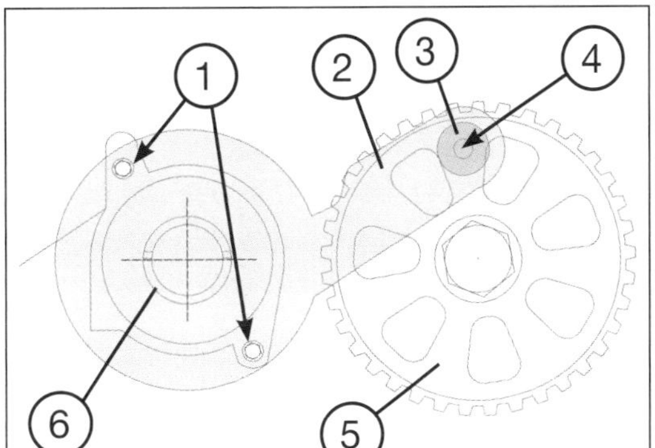

Bild 34

Bild 34
Ansicht der Nockenwellen »getriebeseitig«.
1 Verschraubung im Zylinderkopf
2 Nockenwellenfixierung »T10504«
3 Fixierstift »T10504/1«
4 Bohrung im Antriebsrad der Wasserpumpe auf der Auslass-Nockenwelle
5 Antriebsrad auf der Wasserpumpe
6 Einlass-Nockenwelle

Sichtprüfung Messen

■ Legen Sie den Zahnriemen auf das Zahnriemenrad der Kurbelwelle auf.
■ Legen Sie den Zahnriemen auf die Spannrolle (10 im Bild 24) auf.
■ Legen Sie den Zahnriemen auf die beiden Nockenwellenräder (5 und 6) auf.
■ Legen Sie den Zahnriemen auf die Umlenkrolle (9) auf.
■ Montieren Sie den unteren Zahnriemenschutz und die Riemenscheibe wieder.
■ Ziehen Sie die Riemenscheibe auf Drehmoment fest. Halten Sie die Riemenscheibe mit einem geeigneten Gegenhalter fest.
■ Verdrehen Sie die Spannrolle im Uhrzeigersinn, bis der Zeiger (1 im Bild 32) in etwa einen Zentimeter rechts von dem mittleren Feld der Markierung (2) steht.
■ Drehen Sie den Exzenter zurück (gegen den Uhrzeigersinn), bis der Zeiger (1) im Feld der Markierung (2) steht und ziehen Sie die Sicherungsschraube fest.
■ Ziehen Sie die Zentralschraube der Auslassnockenwelle auf Drehmoment fest. Halten Sie das Zahnriemenrad dazu mit einem geeigneten Gegenhalter fest.
■ Ziehen Sie die Zentralschraube der Einlassnockenwelle auf Drehmoment fest. Halten Sie das Zahnriemenrad dazu mit einem geeigneten Gegenhalter fest.
■ Demontieren Sie den Nockenwellengegenhalter (Bild 27) und die Kurbelwellenarretierung (Bild 26).
■ Drehen Sie den Motor zwei Umdrehungen in Drehrichtung durch und kontrollieren Sie die Zahnriemenspannung erneut.

Steuerzeiten am 1,4-l-Motor

Die Steuerzeiten werden durch die Fixierung der Kurbelwelle und der beiden Nockenwellen eingestellt (Fixierschraube »T10340« und Nockenwellenfixierung »T10494«). Die Nockenwellenräder sind »Losräder« und können bei gelöster Zentralschraube frei positioniert werden.
■ Legen Sie wie bereits beschrieben den Antriebsriemen der Wasserpumpe getriebeseitig frei.
■ Demontieren Sie den Deckel im Zylinderkopf zur Einlassnockenwelle.
■ Verdrehen Sie den Motor über die Zentralschraube der Kurbelwelle so weit, dass bei den Motorvarianten ohne Zylinderabschaltung die Aussparungen der Einlassnockenwelle und der Auslassnockenwelle oberhalb der Mittellinie der Einlassnockenwelle (Bild 25) liegen.
■ Bei Motoren mit Zylinderabschaltung muss die Aussparung der Einlassnockenwelle oberhalb der Mittellinie der Einlassnockenwelle (Bild 33) liegen. Die Bohrungen im Antriebsrad der Wasserpumpe auf der Auslassnockenwelle müssen deckungsgleich stehen.
■ Die Nockewellenfixierung muss sich gewaltfrei einsetzen lassen. Im Bild 28 haben wir vorgestellt, wie Sie die Nockenwellen etwas bewegen können, um das Fixierwerkzeug für die Nockenwellen einzusetzen, falls das Werkzeug etwas verhakt.
■ Durch den Einsatz der Spezialwerkzeuge für die Nockenwellenfixierung, der Absteckschraube für die Kurbelwelle und die korrekte Zahnriemenspannung (siehe Bild 32) sind die Steuerzeiten richtig eingestellt.

Abdeckung der Steuerkette am 2,0-l-TFSI-Motor demontieren

Die Abdeckungen der Steuerkette ist zweiteilig. Die Montagearbeiten für die unterschiedlichen Abdeckungen unterscheiden sich nur unwesentlich voneinander. Wir stellen Ihnen an dieser Stelle eine allgemeingültige Anleitung zur Verfügung.

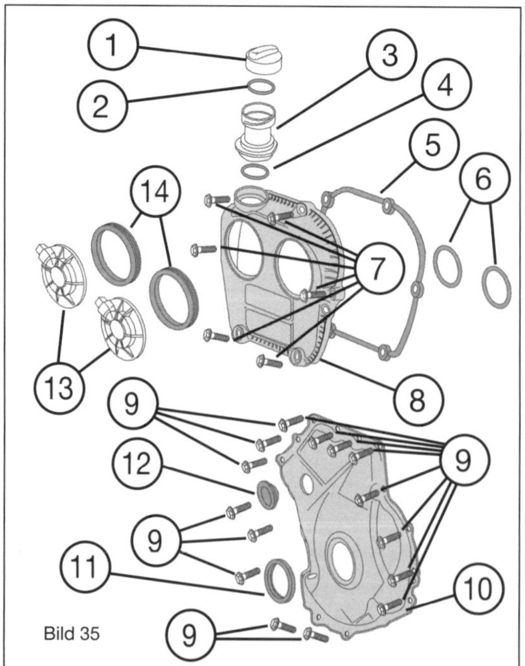

Bild 35

Bild 35
Steuerkettenkasten am 2,0-l-TFSI mit zwei Nockenwellenverstellern.
1 Öldeckel
2 Dichtring
3 Einfüllstutzen
4 Dichtring
5 Dichtungsprofil
6 O-Ringe
7 Schrauben
8 Abdeckung oben
9 Schrauben
10 Abdeckung unten
11 Wellendichtring
12 Verschlussstopfen
13 Ventile für die Nockenwellenverstellung
14 Dichtringe

Demontage des Steuerkastendeckels oben

Tipp: Die Montagearbeiten für die Motorvarianten mit einem Nockenwellenversteller unterscheiden sich nicht nennenswert von den Arbeiten an den Motorvarianten mit zwei Nockenwellenverstellern.

- Legen Sie die Abdeckung des Steuerkastendeckels oben frei.
- Ziehen Sie die elektrischen Anschlüsse zu den Ventilen für die Nockenwellenverstellung (13 im Bild 35) ab.
- Drehen Sie die Schrauben der Nockenwellenverstellung heraus und ziehen Sie die Nockenwellenverstellungen heraus.
- Lösen Sie den elektrischen Leitungsstrang am Peilstabrohr und legen Sie ihn zur Seite.
- Drehen Sie die Schraube des Ölpeilstabrohrs heraus.
- Soweit erforderlich, das Führungsrohr des Ölmessstabs von der Abdeckung oben für die Steuerkette lösen.
- Drehen Sie die Schrauben in der Reihenfolge (6-1 im Bild 36) heraus.
- Nehmen Sie die unteren Schrauben (2 und 4) heraus.
- Nehmen Sie die Abdeckung ab.

Die Montage erfolgt sinngemäß in umgekehrter Reihenfolge.

- Ersetzen Sie die Dichtringe (5, 6 und 14 im Bild 35).
- Benetzen Sie die Dichtungen vor der Montage leicht mit Motoröl.

Tipp: Der kleinere Innendurchmesser der Dichtringe (14) muss nach außen montiert werden.

Demontage des Steuerkastendeckels unten

Tipp: Die Montagearbeiten für den Steuerkastendeckel mit 8 Schrauben unterscheidet sich nicht nennenswert von der für den Steuerkastendeckel mit 15 Schrauben.

Achtung: Der Steuerkastendeckel wird sich in der Regel bei der Demontage durch das Lösen der Verklebung verziehen. Ein leichter Verzug kann Schäden an den Wellendichtringen verursachen und im Betrieb zu frühzeitigen Undichtigkeit führen. Ersetzen Sie den unteren Steuerkastendeckel grundsätzlich.

- Lassen Sie das Motoröl ab.
- Fangen Sie den Motor wie im Bild 23 auf Seite 40 gezeigt mit einer Motorbrücke ab.

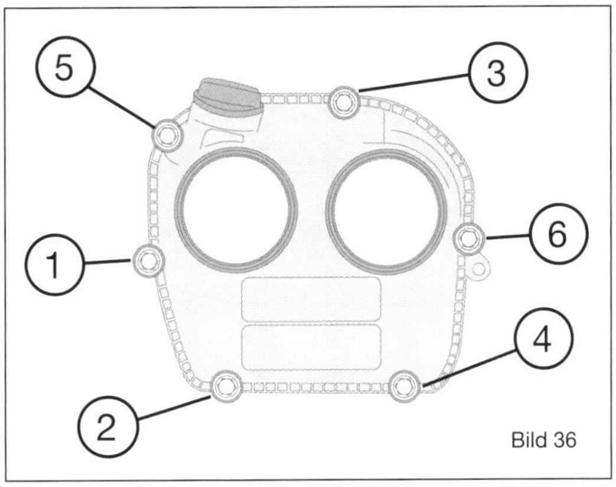

Bild 36

Bild 36
Anzugsreihenfolge der Verschraubung am Steuerkastendeckel oben.
1-6 Anzugsreihenfolge
6-1 Lösereihenfolge

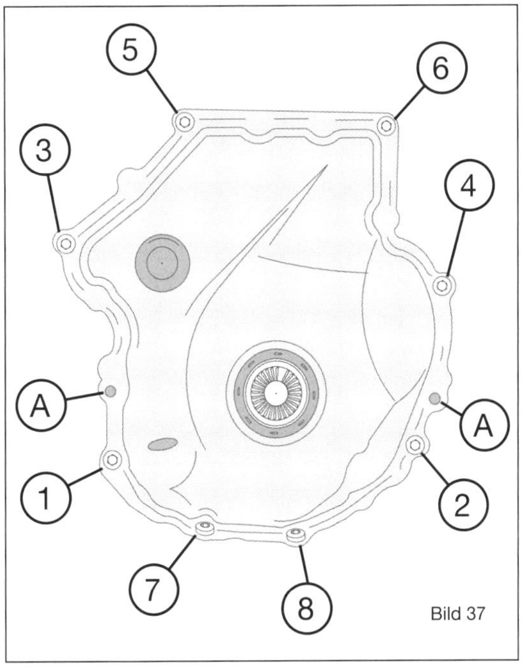

Bild 37

Bild 37
Anzugsreihenfolge der Verschraubung am Steuerkastendeckel unten mit 8 Schrauben.
A Passstifte
1-8 Anzugsreihenfolge

Die Reihenfolge zum Lösen ist beliebig, da der Deckel beim Lösen verzieht und erneuert werden muss.

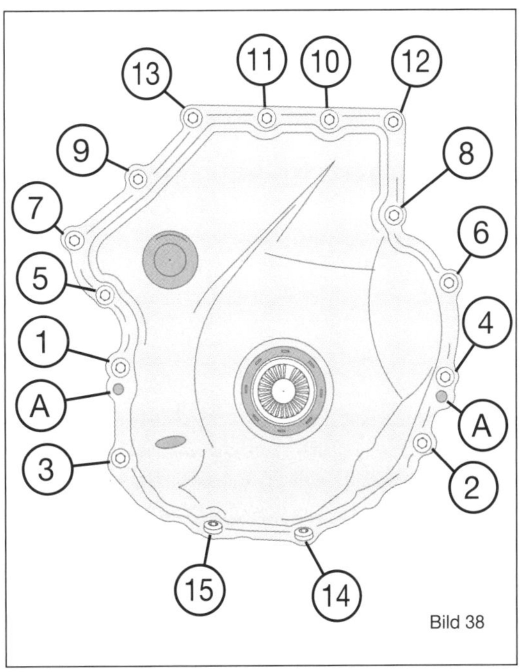

Bild 38

Bild 38
Anzugsreihenfolge der Verschraubung am Steuerkastendeckel unten mit 15 Schrauben.
1-15 Anzugsreihenfolge
A Passstifte

Die Reihenfolge zum Lösen ist beliebig, da der Deckel beim Lösen verzieht und erneuert werden muss.

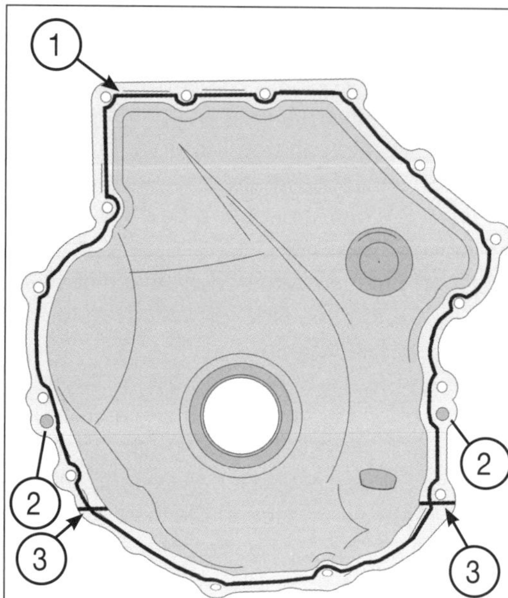

Bild 39

Bild 39
Dichtmittel auf dem Steuerkastendeckel unten.
1 Dichtmittelraupe am Gehäuserand
2 Passstifte
3 Dichtmittelraupe auf den Kanten

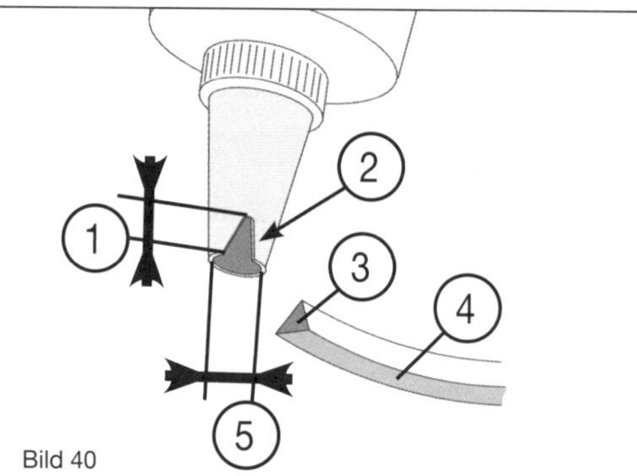

Bild 40

Bild 40
Trick mit der Dichtmitteldüse.
1 Einschnitt 3 mm
2 V-förmiger Einschnitt
3 Querschnitt der Dichtmittelraupe
4 Laufbahn der Dichtmittelraupe
5 Düsenanschnitt

■ Bauen Sie den Motorträger (Motorstütze) auf der rechten Seite aus.
■ Bauen Sie den Keilrippenriemen wie beschrieben aus.
■ Bauen Sie den automatischen Riemenspanner wie beschrieben aus.
■ Lösen Sie den elektrischen Leitungsstrang am Peilstabrohr und legen Sie ihn zur Seite.
■ Drehen Sie die Schraube des Ölpeilstabrohrs heraus.
■ Soweit erforderlich, das Führungsrohr des Ölmessstabs von der Abdeckung oben für die Steuerkette lösen.
■ Ziehen Sie den Ölpeilstab aus dem unteren Steuerkastendeckel heraus.
■ Ziehen Sie die elektrischen Anschlüsse zu dem Ventil für die Öldrückregelung am Steuergehäusekastendeckel unten ab.
■ Demontieren Sie (soweit vorhanden) den Halter für das Luftführungsrohr unten vom oberen Teil der Ölwanne.
■ Lösen Sie die Zentralschraube der Riemenscheibe um eine halbe Umdrehung.

☞ Wenn die Riemenscheibe hierbei verdreht wurde, drehen Sie den Motor um zwei Umdrehungen weiter, bis Sie die OT-Stellung wieder erreicht haben.

■ Drehen Sie die beiden Schrauben (1 und 4 im Bild 37) beziehungsweise (3 und 6 im Bild 38) heraus.
■ Montieren Sie den Gegenhalter »T10531/1«, der gleichzeitig die Riemenscheibe gegen Verdrehen sichert und das dreistufige Kettenrad am Abrutschen von der Kurbelwelle hindert.
■ Drehen Sie die Zentralschraube der Riemenscheibe heraus und sichern Sie das dreistufige Kettenrad auf der Kurbelwelle mit dem Spezialwerkzeug »T10531/2«.
■ Demontieren Sie den Gegenhalter »T10531/1« wieder.
■ Demontieren Sie die Riemenscheibe.
■ Drehen Sie die Schrauben (1-8 im Bild 37) beziehungsweise (1-15 im Bild 38) heraus.

☞ Die Demontagereihenfolge ist gleichgültig, der Gehäusedeckel muss aufgrund der hohen Klebekraft des Dichtmittels erneuert werden. Beim Abheben verzieht er sich zwangsläufig und kann im späteren Betrieb Undichtigkeiten am Kurbelwellendichtring verursachen.

■ Hebeln Sie Steuergehäusekastendeckel unten vorsichtig ab.

Die Montage erfolgt sinngemäß in umgekehrter Reihenfolge.
■ Entfernen Sie die Dichtmittelreste am Motorblock vorsichtig mit einem geeigneten Flachschaber.

⚠ Decken Sie die Öffnungen und Komponenten der Motorsteuerung mit Lappen ab, um das Eindringen von Verschmutzungen und Dichtmittelresten zu vermeiden.

■ Reinigen und Entfetten Sie die Dichtflächen gründlich.

👁 Prüfen Sie, ob die beiden Passstifte (3 im Bild 39) zur Ausrichtung des Gehäusedeckels vorhanden sind.

■ Prüfen Sie, ob das Mindesthaltbarkeitsdatum der Dichtmasse noch eine Verarbeitung zulässt.
■ Schneiden Sie die Tubendüse wie im Bild 40 auf 3 mm ein. Der V-Schnitt (2) ermög-

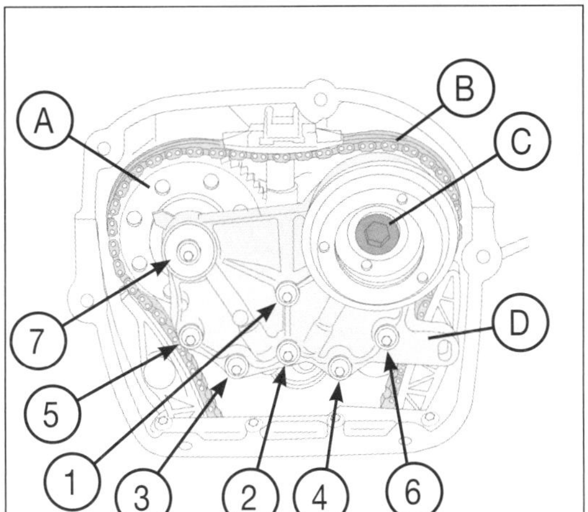

Bild 41

Bild 41
Nockenwellenantrieb mit variabler Einlassnockenwelle.
A Nockenwellenrad Außlassnockenwelle
B Steuerkette
C Steuerventil Einlassnockenwelle
D Lagerdeckel
1-7 Anzugsreihenfolge der Schrauben

licht auch ein Schräghalten der Düse, um die nicht gut zu erreichenden Bereiche mit einer ausreichenden Dichtmittelraupe zu versehen.

- Eine aufrecht stehende Düse ergibt eine dreieckige Querschnittsfläche (3) der Dichtmittelraupe.
- Tragen Sie das Dichtmittel wie im Bild 39 gezeigt auf den Steuerkastendeckel auf.
- Montieren Sie den Steuerkastendeckel innerhalb von 5 Minuten.
- Ziehen Sie die Schrauben in der Reihenfolge wie in den Bildern 37 und 38 dargestellt auf Drehmoment an.

Tipp: Die Schrauben (1 und 4 im Bild 37) und (3 und 6 im Bild 38) werden erst nach der Montage der Riemenscheibe angezogen.

Achtung: Das Dichtmittel muss etwa 30 Minuten vor dem Einfüllen des Motoröls ausgehärtet sein.

Arbeiten an der Steuerkette am 2,0-l-TFSI-Motor

- Bauen Sie die Geräuschdämmung unter dem Fahrzeug und über dem Motor wie auf Seite 36 beschrieben aus.
- Bauen Sie den Steuerkastendeckel oben wie bereits beschrieben aus.

Achtung: Es wurden unterschiedliche Lagerschilde verbaut. Achten Sie darauf, dass soweit eine Passhülse in der Bohrung der oberen Schraube verbaut war, auch wieder eine Passhülse eingesetzt werden sollte. Diese passt nur dann, wenn der Motorblock für die Montage vorgesehen war.

Demontage des Lagerschildes bei Motorvarianten mit einem Nockenwellenversteller

- Drehen Sie das Steuerventil (C im Bild 41) im Uhrzeigersinn los. Halten Sie mit einer Ratsche die Zentralschraube der Riemenscheibe fest.

Achtung: Das Steuerventil hat ein Linksgewinde. Beachten Sie die Löserichtung im Uhrzeigersinn.

- Drehen Sie die Schrauben (7-1) heraus.
- Nehmen Sie den Lagerdeckel (D) gerade ab. Achten Sie darauf, den Lagerdeckel nicht zu verkanten.

Demontage des Lagerschildes bei Motorvarianten mit zwei Nockenwellenverstellern

- Drehen Sie das Steuerventil (C im Bild 42) im Uhrzeigersinn los. Halten Sie mit einer Ratsche die Zentralschraube der Riemenscheibe fest.
- Drehen Sie das Steuerventil (A im Bild 42) im Uhrzeigersinn los. Halten Sie mit einer Ratsche die Zentralschraube der Riemenscheibe fest.

Achtung: Die Steuerventile haben ein Linksgewinde. Beachten Sie die Löserichtung im Uhrzeigersinn.

- Drehen Sie die Schrauben (6-1) heraus.
- Nehmen Sie den Lagerdeckel (D) gerade ab. Achten Sie darauf den Lagerdeckel nicht zu verkanten.

Sichern des Steuerkettenspanner für die Montage des Lagerschildes

Tipp: Es wurden zwei unterschiedliche Varianten für die Sicherung des Steuerkettenspanner verbaut.

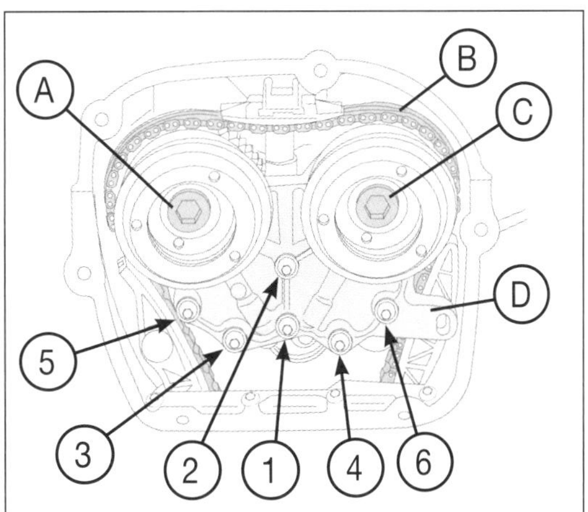

Bild 42

Bild 42
Nockenwellenantrieb mit variabler Einlass- und Auslassnockenwelle.
A Steuerventil Auslassnockenwelle
B Steuerkette
C Steuerventil Einlassnockenwelle
D Lagerdeckel
1-6 Anzugsreihenfolge der Schrauben

Bild 43
Werkzeug zum Zurückdrücken des Steuerkettenspanners.
1 Montageposition des Hebels zum Zurückdrücken des Kettenspanners
2 Hebelwerkzeug »T40243«

Bild 44
Werkzeug zum Sichern des Steuerkettenspanners.
A Variante mit Sicherungsstift
B Variante mit Sicherungsclip
1 Schraube
2 Stopfen
3 Klammer

Bild 45
Nockenwellenfixierung am Zylinderkopf.
1 Auslassnockenwelle
2 Gleitschiene oben
3 Einlassnockenwelle
4 Werkzeug »T40271/2«
5 Führungsschiene
6 Spannschiene
7 Schraube
8 Werkzeug »T40271/1«

■ Demontieren Sie den Steuerkastendeckel oben wie bereits beschrieben.
■ Demontieren Sie den Stopfen im Steuerkastendeckel unten.
■ Drehen Sie die beiden Schrauben (1 im Bild 43) heraus und montieren Sie den Hebel »T40243«.

Variante A (Sicherung mit einem Stift):
■ Drücken Sie den Spanner (Bild 43) langsam bis zum Anschlag zurück.
■ Stecken Sie in die frei werdende Bohrung (A im Bild 44) einen Schraubendreher oder einen Absteckstift zur Sicherung hinein.

Variante B (Sicherung mit einem Clip):
■ Drücken Sie den Sicherungsring des Kettenspanners zusammen.
■ Drücken Sie den Spanner langsam bis zum Anschlag zurück.
■ Schieben Sie den Sicherungsclip »T40267« in die Nut ein.

Weiter für alle Varianten:
■ Demontieren Sie den Hebel »T40243« für die weiteren Montagearbeiten wieder.

Der Stopfen muss für die Montage ersetzt werden.

Demontage der Steuerkette für die Nockenwellen
■ Drehen Sie den Motor in Motordrehrichtung in die OT-Stellung.

Die Markierung auf dem Schwingungsdämpfer (Riemenscheibe) und auf dem Steuerkastendeckel unten müssen sich gegenüberstehen. Die Markierungen auf den Nockenwellenräder müssen nach oben zeigen.
■ Demontieren Sie den Steuerkastendeckel unten wie bereits beschrieben.
■ Drücken Sie den Kettenspanner der Antriebskette der Ölpumpe nach rechts und sichern Sie ihn mit dem Absteckstift »T40011« im Motorblock.
■ Drehen Sie den Führungsbolzen des Kettenspanners heraus und nehmen Sie den Kettenspanner zusammen mit dem Führungsbolzen ab.
■ Nehmen Sie die Antriebskette der Ölpumpe von dem dreistufigen Kettenrad ab.
■ Soweit noch nicht erfolgt, sichern Sie den Steuerkettenspanner wie auf Seite 49 beschrieben.

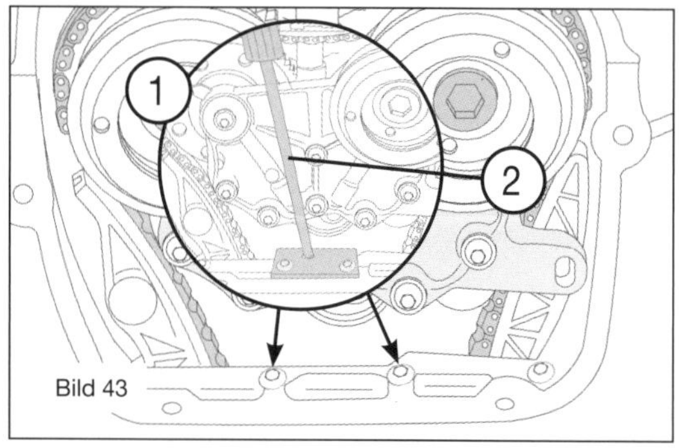

Bild 43

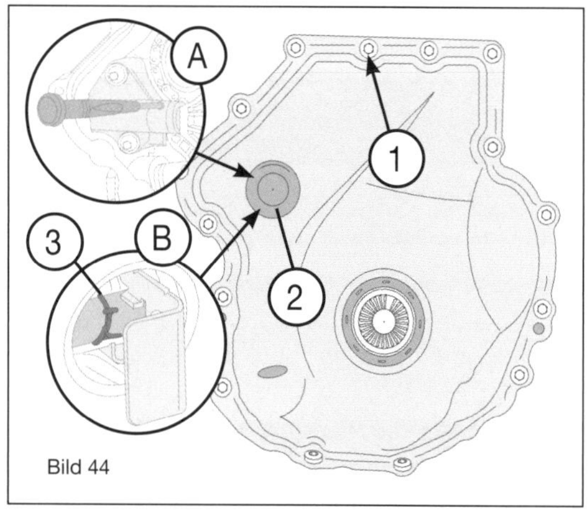

Bild 44

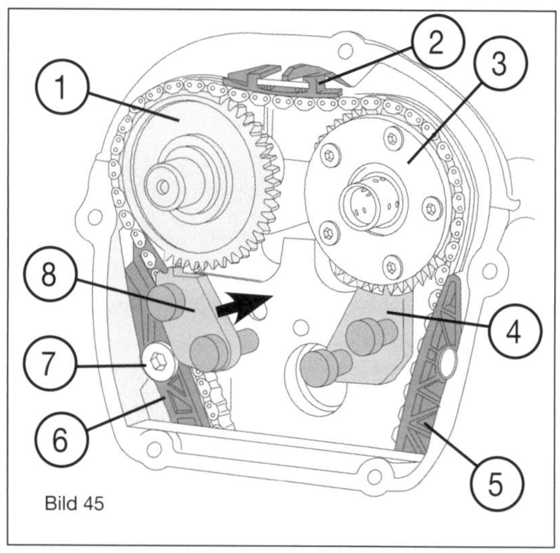

Bild 45

■ Montieren Sie die Nockenwellenfixierung »T40271/1« (4 im Bild 45) an der Einlassnockenwelle und rasten Sie die Sicherungsplatte des Werkzeugs in die Verzahnung des Nockenwellenrades ein.
■ Montieren Sie die Nockenwellenfixierung »T40271/2« (7 im Bild 45) an der Auslassnockenwelle (Sicherungsplatte des Werkzeugs nicht verschieben), rasten Sie aber noch nicht in der Verzahnung ein.
■ Spannen Sie das Nockenwellenrad der Auslassnockenwelle leicht mit einem

Gegenhalter oder, je nach Ausführung, einem Schlüssel auf den Schlüsselflächen der Nockenwelle (Rückseite) im Uhrzeigersinn vor.

- Verschieben Sie die Sicherungsplatte des Werkzeugs »T4071/2« (8) in die Zahnung des Nockenwellenrades.
- Entsichern Sie die Raste der oberen Gleitschiene (2) und nehmen Sie sie ab.
- Drehen Sie die Schraube (6) heraus und nehmen Sie die Spannschiene (5) nach unten heraus.
- Drehen Sie die beiden Schrauben der Führungsschiene (5) heraus und nehmen Sie die Führungsschiene nach unten heraus.
- Nehmen Sie die Steuerkette von den Nockenwellenrädern ab.
- Führen Sie die Steuerkette nach unten und nehmen Sie sie heraus.

Die Montage erfolgt sinngemäß in umgekehrter Reihenfolge.

Prüfen Sie den Zustand der Spann- und Führungsschienen vor der Montage.

- Legen Sie die Steuerkette auf das Einlasssteuerkettenrad auf. Achten Sie hierbei darauf, dass sich das farbige Kettenglied (1 im Bild 46) über der Markierung (oder Nut) (2) auf dem Kettenrad befindet.
- Legen Sie die Steuerkette auf das Auslasssteuerkettenrad auf. Achten Sie hierbei darauf, dass sich das farbige Kettenglied (1) über der Markierung (oder Nut) (3) auf dem Kettenrad befindet.
- Legen Sie die Steuerkette auf das dreistufige Steuerkettenrad auf der Kurbelwelle auf. Achten Sie auch hierbei darauf, dass sich das farbige Kettenglied (1) über der Markierung (oder Nut) (3) auf dem Kettenrad befindet.
- Bauen Sie die Gleitschiene (5 im Bild 45) wieder ein.
- Montieren Sie Gleitschiene oben (2) wieder.
- Spannen Sie das Nockenwellenrad der Auslassnockenwelle leicht mit einem Gegenhalter oder, je nach Ausführung, einem Schlüssel auf den Schlüsselflächen der Nockenwelle (Rückseite) im Uhrzeigersinn vor.
- Verschieben Sie die Sicherungsplatte des Werkzeugs »T4071/2« (8) aus der Zahnung des Nockenwellenrades und halten Sie es fest.

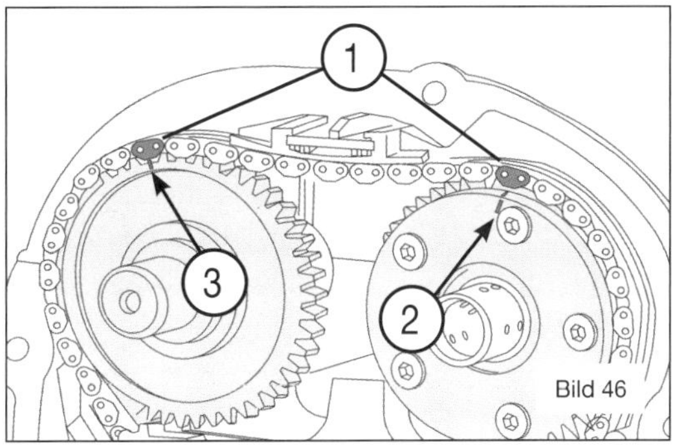

Bild 46
Grundeinstellung Steuerzeiten Nockenwelle.
1 Farbiges Kettenglied
2 Markierung auf dem Einlass-Nockenwellenrad
3 Markierung auf dem Auslass-Nockenwellenrad

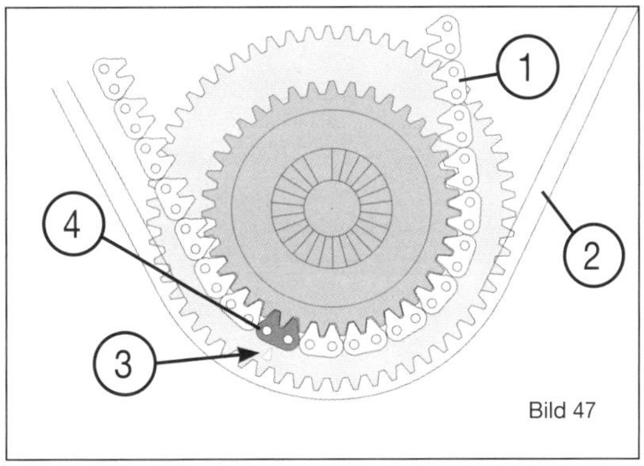

Bild 47
Grundeinstellung Steuerzeiten Kurbelwelle.
1 Steuerkette Nockenwellen
2 Steuerkette Ausgleichswellen
3 Markierung auf dem dreistufigen Kurbelwellenrad
4 Farbiges Kettenglied

- Schieben Sie die Spannschiene (6) von unten ein und verschrauben (7) Sie sie.
- Montieren Sie die Antriebskette und den Spanner für die Ölpumpe wieder.
- Montieren Sie die beiden Schrauben (2 im Bild 43) wieder.
- Ölen Sie die Lagerstellen des Lagerdeckels für die Nockenwellen leicht ein und schieben Sie das Lagerschild auf die Nockenwellen auf.

Achten Sie darauf, dass das Lagerschild nicht verkantet.

- Drehen Sie die Schrauben des Lagerschildes an.
- Montieren Sie die Steuerventile (C im Bild 41 bzw. A und C im Bild 42) wieder.
- Ziehen Sie die Schrauben in der in den Bildern 41 oder 42 angegebenen Reihenfolge auf Drehmoment fest.

Für die weitere Montage und die hierbei erforderlichen Kurbelwellendrehungen sollten Sie das Verdrehwerkzeug »T10531/3« montieren.

- Bauen Sie die Verbundmutter » T10531/4« an und drehen Sie den Motor zwei Kurbelwellenumdrehungen von Hand durch.

Die farbigen Kettenglieder und die Markierungen auf den Kettenrädern passen aufgrund der Übersetzung nicht mehr aufeinander.

Demontage der Steuerkette für die Ausgleichswellen

■ Bauen Sie die Nockenwellensteuerkette wie bereits beschrieben aus.

■ Drehen Sie die beiden Schrauben heraus und nehmen Sie den gesicherten Steuerkettenspanner für die Nockenwellensteuerkette heraus.

■ Bauen Sie den Steuerkettenspanner (8 im Bild 48) aus.

■ Drehen Sie die Schraube (Lagerbolzen) (7) heraus und nehmen Sie die Spannschiene ab.

■ Drehen Sie die Schrauben (2) heraus und nehmen Sie die obere Führungsschiene (3) ab.

■ Drehen Sie die Schrauben (4) heraus und nehmen Sie die Führungsschiene unten (5) ab.

■ Nehmen Sie die Steuerkette (1) ab.

Die Montage erfolgt sinngemäß in umgekehrter Reihenfolge.

■ Verdrehen Sie die rechte Ausgleichswelle so, dass die Markierungen zum Antriebsrad wie im Bild 49 gezeigt übereinstimmen.

■ Legen Sie die Steuerkette für die Ausgleichswellen auf die Kettenräder auf.

⚠ Die farbigen Kettenglieder (1, 3 und 6 im Bild 50) müssen auf den Markierungen der Kettenräder (2, 4 und 5) liegen.

■ Montieren Sie die Gleitschienen (3 und 5 im Bild 48).

■ Montieren Sie die Spannschiene (6) und den Kettenspanner (8).

Kontrollieren Sie die Einbaulage der farbigen Kettenglieder und der Markierungen auf den Kettenrädern wie im Bild 50 dargestellt erneut. Die Markierungen für die rechte Ausgleichswelle müssen wie gezeigt stehen (1 und 2 im Bild 49).

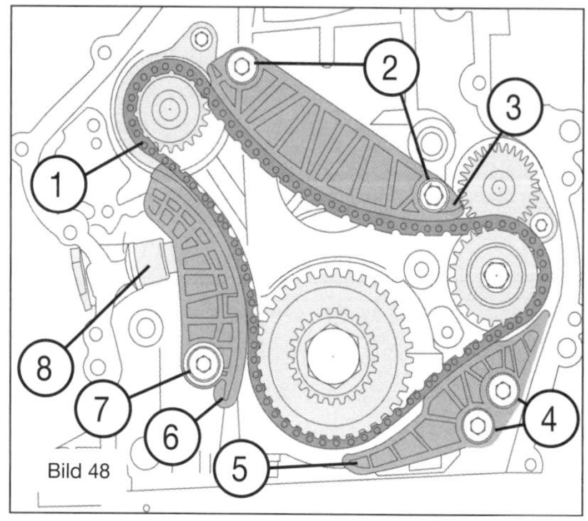

Bild 48
Antrieb Ausgleichswellen.
1 Steuerkette
2 Schrauben
3 Führungsschiene oben
4 Schrauben
5 Führungsschiene unten
6 Spannschiene
7 Schraube (Bolzen)
8 Kettenspanner

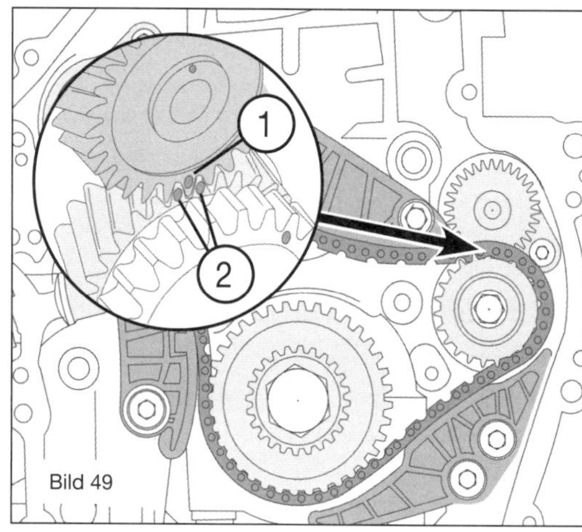

Bild 49
Markierungen auf dem Rad der rechten Ausgleichswelle.
1 Markierung auf dem Ausgleichswellenrad
2 Markierung auf dem Antriebsrad

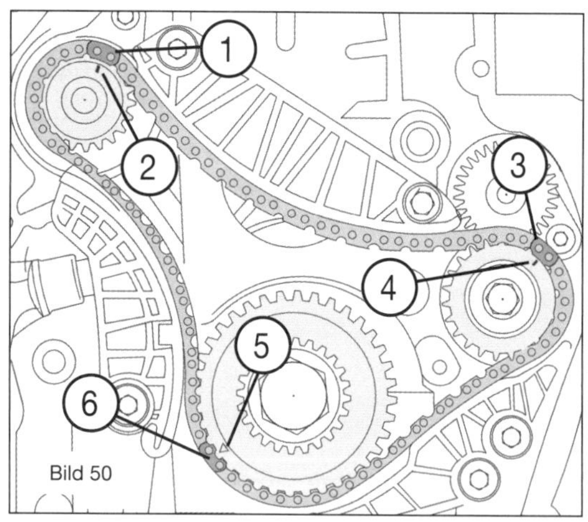

Bild 50
Markierungen auf den Kettenrädern und der Steuerkette für die Ausgleichswellen.
1 Farbiges Kettenglied
2 Markierung auf der linken Ausgleichswelle
3 Farbiges Kettenglied
4 Markierung auf der rechten Ausgleichswelle
5 Markierung auf dem dreistufigen Kettenrad der Kurbelwelle
6 Farbiges Kettenglied

Steuerzeiten am 2,0-l-TFSI-Motor

Die Zahnräder auf den Nockenwellen sind fest montiert. Das dreistufige Zahnrad auf der Kurbelwelle ist auf eine Radialzahnung aufgesetzt und wird durch die Zentralschraube der Riemenscheibe gehalten.

⚠ Die Demontage der Riemenscheibe bedingt grundsätzlich die Montage des Gegenhalters »T10531/1« für die Demontage der Zentralschraube. Die Zentralschraube muss dann für die weitere Demontage mit dem Gegenhalter »T10531/2« gesichert werden.

Die Position der Nockenwellenräder untereinander und zur Kurbelwelle werden durch den Abstand der farbigen Kettenglieder bestimmt.

Die Kettenlängung hat somit grundsätzlich einen Einfluss auf die Steuerzeiten und muss zur Überprüfung der Steuerzeiten gemessen werden.

Der Versatz von Kurbelwelle und Nockenwelle wird auch durch die Sensoren auf der Nockenwelle und der Kurbelwelle erfasst. Abweichungen, die einen bestimmten Rahmen übersteigen, werden im Fehlerspeicher abgelegt. Werden Bauteile der Motorsteuerung erneuert, müssen die neuen Positionen der Sensoren im Motorsteuergerät angelernt werden.

- Demontieren Sie die Motorabdeckung oben und die Geräuschdämmung unter dem Fahrzeug.
- Demontieren Sie den oberen Steuerkastendeckel wie bereits beschrieben.
- Drehen Sie den Motor an der Zentralschraube der Riemenscheibe in Motordrehrichtungen so weit, dass die beiden Markierungen (2 und 3 im Bild 46) für die Steuerkette fast oben stehen.
- Drehen Sie die Zündkerze des ersten Zylinders heraus und montieren Sie einen Messadapter (VW T10170/A) in das Kerzengewinde.
- Setzen Sie eine Messuhr mit einer Verlängerung (VW T10170A/1) ein, die den Kolbenboden erreicht.
- Verdrehen Sie den Motor sehr langsam und vorsichtig weiter in Richtung OT.

Ertasten Sie mit der Messuhr die genaue OT-Stellung (Umkehrpunkt des Kolbens).

Wenn die Kurbelwelle über den OT hinaus gedreht wurde, muss sie nochmals zwei Umdrehungen in Motordrehrichtung gedreht werden.

Der Motor darf niemals entgegen der Motordrehrichtung gedreht werden.

Messungen Steuerkette (Motorkennbuchstaben CCZC, CCTA und CPSA)

Position der Einlassnockenwelle:

Messen Sie den Abstand, wie im Bild 51 dargestellt, der Außenkante des Stegs (mitten auf dem Halter der oberen Führungsschiene) und der Nockenwellenradmarkierung auf der Einlassnockenwelle.

- Sie sollen ein Maß (A) zwischen 61 mm und 64 mm feststellen.

Position der Auslassnockenwelle:

Messen Sie den Abstand, wie im Bild 52 dargestellt, der Nockenwellenradmarkierung auf der Einlassnockenwelle und der Nockenwellenradmarkierung auf der Auslassnockenwelle.

- Sie sollen ein Maß (B) zwischen 124 mm und 126 mm feststellen.

Sollte die Steuerkette um einen Zahn versetzt aufliegen, wird sich das Maß um 5 mm verändern.

- Die Markierung auf der Riemenscheibe muss der Pfeilmarkierung an dem unteren Steuerkastendeckel gegenüberstehen.

Messungen Steuerkette (Motorkennbuchstaben CULB und CULC)

Position der Auslassnockenwelle:

Messen Sie den Abstand, wie im Bild 53 dargestellt, der rechten Außenkante des Halters der oberen Führungsschiene und der Nockenwellenradmarkierung auf der Auslassnockenwelle.

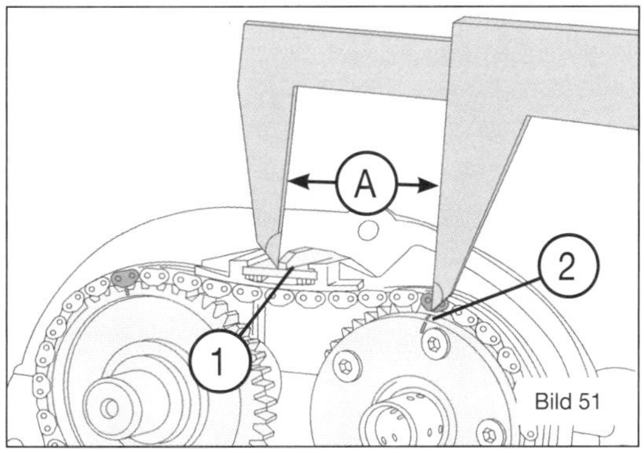

Bild 51
Position der Einlassnockenwelle (Generation II).
1 Steg am Halter der oberen Kettenführungsschiene
2 Markierung auf dem Einlassnockenwellenrad
A Abstandmaß (61 mm bis 64 mm)

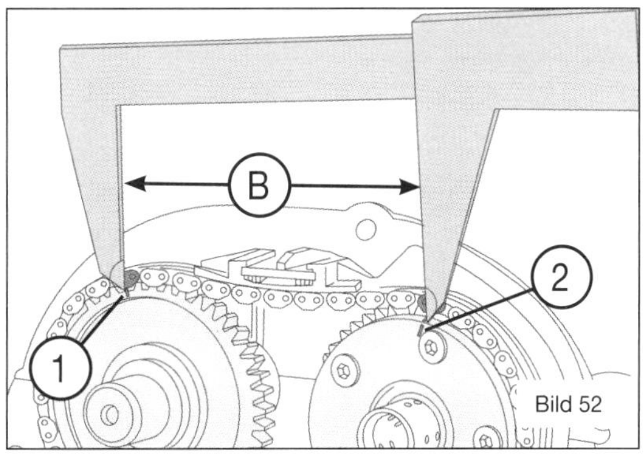

Bild 52
Position der Einlassnockenwelle.
1 Markierung auf dem Auslassnockenwellenrad
2 Markierung auf dem Einlassnockenwellenrad
B Abstandmaß

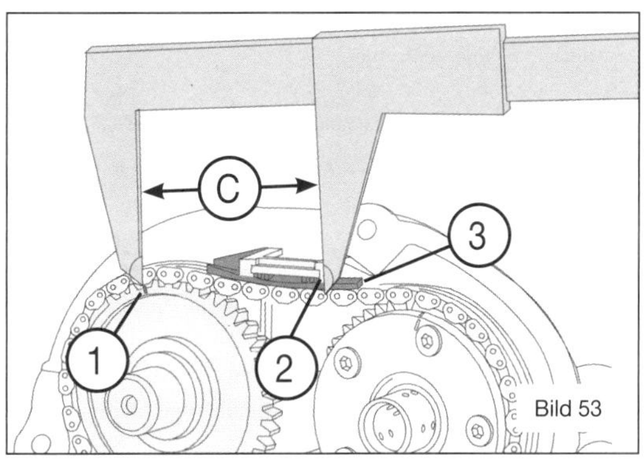

Bild 53
Position der Auslassnockenwelle (Generation III).
1 Markierung auf dem Einlassnockenwellenrad
2 Außenkante Halter Führungsschiene oben
3 Halter Führungsschiene
C Abstandmaß (74 mm bis 77 mm)

Sichtprüfung | Messen

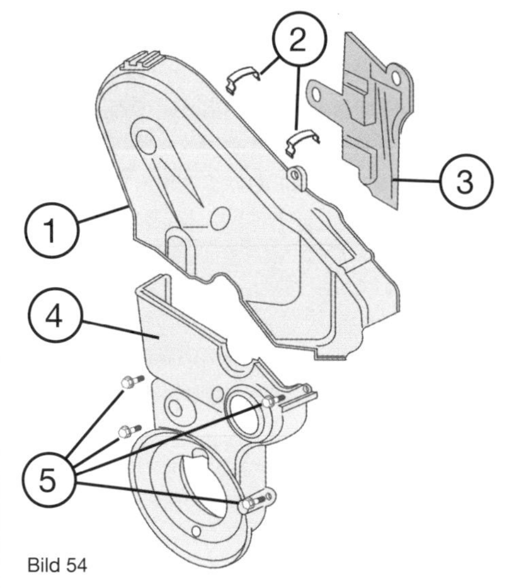

Bild 54

Bild 54
Zahnriemenabdeckung 2,0-l-TDI Generation I (CUVD, DFTC, CUVC, CYLA, DFUA, CUVB, DFTA, DBBA).
1 Abdeckung oben
2 Halteklammern
3 Abdeckung hinten
4 Abdeckung unten
5 Schrauben

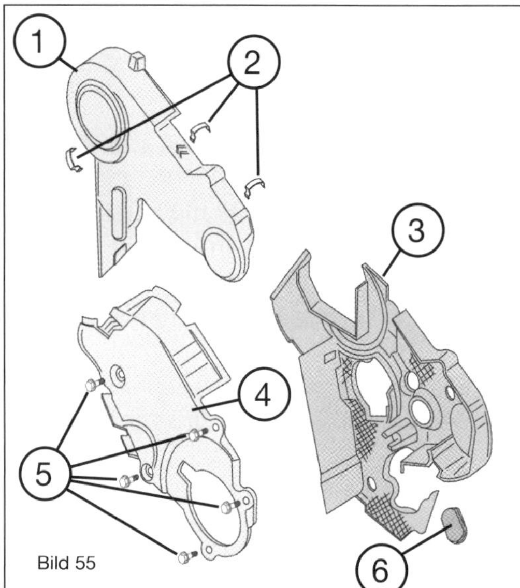

Bild 55

Bild 55
Zahnriemenabdeckung 2,0-l-TDI Generation II (CFFA, CFFB, CLJA, CFGD, CFGC, CLBB).
1 Abdeckung oben
2 Halteklammern
3 Abdeckung hinten
4 Abdeckung unten
5 Schrauben
6 Stopfen

■ Sie sollen ein Maß (C) zwischen 74 mm und 77 mm feststellen.

Position der Einlassnockenwelle:

Messen Sie den Abstand, wie im Bild 52 dargestellt, der Nockenwellenradmarkierung auf der Einlassnockenwelle und der Nockenwellenradmarkierung auf der Auslassnockenwelle.

■ Sie sollen ein Maß (B) zwischen 124 mm und 127 mm feststellen.

Sollte die Steuerkette um einen Zahn versetzt aufliegen, wird sich das Maß um 6 mm verändern.

■ Die Markierung auf der Riemenscheibe muss der Pfeilmarkierung an dem unteren Steuerkastendeckel gegenüberstehen.

Zahnriemenschutz am 2,0-l-TDI-Motor demontieren

Die Weiterentwicklung des EA189- zum EA288-Motor ergab einige Veränderungen, die wir Ihnen, soweit diese für die Montage relevant sind, vorstellen werden.

Demontage Zahnriemenschutz oben

Die Vorgehensweise ist für beide Varianten sehr ähnlich. Wir stellen Ihnen hier eine allgemeingültige Beschreibung zur Verfügung.

■ Bauen Sie die Motorabdeckung oben, wie auf Seite 36 beschrieben, ab.

■ Entriegeln Sie die Kupplungen der Kraftstoffleitungen und ziehen Sie sie ab.

■ Lösen Sie den Halter der Kraftstoffleitungen am Zahnriemenschutz oben.

■ Lösen Sie die Verschraubung des Kraftstofffilters und legen Sie ihn zur Seite.

■ Legen Sie die Kühlmittelleitungen um den Zahnriemenschutz frei und und befestigen Sie sie außerhalb des Arbeitsbereiches.

■ Legen Sie die elektrischen Leitungen um den Zahnriemenschutz frei und und befestigen Sie sie außerhalb des Arbeitsbereiches.

■ Entriegeln Sie die Halteklammern (2 in den Bildern 54 und 55) des Zahnriemenschutzes (1) oben.

■ Nehmen Sie den Zahnriemenschutz nach oben ab.

Die Montage erfolgt sinngemäß in umgekehrter Reihenfolge.

■ Achten Sie darauf, dass der Zahnriemenschutz richtig im Zahnriemenschutz hinten und im unteren Zahnriemenschutz einliegt.

Soweit die Kraftstoffleitungen geöffnet wurden, muss die Kraftstoffanlage über einen geeigneten Motortester entlüftet werden. Die Hochdruckpumpe kann durch Trockenlaufen beschädigt werden.

Demontage Zahnriemenschutz unten

Die Vorgehensweise ist für beide Varianten sehr ähnlich. Wir stellen Ihnen hier eine allgemeingültige Beschreibung zur Verfügung.

VW/Audi hat, um den Produktionsprozess in den herstellenden Fabriken der Motoren zu vereinfachen, den unteren Zahnriemenschutz mit einer Führung versehen, die in den Dichtflansch greift. Zur Demontage des unteren Zahnriemenschutzes bei eingebauter Motorstütze muss diese Führung im Zahnriemenschutz zerstört werden (siehe Bild 57).

■ Bauen Sie die Motorabdeckung oben wie auf Seite 36 beschrieben ab.

■ Demontieren Sie die Geräuschdämmung unten, wie bereits auf Seite 36 beschrieben.

■ Bauen Sie den Keilrippenriemen wie auf Seite 38 beschrieben ab.

■ Drehen Sie die Schrauben (2 im Bild 56) heraus. Halten Sie die Kurbelwelle mit einem passenden Schlüssel auf der Zentralschraube (3) gegen.

■ Nehmen Sie die Riemenscheibe (3) ab.

■ Hebeln Sie mit einem Schraubendreher (2 im Bild 57) die Führung ab.

■ Drehen Sie die Schrauben (5) heraus und hängen Sie sie nach oben aus.

■ Nehmen Sie die Abdeckung unten heraus.

Die Montage erfolgt sinngemäß in umgekehrter Reihenfolge.

Soweit ein neuer Zahnriemenschutz verbaut werden soll achten Sie darauf, dass die Montagenase (Führung) nicht vorhanden ist. Ist das doch der Fall, muss das Stück Kunststoff entfernt werden.

Zahnriemen am 2,0-l-TDI-Motor demontieren

Zahnriemenwechsel für die Motoren der 1. Generation (CUVD, DFTC, CUVC, CYLA, DFUA, CUVB, DFTA, DBBA)

■ Bauen Sie die Motorabdeckung oben, wie auf Seite 36 beschrieben ab.

■ Demontieren Sie den Zahnriemenschutz oben, wie bereits beschrieben.

■ Demontieren Sie den Zahnriemenschutz unten wie bereits beschrieben.

■ Drehen Sie den Motor in Motordrehrichtung auf die OT-Stellung des ersten Zylinders.

Die Position können Sie im Bild 58 an den Absteckpunkten für die Nockenwelle (10), der Hochdruckpumpe (3) und der Kurbelwelle (6) erkennen. Alle Absteckpunkte müssen so stehen, dass das Absteckwerkzeug eingesetzt werden kann.

Der Motor darf ausschließlich in Drehrichtung (aus der Richtung Riemenscheibe im Uhrzeigersinn) gedreht werden.

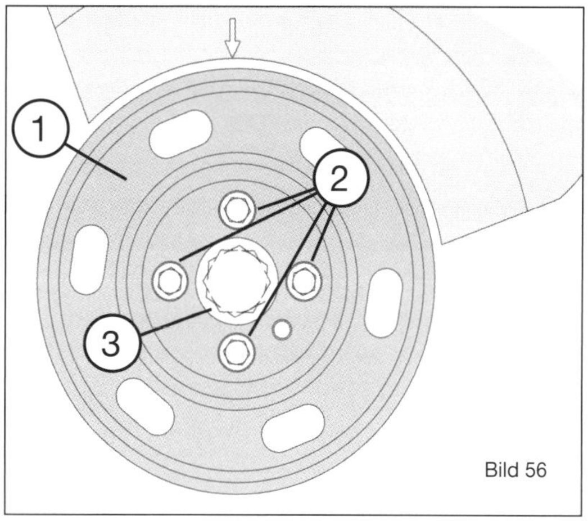

Bild 56

Bild 56
Riemenscheibe (Schwingungsdämpfer) auf der Kurbelwelle.
1 Riemenscheibe
2 Schrauben
3 Zentralschraube

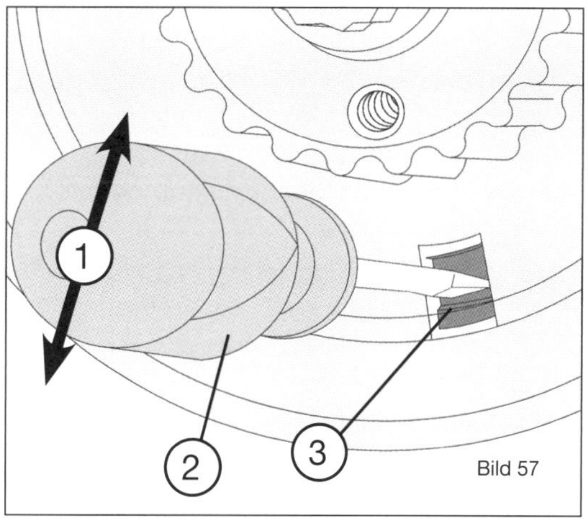

Bild 57

Bild 57
Montagenase ausbrechen.
1 Bewegungsrichtungen
2 Schraubendreher
3 Zugang zu der Rastnase (Führung)

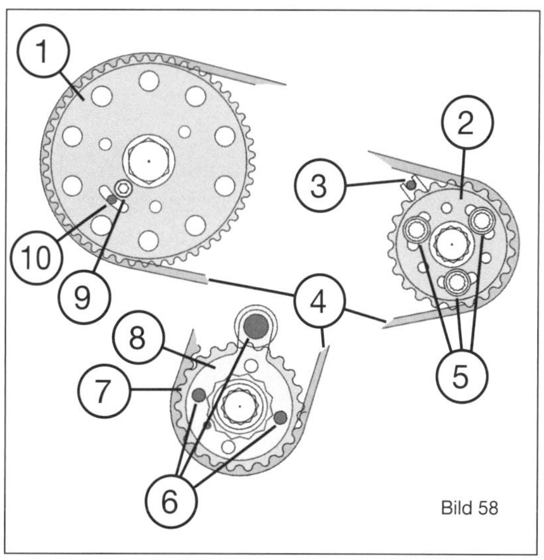

Bild 58

Bild 58
Zahnriemenräder und ihre Absteckpunkte beim 2,0-l-TDI Generation I (CUVD, DFTC, CUVC, CYLA, DFUA, CUVB, DFTA, DBBA).
1 Nockenwellenrad
2 Hochdruckpumpenrad
3 Absteckpunkt Hochdruckpumpe
4 Zahnriemen
5 Schrauben (soweit vorhanden)
6 Absteckpunkte Kurbelwellenrad
7 Kurbelwellenrad
8 Absteckwerkzeug »T10490«
9 Schraube
10 Absteckpunkt Nockenwelle

■ Halten Sie das Nockenwellenrad (1) mit einem Gegenhalter fest und lösen Sie die Schraube etwas (9).

■ Sichern Sie die Nabe des Nockenwellenrades, indem Sie einen Stift (VW 3359) durch die Bohrung (10) in der Nabe des Nockenwellenrades in den Zylinderkopf einschieben.

■ Drehen Sie die Schraube (9) heraus und drehen Sie eine neue Schraube gerade so weit ein, dass sie am Nockenwellenrad anliegt.

Die Bohrung sollte etwa mittig im Langloch des Nockenwellenrades stehen.

■ Setzen Sie das Absteckwerkzeug »T10490« (8) für die Kurbelwelle ein.

Das Werkzeug muss in den Absteckpunkten (6) im Gehäusedeckel und den Schrauben des Kurbelwellenrades einsitzen.

■ Halten Sie das Hochdruckpumpenrad (2) mit einem Gegenhalter fest und lösen Sie die Zentralschraube etwa 90°. Bei Hochdruckpumpen mit drei Verschraubungen lösen Sie Schrauben (5) gerade so weit, dass sich das Pumpenrad nicht verdrehen kann.

■ Fixieren Sie die Hochdruckpumpe mit einem passenden Stift (VW T10492).

Der Stift wird durch die Gabel im Hochdruckpumpenrad hindurch in die Bohrung (3) des Nebenaggregateträgers gesteckt.

■ Stecken Sie einen Inbusschlüssel in den Exzenter (10 im Bild 59) der Spannrolle ein.

■ Lösen Sie die Mutter (8) der Spannrolle.

■ Drehen Sie die Spannrolle (8) im Uhrzeigersinn, bis die Aussparung (9) die Sicherungsbohrung freigibt.

■ Sichern Sie die Spannrolle mit einem passenden Stift (VW T10265)

■ Verdrehen Sie den Exzenter (10) im Uhrzeigersinn weiter bis zum Anschlag und ziehen Sie die Mutter (8) handfest an.

Wenn der Zahnriemen nach der Demontage weiter verwendet werden soll, markieren Sie die Laufrichtung mit einem Pfeil.

■ Nehmen Sie den Zahnriemen zuerst von der Kühlmittelpumpe (4), dann von der Hochdruckpumpe und abschließend vom Nockenwellenrad und vom Kurbelwellenrad ab.

Die Montage erfolgt sinngemäß in umgekehrter Reihenfolge.

Beachten Sie bei Wiedereinbau eines gebrauchten Zahnriemens die markierte Laufrichtung.

■ Kontrollieren Sie, ob die Spannrolle bei den Montage mit einem Stift gesichert und

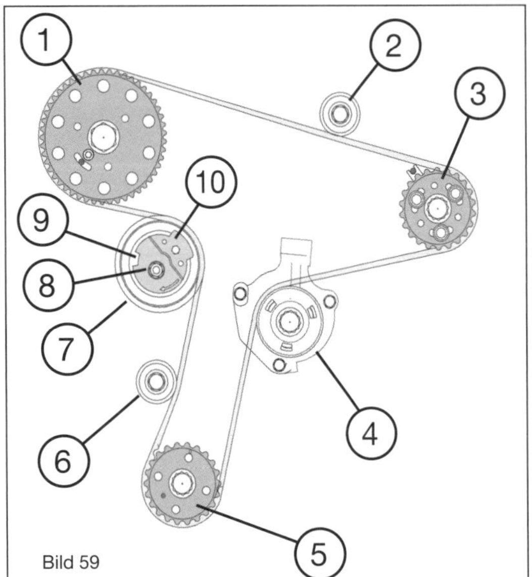

Bild 59

Bild 59
2,0-l-TDI Generation I (CUVD, DFTC, CUVC, CYLA, DFUA, CUVB, DFTA, DBBA).
1 Nockenwellenrad
2 Umlenkrolle
3 Hochdruckpumpe
4 Wasserpumpe
5 Kurbelwellenrad
6 Umlenkrolle
7 Spannrolle
8 Mutter
9 Aussparung
10 Exzenter

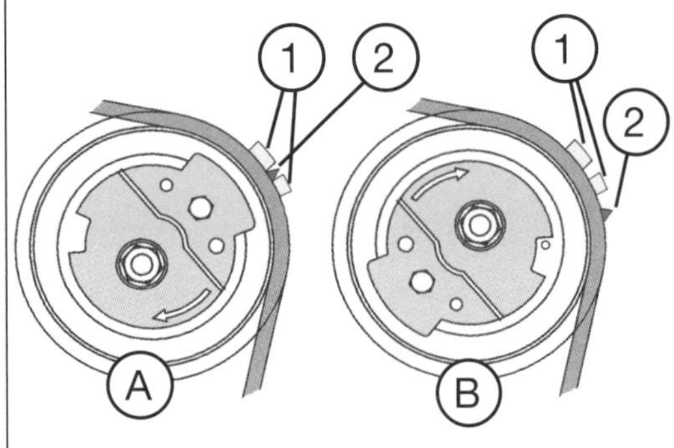

Bild 60

Bild 60
Spannrolle des Zahnriemens.
A Zahnriemen gespannt
B Zahnriemen entspannt
1 Messfeldgrenzen
2 Zeiger Vorspannung

auf Rechtsanschlag montiert worden ist. Die Haltelasche muss in der Aussparung im Zylinderkopf einliegen.

■ Das Absteckwerkzeug »T10490« (8) für die Kurbelwelle muss montiert sein und im Gehäuse sitzen.

■ Der Stift (VW 3359) muss mittig im Langloch des Nockenwellenrades montiert sein und in der Bohrung im Zylinderkopf sitzen. Die Sicherungsschrauben müssen erneuert worden sein und dürfen nur leicht anliegen.

■ Die Hochdruckpumpe muss mit dem Stift »T10492« abgesteckt sein. Die Verschraubung des Pumpenrades muss ein Verdrehen des Pumpenrades erlauben. Das Pumpenrad darf aber nicht kippeln.

■ Verdrehen Sie das Nockenwellenrad im Langloch bei fixierter Nockenwellennabe im Uhrzeigersinn auf Anschlag.

■ Soweit das Nockenwellenrad drei Verschraubungen aufweist, verdrehen Sie das

Nockenwellenrad in seinen Langlöchern bei fixierter Hochdruckpumpe im Uhrzeigersinn auf Anschlag.

■ Legen Sie den Zahnriemen in folgender Reihenfolge auf.

1 Kurbelwellenrad
2 Spannrolle
3 Zahnriemenrad Nockenwelle
4 Zahnriemenrad Hochdruckpumpe
5 Antriebsrad Wasserpumpe

Achten Sie darauf, dass der Riemen vollflächig auf den Rädern aufliegt.

■ Lösen Sie die Mutter (8 im Bild 59) der Spannrolle und ziehen Sie das Absteckwerkzeug heraus.

■ Drehen Sie den Exzenter (10) im Uhrzeigersinn so weit, dass der Zeiger (2 im Bild 60) sich mittig in der Lücke zwischen den Messfeldgrenzen (1) befindet.

Kontrollieren Sie, dass sich der Absteckstift etwa mittig im Langloch des Nockenwellenrades (10 im Bild 58) befindet.

Für die Variante mit drei Verschraubungen (5 im Bild 58) kontrollieren Sie, dass sich die Verschraubungen des Antriebsrades an der Nabe der Hochdruckpumpe mittig im Langloch des Pumpenrades befinden.

Für die Variante mit dem Losrad (Bild 61) muss sich die »gedachte Linie« (1) zwischen der Zentralschraube zum Absteckpunkt innerhalb der Markierung für die Position (A) befinden.

Erreicht die »gedachte Linie« (1) die Grenze (5), muss der Zahnriemen wieder abgenommen und das Pumpenrad um einen Zahn versetzt werden.

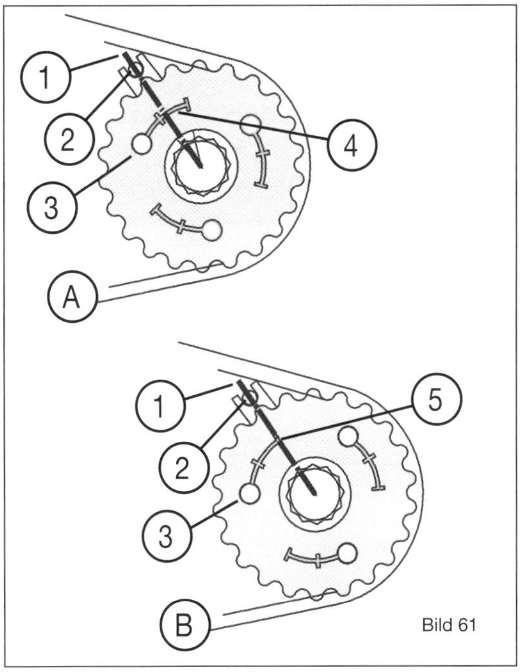

Bild 61

Bild 61
Hochdruckpumpenrad ohne Verstellschrauben (Pumpenrad als Losrad).
1 Gedachte Linie
2 Absteckpunkt Hochdruckpumpe
3 Bohrung
4 Markierung Position Pumpenrad »OK«
5 Markierung Position Pumpenrad »nicht OK«
A Einstellung »OK«
B Einstellung »nicht OK«

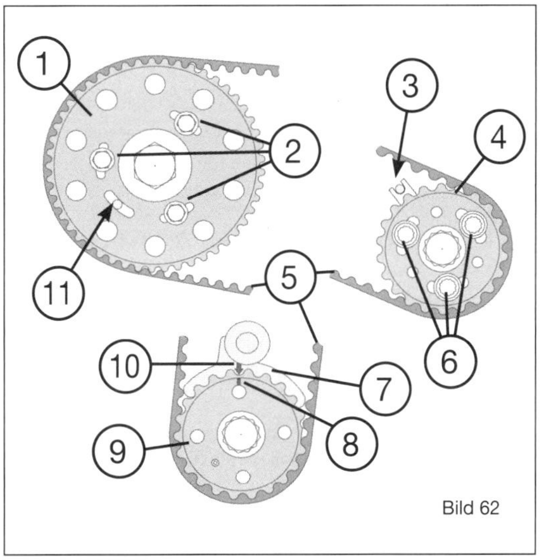

Bild 62

Bild 62
Zahnriemenräder und ihre Absteckpunkte beim (CFFA, CFFB, CLJA, CFGD, CFGC, CLBB).
1 Nockenwellenrad
2 Schrauben
3 Absteckpunkt Hochdruckpumpe
4 Hochdruckpumpenrad
5 Zahnriemen
6 Schrauben
7 Kurbelwellenfixierung
8 Markierung Kurbelwellenrad
9 Kurbelwellenrad
10 Markierung auf der Kurbelwellenfixierung
11 Absteckpunkt für das Nockenwellenrad

Zahnriemenwechsel für die Motoren der 2. Generation (CFFA, CFFB, CLJA, CFGD, CFGC, CLBB)

■ Bauen Sie die Motorabdeckung oben, wie auf Seite 36 beschrieben ab.

■ Demontieren Sie den Zahnriemenschutz oben, wie bereits beschrieben.

■ Demontieren Sie den Zahnriemenschutz unten wie bereits beschrieben.

■ Drehen Sie den Motor in Motordrehrichtung auf die OT-Stellung des ersten Zylinders.

Die Position können Sie im Bild 62 an den Absteckpunkten für die Nockenwelle (11), der Hochdruckpumpe (3) und der Kurbelwelle (8) erkennen. Alle Absteckpunkte müssen so stehen, dass das Absteckwerkzeug eingesetzt werden kann.

Der Motor darf ausschließlich in Drehrichtung (aus der Richtung Riemenscheibe im Uhrzeigersinn) gedreht werden.

■ Setzen Sie das Absteckwerkzeug »T10050« (7) für die Kurbelwelle ein.

Das Werkzeug muss in den Absteckpunkten im Gehäusedeckel und den Verzahnungen des Kurbelwellenrades einsitzen.

■ Halten Sie das Nockenwellenrad (1) mit einem Gegenhalter fest und lösen Sie die Schrauben (2) etwa 90°.

■ Sichern Sie die Nabe des Nockenwellenrades, indem Sie den Stift »VW 3359« durch

Bild 63
2,0-l-TDI Generation II
(CFFA, CFFB, CLJA,
CFGD, CFGC, CLBB).
1 Nockenwellenrad
2 Umlenkrolle
3 Hochdruckpumpe
4 Umlenkrolle
5 Wasserpumpe
6 Kurbelwellenrad
7 Umlenkrolle
8 Spannrolle
9 Mutter
10 Aussparung
11 Exzenter

die Bohrung (11 im Bild 62) in der Nabe des Nockenwellenrades in den Zylinderkopf einschieben.

Die Bohrung (11) sollte etwa mittig im Langloch des Nockenwellenrades stehen.

■ Halten Sie das Hochdruckpumpenrad (2) mit einem Gegenhalter fest und lösen Sie die drei Verschraubungen (6) etwa 90°.

■ Fixieren Sie die Hochdruckpumpe mit einem passenden Stift (VW T10492).

■ Stecken Sie einen Inbusschlüssel in den Exzenter (11 im Bild 63) der Spannrolle ein.

■ Lösen Sie die Mutter (9) der Spannrolle.

■ Drehen Sie die Spannrolle (8) im Uhrzeigersinn, bis die Aussparung (10) die Sicherungsbohrung frei gibt.

■ Sichern Sie die Spannrolle mit einem passenden Stift (VW T10265).

■ Verdrehen Sie den Exzenter (11) im Uhrzeigersinn weiter bis zum Anschlag und ziehen Sie die Mutter (9) handfest an.

Wenn der Zahnriemen nach der Demontage weiter verwendet werden soll, markieren Sie die Laufrichtung mit einem Pfeil.

■ Nehmen Sie den Zahnriemen zuerst von der Umlenkrolle (4) und der Kühlmittelpumpe (5), dann von der Hochdruckpumpe (3) und abschließend vom Nockenwellenrad (1) und vom Kurbelwellenrad (6) ab.

Die Montage erfolgt sinngemäß in umgekehrter Reihenfolge.

Beachten Sie bei Wiedereinbau eines gebrauchten Zahnriemens die markierte Laufrichtung.

■ Kontrollieren Sie, ob die Spannrolle bei der Montage mit einem Stift gesichert und auf Rechtsanschlag montiert worden ist. Die Haltelasche der Spannrolle muss in der Aussparung im Motorblock einliegen.

■ Das Absteckwerkzeug »T10050« (7 im Bild 62) für die Kurbelwelle muss montiert sein und im Gehäuse sitzen.

■ Der Stift »VW 3359« muss mittig im Langloch des Nockenwellenrades montiert sein und in der Bohrung im Zylinderkopf sitzen. Die Sicherungsschrauben müssen erneuert worden sein und dürfen nur leicht anliegen.

■ Die Hochdruckpumpe muss mit dem Stift »VW 3359« abgesteckt sein. Die Verschraubungen des Pumpenrades müssen ein Verdrehen des Pumpenrades erlauben. Das

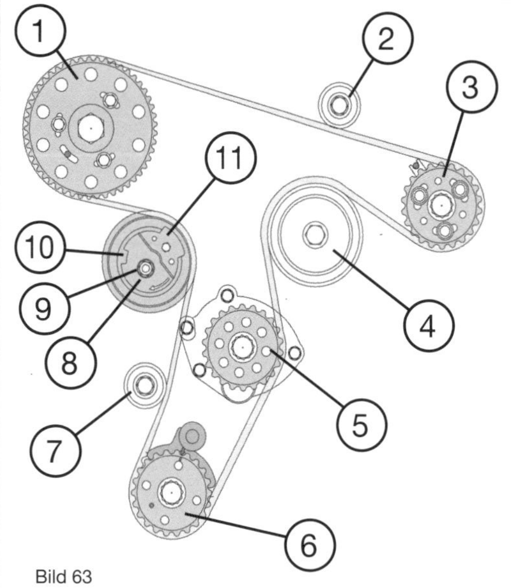

Bild 63

Pumpenrad darf aber nicht kippeln.

■ Verdrehen Sie das Nockenwellenrad im Langloch bei fixierter Nockenwellennabe im Uhrzeigersinn auf Anschlag.

■ Verdrehen Sie das Nockenwellenrad in seinen Langlöchern bei fixierter Hochdruckpumpe im Uhrzeigersinn auf Anschlag.

■ Legen Sie den Zahnriemen in folgender Reihenfolge auf:

1 Kurbelwellenrad
2 Spannrolle
3 Zahnriemenrad Nockenwelle
4 Zahnriemenrad Hochdruckpumpe
5 Umlenkrolle
6 Antriebsrad Wasserpumpe

Achten Sie darauf, dass der Riemen vollflächig auf den Rädern aufliegt.

■ Lösen Sie die Mutter (8 im Bild 59) der Spannrolle und ziehen Sie das Absteckwerkzeug heraus.

■ Drehen Sie den Exzenter (10) im Uhrzeigersinn so weit, dass der Zeiger (2 im Bild 60) sich mittig in der Lücke zwischen den Messfeldgrenzen (1) befindet.

Kontrollieren Sie, dass sich der Absteckstift etwa mittig im Langloch des Nockenwellenrades (10 im Bild 58) befindet.

Für die Variante mit drei Verschraubungen (5 im Bild 58) kontrollieren Sie, dass sich die Verschraubungen des Antriebsrades an der Nabe der Hochdruckpumpe mittig im Langloch des Pumpenrades befinden.

Steuerzeiten am 2,0-l-TDI-Motor

Die Kontrolle der Steuerzeiten ist über die Position des Nockenwellenrades und der Position der Hochdruckpumpe möglich.

■ Das Kurbelwellenrad ist nicht verdrehbar auf der Kurbelwelle verschraubt.

■ Das Nockenwellenrad und das Rad der Hochdruckpumpe können geringfügig in vorgesehenen Langlöchern auf den Naben der Nockenwelle beziehungsweise der Hochdruckpumpe verdreht werden.

■ Bauen Sie die Motorabdeckung oben, wie auf Seite 36 beschrieben, ab.

■ Demontieren Sie den Zahnriemenschutz oben wie bereits beschrieben.

■ Demontieren Sie den Zahnriemenschutz unten wie bereits beschrieben.

■ Drehen Sie den Motor in Motordrehrichtung auf die OT-Stellung des ersten Zylinders.

Kontrollieren Sie grundsätzlich die korrekte Spannung des Zahnriemens (Bild 60).

OT-Stellung der Kurbelwelle

Achten Sie darauf, dass die Absteckpunkte der Nockenwelle (10 im Bild 58) beziehungsweise (11 im Bild 62) sich in der gezeigten Position befinden. Sind sie um eine halbe Nockenwellenumdrehung versetzt, drehen Sie die Kurbelwelle eine Umdrehung weiter.

■ Setzen Sie die Kurbelwellenfixierung (8 im Bild 58) beziehungsweise (7 im Bild 62) ein.

OT-Stellung der Nockenwelle

■ Die Kurbelwelle muss mit dem entsprechenden Absteckwerkzeug festgesetzt sein.

■ Der Absteckpunkt 10 im Bild 58 beziehungsweise 11 im Bild 62 muss in etwa mittig im Langloch des Nockenwellenrades stehen. Der Stift »VW 3359« muss sich sehr genau in die Bohrung im Zylinderkopf einschieben lassen. Ein Versatz um etwa 5 - 6 mm bedeutet, dass die Steuerzeiten nicht stimmen (der Zahnriemen ist möglicherweise übergesprungen).

OT-Stellung der Hochdruckpumpe

■ Die Kurbelwelle muss mit dem entsprechenden Absteckwerkzeug festgesetzt sein.

■ Der Lasche auf dem Hochdruckpumpenrad (3 im Bild 58 beziehungsweise 3 im Bild 62 oder 3 im Bild 63) muss über der Bohrung im Zusatzgeräteträger liegen. Ein Versatz um etwa 5 - 6 mm bedeutet, dass die Steuerzeiten nicht stimmen (der Zahnriemen ist möglicherweise übergesprungen).

Nockenwellengehäuse beim 1,4-l-TFSI-Motor

Die unterschiedlichen Ausrüstungsvarianten mit einem oder zwei Nockenwellenverstellern, mit oder ohne Zylinderabschaltung und elektrischer oder pneumatischer Ansteuerung der Ladedruckregelung verändern den Ablauf für die Montage nicht wesentlich. Wir heben Ihnen die Besonderheiten für die unterschiedlichen Varianten im Montageablauf hervor.

■ Bauen Sie die Motorabdeckung oben, wie auf Seite 36 beschrieben, ab.

■ Demontieren Sie den Zahnriemenschutz oben wie bereits beschrieben.

■ Demontieren Sie den Zahnriemenschutz unten wie bereits beschrieben.

■ Demontieren Sie den Zahnriemen wie bereits beschrieben.

■ Bauen Sie das Luftfiltergehäuse aus.

■ Bauen Sie die Wasserpumpe (Einbauposition 1 im Bild 64) aus.

■ Demontieren Sie die Zündspulen (Einbauposition 2 im Bild 64).

■ Lösen Sie die Schelle und ziehen Sie den Kraftstoffvorlaufschlauch am Druckregelventil (Einbauposition 3 im Bild 64) ab.

■ Entsichern Sie den elektrischen Anschluss (Einbauposition 3 im Bild 64) und ziehen Sie den Steckkontakt am Druckregelventil ab.

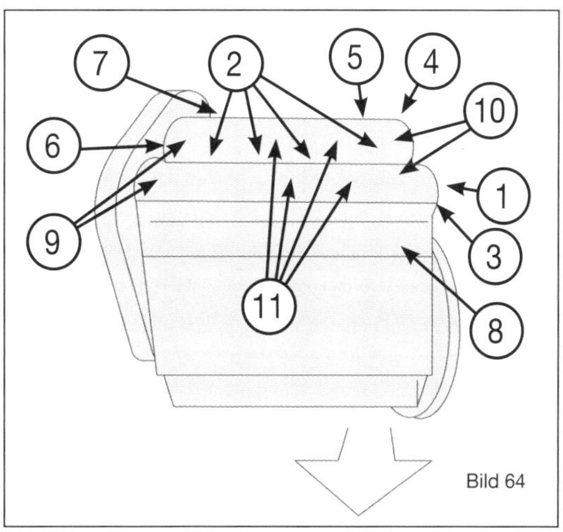

Bild 64

Bild 64
Einbaupositionen am 1,4-l-TFSI-Motor.
1 Wasserpumpe
2 Zündspulen
3 Druckregelventil
4 Ladedruckregelung
5 Stutzen Ladeluft am Turbolader
6 Kühlmittelleitungen
7 Wärmeschutzblech
8 Ansaugtemperaturfühler
9 Ventile Nockenwellenversteller
10 Nockenwellenpositionsgeber
11 Ventile Nockensteller Zylinderabschaltung

Sichtprüfung Messen

Varianten mit pneumatischem Ladedruck-versteller:

■ Ziehen Sie den elektrischen Anschluss für das Magnetventil für die Ladedruckbegrenzung (Einbauposition 4 im Bild 64) ab.

■ Ziehen Sie den Unterdruckschlauch am Magnetventil für die Ladedruckbegrenzung (Einbauposition 4 im Bild 64) ab.

Varianten mit elektromechanischem Ladedrucksteller:

■ Ziehen Sie den elektrischen Anschluss für Ladedrucksteller (Einbauposition 4 im Bild 64) ab.

Weiter für alle Varianten:

■ Bauen Sie den Stutzen (Einbauposition 5 im Bild 64) am Turbolader zum Luftfilter ab.

■ Soweit erforderlich, legen Sie die Kühlmittelschläuche frei und aus dem Arbeitsbereich heraus.

■ Lösen Sie die Kühlmittelleitungen über den Nockenwellenkasten (Einbauposition 6 im Bild 64) zum Turbolader und legen Sie sie zur Seite.

■ Demontieren Sie das Wärmeschutzblech über dem Turbolader und den Halter für die Motorabdeckung (Einbauposition 7 im Bild 64).

■ Ziehen Sie den Stecker zum Ansaugtemperaturfühler (Einbauposition 8 im Bild 64) im Ansauggehäuse ab.

■ Ziehen Sie die elektrischen Anschlüsse (Einbauposition 9 im Bild 64) der Ventile für die Nockenwellenversteller ab.

Je nach Ausführung sind einer oder zwei Verstellerventile vorhanden.

■ Ziehen Sie die Stecker für die Nockenwellenpositionsgeber (Einbauposition 10 im Bild 64) ab.

■ Bei Varianten mit Zylinderabschaltung ziehen Sie die elektrischen Anschlüsse (Einbauposition 11 im Bild 64) der Ventile für die Nockensteller ab.

■ Lösen Sie den elektrischen Leitungsstrang über dem Nockenwellenkasten und legen Sie ihn aus dem Arbeitsbereich heraus.

■ Reinigen Sie den Bereich um den Nockenwellenkasten und den Zylinderkopf gründlich.

■ Ziehen Sie den Ölstab heraus.

■ Drehen Sie die Schrauben in der Reihenfolge (15-1 im Bild 65) heraus.

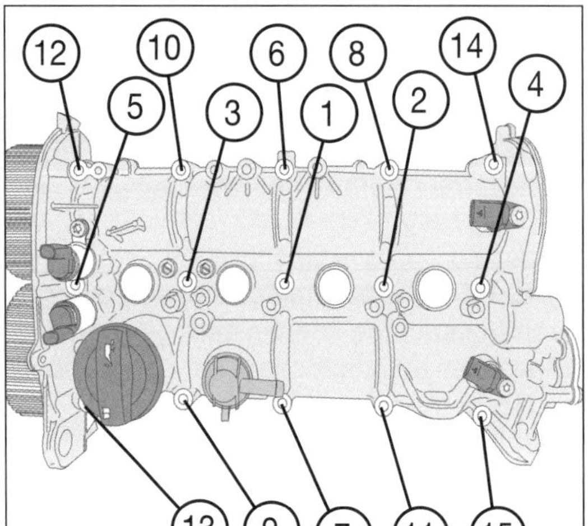

Bild 65

Bild 65
Schrauben des Nockenwellengehäuses beim 1,4-l-TFSI.
1-15 Anzugsreihenfolge
15-1 Lösereihenfolge

■ Lösen Sie das Nockenwellengehäuse vorsichtig vom Zylinderkopf und nehmen Sie ihn vorsichtig ab.

■ Kennzeichnen Sie die Einbauposition der Rollenschlepphebel und der Ausgleichselemente.

■ Legen Sie die Rollenschlepphebel und die Ausgleichselemente auf einem sauberen Tuch ab.

Die Montage erfolgt sinngemäß in umgekehrter Reihenfolge.

Achten Sie darauf, dass der Motor für die Montage sich in der OT-Stellung befindet.

■ Erneuern Sie die Schrauben für das Nockenwellengehäuse.

■ Erneuern Sie die Dichtung zwischen Nockenwellengehäuse und Zylinderkopf.

Zylinderkopfhaube beim 2,0-l-TFSI-Motor

Die Zylinderkopfhaube stellt gemeinsam mit dem Zylinderkopf eine Einheit dar, in der die Nockenwellen gelagert sind. Die Zylinderkopfhaube kann nur zusammen mit dem Zylinderkopf ersetzt werden.

⚠ Ein Nachbearbeiten der Dichtflächen wie Schleifen hat Einfluss auf das Lagerspiel der Nockenwelle und ist somit nicht zulässig.

■ Soll nur die Zylinderkopfhaube demontiert werden, muss die Steuerkette lediglich entspannt werden.

■ Soll im weiteren Reparaturablauf auch der

Zylinderkopf demontiert werden, ist es sinnvoll, die Steuerkette zu demontieren.

Der Verschlussdeckel getriebeseitig der Einlassnockenwelle muss nach der Demontage erneuert werden.

- Bauen Sie das Luftfiltergehäuse aus.
- Demontieren Sie die für die Demontage montierten Nockenwellenarretierungen wie auf Seite 50 beschrieben.
- Bauen Sie die Hochdruckpumpe aus der Unterdruckpumpe (Einbauposition 1 im Bild 66) aus.
- Bauen Sie die Unterdruckpumpe (Einbauposition 1 im Bild 66) aus.
- Bei Varianten mit Zylinderabschaltung ziehen Sie die elektrischen Anschlüsse (Einbauposition 2 im Bild 66) der Ventile für die Nockensteller ab.
- Demontieren Sie die Stellelemente für die Nockenwelle (Einbauposition 2 im Bild 66) soweit verbaut.
- Demontieren Sie die Zündspulen (Einbauposition 3 im Bild 66).
- Demontieren Sie den Ölabscheider (Einbauposition 4 im Bild 66) der Motorentlüftung, soweit verbaut.
- Ziehen Sie den Stecker vom Positionsgeber der Nockenwelle (Einbauposition 5 im Bild 66) ab.
- Drehen Sie die Schrauben in der Lösereihenfolge (6-1 im Bild 67) heraus.
- Hebeln Sie die Zylinderkopfhaube vorsichtig, ausgehend von der Steuerkettenseite, vom Zylinderkopf ab.

Die Montage erfolgt sinngemäß in umgekehrter Reihenfolge.

- Reinigen Sie die Dichtfläche gründlich von den Dichtmittelresten.

Die Arbeiten lassen sich sehr gut mit einer Akkubohrmaschine und einer Kunststoffbürste erledigen.

- Achten Sie auf das Haltbarkeitsdatum des Dichtmittels.
- Entfetten Sie die Dichtflächen gründlich.

Achten Sie darauf, dass keine Dichtmittelreste im Motor verbleiben.

Die Dichtflächen dürfen nicht mit Schleifmitteln bearbeitet werden. Abgetragenes Material hat Einfluss auf das Lagerspiel der Nockenwellen.

Beachten Sie die unterschiedliche Dichtmittelkontur für die beiden

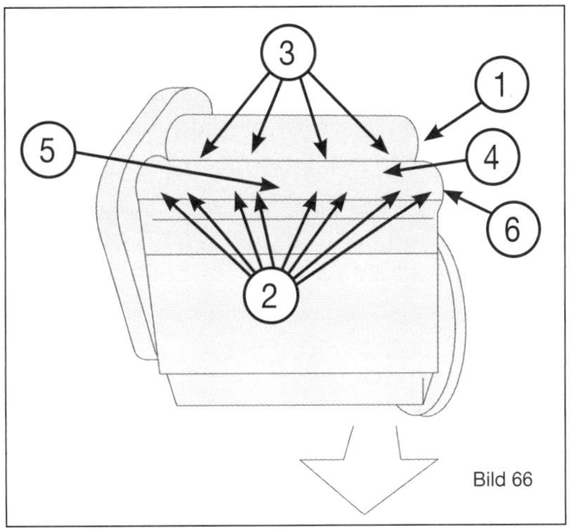

Bild 66
Einbaupositionen am 2,0-l-TFSI-Motor.
1 Unterdruckpumpe und Hochdruckpumpe
2 Ventile Zylinderabschaltung
3 Zündspulen
4 Ölabscheider
5 Positionsgeber der Nockenwelle
6 Verschlussstopfen

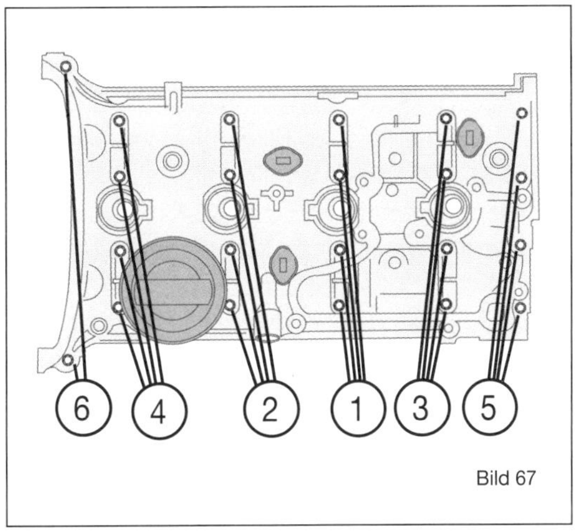

Bild 67
Schrauben der Zylinderkopfhaube beim 2,0-l-TFSI.
1-6 Anzugsreihenfolge
6-1 Lösereihenfolge

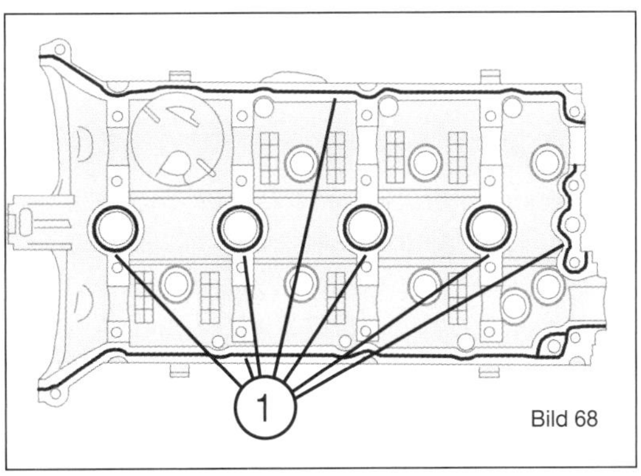

Bild 68
Verlauf der Dichtnaht beim 2,0-l-TFSI, Variante 1.
1 Dichtnaht etwa 2 mm

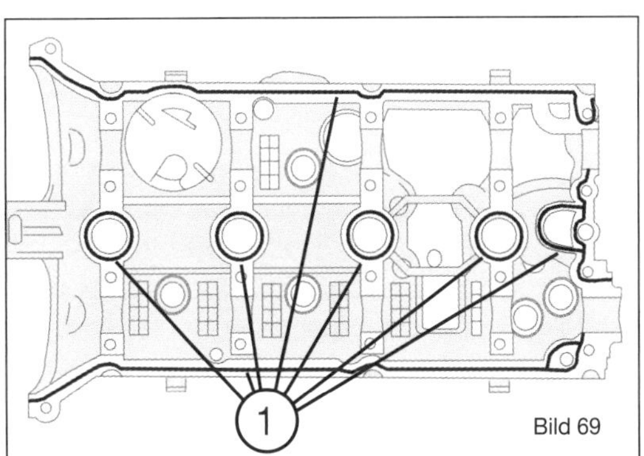

Bild 69
Verlauf der Dichtnaht beim 2,0-l-TFSI, Variante 2.
1 Dichtnaht etwa 2 mm

Bild 70
Einbaupositionen am 2,0-l-TDI Motor.
1 Einspritzelemente (Injektoren)
2 Rail-Rohr
3 Ladedrucksteller und Abgastemperaturfühler
4 Motorentlüftung
5 Kraftstoffdruckgeber
6 Unterdruckschlauch

Bild 71
Schrauben der Zylinderkopfhaube beim 2,0-l-TDI.
1-6 Anzugsreihenfolge
6-1 Lösereihenfolge

Varianten der Zylinderkopfhaube (1 in den Bildern 67 und 68).

■ Tragen Sie das Dichtmittel in einer etwa 2 mm starken Dichtmittelraupe auf. Die Montage sollte nun innerhalb der nächsten 5 Minuten erfolgen.

Hilfreich kann der Einschnitt der Tubendüse (Bild 40 auf Seite 48) sein. Natürlich muss die Düse auf die 2 mm Dichtnaht angepasst werden.

■ Ziehen Sie die Schrauben in der Reihenfolge (1-6 im Bild 67) an.

■ Montieren Sie einen neuen Verschlussstopfen (Einbauposition 6 im Bild 66).

Zylinderkopfhaube beim 2,0-l-TDI-Motor

Die Montagearbeiten für die beiden Motorgenerationen fallen ähnlich aus. Wir stellen die Besonderheiten in der Beschreibung vor.

■ Demontieren Sie die Motorabdeckung oben wie bereits beschrieben.

■ Bauen Sie den Zahnriemenschutz oben wie bereits beschrieben aus.

■ Bauen Sie die Einspritzeinheiten (Injektoren) (Einbauposition 1 im Bild 70) aus.

Motorkennbuchstaben CFFA, CFFB, CLJA, CFGD, CFGC, CLBB:

■ Bauen Sie das Rail-Rohr (Einbauposition 2 im Bild 70) aus.

Weiter für alle Motortypen:

■ Demontieren Sie die Wärmeschutzverkleidung (Schutzmanschette).

■ Ziehen Sie die elektrischen Leitungen für den Abgastemperaturfühler und den Positionsgeber für den Ladedrucksteller (Einbauposition 3 im Bild 70) im Bereich der Zylinderkopfhaube ab.

■ Legen Sie die Anschlusskabel aus dem Arbeitsbereich heraus.

■ Entriegeln Sie die Rasten für den Motorentlüftungsschlauch (Einbauposition 4 im Bild 70) zwischen Zylinderkopfhaube und bauen Sie ihn aus.

■ Entriegeln Sie den Steckkontakt zum Kraftstoffdruckgeber (Einbauposition 5 im Bild 70) und ziehen Sie ihn ab.

■ Ziehen Sie den Unterdruckschlauch (Einbauposition 6 im Bild 70) zur Zylinderkopfhaube ab.

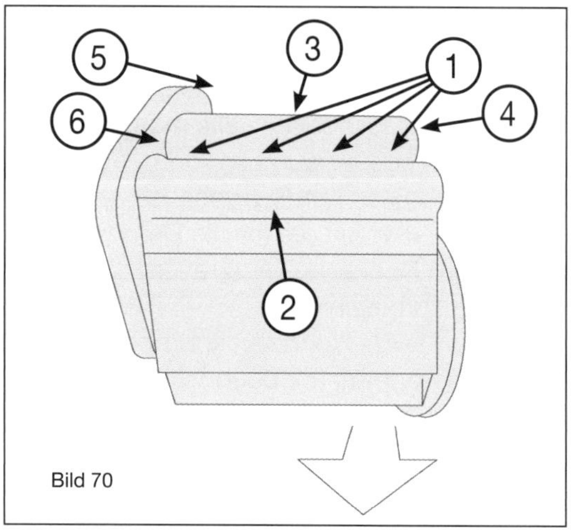

Bild 70

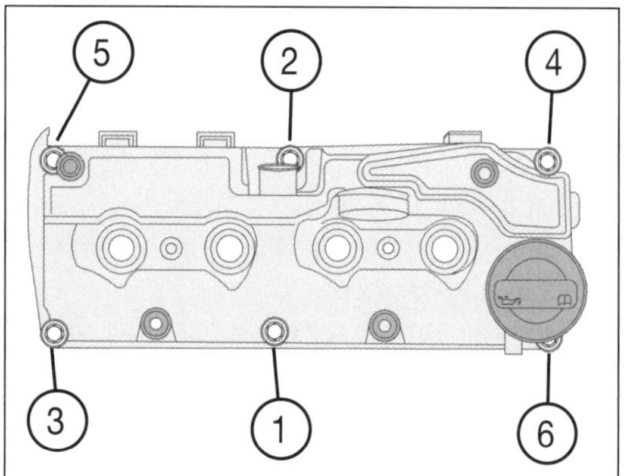

Bild 71

Hebeln Sie den Unterdruckschlauch vorsichtig von der Zylinderkopfhaube ab. Das Anschlussstück kann leicht abbrechen.

■ Drehen Sie die Schrauben in der Reihenfolge (7-1 im Bild 71) heraus.

■ Nehmen Sie die Zylinderkopfhaube ab.

Die Montage erfolgt sinngemäß in umgekehrter Reihenfolge.

■ Reinigen Sie die Dichtflächen.

Bei Beschädigungen oder Undichtigkeiten ersetzen Sie die Dichtungen und O-Ringe.

In die Zylinderkopfhaube ist der Unterdruckspeicher integriert. Kontrollieren Sie den Anschluss und die Dichtigkeit (Minivac-Pumpe) des Unterdruckbehälters.

Motorkennbuchstaben CFFA, CFFB, CLJA, CFGD, CFGC, CLBB:

Achten Sie darauf, dass die Zylinderkopfhaube mit der Zahnriemenabdeckung hinten verrastet ist.

Nockenwellen beim 1,4-l-TFSI-Motor

Demontage der Nockenwellen

Die Nockenwellen sind vollständig im Nockenwellengehäuse verbaut. Die Demontage der Nockenwellen ist nicht vorgesehen. Bei Schäden muss das Nockenwellengehäuse zusammen mit den Nockenwellen ersetzt werden.

Prüfen des Axialspiels der Nockenwellen

■ Bauen Sie das Nockenwellengehäuse aus.

■ Befestigen Sie einen Messuhrhalter (3) am Nockenwellengehäuse (2) und richten Sie die Messuhr (4) wie im Bild 72 gezeigt aus.

■ Drücken Sie die Nockenwelle von Hand nach außen (5) und stellen Sie die Messuhr (4) auf null.

■ Drücken (5) Sie die Nockenwelle (19 von Hand nach innen und lesen Sie den Messwert auf der Messuhr ab.

Das Axialspiel der Nockenwellen darf höchsten 0,25 mm betragen.

Prüfungen an der Nockenwelle

Auch die Nockenwelle unterliegt dem Verschleiß, oftmals finden sich bereits durch genaues Betrachten Mängel, die natürlich auch entsprechend bewertet werden müssen.

Optische Kontrolle der Lagerstellen

■ Kontrollieren Sie alle Lagerstellen der Nockenwelle im Zylinderkopf und auch an der Nockenwelle auf Schäden wie Klemmspuren und Grate.

■ Liegen Beschädigungen vor, müssen die entsprechenden Bauteile ersetzt werden.

Kontrolle der Tassenstößel und der Nockenflanken

■ Ziehen Sie jeden Hydrostößel aus seiner Bohrung im Zylinderkopf heraus und prüfen Sie die Leichtgängigkeit im Zylinderkopf und auf mögliche Klemm- oder Fressspuren.

■ Achten Sie auf der Stößelfläche auf mögliche Schäden oder Verschleißspuren.

Die Tassenstößel müssen grundsätzlich in der alten Position verbaut werden.

■ Kontrollieren Sie die Nockenflanken auf Verschleißspuren oder Grate.

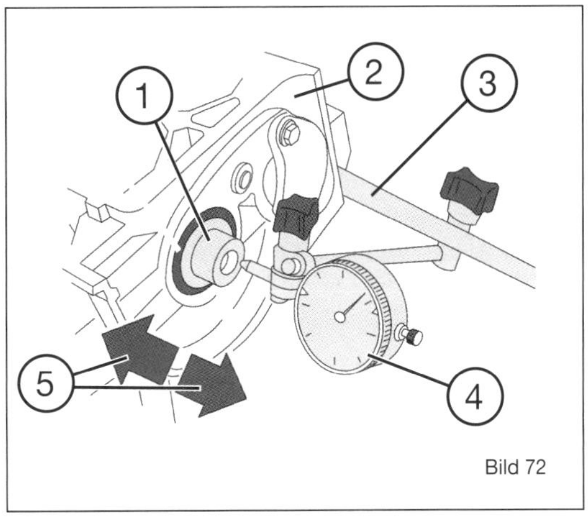

Bild 72

Axialspielmessung an der Nockenwelle.
1 Nockenwelle
2 Nockenwellengehäuse
3 Messuhrhalter
4 Messuhr
5 Spielprüfung

Bild 73

Eingelaufene Nockenwelle.

■ Liegen Beschädigungen vor, müssen die entsprechenden Bauteile ersetzt werden.

Kontrolle des Ventilspiels

Die Motoren im Audi Q3 sind alle mit hydraulischen Ventilspiel-Ausgleichs-Elementen (kurz Hydrostößel) ausgerüstet. Rasselnde Geräusche können von der Steuerkette, dem Steuerkettenspanner und natürlich auch von den Hydrostößeln verursacht werden. Das Ventilspiel ist nicht einstellbar.

Wechsel des Wellendichtrings an der Nockenwelle

Die Wellendichtringe sollen grundsätzlich ohne Öl als Montagehilfe eingesetzt werden.

Vorarbeiten für die Demontage des Wellendichtrings wasserpumpenseitig

■ Bauen Sie die Wasserpumpe (Einbauposition 1 im Bild 64) ab.

■ Halten Sie das Zahnriemenrad mit einem geeigneten Gegenhalter fest und lösen Sie die Zentralschraube.

■ Demontieren Sie das Zahnriemenrad.

Sichtprüfung Messen

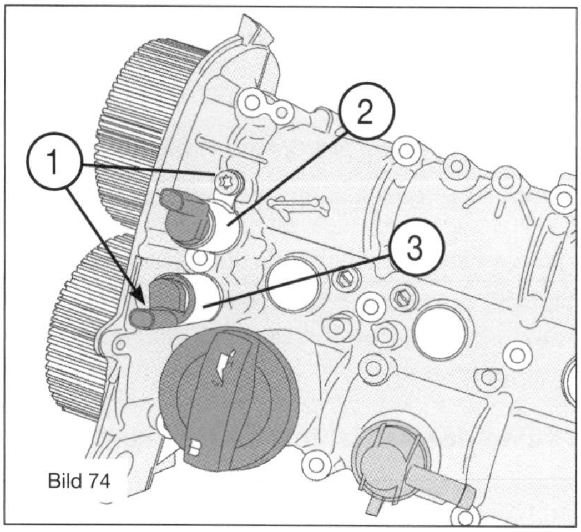

Bild 74
Ventile Nockenwellenverstellung.
1 Schrauben
2 Ventil Auslassnockenwelle
3 Ventil Einlassnockenwelle

Wellendichtring Zahnriemenseitig

■ Demontieren Sie den Zahnriemen wie bereits beschrieben.
■ Bauen Sie die Nockenwellenversteller (soweit verbaut) und die Zahnriemenräder ab.

Demontage des Wellendichtrings

■ Ziehen Sie den Wellendichtring mit einem Demontagehaken aus dem Gehäuse heraus.

Montage des Wellendichtrings

■ Setzen Sie den neuen Wellendichtring mit einer Montagehülse auf die Nockenwelle auf.
■ Setzen Sie ein Montagedruckstück passend zum Wellendichtringdurchmesser auf und drücken Sie den Wellendichtring gleichmäßig bis Anschlag ein.

Demontage des Nockenstellers (Motoren mit Zylinderabschaltung)

Vier Ventile verschieben auf Ein- und Auslassnockenwelle für den zweiten und dritten Zylinder die Nockenstücke auf der Nockenwelle, die den Hub der Ventile erzeugen. Die Ansteuerung wird durch je ein Ventil für die Einlassventile und ein weiteres für die Auslassventile realisiert. Es kommen vier baugleiche Ventile zum Einsatz. Ein- und Auslassventil bleiben dann unbetätigt und die beiden Zylinder laufen ohne jeglichen Gaswechsel einfach mit.

■ Bauen Sie die Motorabdeckung oben wie bereits beschrieben aus.
■ Lösen Sie die Schlauchschellen und bauen Sie das Luftführungsrohr zum Luftfilter aus.
■ Bauen Sie für die Arbeiten am Steller für die Auslassnockenwelle des 3. Zylinders die Motorentlüftung aus.
■ Ziehen Sie den elektrischen Steckkontakt am zu demontierenden Nockensteller ab.
■ Drehen Sie die beiden Befestigungsschrauben heraus.
■ Ziehen Sie den Nockensteller nach oben heraus.

Die Montage erfolgt sinngemäß in umgekehrter Reihenfolge.

■ Ersetzen Sie den O-Ring am Nockensteller.
■ Schieben Sie die Stifte des Nockenstellers ganz ein.

Die Stifte aller vier Nockensteller müssen für die Montage ganz eingeschoben sein.

Demontage eines Ventils für die Nockenwellenverstellung (Steuerzeitverstellung)

Je nach Ausführung kann die Einlassnockenwelle oder bei einigen Varianten auch die Auslassnockenwelle in den Steuerzeiten verstellt werden. Die Steuerzeiten können dann angepasst zur Lastsituation des Motors in Richtung »Früh« oder »Spät« verstellt werden.

■ Bauen Sie die Motorabdeckung oben wie bereits beschrieben aus.
■ Ziehen Sie den elektrischen Steckkontakt am zu demontierenden Ventil (2 oder 3 im Bild 74) für die Nockenwellenverstellung ab.
■ Drehen Sie die Schraube (1) heraus.
■ Ziehen Sie das entsprechende Ventil nach oben heraus.

Nockenwellen beim 2,0-l-TFSI-Motor

Demontage der Nockenwellen

Die Nockenwellen sind zur Hälfte in der Zylinderkopfhaube und im Zylinderkopf gelagert.

■ Demontieren Sie die Zylinderkopfhaube wie bereits beschrieben.
■ Nehmen Sie die Nockenwellen heraus.
■ Decken Sie den Motor mit den verbliebenen Teilen mit einem sauberen Lappen ab.

Die Montage erfolgt sinngemäß in umgekehrter Reihenfolge.

■ Erneuern Sie die Wellendichtringe und den Verschlussstopfen getriebeseitig.
■ Vor der Montage und nach der Reinigung sollten Sie die Nockenwellen, die Lager und das Spiel der Lager prüfen.

Axialspiel der Nockenwelle

■ Bauen Sie wie im Bild 72 gezeigt eine Messuhr und einen Messuhrhalter auf.

■ Legen Sie die Nockenwelle ohne die Ventilbetätigung (Kipp- oder Schlepphebel oder auch ohne Hydrostößel) in die Lagerstellen ein.

■ Drehen Sie die Schrauben der Zylinderkopfhaube wie auf Seite 61 beschrieben in mehreren Stufen gleichmäßig an.

■ Richten Sie die Messuhr mit etwa 2 mm Vorspannung ein und stellen Sie die Außenskala auf null.

■ Verschieben Sie die Nockenwelle in Achsenrichtung.

■ Erfassen Sie das Spiel der Nockenwelle in Achsenrichtung. Ein Axialspiel bis 0,10 mm ist zulässig.

Prüfungen an der Nockenwelle

Auch die Nockenwelle unterliegt dem Verschleiß, oftmals finden sich bereits durch genaues Betrachten Mängel, die natürlich auch entsprechend bewertet werden müssen.

Optische Kontrolle der Lagerstellen

■ Kontrollieren Sie alle Lagerstellen der Nockenwelle im Zylinderkopf und auch an der Nockenwelle auf Schäden wie Klemmspuren und Grate.

■ Liegen Beschädigungen vor, müssen die entsprechenden Bauteile ersetzt werden.

Kontrolle der Tassenstößel und der Nockenflanken

■ Ziehen Sie jeden Hydrostößel aus seiner Bohrung im Zylinderkopf heraus und prüfen Sie die Leichtgängigkeit im Zylinderkopf und auf mögliche Klemm- oder Fressspuren.

■ Achten Sie auf der Stößelfläche auf mögliche Schäden oder Verschleißspuren.

⚠ Die Tassenstößel müssen grundsätzlich in der alten Position verbaut werden.

■ Kontrollieren Sie die Nockenflanken auf Verschleißspuren oder Grate.

■ Liegen Beschädigungen vor, müssen die entsprechenden Bauteile ersetzt werden.

Kontrolle des Ventilspiels

Die Motoren im Audi Q3 sind alle mit hydraulischen Ventilspiel-Ausgleichs-Elementen (kurz Hydrostößel) ausgerüstet. Rasselnde Geräusche können von der Steuerkette, dem Steuerkettenspanner und natürlich auch von den Hydrostößeln verursacht werden. Das Ventilspiel ist nicht einstellbar.

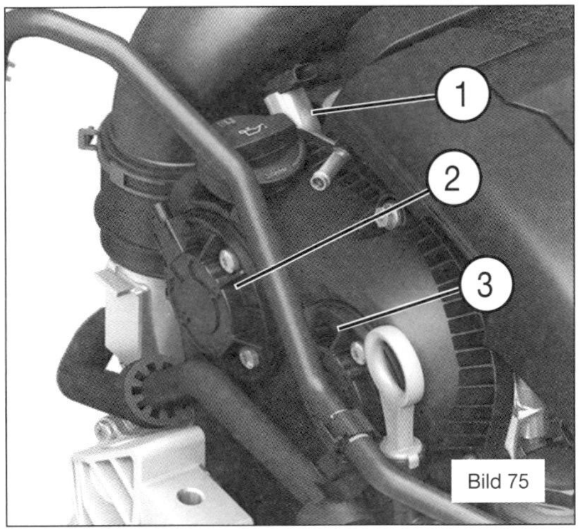

Bild 75

Steuerzeit und Nockenhub.

1 Versteller Auslassnockenwelle

2 Ventil zu Nockenwellenverstellung Auslassventil

3 Ventil zu Nockenwellenverstellung Einlassventil

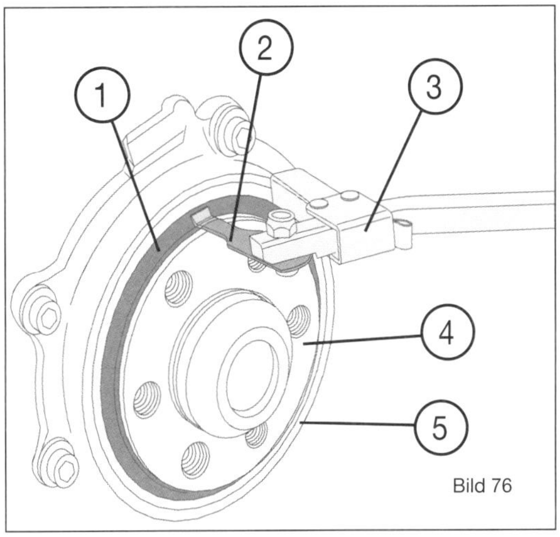

Bild 76

Wellendichtring herausziehen (Beispiel).

1 Wellendichtring

2 Abgewinkelte Klinge

3 Demontagewerkzeug für Wellendichtringe

4 Welle

5 Gehäuse

Wechsel des Wellendichtrings an der Ausgleichswelle (Antrieb Wasserpumpe)

■ Bauen Sie den Zahnriemen der Wasserpumpe ab.

☞ Die Zentralschraube des Antriebsrades auf der Zwischenwelle hat Linksgewinde.

■ Ziehen Sie den Wellendichtring mit einem Demontagehaken aus dem Gehäuse heraus.

Montage des Wellendichtrings

■ Benetzen Sie die Dichtfläche und die Sitzfläche leicht mit Motoröl.

■ Setzen Sie den neuen Wellendichtring mit einer Montagehülse auf die Nockenwelle auf.

👁 Der Schriftzug »Luftseite» oder »Outside» muss von außen lesbar sein.

■ Setzen Sie ein Montagedruckstück pas-

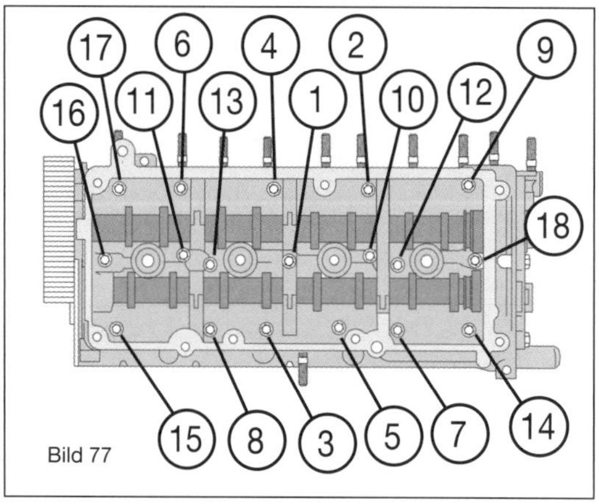

Bild 77
Schrauben des Nockenwellengehäuses 2,0-l-TDI Generation I (CUVD, DFTC, CUVC, CYLA, DFUA, CUVB, DFTA, DBBA).
1-18 Anzugsreihenfolge
18-1 Lösereihenfolge

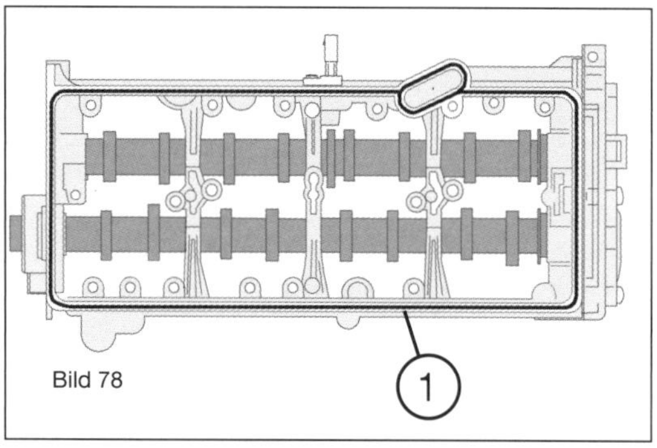

Bild 78
Dichtmittelverlauf am Leiterrahmen des 2,0-l-TDI 2,0-l-TDI Generation I (CUVD, DFTC, CUVC, CYLA, DFUA, CUVB, DFTA, DBBA).
1 Dichtmittelraupe (2 bis 3 mm stark)

send zum Wellendichtringdurchmesser auf und drücken Sie den Wellendichtring gleichmäßig bis Anschlag ein.

Demontage des Nockenstellers (Motoren mit Audi-Valvelift)

☞ Vier Ventile verschieben auf Ein- und Auslassnockenwelle die Nockenstücke auf einen Nocken mit höherem Hub, um die Ventilöffnungszeiten den unterschiedlichen Last- und Drehzahlanforderung anzupassen. Für die Bewegung der Nockenstücke (Schiebestücke der Nockenwelle) wird jeweils ein Ventil für die Verschieberichtungen (hin und zurück) benötigt.

- Bauen Sie die Motorabdeckung oben wie bereits beschrieben aus.
- Drehen Sie die Schrauben des Kabelhalters in der Zylinderkopfhaube heraus.
- Ziehen Sie den elektrischen Steckkontakt an den Ventilen des Nockenwellenstellers ab.
- Drehen Sie die Schraube an den Ventilen des Nockenwellenstellers heraus und ziehen Sie das Ventil gerade heraus.

Die Montage erfolgt sinngemäß in umgekehrter Reihenfolge.

- Ersetzen Sie den O-Ring am Nockensteller.

Demontage eines Ventils für die Nockenwellenverstellung (Steuerzeitverstellung)

☞ Je nach Ausführung kann die Einlassnockenwelle oder bei einigen Varianten auch die Auslassnockenwelle in den Steuerzeiten verstellt werden. Die Steuerzeiten können dann angepasst zur Lastsituation des Motors in Richtung »Früh« oder »Spät« verstellt werden.

- Ziehen Sie den elektrischen Steckkontakt an dem Ventil des Nockenwellenverstellers ab.
- Drehen Sie die Schraube an dem Ventil des Nockenwellenstellers heraus und ziehen Sie das Ventil gerade heraus.

Die Montage erfolgt sinngemäß in umgekehrter Reihenfolge.

- Ersetzen Sie den O-Ring am Nockensteller.
- Ersetzen Sie die Dichtringe (14 im Bild 35) in der Abdeckung der Steuerkette oben.

Nockenwellen beim 2,0-l-TDI-Motor

Demontage der Nockenwellen

☞ Die Montage der Nockenwellen hat sich mit dem Generationswechsel der Motoren verändert.

- Bei den Motoren der ersten Generation laufen die Nockenwellen in einem getrennten Nockenwellengehäuse.
- Die Motoren der neuen Generation verwenden einen »Leiterrahmen«, der zusammen mit dem Zylinderkopf die Lagerung übernimmt. Leiterrahmen und Zylinderkopf sind eine Passungspaarung und können nur zusammen ersetzt werden.

Demontage des Nockenwellengehäuses bei Dieselmotoren der ersten Generation (CUVD, DFTC, CUVC, CYLA, DFUA, CUVB, DFTA, DBBA)

Die Nockenwellen sind eine Passungseinheit mit dem Nockenwellengehäuse. Eine Demontage ist seitens des Herstellers nicht vorgesehen. Bei Schäden an Lagerung oder der Nockenwelle wird beides ersetzt.

- Demontieren Sie den Zahnriemen wie beschrieben.
- Bauen Sie den Ventildeckel (Zylinderkopfhaube) ab.
- Demontieren Sie den Hochdruckspeicher.

■ Klemmen Sie die Kühlschläuche ab und bauen Sie das Kühlmittelrohr hinten ab.
■ Demontieren Sie die Kühlmittelleitung über der Kupplungsglocke des Getriebes.
■ Drehen Sie die Befestigungsschrauben der Kraftstoffleitung vom Railrohr los und legen sie etwas nach vorne.
■ Ziehen Sie die Steckverbindung des Hallgebers der Nockenwelle ab.
■ Ziehen Sie die Steckverbindung des Steuerventils der Nockenwelle (getriebeseitig) ab.
■ Lösen Sie die Unterdruckschläuche vom Luftführungsrohr zum Turbolader.
■ Drehen Sie die Befestigungsschraube heraus und schwenken Sie das Luftführungsrohr nach hinten und nehmen Sie es mit dem Ansaugstutzen vom Turbolader ab.
■ Klemmen Sie die elektrische Leitung rechts vom Ventildeck ab und legen Sie sie zur Seite.
■ Lösen Sie die Verschraubungen der Kühlmittelleitung zum Turbolader und legen Sie sie zur Seite.
■ Demontieren Sie das Abgasrohr vom Abgasreinigungsmodul.
■ Lösen Sie die Schelle zwischen Abgasmodul und Turbolader.
■ Demontieren Sie die Befestigung des Abgasmodul und drücken Sie es etwas nach hinten.
■ Lösen Sie die Schrauben des Nockenwellengehäuses in der Reihenfolgen (18-1 im Bild 76).
■ Nehmen Sie die Schrauben heraus und lösen Sie das Nockenwellengehäuse vorsichtig vom Zylinderkopf ab.

Die Montage erfolgt sinngemäß in umgekehrter Reihenfolge.
■ Reinigen Sie die Dichtfläche gründlich.
Verwenden Sie dazu kein Schleifpapier. Eine Scheibenbürste mit Kunststoff- oder Messingborsten für die Akkubohrmaschine ist hier eine gute Wahl.
■ Tragen Sie eine etwa 2 - 3 mm starke Dichtmittelraupe wie im Bild 78 beschrieben auf.
Der Einschnitt der Tubendüse wie im Bild 40 auf Seite 48 vorgestellt ist hier sehr hilfreich.
■ Setzen Sie das Nockenwellengehäuse innerhalb von 5 Minuten vorsichtig auf den Zylinderkopf auf.
Beachten Sie hierbei die Passstifte zum Zylinderkopf.
■ Ziehen Sie die Schrauben des Nockenwellengehäuses in der im Bild 77 beschriebenen Reihenfolge an.
■ Lassen Sie die Dichtmasse vor der Weiterarbeit etwa 30 Minuten aushärten.

Demontage der Nockenwellen bei Dieselmotoren der zweiten Generation (CFFA, CFFB, CLJA, CFGD, CFGC, CLBB).
Die Nockenwellen sind zur Hälfte in einem Leiterrahmen und zur anderen Hälfte im Zylinderkopf verbaut. Leiterrahmen und Zylinderkopf bilden eine Passungseinheit.
■ Demontieren Sie den Zahnriemen wie beschrieben.
■ Bauen Sie den Ventildeckel (Zylinderkopfhaube) ab.
■ Drehen Sie die Schrauben des Nockenwellenrades heraus.
■ Halten Sie die Nabe des Nockenwellenrades mit einem Gegenhalter fest und lösen Sie die Zentralschraube der Nabe.
■ Drehen Sie die Zentralschraube etwa 2 Umdrehungen los.

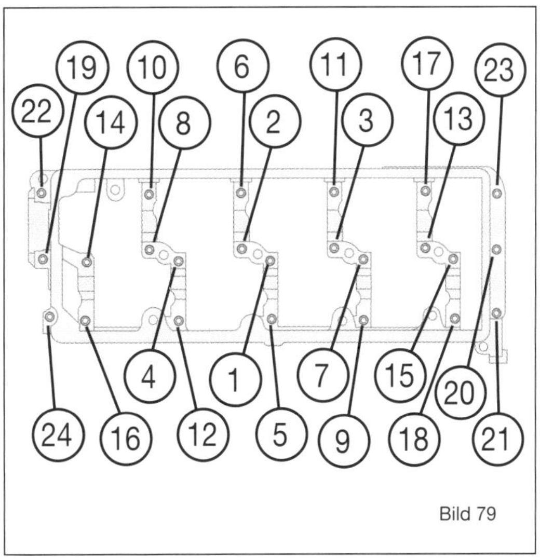

Bild 79
Schrauben des Leiterrahmens 2,0-l-TDI Generation II (CFFA, CFFB, CLJA, CFGD, CFGC, CLBB).
1-24 Anzugsreihenfolge
24-1 Lösereihenfolge

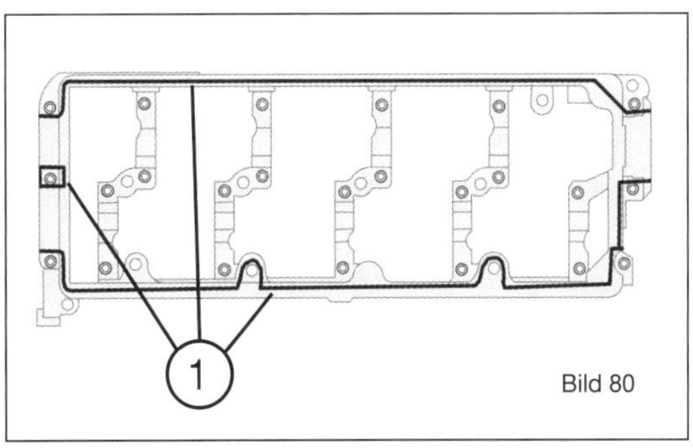

Bild 80
Dichtmittelverlauf am Leiterrahmen des 2,0-l-TDI Generation II (CFFA, CFFB, CLJA, CFGD, CFGC, CLBB).
1 Dichtmittelraupe (2 bis 3 mm stark)

■ Ziehen Sie die Nabe der Nockenwellen mit einem Abzieher (VW T10052) ab.
■ Nehmen Sie die Nabe von dem Konus der Nockenwelle ab.
■ Demontieren Sie die Unterdruckpumpe auf der Getriebeseite.
■ Lösen Sie die Schrauben des Leiterrahmens in der Reihenfolgen (24-1 im Bild 77).
■ Hebeln Sie den Leiterrahmen vorsichtig von der Klebedichtstelle am Zylinderkopf ab.
■ Markieren Sie die Nockenwelle für den Wiedereinbau und nehmen Sie sie heraus.

Die Montage erfolgt sinngemäß in umgekehrter Reihenfolge.
■ Reinigen Sie die Dichtfläche gründlich.

Verwenden Sie dazu kein Schleifpapier. Eine Scheibenbürste mit Kunststoff- oder Messingborsten für die Akkubohrmaschine ist hier eine gute Wahl.

Für die Montage der Nockenwellen im Leiterrahmen müssen die Nockenwellen im Leiterrahmen ausgerichtet werden. Hierfür ist nach Hersteller das Einlegewerkzeug »T40094« mit den Anbauteilen»T40094/9« und »T40094/11« nötigt.

Dieses Werkzeugset können Sie durchaus auch in den üblichen Internetplattformen erwerben. Mit diesem Werkzeug werden die Verzahnungen der Nockenwellen und die Einbauposition des Auslassnockenwelle positioniert.

■ Rüsten Sie das Werkzeug mit den Auflagen »T40094/9« und »T40094/11« für die Auslassnockenwelle aus.
■ Montieren Sie die Auflagen »T40094/1« und »T40094/2« für die Einlassnockenwelle.
■ Legen Sie die Einlassnockenwelle so ein, dass die Nut in der Nockenwelle im Abstecklineal einliegt.

Die Einbuchtungen für die Zylinderkopfschrauben in der Nockenwelle müssen nach außen zeigen.

■ Legen Sie die Auslassnockenwelle ein und setzen Sie den Deckel »T40094/11« auf.

Die Nase des Deckels muss in der Auslassnockenwelle einsitzen.

Motorvarianten mit zweiteiligem Nockenwellenrad der Nockenwelle
■ Setzen Sie das Spannwerkzeug »T40096/1« so auf die beiden Zahnräder auf, dass der breitere Schenkel des Spannwerkzeugs auf der breiten Flanke sitzt.
■ Spannen Sie das Spannwerkzeug so weit vor, dass die Zahnflanken beider Zahnräder in einer Flucht stehen.
■ Richten Sie die Nockenwellen so aus, das die Zähne beider Nockenwellen im Eingriff sind.
■ Legen Sie den Leiterrahmen auf die Nockenwellen auf.

Die Nockenwellenlager müssen vollständig im Leiterrahmen aufliegen. Fixieren Sie die Nockenwellen mit dem Einlegewerkzeug »T40095«.

■ Nehmen Sie die am Leiterrahmen fixierten Nockenwellen zusammen mit dem Leiterrahmen vom Einlegewerkzeug ab.
■ Tragen Sie eine etwa 2 - 3 mm starke Dichtmittelraupe wie im Bild 78 beschrieben auf.

Der Einschnitt der Tubendüse wie im Bild 40 auf Seite 48 vorgestellt ist hier sehr hilfreich.

■ Setzen Sie das Nockenwellengehäuse innerhalb von 5 Minuten vorsichtig auf den Zylinderkopf auf.

Beachten Sie hierbei die Passstifte zum Zylinderkopf.

■ Ziehen Sie die Schrauben des Nockenwellengehäuses in der im Bild 77 beschriebenen Reihenfolge an.
■ Lassen Sie die Dichtmasse vor der Weiterarbeit etwa 30 Minuten aushärten.

Prüfen des Axialspiels der Nockenwellen
■ Bauen Sie das Nockenwellengehäuse aus.
■ Befestigen Sie einen Messuhrhalter (3) am Nockenwellengehäuse (2) und richten Sie die Messuhr (4) wie im Bild 72 gezeigt aus.
■ Drücken Sie die Nockenwelle von Hand nach außen (5) und stellen Sie die Messuhr (4) auf null.
■ Drücken (5) Sie die Nockenwelle (19 von Hand nach innen und lesen Sie den Messwert auf der Messuhr ab.

Das Axialspiel der Nockenwellen darf höchsten 0,25 mm betragen.

Prüfungen an der Nockenwelle
Auch die Nockenwelle unterliegt dem Verschleiß, oftmals finden sich bereits durch genaues Betrachten Mängel, die natürlich auch entsprechend bewertet werden müssen.

Optische Kontrolle der Lagerstellen:

■ Kontrollieren Sie alle Lagerstellen der Nockenwelle im Zylinderkopf und auch an der Nockenwelle auf Schäden wie Klemmspuren und Grate.

■ Liegen Beschädigungen vor, müssen die entsprechenden Bauteile ersetzt werden.

Kontrolle der Tassenstößel und der Nockenflanken:

■ Ziehen Sie jeden Hydrostößel aus seiner Bohrung im Zylinderkopf heraus und prüfen Sie die Leichtgängigkeit im Zylinderkopf und auf mögliche Klemm- oder Fressspuren.

■ Achten Sie auf der Stößelfläche auf mögliche Schäden oder Verschleißspuren.

Die Tassenstößel müssen grundsätzlich in der alten Position verbaut werden.

■ Kontrollieren Sie die Nockenflanken auf Verschleißspuren oder Grate.

■ Liegen Beschädigungen vor, müssen die entsprechenden Bauteile ersetzt werden.

Kontrolle des Ventilspiels:

Die Motoren im Audi Q3 sind alle mit hydraulischen Ventilspiel-Ausgleichs-Elementen (kurz Hydrostößel) ausgerüstet. Rasselnde Geräusche können von der Steuerkette, dem Steuerkettenspanner und natürlich auch von den Hydrostößeln verursacht werden. Das Ventilspiel ist nicht einstellbar.

Wechsel des Wellendichtrings an der Nockenwelle

Die Wellendichtringe sollen grundsätzlich ohne Öl als Montagehilfe eingesetzt werden.

Wellendichtring zahnriemenseitig:

■ Demontieren Sie den Zahnriemen wie bereits beschrieben.

■ Bauen Sie die Nockenwellenversteller (soweit verbaut) und die Zahnriemenräder ab.

Demontage des Wellendichtrings:

■ Ziehen Sie den Wellendichtring mit einem Demontagehaken aus dem Gehäuse heraus.

Montage des Wellendichtrings:

■ Setzen Sie den neuen Wellendichtring mit einer Montagehülse auf die Nockenwelle auf.

■ Setzen Sie ein Montagedruckstück passend zum Wellendichtringdurchmesser auf und drücken Sie den Wellendichtring gleichmäßig bis Anschlag ein.

Demontage des Zylinderkopfes

Warnende Anzeichen beachten

Wenn der Motor durch die Zylinderkopfdichtung viel Öl verliert, wenn man Öl-Wasser-Gemisch (Ölemulsion) am Messstab oder im Kühlwasser-Ausgleichsbehälter findet, wenn es bei laufendem Motor im Ausgleichsbehälter sprudelt, kann die Zylinderkopfdichtung defekt sein. Es kommen natürlich auch Schäden am Ölwärmetauscher und am Zylinderkopf selbst in Frage. Gelegentlich sind der Motorblock und die Umgebung darunter durch austretendes Öl verschmutzt. Schon das sind warnende Zeichen. Aber schwere Schäden sind auf jeden Fall zu befürchten, wenn Kühlwasser in den Brennraum gelangt. Eine weiße Auspufffahne ist ein ernst zu nehmender Hinweis darauf.

Prüfungen ohne Demontage

Vor dem Zerlegen sollten Sie grundsätzlich sicherstellen, dass der Fehler auch durch die Zylinderkopfdichtung oder den Zylinderkopf verursacht wird. Druck und Gasbildung können auch leicht durch eine defekte Wasserpumpe oder einen Thermostat verursacht werden. Vor der aufwendigen Montage sollte immer eine genaue Untersuchung der umliegenden Systeme erfolgen. Ein Kühlmitteldrucktester und auch ein CO_2-Tester können hier hilfreich sein.

Sehr anspruchsvolle Reparaturarbeit

Bereits bei den genannten ersten Anzeichen ist es also ratsam, den Zylinderkopf abzubauen, prüfen zu lassen und die Dichtung zu wechseln. Diese Arbeit gehört zu den anspruchsvolleren Arbeiten der Motorreparatur. Es sind zahlreiche Baugruppen der Motorperipherie zu demontieren. Der Zusammenbau muss mit äußerster Sorgfalt erfolgen, um nicht etwa dann erst kapitale Schäden zu verursachen.

■ Der Motor darf höchstens handwarm sein, sonst kann sich der Zylinderkopf verziehen.

■ Die Kolben dürfen, falls nicht anders gefordert, nicht im OT stehen.

■ Vor Ausbau des Kühlmitteltemperaturgebers muss Druck vom Kühlsystem abgebaut werden.

Die O-Ringe an Geber und Zylinderkopfdichtung sind immer zu ersetzen.

■ Nach dem Ersetzen der Zylinderkopfdichtung müssen wie nach dem Wechsel des Zylinderkopfes das Kühlmittel und das Motoröl erneuert werden.

■ Den ausgebauten Zylinderkopf nur auf einer Schaumstoffunterlage ablegen, da die Glühkerzen beschädigt werden können.

■ Den ausgebauten Zylinderkopf mit Haarlineal und Fühlerblattlehre an mehreren Stellen auf Verzug prüfen.

■ Vor dem Einbauen kontrollieren, ob die Passhülsen zur Zentrierung des Zylinderkopfs am Zylinderblock vorhanden sind.

■ Beim Lösen und auch beim Einbau der Zylinderkopfschrauben ist die vorgegebene Reihenfolge unbedingt zu beachten.

Vorbereitung für alle Motoren

■ Lesen Sie den Fehlerspeicher aus und sichern Sie die möglichen Einträge.

■ Schalten Sie die Zündung aus und ziehen Sie den Zündschlüssel ab.

■ Klemmen Sie die Batterie ab.

■ Fahrzeug mit der Hebebühne anheben.

■ Lassen Sie das Kühlmittel ab.

⚠ Fahrzeug zwischen den Hebebühnensäulen ausrichten und die vier Aufnahmeteller an den vom Fahrzeughersteller vorgeschriebenen Hebebühnenaufnahmepunkten platzieren.

Zylinderkopf am 1,4-l-TFS-Motor

■ Bauen Sie das Luftfiltergehäuse aus.

■ Demontieren Sie die Geräuschdämmung über dem Motor.

■ Demontieren Sie die Geräuschdämmung unter dem Motor.

■ Bauen Sie den Ventildeckel ab.

■ Demontieren Sie das Nockenwellengehäuse wie bereits beschrieben.

■ Entsichern Sie die Schnellkupplung der Kraftstoffleitung an der Spritzwand und ziehen Sie die Kraftstoffleitung zum Motor ab.

⚠ Die Kraftstoffleitung kann unter Druck stehen.

■ Fangen Sie austretenden Kraftstoff mit einem geeigneten Lappen auf.

■ Entsichern Sie die Schnellkupplung der Zuleitung zum Aktivkohlebehälter an der Spritzwand und ziehen Sie die Leitung ab.

■ Entsichern Sie die Schnellkupplung der Unterdruckleitung am Drosselklappenmodul und ziehen Sie die Leitung ab.

■ Lösen Sie die Leitung vom Luftführungsrohr zum Drosselklappenmodul.

■ Ziehen Sie den Steckkontakt zum Ladedruckgeber im Luftführungsrohr ab.

■ Bauen Sie das Luftführungsrohr aus.

■ Demontieren Sie die Luftführung am Schlossträger.

■ Ziehen Sie die Stecker am Magnetventil für den Aktivkohlefilter, die Drosselklappeneinheit und den Ansauglufttemperaturfühler im Ansaugrohr ab.

■ Bauen Sie die Kühlmittelleitung und die Kraftstoffvorlaufleitung vom Saugrohr ab.

■ Ziehen Sie den Steckkontakt für den Öldruckschalter unter dem Kraftstoffverteilerrohr (Rail) ab.

■ Klemmen Sie die Kühlmittelschläuche am Ansaugrohr mit Schlauchklemmen (25 mm) zu und ziehen Sie sie vom Ansaugrohr ab.

Fangen Sie austretendes Kühlmittel mit einem geeigneten Lappen auf.

■ Ziehen Sie den Unterdruckschlauch zum Kurbelgehäuse ab.

■ Drehen Sie die Schrauben des Ladeluftkühlers heraus.

■ Drehen Sie die Schrauben des Saugrohrs am Zylinderkopf heraus.

■ Nehmen Sie das Saugrohr ab. Ziehen Sie hierbei den Ladeluftkühler aus dem Saugrohr heraus.

■ Ziehen Sie den Steckkontakt am Kraftstoffdruckgeber am Kraftstoffverteilerrohr (Rail) ab.

■ Ziehen Sie die Steckkontakte an den Einspritzventilen ab.

■ Drehen Sie die Schraube heraus und nehmen Sie die Schraubschelle zum Katalysator ab.

■ Demontieren Sie die Verschraubung am Katalysator und fixieren Sie ihn an der Karosserie oder Anbauteilen.

■ Bauen Sie den Wärmeschutz für die Gelenkwellen ab.

■ Ziehen Sie die Steckkontakte am Öldruckschalter auf der Rückseite des Motors ab.

■ Demontieren Sie die Ölvorlauf- und Rücklaufleitung zum Turbolader.

■ Ziehen Sie den Steckkontakt am Temperaturfühler auf der Rückseite des Motors im Bereich des Ladedruckstellers ab.
■ Ziehen Sie den Steckkontakt am Ladedrucksteller beziehungsweise an dem Magnetventil für die Ladedruckbegrenzung ab.
■ Drehen Sie die Schraube (1 im Bild 81) aus der Motorstütze (2) heraus.
■ Drehen Sie die Zylinderkopfschrauben in der Reihenfolge (10-1 im Bild 82) heraus.
■ Nehmen Sie den Zylinderkopf ab und legen Sie ihn auf einer weichen Unterlage ab.

Die Montage erfolgt sinngemäß in umgekehrter Reihenfolge.
■ Reinigen Sie die Dichtfläche gründlich.

Tipp: Verwenden Sie dazu kein Schleifpapier. Eine Scheibenbürste mit Kunststoff- oder Messingborsten für die Akkubohrmaschine ist hier eine gute Wahl.

■ Achten Sie darauf, die Dichtmittelreste restlos zu entfernen.
■ Die Bohrungen für die Zylinderkopfschrauben dürfen keine Rückstände von Öl oder anderen Flüssigkeiten enthalten.

Tipp: Achten Sie darauf, dass die Passhülsen im Zylinder einsitzen. Sie helfen Dichtung und Zylinderkopf zu positionieren.

■ Die Einbaurichtung der Zylinderkopfdichtung ist gekennzeichnet. Die Teilenummer muss von oben lesbar sein.

Zylinderkopf am 2,0-l-TFSI-Motor

■ Bauen Sie das Luftfiltergehäuse aus.
■ Demontieren Sie die Geräuschdämmung über dem Motor.
■ Demontieren Sie die Geräuschdämmung unter dem Motor.
■ Bauen Sie die Nockenwellen wie bereits beschrieben aus.
■ Bauen Sie das Abgasrohr mit Katalysator vom Turbolader ab.
■ Lösen Sie die Halterung am Achsträger und legen Sie die Abgasanlage zur Seite.

Tipp: Bei den Motoren der 3. Generation (CULB, CULC) können Sie hier den Turbolader vom Zylinderkopf abschrauben und an der Spritzwand hochbinden. Er muss dann nicht mit ausgebaut werden.

Tipp: Wenn das rechte Motorlager demontiert wurde und die Motorbrücke noch eingesetzt ist, das Motorlager wieder montieren und die Motorbrücke ausbauen.

■ Soweit verbaut, die Kühlmittelrohre auf der Motorrückseite abschrauben und etwas nach links ziehen.
■ Bauen Sie den Luftführungsschlauch zum Ladelüftkühler und das Luftführungsrohr hinten aus.
■ Entsichern Sie die Steckkontakte und ziehen Sie die verbliebenen elektrischen Anschlüsse auf der Rückseite des Motors ab.
■ Bauen Sie die Ölvorlaufleitung und das Rücklaufrohr vom Turbolader ab.
■ Demontieren Sie das Wärmeschutzblech oberhalb des Turboladers.
■ Demontieren Sie den Kühlmittelschlauch über dem Getriebe am Zylinderkopf.
■ Entsichern Sie die Steckkontakte und ziehen Sie die verbliebenen elektrischen Anschlüsse auf der Vorderseite des Motors ab.
■ Ziehen Sie die Unterdruckleitung zum Aktivkohlefilter auf der Vorderseite des Motors ab.

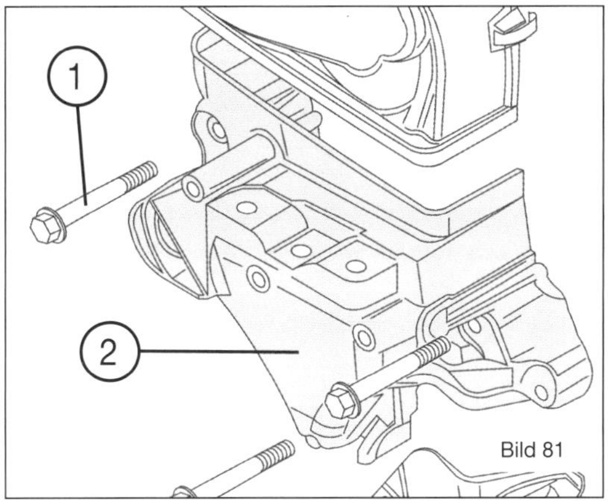

Bild 81
Rechte Motorstütze beim 1,4-l-TFSI-Motor.
1 Schraube
2 Motorstütze und Zahnriemenschutz

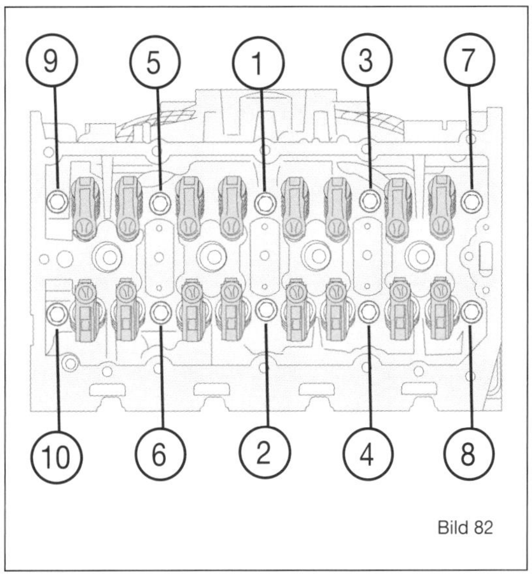

Bild 82
Schrauben am Zylinderkopf beim 1,4-l-TFSI-Motor.
1-10 Anzugsreihenfolge
10-1 Lösereihenfolge

Sichtprüfung

Messen

Bild 83
Schrauben am Zylinderkopf beim 2,0-l-TFSI-Motor.
1-10 Anzugsreihenfolge
10-1 Lösereihenfolge
11 Schrauben

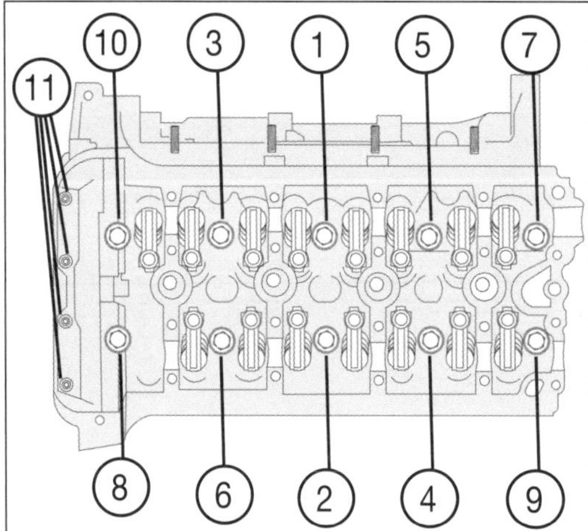

Bild 83

■ Ziehen Sie die Steckverbindung am Ansaugrohr ab und nehmen Sie sie aus dem Halter heraus.

■ Bauen Sie die Stütze des Saugrohrs ab und lösen Sie die verbauten Kabel und Schläuche.

■ Demontieren Sie die Schlauchschellen und bauen Sie die Kühlmittelrohre vom Saugrohr ab.

■ Drehen Sie die Schrauben der Halter am Saugrohr heraus.

Prüfen Sie, ob alle Anschlussstecker, Kabel und Schläuche rund um den Zylinderkopf demontiert wurden und außerhalb des Arbeitsbereiches liegen.

■ Drehen Sie die Schrauben (11 im Bild 83) heraus.

■ Drehen Sie die Schrauben (10 - 1 im Bild 83) heraus.

■ Nehmen Sie den Zylinderkopf ab.

Achten Sie auf die Spann- und die Führungsschiene der Steuerkette.

■ Legen Sie den Zylinderkopf vorsichtig auf eine weiche Unterlage ab und verschlissen Sie alle Öffnungen mit entsprechenden Stopfen oder fusselfreien Lappen.

Die Montage erfolgt sinngemäß in umgekehrter Reihenfolge.

■ Verdrehen Sie die Kurbelwelle so, dass die Kolben kurz vor dem UT des 1. Zylinders stehen.

■ Reinigen Sie die Dichtfläche gründlich.

Verwenden Sie dazu kein Schleifpapier. Eine Scheibenbürste mit Kunststoff- oder Messingborsten für die Akkubohrmaschine ist hier eine gute Wahl.

■ Achten Sie darauf, die Dichtmittelreste restlos zu entfernen.

■ Die Bohrungen für die Zylinderkopfschrauben dürfen keine Rückstände von Öl oder anderen Flüssigkeiten enthalten.

Achten Sie darauf, dass die Passstifte im Zylinder verbaut sind. Sie helfen Dichtung und Zylinderkopf zu positionieren.

■ Die Einbaurichtung der Zylinderkopfdichtung ist gekennzeichnet. Die Teilenummer muss von oben lesbar sein.

Zylinderkopf am 2,0-l-TDI-Motor

Kolbenüberstand und Kopfdichtung

Der Kolben steht über die Dichtfläche des Zylinders geringfügig heraus. Die Zylinderkopfdichtung wird in unterschiedlichen Stärken geliefert. Die Dicke der Kopfdichtung ist durch die Anzahl der Löcher in der überstehenden Zunge an der Kopfdichtung gekennzeichnet.

Wird nur die Kopfdichtung gewechselt, wählen Sie eine Dichtung mit der gleichen Lochzahl.

Nach Änderungen im Kurbeltrieb (Pleuel, Kolben oder Lagerungen) messen Sie mit einer Messuhr und einer entsprechenden Auflage den Höhenunterschied zwischen Kolben- und Motorblockfläche.

Kolbenüberstand	Lochanzahl
0,91 mm bis 1,0 mm	1
1,01 mm bis 1,10 mm	2
1,11 mm bis 1,20 mm	3

De- und Montage des Zylinderkopfs

Die beiden Generationen der TDI-Motoren unterscheiden sich für diese Arbeitsschritte im Aufbau der Nockenwellenlagerung.

■ Demontieren Sie die Geräuschdämmung über dem Motor.

■ Demontieren Sie die Geräuschdämmung unter dem Motor.

■ Bauen Sie die Kühlmittelrohre oben zum Zylinderkopf und zum Ladeluftkühler aus.

■ Bauen Sie das vordere Abgasrohr aus.

Der Abgasturbolader verbleibt für beide Motorgenerationen für die Demontage am Zylinderkopf.

2,0-l-TDI der 1. Generation (CUVD, DFTC, CUVC, CYLA, DFUA, CUVB, DFTA, DBBA)

■ Bauen Sie das Nockenwellengehäuse aus.

2,0-l-TDI der 2. Generation (CFFA, CFFB, CLJA, CFGD, CFGC, CLBB)

■ Bauen Sie das Nockenwellenrad ab.
■ Demontieren Sie die Nabe des Nockenwellenrades.
■ Bauen Sie die Zylinderkopfhaube ab.
■ Demontieren Sie das Abgasrückführungsrohr.
■ Nehmen Sie das Umschaltventil für die Abgasrückführung aus seinem Halter und legen Sie es aus dem Arbeitsbereich heraus.

Weiter für alle Fahrzeuge:

■ Drehen Sie die Schrauben am Schwingungsdämpfer (Resonanzrohr) zum Turbolader heraus und nehmen Sie ihn ab.
■ Demontieren Sie die elektrischen Leitungen im Bereich des Abgasturboladers hinter dem Motor und legen Sie sie aus dem Arbeitsbereich heraus.
■ Lösen Sie die Verschraubungen des Abgasreinigungsmoduls.

Fahrzeuge mit Allradantrieb:

■ Bauen Sie den Kühler für Abgasrückführung aus.

Fahrzeuge mit Frontantrieb:

■ Bauen Sie den Luftführungsschlauch vom Turbolader ab.
■ Schieben Sie die Wärmeschutzmaschette etwas zur Seite, entsichern Sie die Steckverbindung und ziehen sie ab.
■ Drücken Sie das Abgasreinigungsmodul (Partikelfilter/Kat) nach hinten.

Weiter für alle Fahrzeuge:

■ Bauen Sie die Öldruckleitung und das Ölablaufrohr des Turboladers ab.
■ Drehen Sie die Schraube zur Stütze am Abgaskrümmer heraus.
■ Lösen Sie die Halterungsschrauben der Stütze am Motorblock.
■ Demontieren Sie die Kühlmittelschläuche zum Ladeluftkühler.
■ Entriegeln Sie die Steckkontakte der Steckverbindungen im vorderen Bereich des Motors und legen Sie sie aus dem Arbeitsbereich heraus.

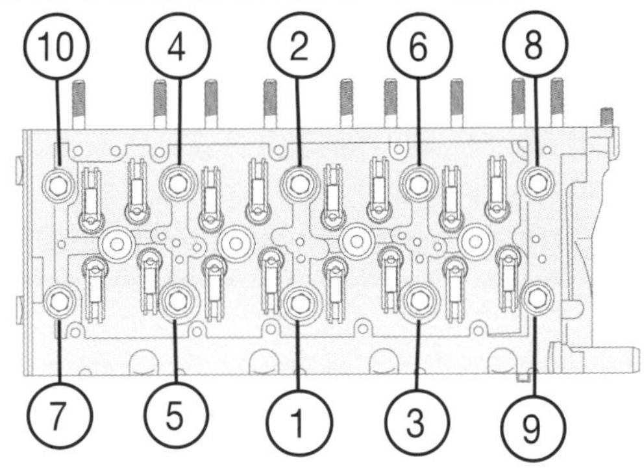

Bild 84

Bild 84
Schrauben am Zylinderkopf beim 2,0-l-TDI-Motor.
1-10 Anzugsreihenfolge
10-1 Lösereihenfolge

■ Entriegeln Sie die Steckkontakte der Steckeckverbindungen im Bereich des Riemenantriebs und legen Sie sie aus dem Arbeitsbereich heraus.
■ Entriegeln Sie die Steckkontakte der Steckeckverbindungen im Bereich des Ansaugrohrs/Ladeluftkühlers und legen Sie sie aus dem Arbeitsbereich heraus.
■ Drehen Sie die Schraube im Ansaugrohr des Ölmessstabes heraus.

2,0-l-TDI der 1. Generation (CUVD, DFTC, CUVC, CYLA, DFUA, CUVB, DFTA, DBBA)

■ Drehen Sie die Schraube der hinteren Zahnriemenabdeckung (3 im Bild 54) heraus. Lassen Sie die hintere Zahnriemenabdeckung aber in der Einbauposition.

Weiter für alle Fahrzeuge:

■ Demontieren Sie die Unterdruckleitung zum Bremskraftverstärker.
■ Ziehen Sie den Unterdruckschlauch zum Ventildeckel und der Unterdruckversorgung der Steuerventile ab.
■ Lösen Sie die Verschraubung der Unterdruckleitung zur Unterdruckpumpe am Zylinderkopf.
■ Demontieren Sie die Kühlmittelschläuche getriebeseitig am Zylinderkopf.
■ Ziehen Sie die Unterdruckleitung zum Turbolader ab.
■ Legen Sie die elektrischen Leitungen und Unterdruckschläuche aus dem Arbeitsbereich heraus.
■ Drehen Sie die Zylinderkopfschrauben in der Reihenfolge (10-1 im Bild 84) heraus.

Prüfen Sie, ob alle Anschlussstecker, Kabel und Schläuche rund um den Zylinderkopf demontiert wurden und außerhalb des Arbeitsbereiches liegen.

Bild 85
Kompressionsdruckschreiber.
1 Schreiber für Dieselmotoren
2 Schreiber für Ottomotoren
3 Verlängerungen
4 Knarre mit Kerzenschlüssel
5 Schreiberkarten für Otto- und Dieselmotoren
6 Dichtkonus für das Andrücken auf die Kerzenbohrungen im Zylinderkopf

Bild 86
Auswertung des Schreiberkärtchens. Der gemessene Druck sollte bei etwa 23 - 30 bar liegen und zwischen den einzelnen Zylindern höchstens 1,5 bar abweichen.
1 Abgelesener Druck 25 bar
2 Abgelesener Druck 23 bar
3 Abgelesener Druck 32 bar
4 Abgelesener Druck 16 bar

Um den Zylinderkopf vom Motorblock abzunehmen, ist ein zweiter Mechaniker erforderlich.

■ Schwenken Sie den Zylinderkopf aus der Zahnriemenabdeckung heraus.

Achten Sie darauf, dass die Ölrücklaufleitung des Turboladers weder beim Abnehmen des Zylinderkopfes noch bei der Ablage beschädigt wird.

Legen Sie den Zylinderkopf nicht auf die überstehenden Glühkerzen ab.

Die Montage erfolgt sinngemäß in umgekehrter Reihenfolge.

■ Verdrehen Sie die Kurbelwelle so, dass die Kolben kurz vor dem UT (unterer Totpunkt) des 1. Zylinders stehen.

■ Reinigen Sie die Dichtfläche gründlich.

Verwenden Sie dazu kein Schleifpapier. Eine Scheibenbürste mit Kunststoff- oder Messingborsten für die Akkubohrmaschine ist hier eine gute Wahl.

■ Achten Sie darauf, die Dichtmittelreste restlos zu entfernen.

■ Die Bohrungen für die Zylinderkopfschrauben dürfen keine Rückstände von Öl oder anderen Flüssigkeiten enthalten.

Achten Sie darauf, dass die Passstifte im Zylinder verbaut sind. Sie helfen Dichtung und Zylinderkopf zu positionieren.

■ Die Einbaurichtung der Zylinderkopfdichtung ist gekennzeichnet. Die Teilenummer muss von oben lesbar sein.

Kompressionsdruck prüfen

Die Prüfwerte des Kompressionsdrucks in den einzelnen Zylindern zeigen an, ob der Motor sich noch in einem guten mechanischen Zustand befindet oder ob er für einen Austausch reif ist, zumindest aber komplett überholt werden muss.

Zur Prüfung werden ein Kompressionsdruck-Prüfgerät, ein Zündkerzenschlüssel sowie ein Drehmomentschlüssel 5 bis 50 Nm benötigt.

⚠ Die Motoröltemperatur muss mindestens 30 °C und die Batteriespannung mindestens 11,5 V betragen.

Vorbereitung und Druckprüfung

■ Motorabdeckungen oben oder den Luftfilterkasten ausbauen, um den Zugang zu den Glühkerzen und den Anschlüssen zu den Glühkerzen zu ermöglichen.

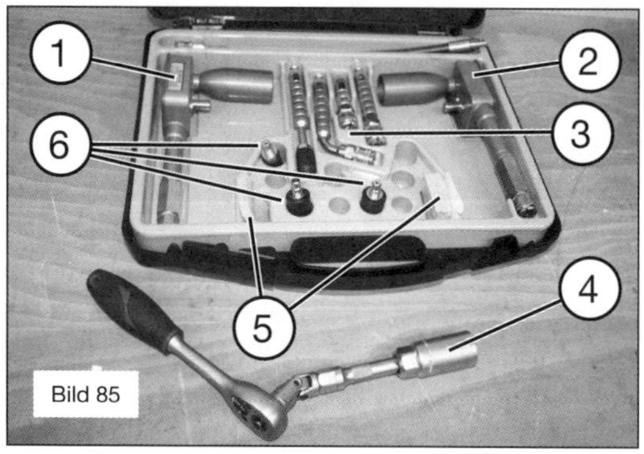

Bild 85

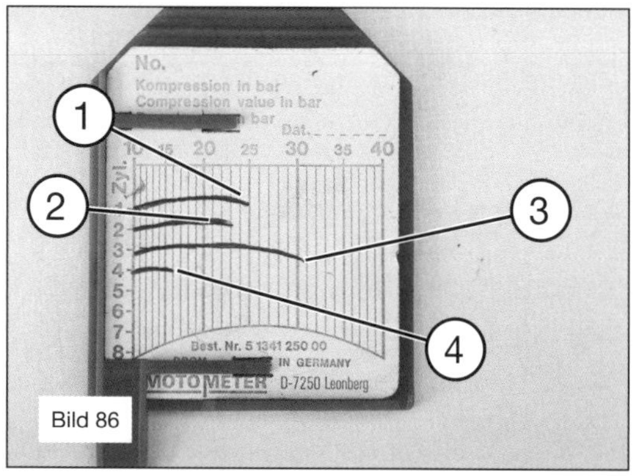

Bild 86

■ Die Steckkontakte aller Glühkerzen abziehen und die Anschlusskabel zur Seite legen.

■ Alle Glühkerzen ausbauen.

■ Soweit erforderlich, die Drossel- oder Abstellklappe im Ansaugtrakt öffnen. Der Luftansaugweg muss frei sein.

■ Den Kompressionsdruck mit Kompressionsdruck-Prüfgerät prüfen. Die Handhabung des Prüfgerätes ist in der jeweiligen Bedienungsanleitung beschrieben.

■ Den Anlasser so lange betätigen, bis kein Druckanstieg mehr vom Prüfgerät angezeigt wird. Der Höchstdruck sollte spätestens nach 12 bis 15 Umdrehungen erreicht sein.

Auswertung

■ Werten Sie die Schreiberkarte oder die Messergebnisse aus:

Der Druck sollte beim TFSI-Motor zwischen 11 und 14 bar liegen und beim TDI-Motor zwischen 20 und 31 bar.

Der Druckunterschied zwischen einzelnen Zylindern (höchster und niedrigster) darf höchstens 3,0 bar betragen.

■ Fallen die Messergebnisse deutlich anders aus, sollte mittels Druckverlustprüfung die Undichtigkeit des Brennraums genauer lokalisiert oder der Motor für eine genauere Diagnose zerlegt werden.

Rückbau und in Betrieb setzen

■ Glühkerzen mit dem Glühkerzenschlüssel einschrauben und mit dem richtigen Drehmoment festziehen.
■ Der weitere Zusammenbau erfolgt sinngemäß in entgegengesetzter Reihenfolge zum Ausbau.
■ Fehlerspeicher abfragen und ggf. vorhandene Fehler beheben, danach Fehlerspeicher löschen.

Druckverlusttest

Oft schon vergessen, war er schon vor einigen Jahrzehnten bekannt. Da der Tester in den meisten Werkstätten nicht mehr oder kaum noch zum Einsatz kommt, lässt sich ab und an ein solches Gerät auch von Bosch schon mal günstig erstehen. 25 bis 150 Euro werden es dann meist. Auch mit diesem Gerät wird die Dichtheit des Zylinders bewertet. Nur, dass nicht der Motor den Druck aufbringt, sondern der Motor mit Luftdruck aus dem Tester beaufschlagt wird. Undichtheiten können nun zum einen zahlenmäßig erfasst und zum anderen »erhört« werden. Die Diagnose fällt deshalb deutlich präziser aus als das Ergebnis des Kompressionstests.

Vorbereitung

■ Bauen Sie alle Glühkerzen aus.
■ Schalten Sie die Zündung aus.
■ Prüfen Sie, ob die Steuerzeiten in Ordnung sind.
■ Schließen Sie den Druckverlustprüfer an die Druckluftversorgung Ihrer Werkstatt an.
■ Stimmen Sie den Druckschreiber auf den Kompressordruck Ihrer Werkstatt ab.
■ Wählen Sie den passenden Gewindeadapter und den Anschlussschlauch für den Druckverlusttest aus.
■ Stellen Sie Radio und andere Lärmquellen ab.
■ Verdrehen Sie den Motor so weit, bis er am Ende des Verdichtungstaktes oder am Anfang des Arbeitstaktes steht.
■ Ertasten Sie vorsichtig den Kolbenboden mit einem OT- Finder (Bild 88) und verdrehen Sie den Motor bis zu Zünd-OT.

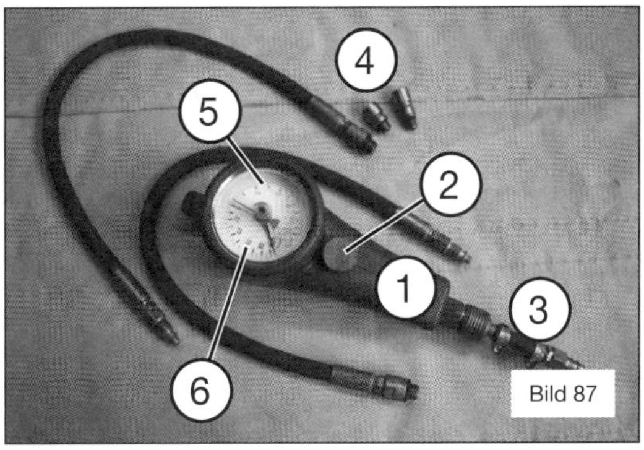

Bild 87

Bild 87
Meist recht günstig zu ersteigern: der Druckverlustprüfer.
1 Gehäuse
2 Einstellrad für Druckangleich
3 Anschlussschlauch Druckluftnetz
4 Prüfanschluss
5 Skala Messuhr Kompressionsdruck
6 Skala Messuhr Kompressionsdruck

■ Blockieren Sie den Motor (Gang einlegen, Handbremse anziehen). Sollten Sie den Motor mit einem passenden Schlüssel auf der Kurbelwelle festhalten wollen, achten Sie darauf, dass sich der Motor verdrehen kann, sobald der Prüfdruck des Testers auf dem Kolben lastet. Er erzeugt ein nicht unbedeutendes Drehmoment, das Sie eventuell nicht von Hand halten können.

⚠ Es besteht Verletzungsgefahr an den Händen durch Abrutschen des Werkzeugs oder Klemmen!

Messung/Prüfung

■ Führen Sie den Anschlussschlauch des Druckverlusttesters zuerst in das Glühkerzen- oder Zündkerzenloch des 1. Zylinders ein.
■ Kuppeln Sie den Messschlauch an das Messgerät an.

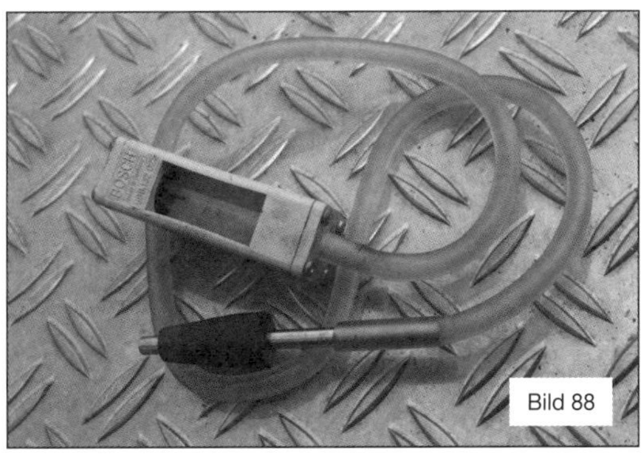
Bild 88

Bild 88
Der OT-Finder. Auf dem Weg nach OT verdrängt der Kolben Luft und schiebt den Anzeigekolben im Gerät nach oben. Fällt er schlagartig ab, wurde der OT-Punkt überschritten.

Bild 89

Bild 89
Nicht verwechseln: Mit Ventil (1) ist er für den Kompressionstest gerüstet, ohne Ventil (2) für den Druckverlusttest.

Bild 90
Druckverlust problematisch.

Bild 91
Druckverlust in Ordnung.

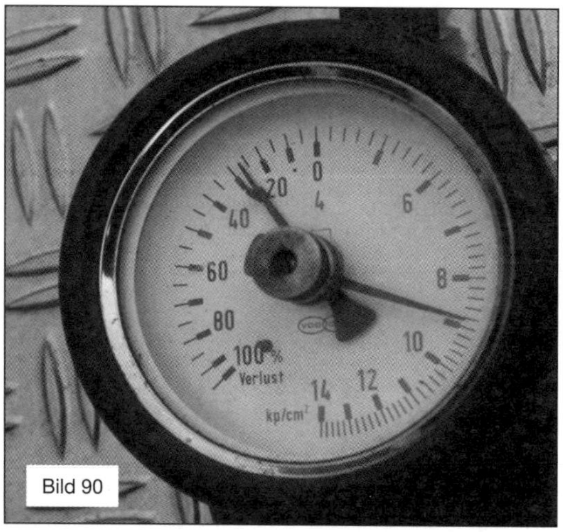

Bild 90

Bild 91

- Werten Sie jeden Zylinder einzeln wie unten in der Tabelle beschrieben aus.
- Wiederholen Sie diesen Vorgang nun für alle Zylinder des Motors, Auswertung (Bilder 90 und 91).
- Notieren Sie den angezeigten Druckverlust für jeden Zylinder einzeln.

☞ Ein Druckverlust beim 4-Takt-Hubkolbenmotor ist bis zu 15 % zulässig. Über 15 % muss die Ursache gesucht werden.

- Drehen Sie den Öldeckel ab und achten Sie auf Zischgeräusche aus dem Motorblock.
- Legen Sie den Kopf auf den Luftfilter oder besser noch, entfernen Sie den Luftfilter und hören Sie, ob Zischgeräusche aus dem Ansaugtrakt wahrnehmbar sind.
- Kontrollieren Sie auch am Auspuff, ob hier ein Luftstrom oder ein Zischgeräusch hörbar ist.

Verschleißmessung am Motor

Zugegeben, in der heutigen Zeit werden diese Arbeiten nur noch selten durchgeführt. Es ist aber nicht so, dass man die Verschleißmessung am Motor nicht mehr benötigen würde. Vielmehr wird sie oft aus Zeitgründen nicht mehr durchgeführt.

Im privaten Bereich legen wir nun aber eher Wert auf eine kostengünstige Reparatur und möchten gerne den Zustand unseres Gefährtes sicher dokumentieren. Sollten Sie

Beschreibung (Bild 90)	Toleranz	Ursache
Druckverlust zu groß: Zischgeräusch am Ansaugtrakt feststellbar, keine Zischgeräusche am Auspuff feststellbar.	Bis 15 % sind zulässig.	Einlassventil nicht sauber geschlossen, Einlassventil undicht, Einlassventil beschädigt; Steuerzeiten stimmen nicht, Motor steht nicht im Zünd-OT (Arbeitstakt).
Druckverlust zu groß: Zischgeräusche am Auspuff feststellbar, keine Zischgeräusche am Ansaugtrakt feststellbar.	Bis 15 % sind zulässig.	Auslassventil nicht sauber geschlossen, Auslassventil undicht, Auslassventil beschädigt, Steuerzeiten stimmen nicht, Motor steht nicht im Zünd-OT (Arbeitstakt).
Druckverlust zu groß: Zischgeräusche am Auspuff feststellbar, Zischgeräusche am Ansaugtrakt feststellbar.	Bis 15 % sind zulässig.	Beide Ventile nicht sauber geschlossen, beide Ventile undicht, beide Ventile beschädigt; Steuerzeiten stimmen nicht, Motor steht nicht im Zünd-OT (Arbeitstakt).
Druckverlust zu groß: keine Zischgeräusche am Auspuff feststellbar, keine Zischgeräusche am Ansaugtrakt feststellbar.	Bis 15 % sind zulässig.	Druckverlust über Kolben und Zylinder, Kolben und/oder Kolbenringe verschlissen oder defekt, Zylinderkopfdichtung defekt (während der Prüfung »blubbert« der Ausgleichsbehälter).

den Motor einmal so weit zerlegt haben oder sind auf der Suche nach erhöhtem Ölverbrauch des Motors, können Sie, nachdem Zylinderkopf und Kolben demontiert wurden, den Motorblock ausmessen. Oftmals ist der Kolbenausbau auch am eingebauten Motor realisierbar. Schließlich müssen wir lediglich die Ölwanne abnehmen können, um die Pleuellager abschrauben zu können. Ob und wie weit die Laufleistung oder auch ungünstige Betriebszustände dem Motor zugesetzt haben, muss mit einigen einzelnen Messungen kontrolliert werden. Für die Messungen werden ein Innenmessgerät mit Innentaster, eine Messuhr, ein Messschieber, eine Fühlerlehre sowie eine Bügelmessschraube benötigt. Die Messung beschreibt den Zustand von Zylinder und Kolben. Das Zusammenspiel dieser Bauteile wird durch die Auswertung der Messergebnisse bewertet.

Messungen am Zylinder

Vorbereitung der Messungen:

- Demontieren Sie den Zylinderkopf.
- Reinigen Sie Zylinderlaufbahn und Kolben.
- Messen Sie mit Hilfe des Messschiebers den Zylinderdurchmesser. Legen Sie anhand dieses Maßes fest, welche Adaptionsstücke in das Innenmessgerät eingebaut werden müssen.
- Montieren Sie das ausgewählte Adaptionsstück am Innenmessgerät.
- Führen Sie die Messuhr in die Aufnahme ein. Festgezogen wird sie aber erst, nachdem die Voreinstellung durchgeführt wurde.
- Richten Sie die Messuhr gerade in der Zylinderlaufbahn aus und stellen sie mit einer Vorspannung von 2 mm fest.
- Richten Sie das Grundmaß (entweder das mit dem Messschieber ermittelte und gerundete oder ein vom Hersteller angegebenes) mit der Bügelmessschraube aus.
- Führen Sie die Feinjustierung des Innenmessgerätes durch.

Messungen:

- Als Nächstes wird nun das Innenmessgerät in den zu messenden Zylinder eingeführt. Die Messung der Zylinderbuchse soll den Verschleiß genau darstellen.

Tipp: Da der Verschleiß im Zylinder in der Regel durch die unterschiedlichen Belastungszustände ungleichmäßig ausfällt,

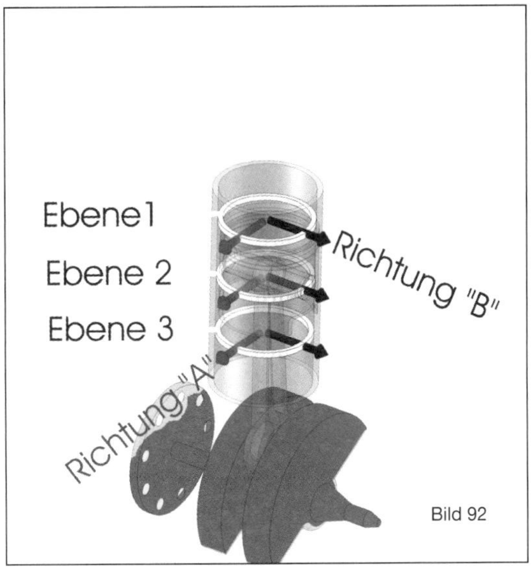

Bild 92
Messebenen und Messrichtungen am Zylinder.

werden die Zylinder in zwei Richtungen und drei Ebenen beurteilt. Die Messrichtung wird in die Richtung »A« und »B« aufgeteilt, wobei »B« dann die Messung in Achsenrichtung der Kurbelwelle und »A« die Messung in Drehrichtung der Kurbelwelle darstellt.

Die Messhöhe nennt sich recht einfach »1«, »2« oder »3«. So wird ein sehr genaues Bild des Zylinderverschleißes dargestellt.

Tipp: Zuerst einmal sollten alle Messungen in der Richtung »A« gemacht und in das Auswertungsblatt eingetragen werden.

Tipp: Erst dann werden die Messungen in der Richtung »B« durchgeführt und eingetragen. Das erspart das mehrmalige Einsetzen des Innenmessgerätes in den Zylinder.

- Führen Sie die Messung in Richtung »A« durch und tragen Sie diese ins Auswerteblatt ein.
- Führen Sie die Messungen in der Richtung »B« durch und tragen Sie diese in das Auswerteblatt ein.
- Werte, die über das Grundmaß gehen, werden als »+«-Wert eingetragen.

Werte, die das Grundmaß unterschreiten, werden in der Tabelle als »-«-Wert geführt. Diese Praxis spart viel Rechnerei und somit auch mögliche Fehlerquellen ein.

Messungen am Kolben

Nachdem die Messungen festgehalten wurden, werden nun die Kolben gemessen. Die Bügelmessschraube ist nun noch auf das Grundmaß des Zylinders eingestellt.

■ Sie muss nun etwas geöffnet werden. Die Messungen werden grundsätzlich 90° versetzt zur Kolbenbolzenachse durchgeführt.
■ Die Messung erfolgt nach Herstellerangaben am Kolbenhemd (Bild 93). Bei den meisten Herstellern liegt diese Messhöhe bei ca. 1,5 cm vom Hemdende, also vom unteren Ende des Kolbens.
■ Auch hier werden die Messergebnisse im Messprotokoll unter dem Begriff Kolbendurchmesser notiert.

Kolben und Ölabstreifringe:

Neben dem Verschleiß am Kolbenhemd können auch die Kolbenringe beziehungsweise die Ölabstreifringe sowie die Ringnuten im Kolben verschleißen. Durch die Bewertung der Kolbenringe mit Stoß- und Höhenspiel kann hier eine ausreichend genaue Aussage über den Zustand der Bauteile getroffen werden.

Höhenspiel prüfen (Bild 94):

Der Kolbenring dichtet den Kolben zum Zylinder ab. Er schleift bei jeder Kolbenbewegung an der Zylinderwand entlang. Zwar wird er durch das Motoröl geschmiert, Verschleiß entsteht dennoch. Der Verschleiß der Kolbenringe muss also auch beachtet und vermessen werden.

■ Nun wird der Kolbenring in die Ringnut eingelegt.
■ Mit Hilfe der Fühlerlehre wird nun geprüft, wie groß das Spiel des Kolbenrings nach oben und unten ist.
■ Die Messwerte werden natürlich auch im Auswertebogen festgehalten.

Stoßspiel prüfen (Bild 95):
Mit dieser Prüfung wird der Verschleiß des Kolbenringes selbst geprüft.

■ Zuerst einmal muss der Kolbenring genau gerade in den Zylinder eingesetzt werden.
■ Liegt der Kolbenring wie gezeigt im Zylinder, wird nun wiederum mit der Fühlerlehre das Spaltmaß zwischen den beiden Kolbenringenden gemessen.
■ Auch hier muss ein Maß aus den Herstellerunterlagen herausgesucht werden. Über den Daumen darf dieses Maß nicht größer als 1 mm ausfallen.

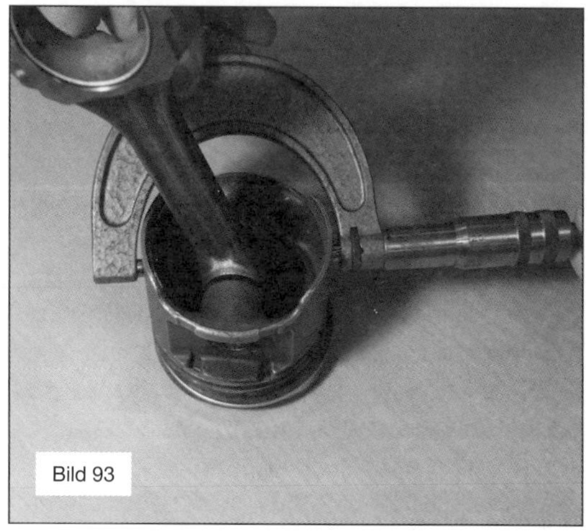

Bild 93

Bild 93
Messung des Kolbendurchmessers.

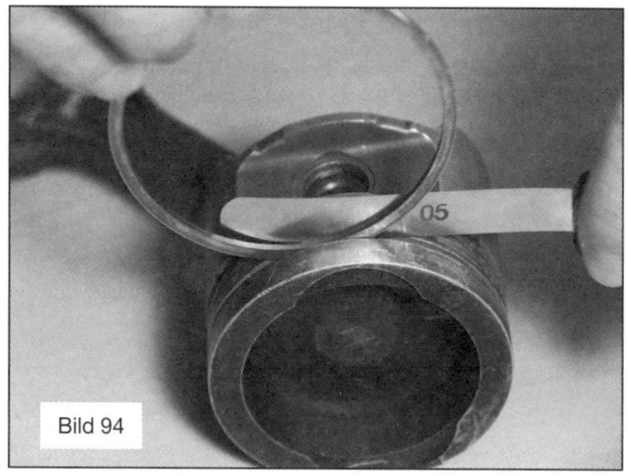

Bild 94

Bild 94
Höhenspielmessung am in die Ringnut eingelegten Kolbenring.

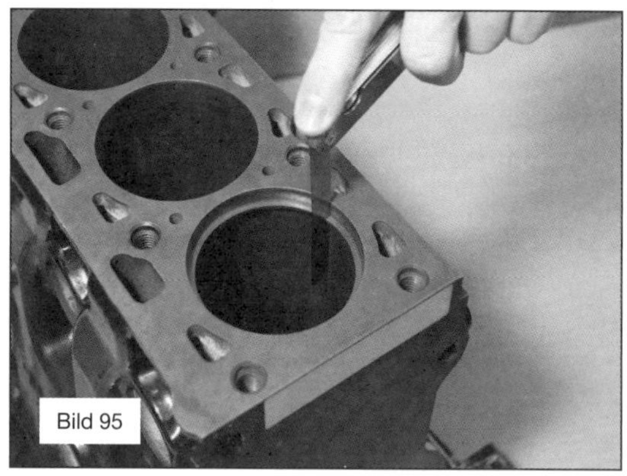

Bild 95

Bild 95
Stoßspielmessung am im Zylinder gerade eingelegten Kolbenring.

Auswertung Zylinder und Kolben

Die Messung ist der eine Teil, die Auswertung der Ergebnisse ist aber mindestens genauso wichtig.

Nachdem nun die Ergebnisse aus den Messungen des Zylinders und der Kolben vorliegen, können wir schon eine Aussage über die Verwendbarkeit von Zylinder und Kolben treffen.
Die folgenden Begriffe können aus den Messwerten ermittelt werden. Die Ergebnisse hieraus stellen wir Ihnen für die einzelnen Begriffe vor.

Die Ovalität:
Ovalität ist die Verformung des Zylinders. Sie kann zum einen durch die Einwirkung von Temperatur und zum anderen durch den Verschleiß entstehen. Sie wird als die größte Ovalität angegeben und vergleicht die Ovalität der einzelnen Messebenen eines Zylinders.

Das Laufspiel:
Es beschreibt, wie viel Platz zwischen Kolben und Zylinder ist. Auch hier müssen wieder die Herstellerangaben zurate gezogen werden. Als Daumenwert kann von einem Laufspiel von 0,04 mm bis zu 0,09 mm ausgegangen werden.

■ Das Laufspiel errechnet sich, wenn man den Kolbendurchmesser vom größten und dem kleinsten Zylinderdurchmesser abzieht.

Lagerspiel an Kurbelwelle und Pleuel mit Plastigage messen

Im Gegensatz zu den Messungen mit dem Innenmessgerät ist die Messung mit Plastigage ungenauer, aber dafür sehr schnell durchzuführen.

Liegen keine besonderen Verschleißspuren oder eigenartig anmutende Lagertragbilder vor, ist diese Messmethode durchaus legitim.

Für die Messung werden die Lager komplett montiert (oder bleiben es). Um gut an die Lagerdeckel heranzukommen, empfiehlt es sich, die Kolben in eine Stellung zu bringen, an der die Lagerdeckel bequem de- und montiert werden können.

■ Demontieren Sie die Lagerdeckel und reinigen Sie die Lagerstelle mit einem fusselfreien Lappen.

■ Legen Sie einen Messfaden ein und montieren Sie das Lager wieder.

■ Ziehen Sie das Lager auf das Solldrehmoment an. Der Messfaden wird nun »platt gedrückt«.

■ Nach dem Entfernen des Lagerdeckels lässt sich anhand der Breite des Messfadens mit der mitgelieferten Tabelle das Lagerspiel ermitteln.

Beurteilen von Planflächen

Für diese Prüfung ist ein Präzisionslineal erforderlich. Das Haarlineal wird auf dem Zylinderkopf aufgelegt und gegen das Licht gehalten. Diese Prüfung über Kreuz

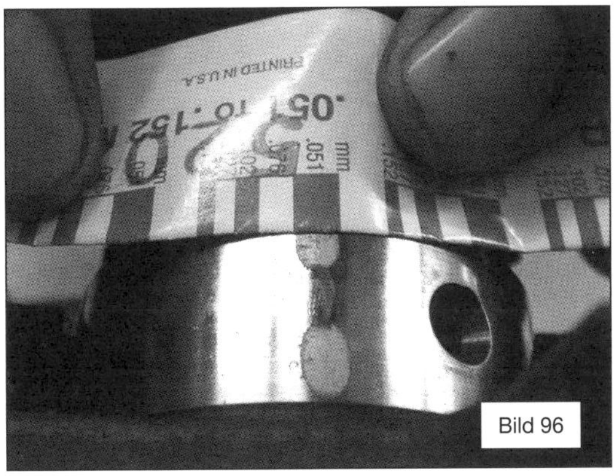

Bild 96
Lagerspielprüfung mit Plastigage.

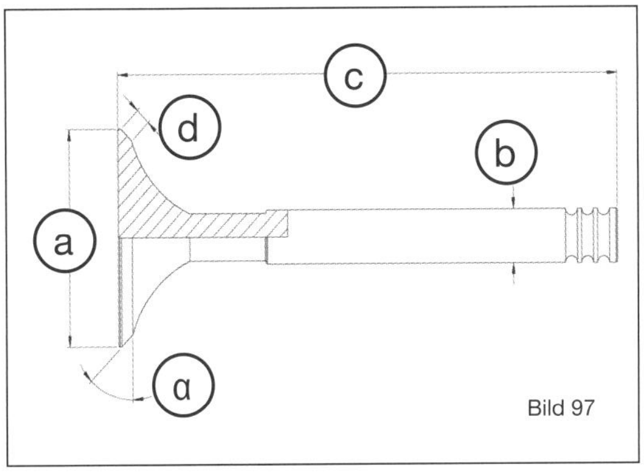

Bild 97
Abmessungen am Ventil.
a Tellerdurchmesser
b Schaftdurchmesser
c Ventillänge
d Sitzbreite
α Sitzwinkel

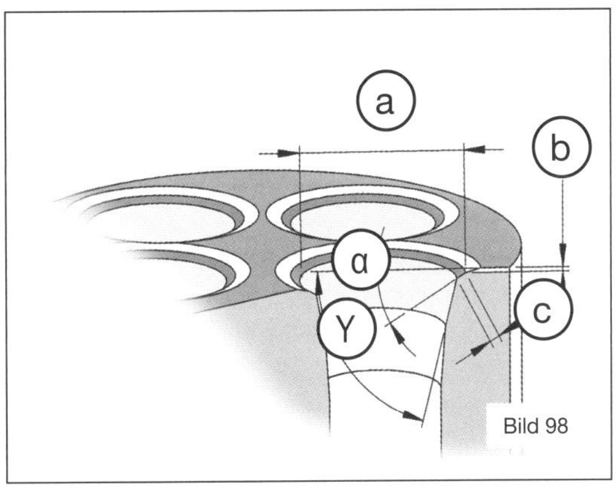

Bild 98
Abmessungen am Ventilsitz.
a Ventiltellerdurchmesser
b Maximales Nachbearbeitungsmaß
c Sitzbreite
α Sitzwinkel
Y Korrekturwinkel innen

und an mehreren Stellen am Zylinderkopf durchgeführt, lässt so die gesamte Fläche des Zylinderkopfes auf Ebenheit prüfen.

Ventil und Führung beurteilen

Ventil ausmessen:
Natürlich gibt es auch Abmessungen am Ventil. Die Tellerbreite und die Ventilsitzbreite gehören auch zu den Abmessungen, die bei der Beurteilung eines Ventils sehr wichtig sind. Daran entscheidet sich, inwieweit ein Ventil wieder eingesetzt, überarbeitet oder erneuert werden muss. In den meisten Fällen ist aber die Überarbeitung nicht zulässig und auf das Einläppen oder Einschleifen beschränkt.

Ventilschlag ausmessen:
Um den Ventilschlag beurteilen zu können, muss das Ventil spielfrei gelagert werden. Das geht schon recht gut auf einem Messprisma. Besser jedoch ist die Aufnahme in einer Ventilprüfvorrichtung. Beurteilt werden der Ventilschlag am Ventilteller und in der Mitte des Schaftes.

Ventilführung ausmessen:
Auch diese Messung ist mit Hilfe einer Messuhr recht einfach zu bewerkstelligen. Das Ventil wird ohne Ventilfedern, Klemmstücken und Ventilschaftdichtung eingeführt. Nun wird das Kippen des Ventils mit einer Messuhr erfasst. Auch hier gelten durchaus unterschiedliche Werte, die von den jeweiligen Motorenherstellern vorgegeben werden. Auch muss darauf geachtet werden, dass die Messlänge (also das Maß, um das das Ventil aus dem Kopf herausragt) eingehalten wird.

Antriebseinheit ausbauen

Im weiteren Arbeitsablauf muss die Batterie ausgebaut werden. Prüfen Sie deshalb bitte, ob ein codiertes Radio eingebaut ist. Gegebenenfalls ist vorher die Anti-Diebstahl-Codierung zu erfragen.

Der Motor wird bei allen Varianten zusammen mit dem Getriebe nach unten ausgebaut. Alle Kabelbinder, die beim Motorausbau gelöst oder aufgeschnitten werden, sind beim Motoreinbau an der gleichen Stelle wieder zu befestigen. Offene Leitungen und Leitungsanschlüsse mit sauberen Stopfen aus dem Verschlussstopfenset für Motor verschließen. Fangen Sie abgelassenes Kühlmittel zur Entsorgung oder Wiederverwendung nach Herstellervorgaben in einem sauberen Behälter auf.

Vorbereitungen mit Tester

Der Testereinsatz zu diesem Zeitpunkt ist sehr wichtig. Nicht, dass Sie nach der Montage einen Fehler suchen, den Sie sich »gefühlt» selbst eingebaut haben, der aber schon vor den Montagearbeiten vorhanden war.

- Vorher die Ereignisspeicher der Steuergeräte mit dem Fahrzeugdiagnosetester abfragen.
- Fehlereinträge notieren und die Abarbeitung mit einbeziehen.

Vorbereitung karosserieseitig

Um ausreichend Platz zu gewinnen, um den Motor zusammen mit dem Getriebe nach unten auszubauen, müssen diverse Bauteile demontiert werden. Es macht keinen Sinn, das Getriebe im Fahrzeug zu belassen. Das An- und Abflanschen und die Stabilisierung des Getriebes ist zu aufwendig.

⚠ Das Fahrzeug grundsätzlich auf der Hebebühne mit Spanngurten gegen Abrutschen oder Kippen sichern. Beim Ausbau der Antriebseinheit findet eine erhebliche Gewichtsverlagerung statt.

- Klemmen Sie das Masseband an der Batterie bei ausgeschalteter Zündung ab.
- Bauen Sie die Masseleitung der Batterie ab.
- Stellen Sie das Getriebe in Neutralstellung.
- Lösen Sie die Achswellenschrauben rechts und links, belassen sie aber noch handfest angezogen im Achswellengewinde.
- Bauen Sie beide Vorderräder ab.
- Demontieren Sie die Geräuschdämmung über dem Motor.
- Bauen Sie die Geräuschdämmung unter dem Motor aus.
- Demontieren Sie die Radhausschalen rechts und links.

Vorbereitungen am Motorheber

Die Aufhängung, um Motor und Getriebe abzulassen, wird von unten am Motorblock befestigt. Je nach Motorisierung kommen unterschiedliche Adapter zum Einsatz, die am Motor und Getriebeheber befestigt werden.

Eine Alternative ist die Antriebseinheit auf einem stabilen Montagetisch, wie im Bild 1 auf Seite 24 vorgestellt, zu unterbauen und das Fahrzeug mit der Hebebühne entsprechend anzuheben oder abzusenken.

Vorbereitung von unten

- Lassen Sie das Kühlmittel ab.
- Bauen Sie den Schalldämpfer und das Abgasendrohr (soweit vorhanden) aus.
- Soweit verbaut, demontieren Sie die Geräuschdämmung an der Ölwanne.
- Bauen Sie die beiden Antriebswellen vorne aus.

Bei Allradfahrzeugen:

- Bauen Sie das Wärmeschutzblech über der Gelenkscheibe der Kardanwelle ab.
- Drehen Sie die Schrauben der Gelenk-

scheibe zum Flansch am Getriebe heraus.

■ Ziehen Sie die Kardanwelle gerade vom Getriebe ab.

Wird der Dichtring in der Kardanwelle beschädigt, muss nach Herstellervorgaben die Kardanwelle ersetzt werden.

■ Befestigen Sie die Kardanwelle außerhalb des Arbeitsbereiches am Unterboden oder bauen Sie sie komplett aus.

Weiter für alle Fahrzeuge:

■ Demontieren Sie die Kühlmittelleitungen an der Fahrzeugfront unten.

■ Bauen Sie den Kühlmittelschlauch unten zur Heizungsunterstützungspumpe (elektrische Wasserpumpe) ab.

■ Trennen Sie die elektrischen Leitungen zwischen Antriebseinheit und Karosserie, die von unten erreicht werden können.

■ Demontieren Sie die Leitungen und Schläuche zwischen Motor und Karosserie, die Sie von unten erreichen.

■ Klemmen Sie die Anschlüsse am Lenkgetriebe ab.

■ Lassen Sie das Zündschloss einrasten und lösen Sie das Kreuzgelenk.

Unkontrolliertes Wegdrehen der Lenksäule nach dem Abziehen des Kreuzgelenkes kann zu Schäden an der Wickelfeder zum Lenkrad führen.

■ Lösen Sie die Schrauben der Traggelenke und ziehen sie aus dem Querlenker heraus.

■ Lösen Sie die Spurstangenköpfe vom Spurhebel des Achsschenkels.

■ Bauen Sie die Koppelstangen am Querstabilisator ab.

■ Demontieren Sie die Pendelstütze zwischen Motor und Getriebe.

■ Unterbauen Sie den Aggregateträger.

■ Bauen Sie den Aggregateträger zusammen mit dem Lenkgetriebe aus.

Arbeiten an der Klimaanlage

Die Klimaanlage muss nicht zwingend evakuiert werden. Es ist möglich, den Motorausbau durchzuführen, ohne die Klimaanlage zu demontieren.

Um Beschädigungen am Kondensator sowie an den Kältemittelleitungen/-schläuchen zu vermeiden, achten Sie darauf, dass die Leitungen und Schläuche nicht überdehnt, geknickt oder verbogen werden.

■ Bauen Sie den Keilrippenriemen aus.

■ Um den Motor auch ohne Öffnen des Kältemittelkreislaufs aus- und einbauen zu können, lösen Sie den Klimakompressor vom Halter.

■ Befestigen Sie den Klimakompressor so am Aufbau, dass die Kältemittelleitungen/-Schläuche entlastet sind.

Arbeiten im Motorraum

■ Bauen Sie den Luftfilter mit Luftfilterkasten aus.

■ Lösen Sie die Schaltbetätigungszüge und legen Sie sie aus dem Arbeitsbereich heraus.

■ Trennen Sie die elektrischen Leitungen zwischen Antriebseinheit und Karosserie, die von oben erreicht werden können.

■ Demontieren Sie die Ladeluftschläuche zum Ladeluftkühler und vom Ladeluftkühler.

■ Demontieren Sie die Leitungen und Schläuche zwischen Motor und Karosserie.

■ Trennen Sie die elektrische Steckverbindung am Getriebe.

■ Demontieren Sie die Schaltzüge vom Getriebe.

■ Unterbauen Sie den Aggregateträger mit dem Motorheber oder dem Montagetisch und demontieren Sie die Pendelstütze.

■ Entlasten Sie die Motorlager durch vorsichtiges Absenken des Fahrzeugs oder Anheben mit dem Motorheber.

Das Fahrzeug grundsätzlich auf der Hebebühne mit Spanngurten gegen Abrutschen oder Kippen sichern. Beim Ausbau der Antriebseinheit findet eine erhebliche Gewichtsverlagerung statt.

■ Bauen Sie die Motorhalter rechts und links aus.

Kontrollieren Sie, ob alle Leitungen, Schläuche und Anschlüsse zwischen Fahrzeug und Antriebseinheit getrennt und aus dem Arbeitsbereich entfernt wurden.

■ Lassen Sie die Antriebseinheit vorsichtig nach unten ab, beziehungsweise heben Sie das Fahrzeug vorsichtig an.

Die Montage erfolgt sinngemäß in umgekehrter Reihenfolge.

■ Bei Schaltfahrzeugen das Kupplungsbetätigungssystem entlüften.

■ Entlüften Sie das Kühlsystem.

■ Prüfen Sie die Funktionen aller Systeme.

■ Führen Sie eine Probefahrt durch und fragen Sie anschließend den Fehlerspeicher mit dem Diagnosetester ab.

5 Motorschmierung

Alle Stellen im Motor, an denen Metalle aufeinander gleiten, müssen ständig mit Öl versorgt werden: Kolben, Zylinderlaufbahnen, die Lager von Kurbelwelle und Nockenwelle. Kein Triebwerk des Audi Q3 hielte mehr als einige wenige Minuten ohne passende Schmierung durch. Damit das Öl seine Aufgabe erfüllen kann, strömt es im Motorblock durch ein System von Leitungen und feinen Bohrungen an die richtige Adresse. Eine wichtige Rolle in diesem Kreislauf spielt die Ölpumpe. Sie holt über das Ölsaugrohr das Motoröl aus der Ölwanne und drückt es in die Leitungen. Zuvor muss die Flüssigkeit den im Hauptstrom des Schmiersystems sitzenden Ölfilter passieren. Dort werden Verunreinigungen wie Ruß, Metallabrieb und Staub herausgefiltert. Ein Überdruckventil an der Pumpe öffnet bei zu hohem Druck, sodass ein Teil des Öls in die Ölwanne zurückfließen kann. Der Motor verbraucht Öl, weil es teilweise in den Verbrennungsraum gelangt und dort verbrennt. Ein undichter Motor, defekte Ventilschaftabdichtungen, auch falsch eingebaute Kolbenringe oder zu viel Spiel zwischen Ventilführung und Ventilschaft treiben den Verbrauch in die Höhe. Wenn der Motor technisch in Ordnung ist, verbraucht er allerdings so wenig, dass zwischen den Ölwechselintervallen nichts oder nur eine geringe Menge nachgefüllt werden muss.

Motorölstand prüfen

■ Das Fahrzeug zum Messen des Ölstandes waagerecht abstellen. Motor abstellen und mindestens drei Minuten warten, damit das Öl in die Wanne zurückfließen kann.

■ Ölmessstab herausziehen, mit einem sauberen Putzlappen abwischen und den Messstab wieder bis zum Anschlag hineinschieben.

■ Messstab anschließend wieder herausziehen und Ölstand ablesen (Bilder 1 und 2).

☞ Die Bilder zeigen die hauptsächlich eingesetzten Varianten des Messstabs, es gibt aber noch andere Ausführungen.

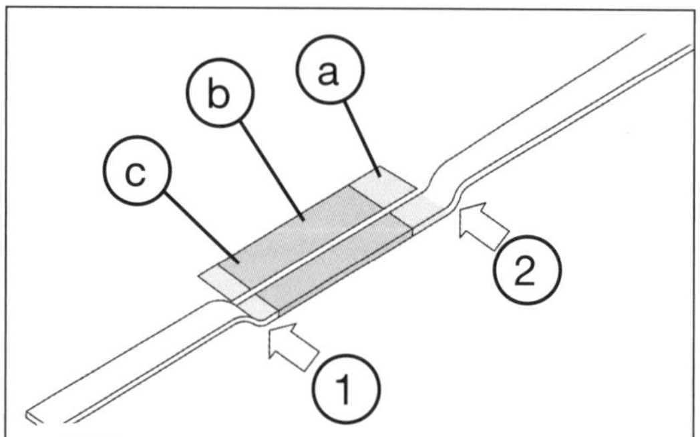

Bild 1

Bild 1
Markierungen an Ölmessstäben in Flachmetallform.
a Kein Öl nachfüllen
b In diesem geriffelten Feld kann Öl nachgefüllt werden
c Öl muss unbedingt nachgefüllt werden.
Pfeile: Markierungen für maximalen (1) und minimalen (2) Füllstand.

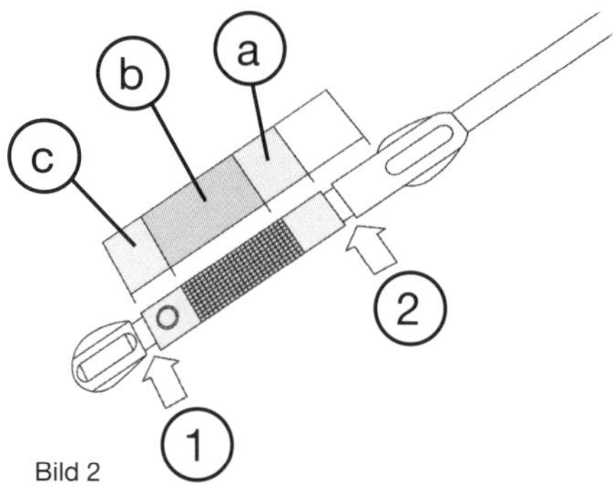

Bild 2

Bild 2
Markierungen an Ölmessstäben in Kunststoffausführung.
a Öl muss unbedingt nachgefüllt werden
b In diesem geriffelten Feld kann Öl nachgefüllt werden
c Kein Öl nachfüllen
Pfeile: Markierungen für maximalen (1) und minimalen (2) Füllstand

Das in den Bildern gezeigte Prinzip gilt jedoch generell. Die Markierungen besagen:

■ Bei Ölstand oberhalb der Markierung »a« (Max-Marke Pfeil 1) besteht die Gefahr von Katalysatorschäden.

■ Bei Nachfüllen im Bereich »b« kann es vorkommen, dass der Ölstand danach im Bereich »a« steht.

■ Beim unbedingt nötigen Nachfüllen von Öl im Bereich »c« genügt es, dass danach der Ölstand im Messfeld »b« (geriffeltes Feld) steht. Bei Ölstand unterhalb der c-Markierung (Min-Marke Pfeil 2) etwa 0,5 Liter Öl (bis zur a-Markierung) auffüllen.

Motoröl ablassen oder absaugen, Motoröl auffüllen

Ölwechsel mit Altölauffang- und Absauggerät

■ Öleinfüllverschlussdeckel abnehmen und Motoröl mit Altölauffang- und Absauggerät absaugen.

☞ Der Motorölwechsel mit einem Altölauffang- und Absauggerät sollte nach Möglichkeit bei betriebswarmem Motor durchgeführt werden.

Öl über Schraube ablassen

■ Fahrzeug anheben, Ölablassschraube unten in der Ölwanne herausdrehen und das austretende Öl auffangen.

■ Neue Ölablassschraube mit Dichtring handfest einschrauben und mit 30 Nm anziehen. Das Drehmoment darf nicht überschritten werden. Ein zu hohes Drehmoment könnte zu Undichtigkeiten oder sogar zu Beschädigungen im Bereich der Ölablassschraube führen.

■ Ölfilter ersetzen (im Anschluss).

Motoröl einfüllen

Werkseitig ist ein Qualitätsmehrbereichsöl eingefüllt, das außer in extrem kalten Klimazonen als Ganzjahresöl gefahren werden kann. Die Motoren benötigen die in der Tabelle auf seite 211 angegebenen Ölfüllmengen mit Ölfilterwechsel, der immer zum Ölwechsel gehört.

Wird der Filter nicht ausgebaut und gewechselt, werden rund 0,5 Liter weniger Öl benötigt. Beim Nachfüllen und beim Ölwechsel muss unbedingt die Spezifikation beachtet werden, wie sie der Hersteller vorschreibt.

■ Einfüllöffnung aufschrauben, Öl gemäß Spezifikation (VW/Audi-Freigabe) möglichst mit Trichter auffüllen.

■ Öleinfüllverschlussdeckel wieder aufschrauben.

■ Motor anlassen und auf Undichtigkeiten prüfen.

■ Motorölstand erneut prüfen und ggf. Öl nachfüllen.

■ Nachdem Öl erneut nachgefüllt worden ist, mindestens drei Minuten warten und dann erneut Ölstand prüfen.

■ Soweit verbaut, die Geräuschdämpfung einbauen und Fahrzeug ablassen.

Ölfiltereinsatz wechseln

Zum Einsatz kommen hier im wesentlichen zwei Bauarten für die unterschiedlichen Motortypen.

Ölfilterpatrone (1 in den Bildern 3 und 4)

■ Lassen Sie das Motoröl ablaufen.

■ Drehen Sie die Filterpatrone (1) los und lassen Sie das darin enthaltene Restöl ablaufen.

Bild 3
Ölfilterpatrone beim 1,4-l-TFSI-Motor

Bild 4
Ölfilterpatrone beim 2,0-l-TFSI-Motor Variante 1.

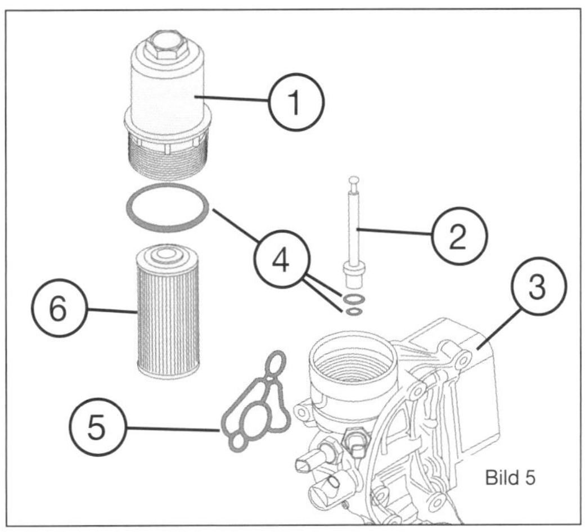

Bild 5
Ölfiltereinsatz beim 2,0-l-TFSI-Motor Variante 2.
1 Schraubdeckel
2 Ablaufstutzen
3 Filtergehäuse mit Ölkühler
4 Dichtringe Filter
5 Dichtung Filtergehäuse
6 Filtereinsatz

■ Nehmen Sie die Filterpatrone ab.

Kontrollieren Sie, dass der Dichtring des Ölfilters sich mit abgelöst hat und nicht am Motor festklebt.

■ Reinigen Sie die Anlagefläche des Filters gründlich.

■ Drehen Sie die Filterpatrone mit einem Anzugsdrehmoment von 20 Nm fest.

■ Reinigen Sie den Montagebereich von Ölrückständen.

Ölfiltereinsatz (6 in den Bildern 5 und 6):

■ Lassen Sie das Motoröl ablaufen.

■ Drehen Sie den Deckel (1) los und lassen Sie das darin enthaltene Restöl ablaufen.

Sichtprüfung

Messen

Bild 6
Ölfiltereinsatz beim 2,0-l-TDI-Motor.
1 Schraubdeckel
2 Ölkühler
3 Filtergehäuse
4 Dichtringe Filter
5 Dichtung Filtergehäuse
6 Filtereinsatz

Bild 7
Adapter für Ölfilter und Deckeldemontage.

Bild 8
Reinigung mit einem Bürstenaufsatz auf einer Bohrmaschine.

Bild 9
Untere Ölwanne bei den 1,4-l-TFSI-Motoren.
1-19 Anzugsreihenfolge der Schrauben
19-1 Lösereihenfolge der Schrauben
A Ölsensor
B Ablassschraube

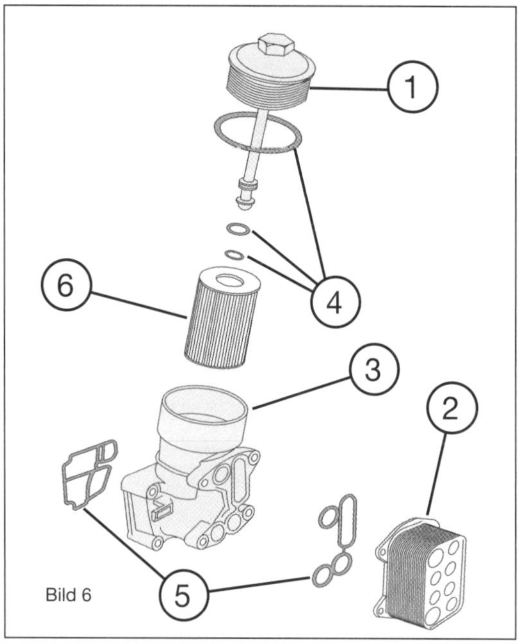

Bild 6

■ Nehmen Sie den Deckel (1) zusammen mit dem Ölfiltereinsatz (5) heraus.
■ Nehmen Sie die Dichtringe (4) aus dem Deckel (1) heraus.
■ Reinigen Sie Deckel und Ölfiltergehäuse.
■ Setzen Sie den neuen Ölfilter ein und ziehen Sie den Deckel handfest an.
■ Ziehen Sie den Deckel mit etwa 25 Nm nach.

Eine passende Nuss sowie ein Gelenkschlüssel können hier hilfreich sein.

Ein Montageschlüssel wie im Bild 7 abgebildet, kann hier sehr hilfreich sein.

Ölwanne aus- und einbauen

Vorbereitungen zur Demontage
■ Fahren Sie das Fahrzeug auf die Hebebühne.
■ Lassen Sie das Motoröl ab.

Zweiteilige Ölwanne an den 1,4-l-TFSI-Motoren
Demontage der unteren Ölwanne:
■ Trennen Sie die elektrische Steckverbindung zum Ölsensor (A im Bild 9).
■ Drehen Sie die Schrauben des Ölwannenunterteils in der Reihenfolge (19-1) heraus.

Drehen Sie die gegenüberliegenden Schrauben (1) und (7) nur 5 mm heraus, belassen sie aber im Gewinde eingeschraubt. Sie dienen als Sicherung gegen Herunterfallen der Ölwanne.

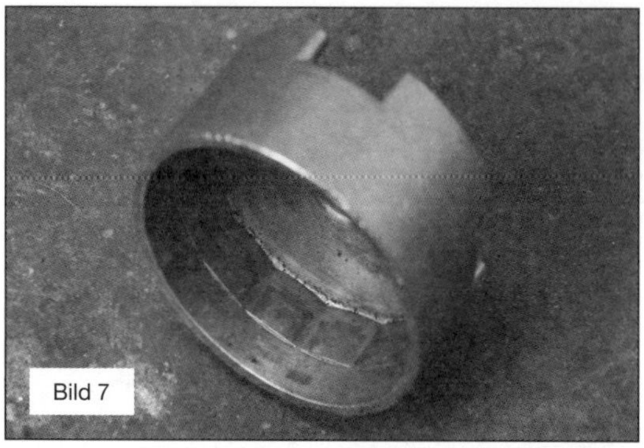
Bild 7

Bild 8

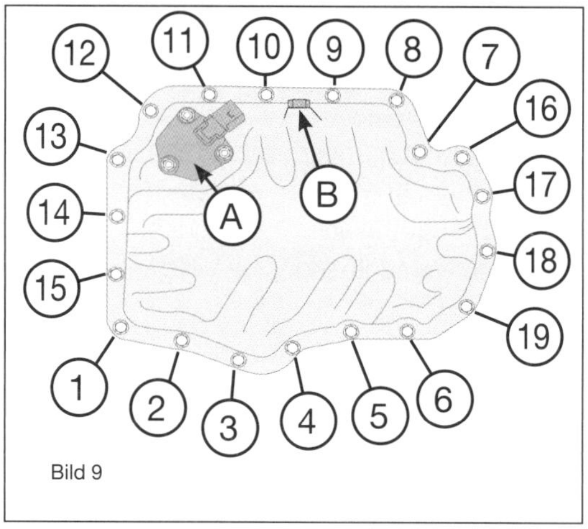

Bild 9

■ Entfernen Sie die Ölwanne vorsichtig, indem Sie die Dichtmasse mit einem geeigneten Werkzeug einschneiden und die Ölwanne vorsichtig abhebeln.
■ Drehen Sie die beiden verbliebenen Schrauben heraus und nehmen Sie die untere Ölwanne ab.

Demontage der oberen Ölwanne:
■ Bauen Sie den Klimakompressor vom Halter ab und befestigen Sie ihn mit Kabelbindern an der Karosserie.
■ Bauen Sie die Ölpumpe aus.
■ Drehen Sie die Schrauben (A im Bild 11) zum Getriebe heraus.

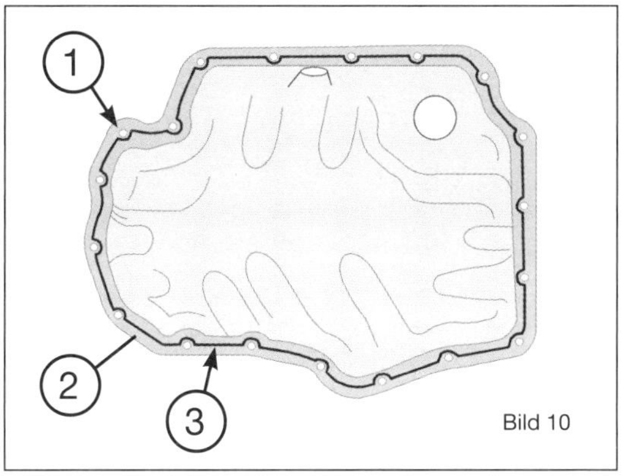

Bild 10

■ Drehen Sie die Schrauben des Ölwannenoberteils in der Reihenfolge 19-1 heraus.
■ Entfernen Sie die Ölwanne vorsichtig, indem Sie die Dichtmasse mit einem geeigneten Werkzeug einschneiden und die Ölwanne vorsichtig abhebeln.
■ Nehmen Sie die darüberliegende Schwallsperre ab.

Zweiteilige Ölwanne an den 2,0-I-TFSI-Motoren

Demontage der unteren Ölwanne:

■ Trennen Sie die elektrische Steckverbindung zum Ölsensor.
■ Drehen Sie die Schrauben des Ölwannenunterteils in der Reihenfolge (20-1 im Bild 13) heraus.
■ Entfernen Sie die Ölwanne vorsichtig, indem Sie die Dichtmasse mit einem geeigneten Werkzeug einschneiden und die Ölwanne vorsichtig abhebeln.

Demontage der oberen Ölwanne:

Für die Demontage sind erhebliche Vorarbeiten erforderlich. Das Getriebe muss ausgebaut werden. Diese Arbeiten werden wir im Kapitel 10 aufgreifen.

■ Bauen Sie den Dichtflansch der Kurbelwelle unter dem Schwungrad auf der Getriebeseite aus.
■ Demontieren Sie die Radlaufschale rechts.
■ Bauen Sie das Luftführungsrohr seitlich im Radlauf aus.
■ Demontieren Sie die Ölpumpe.
■ Soweit verbaut, ziehen Sie die elektrische Steckverbindung am Ventil für die Öldruckregelung ab.
■ Lösen Sie die untere Schraube des Luftführungsrohres vorne an der Ölwanne.

Bild 10
Ölwanne unten beim 1,4-l -TFSI-Motor.
1 Schraubenloch der Ölwanne
2 Dichtfläche Ölwanne
3 Dichtmittelraupe (2 bis 3 mm Stärke)

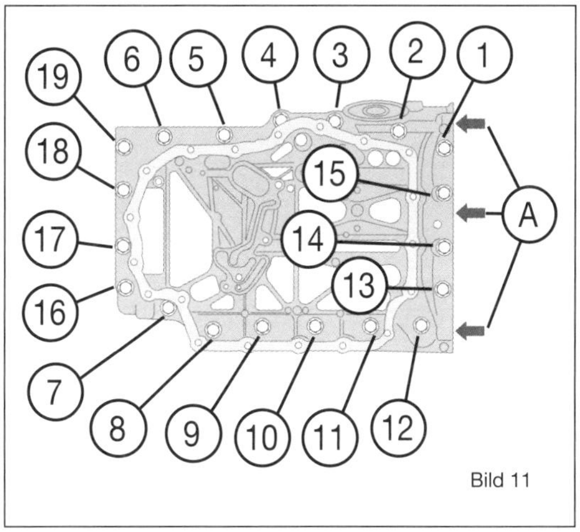

Bild 11

Bild 11
Ölwanne oben beim 1,4-l-TFSI-Motor.
1-19 Anzugsreihenfolge der Schrauben
19-1 Lösereihenfolge der Schrauben
A Schrauben am Getriebe

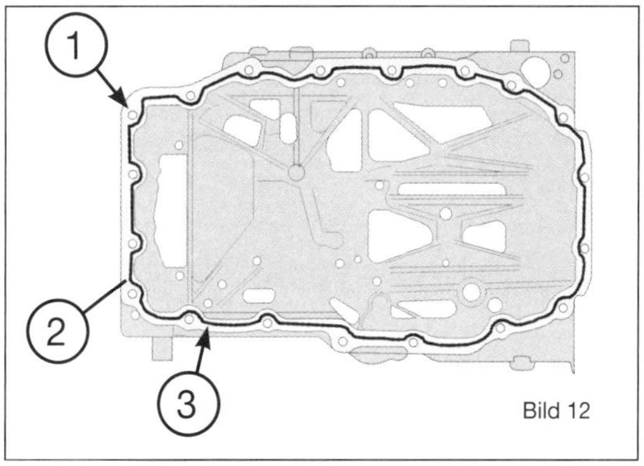

Bild 12

Bild 12
Ölwanne oben beim 1,4-l-TFSI-Motor.
1 Schraubenloch der Ölwanne
2 Dichtfläche Ölwanne
3 Dichtmittelraupe (2 bis 3 mm Stärke)

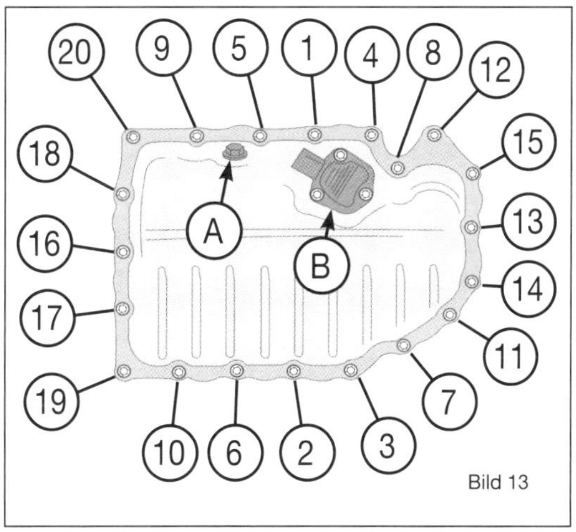

Bild 13

Bild 13
Ölwanne unten beim 2,0-l -TFSI-Motor.
1-20 Anzugsreihenfolge der Schrauben
20-1 Lösereihenfolge der Schrauben
A Ölablassschraube
B Ölsensor

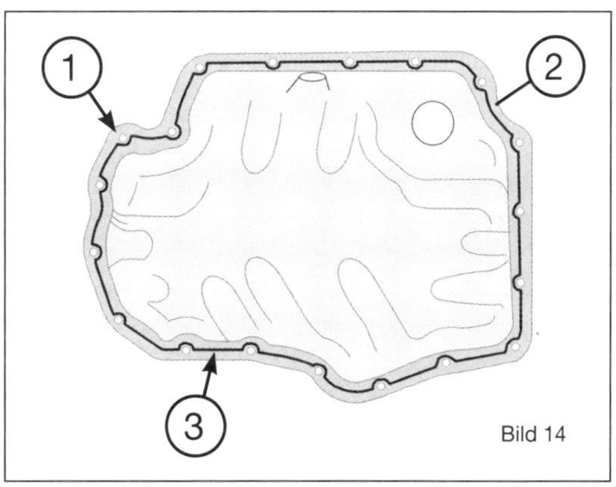

Bild 14

Bild 14
Ölwanne unten beim 2,0-l -TFSI-Motor.
1 Schraubenloch der Ölwanne
2 Dichtfläche Ölwanne
3 Dichtmittelraupe (2 bis 3 mm Stärke)

Bild 15
Ölwanne oben beim 2,0-l-TFSI-Motor Generation II.
1-14 Anzugsreihenfolge der Schrauben
14-1 Lösereihenfolge der Schrauben
A Schrauben im Steuerkastendeckel unten

Bild 16
Ölwanne oben beim 2,0-l-TFSI-Motor Generation II.
1 Schraubenloch der Ölwanne
2 Dichtfläche Ölwanne
3 Dichtmittelraupe (2 bis 3 mm Stärke)

Bild 17
Ölwanne oben beim 2,0-l-TFSI-Motor Generation III mit 14 Schrauben.
1-14 Anzugsreihenfolge der Schrauben
14-1 Lösereihenfolge der Schrauben

Bild 18
Ölwanne oben beim 2,0-l-TFSI-Motor Generation III mit 18 Schrauben.
1-18 Anzugsreihenfolge der Schrauben
18-1 Lösereihenfolge der Schrauben

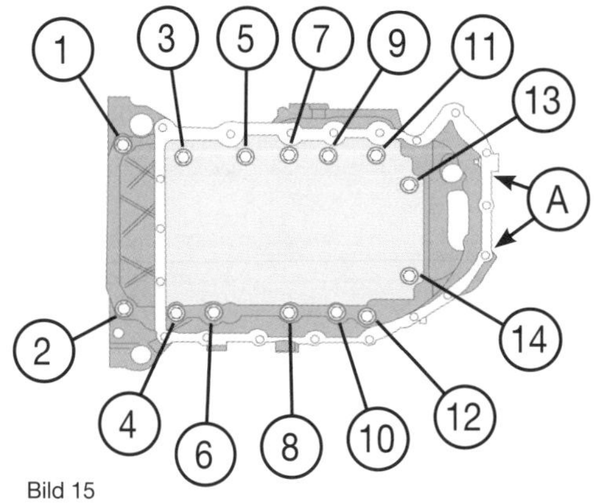

Bild 15

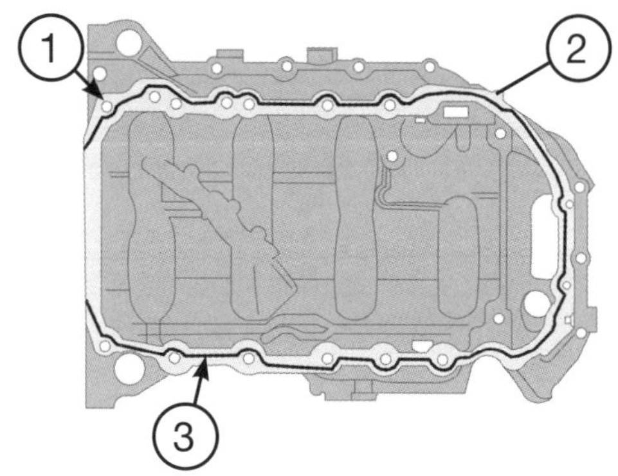

Bild 16

- Bauen Sie den Leitungshalter neben der Pumpe für Kühlmittelnachlauf ab.
- Drehen Sie die beiden unteren Schrauben (A im Bild 15) des Steuerkastendeckels heraus.

⚠ Greifen Sie beim Abnehmen des Ölwannenoberteils nicht in den Bereich des Kettenspanners der Ölpumpenantriebskette. Die Feder kann zurückspringen und Sie verletzen.

Motoren der Generation II:
- Drehen Sie die Schrauben in der Reihenfolge (14-1 im Bild 15) heraus.

☞ Je nach Ausführung können auch 13 Schrauben verbaut sein.

Motoren der Generation III (14 Schrauben):
- Drehen Sie die Schrauben in der Reihenfolge (14-1 im Bild 17) heraus.

Motoren der Generation III (18 Schrauben):
- Drehen Sie die Schrauben in der Reihenfolge (18-1 im Bild 18) heraus.

Weiter für alle Varianten:
- Hebel Sie das Ölwannenoberteil, beginnend am Getriebe, vorsichtig ab.

☞ Die verbaute Schwallsperre muss nach der Demontage ersetzt werden.

Einteilige Ölwanne 2,0-l-TDI-Motoren

- Trennen Sie die elektrische Steckverbindung zum Ölsensor (A im Bild 19).
- Demontieren Sie die Geräuschdämmung für die Ölwanne (soweit verbaut).
- Drehen Sie die Schrauben des Ölwannenunterteils in der Reihenfolge über Kreuz (1-11, 2-12, usw. ...) heraus.

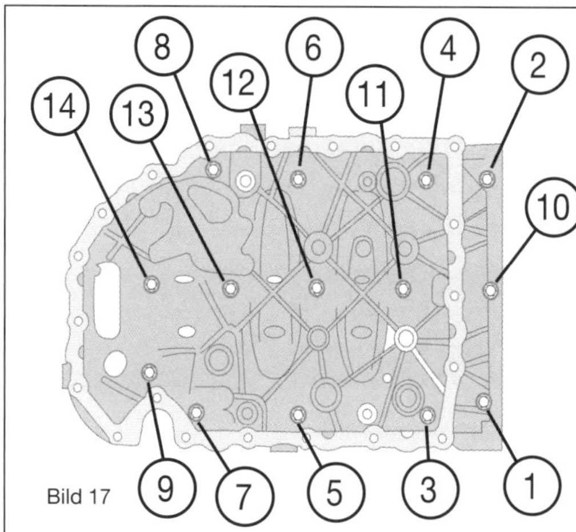

Bild 17

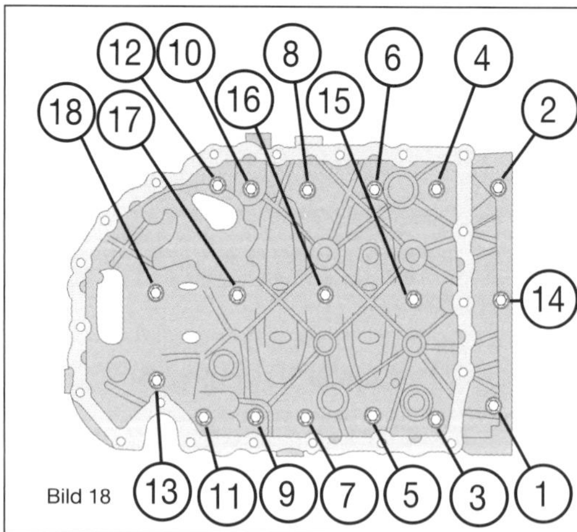

Bild 18

- Drehen Sie die Verschraubungen am Getriebe (C) heraus.
- Hebel Sie das Ölwannenoberteil, beginnend am Getriebe, vorsichtig ab.

Zweiteilige Ölwanne 2,0-l-TDI-Motoren

Demontage der unteren Ölwanne:
- Trennen Sie die elektrische Steckverbindung zum Ölsensor (B im Bild 22).

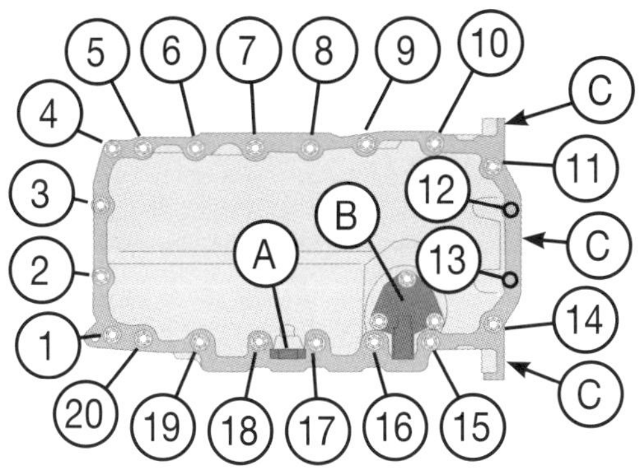

Bild 19

Bild 19
Ölwanne oben beim 2,0-l-TDI-Motor mit einteiliger Ölwanne.
1-18 Anzugsreihenfolge der Schrauben
Lösereihenfolge über Kreuz (1-11, 2-12,...)
A Ölablasschraube
B Ölsensor
C Schrauben in der Getriebeglocke

■ Drehen Sie die Schrauben des Ölwannenunterteils in der Reihenfolge über Kreuz (1-11, 2-12, usw. ...) heraus.

Der Unterschied zwischen der Generation I und der Generation II der einteiligen Ölwanne beim TDI liegt in den Schrauben 12 und 13 (Bild 19). Diese sind in der ersten Generation nicht verbaut.

■ Drehen Sie in die Gewindebohrung (D) eine Schraube ein.

Die Ölwanne wird abgedrückt. Achten Sie darauf, dass die Ölwanne nicht verbiegt, und helfen Sie mit Kunststoffhebeln und Keilen vorsichtig nach.

Die Klebestellen lassen sich gut mit einem scharfen Spachtel zum Lösen einschneiden.

■ Nehmen Sie das Ölwannenunterteil ab.

Demontage der oberen Ölwanne:

■ Demontieren Sie die Ölwanne unten wie bereits beschrieben.

■ Drehen Sie die Verschraubungen am Getriebe (C) heraus.

■ Drehen Sie die Schrauben des Ölwannenunterteils in der Reihenfolge über Kreuz (1-11, 2-12, usw. ...) heraus.

■ Hebeln Sie das Ölwannenoberteil, beginnend am Getriebe, vorsichtig ab.

■ Nehmen Sie die Schwallwand (unter der Kurbelwelle) ab.

■ Nehmen Sie das Ölwannenoberteil ab.

Montage der Ölwannen

Die Montage erfolgt sinngemäß in umgekehrter Reihenfolge.

■ Entfernen Sie die Dichtmittelreste an der oberen Ölwanne mit einem Flachschaber.

■ Entfernen Sie die Dichtmittelreste an der

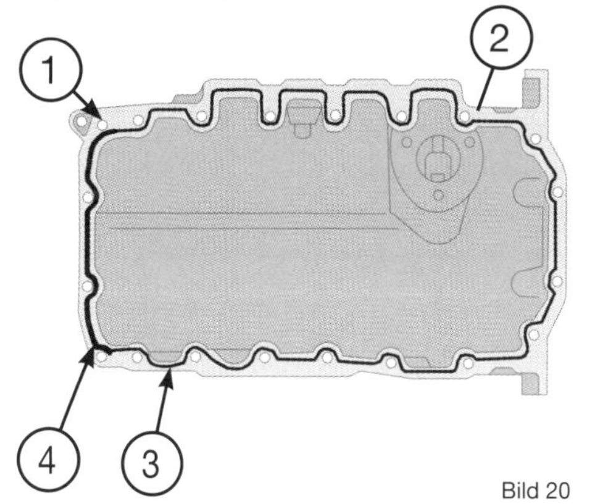

Bild 20

Bild 20
Ölwanne oben beim 2,0-l-TDI-Motor mit einteiliger Ölwanne.
1 Schraubenloch
2 Dichtfläche Ölwanne
3 Dichtmittelraupe (2 bis 3 mm Stärke)
4 Dichtmittelraupe (3 bis 4 mm Stärke)

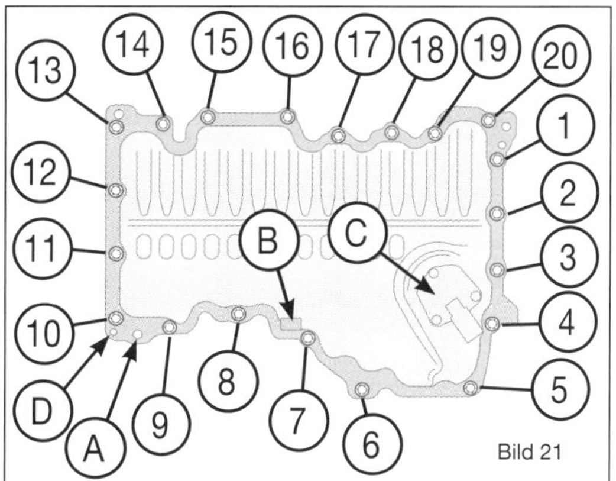

Bild 21

Bild 21
Ölwanne unten beim 2,0-l -TDI-Motor mit zweiteiliger Ölwanne.
1-20 Anzugsreihenfolge der Schrauben
Lösereihenfolge über Kreuz (1-11, 2-12,...)
A Gewinde
B Ölablasschraube
C Ölsensor
D Abdrückegewinde

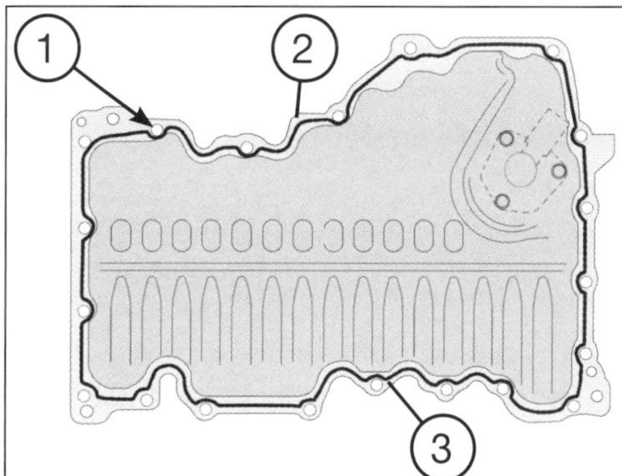

Bild 22

Bild 22
Ölwanne unten beim 2,0-l -TDI mit zweiteiliger Ölwanne.
1 Schraubenloch
2 Dichtfläche Ölwanne
3 Dichtmittelraupe (2 bis 3 mm Stärke)

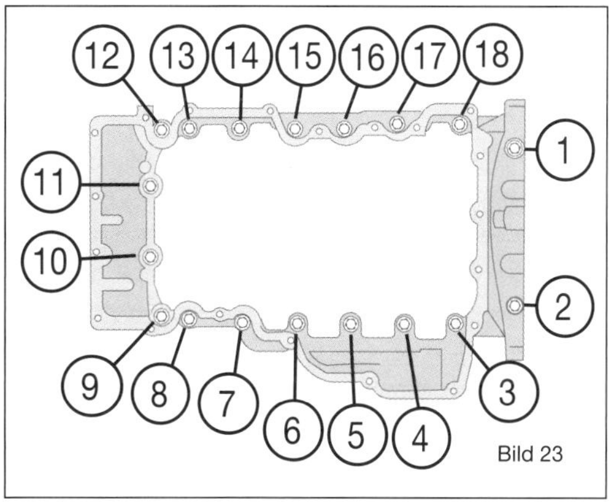

Bild 23

Bild 23
Ölwanne oben beim 2,0-l-TDI-Motor mit zweiteiliger Ölwanne.
1-18 Anzugsreihenfolge (5 Nm, 13 Nm)
Lösereihenfolge über Kreuz (1-11, 2-12,...)

Sichtprüfung

Messen

Bild 24
Ölwanne unten beim 2,0-l-TDI-mit zweiteiliger Ölwanne.
1 Schraubenloch
2 Dichtfläche Ölwanne
3 Dichtmittelraupe (2 bis 3 mm Stärke)
4 Ring aus Dichtmittel (2 bis 3 mm Stärke)

Bild 25
Ölpumpe beim 1,4-l-TFSI-Motor.
1 Abdeckung Ölpumpenkette
2 Kettenrad mit Kette
3 Schrauben Ölpumpe
4 Position der Passhülsen
5 Ölpumpenwelle

Bild 26
Ölpumpe beim 2,0-l-TFSI-Motor.
1 Bewegungsrichtung zum Entspannen
2 Schrauben Ölpumpe
3 Kettenrad mit Kette
4 Kettenspanner

Ölwanne mittels einer rotierenden Bürste, z. B. einer Handbohrmaschine (Bild 8) mit Kunststoffbürsten-Einsatz (Schutzbrille aufsetzen).
■ Reinigen Sie die Dichtflächen. Sie müssen öl- und fettfrei sein.

2,0-l-TFSI-Motoren:

Die Fläche, die mit dem Getriebe verschraubt wird, muss bündig mit dem Motorblock sein.

Weiter für alle Varianten:
■ Tragen Sie die Dichtmasse wie im Bild 12 gezeigt auf. Die Dichtmasse sollte eine Raupe von etwa 2,0 mm bis 3,0 mm aufweisen.

Der Einschnitt der Tubendüse wie im Bild 40 auf Seite 48 vorgestellt, ist hier sehr hilfreich.

Beachten Sie die angegebene Verarbeitungszeit und das Mindesthaltbarkeitsdatum der Dichtmasse.

2,0-l-TFSI-Motoren:
■ Tragen Sie im Bereich des Übergangs zum Steuerkastendeckel unten etwas Dichtmasse auf.

TDI-Motoren mit zweiteiliger Ölwanne:
■ Die obere Ölwanne wird in zwei Stufen angezogen. Erste Stufe mit 5 Nm in der Anzugsreihenfolge. In der zweiten Stufe dann mit 13 Nm.
■ Die Schrauben durch die Getriebeglocke werden dann mit 40 Nm angezogen.

2,0-l-TDI-Motoren:

Der Unterschied zwischen der Generation I und der Generation II der einteiligen Ölwanne beim TDI liegt in den Schrauben 12 und 13 (Bild 19). Diese sind in der ersten Generation nicht verbaut.

Demontage der Ölpumpe

Vorbereitung für alle Motorvarianten
■ Bauen Sie die Motorabdeckung unten ab. Lassen Sie das Motoröl ab.
■ Demontieren Sie die Ölwanne (bei zweiteiligen Ölwannen die untere).

Demontage der Ölpumpe am 1,4-l-TFSI
■ Lösen Sie die Kunststoffabdeckung der Antriebskette/Antriebsrad Ölpumpe (1 im Bild 25) und nehmen Sie sie nach unten ab.
■ Drehen Sie die Schrauben (3) heraus.
■ Ziehen Sie die Ölpumpe am Kettenrad nach unten und nehmen Sie das Antriebsrad aus der Steuerkette heraus.
■ Nehmen Sie die Ölpumpe ab.

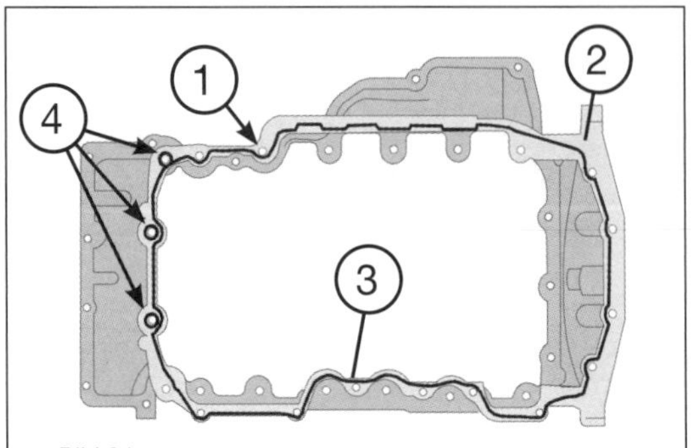

Bild 24

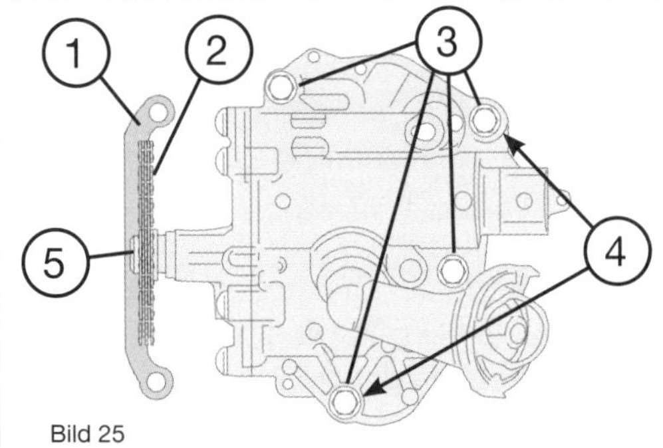

Bild 25

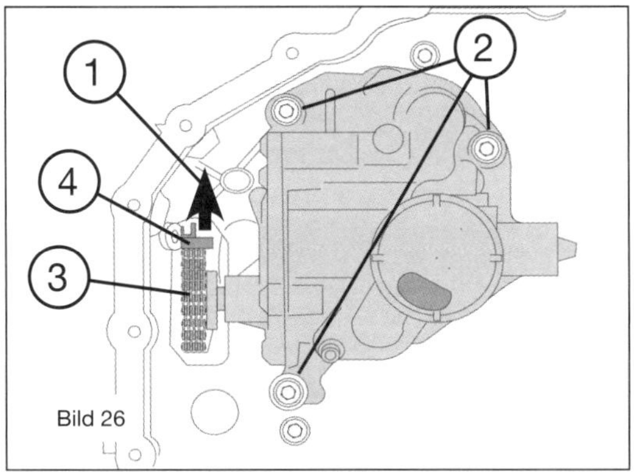

Bild 26

Demontage der Ölpumpe am 2,0-l-TFSI
■ Bauen Sie das Schwallblech ab.
■ Drücken Sie den Spanner (4 im Bild 26) der Ölpumpenantriebskette zurück und sichern sie durch die Öse in der Bohrung im Motorblock.
■ Drehen Sie die Schrauben (2) heraus.
■ Nehmen Sie das Antriebsrad aus der Steuerkette heraus.
■ Nehmen Sie die Ölpumpe ab.

Montage für die TFSI-Motoren

Die Montage erfolgt sinngemäß in umgekehrter Reihenfolge.

■ Prüfen Sie, ob die Ölpumpe leichtgängig läuft. Ist das nicht der Fall, muss sie ersetzt werden.

■ Ersetzen Sie das Filtersieb mit Dichtung.

Kontrollieren Sie, ob die Passhülsen in der Ölpumpe (4) eingebaut sind.

Demontage der Ölpumpe am 2,0-l-TDI Generation I (CUVD, DFTC, CUVC, CYLA, DFUA, CUVB, DFTA, DBBA)

Der Antrieb der Ölpumpe erfolgt über einen speziellen Zahnriemen.

■ Drehen Sie die Schrauben (2) heraus.

■ Nehmen Sie das Antriebsrad aus der Steuerkette heraus.

■ Nehmen Sie die Ölpumpe ab.

Die Montage erfolgt sinngemäß in umgekehrter Reihenfolge.

■ Prüfen Sie, ob die Ölpumpe leichtgängig läuft. Ist das nicht der Fall, muss sie ersetzt werden.

■ Prüfen Sie den Zustand des Zahnriemens

Kontrollieren Sie, ob die Passhülsen in der Ölpumpe (4) eingebaut sind.

Demontage der Ölpumpe am 2,0-l-TDI Generation II (CFFA, CFFB, CLJA, CFGD, CFGC, CLBB)

Der Antrieb der Ölpumpe erfolgt über einen Sechskanteinsatz (6 im Bild 28) im Ausgleichswellenmodul.

■ Drehen Sie die Schrauben (4) des Ölansaugstutzens (5) heraus.

■ Demontieren Sie den Sicherungsring (7) mit einer passenden Zange.

■ Ziehen Sie den Sechskant (6) mit einem Magnet aus der Ölpumpe heraus.

■ Drehen Sie die Schrauben (1) heraus und nehmen Sie die Ölpumpe ab.

Die Montage erfolgt sinngemäß in umgekehrter Reihenfolge.

■ Prüfen Sie, ob die Ölpumpe leichtgängig läuft. Ist das nicht der Fall, muss sie ersetzt werden.

Kontrollieren Sie, ob die Passhülsen in der Ölpumpe (2) eingebaut sind.

Kontrollieren Sie den Zustand des Profils des Sechskants.

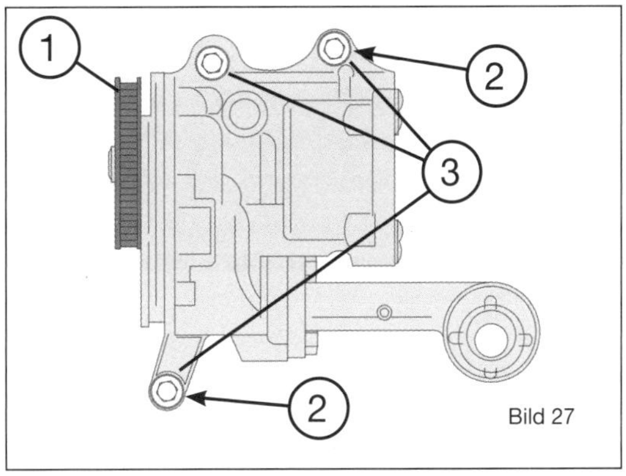

Bild 27

Ölpumpe beim 2,0-l-TDI-Motor der Generation I (CUVD, DFTC, CUVC, CYLA, DFUA, CUVB, DFTA, DBBA).

1 Antriebsrad Zahnriemen
2 Position der Passhülsen
3 Schrauben Ölpumpe

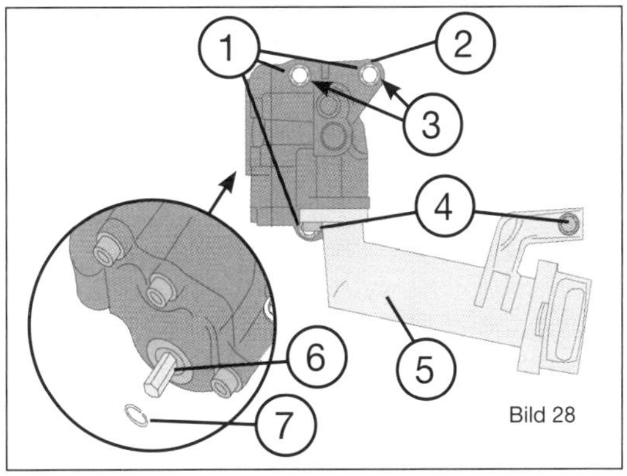

Bild 28

Ölpumpe beim 2,0-l-TDI-Motor der Generation II (CFFA, CFFB, CLJA, CFGD, CFGC, CLBB).

1 Schrauben Ölpumpe
2 Ölpumpe
3 Position der Passhülsen
4 Schrauben Öl-Ansaugstutzen
5 Öl-Ansaugstutzen
6 Sechskant
7 Sicherungsring

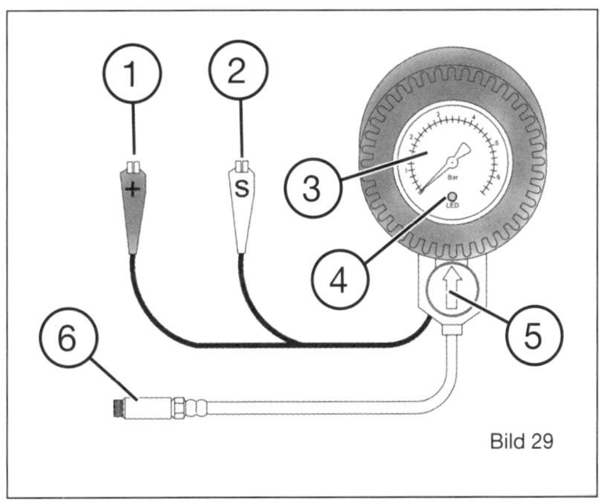

Bild 29

Messaufbau zur Öldruckprüfung.

1 Anschluss Batterieplus
2 Anschluss am Öldruckschalter
3 Druckmessuhr
4 LED (Kontrolllampe)
5 Ventilsteller
6 Anschluss am T-Stück für den Öldruckschalter oder am Anschlussgewinde

Öldruckprüfung

■ Prüfen Sie den Ölstand des Motors.

Lassen Sie den Motor warmlaufen. Der Öldruck fällt bei warmem Motor aufgrund des dünnflüssigeren Öls grundsätzlich geringer aus.

Vorbereitung zur Öldruckprüfung

■ Ziehen Sie das Magnetventil für den Aktivkohlebehälter vom Saugrohr ab und drücken Sie es etwas nach unten.

■ Ziehen Sie die elektrische Steckverbindung des Öldruckschalters (etwas oberhalb des Generators) ab.

Bild 30
Position der Sensoren beim 1,4-l-TFSI-Motor.
1 Öldruckschalter (hoher Druckbereich) Motorrückseite etwa mittig
2 Ventil Öldruckregelung Motorrückseite unten rechts
3 Öldruckschalter (niedriger Druckbereich) Motorvorderseite oben rechts

Bild 31
Position der Sensoren beim 2,0-l-TFSI-Motor.
1 Öldruckschalter reduzierter Öldruck (braun)
2 Öldruckschalter hoher Öldruck (grün)
3 Ventil zur Öldruckregelung
4 Steuerventil für die Kolbenkühldüsen
5 Öldruckschalter (blau)

- Bauen Sie den Öldruckschalter aus.

Legen Sie einen Lappen unter und fangen Sie austretendes Restöl auf.

- Drehen Sie das Anschlussstück des Öldruckprüfers in die Bohrung des Öldruckschalters ein.
- Montieren Sie den ausgebauten Öldruckschalter in die freie Bohrung des T-Stückes am Öldruckprüfer.
- Lassen Sie den Motor laufen und lesen Sie den Öldruck für die in der Tabelle angegeben Drehzahlen ab.

Messwerte für den 1,4-l-TFSI-Motor

Drehzahl	Druck
Leerlauf	0,6 bar
2000 1/min	> 1,5 bar
3800 1/min	> 2,8 bar

Messwerte für die 2,0-l-TFSI-Motoren

Messwerte für den 2,0-l-TFSI-Motor der 1. Generation (ohne Öldruckregelventil):

Drehzahl	Druck
erhöhter Leerlauf	1,2 bar -1,6 bar
2000 1/min	2,4 bar bis 4,5 bar

Messwerte für den 2,0-l-TFSI-Motor der 1. Generation (mit Öldruckregelventil):

Drehzahl	Druck
Leerlauf	1,2 bar -2,0 bar
2000 1/min	1,6 bar bis 2,2 bar*
3000 1/min	3,0 bar bis 4,0 bar

* Während der Einlaufphase liegt der Öldruck bei 2.000 1/min bei 3,0 bar bis 4,0 bar.

Messwerte für den 2,0-l-TFSI-Motor der 2. Generation (mit Öldruckregelventil):

Die Besonderheit liegt hier in der geregelten Ölpumpe. Sie arbeitet in zwei unterschiedlichen Druckstufen. Die hohe Druckstufe wird bei etwa 3700 1/min angesteuert. Bei abgezogenem Steckkontakt des Druckregelventils (riemenscheibenseitig verbaut) fördert die Ölpumpe grundsätzlich in der hohen Druckstufe.

Unterschieden wird zusätzlich noch zwischen den Motorvarianten mit einem oder mit zwei Nockenwellenverstellern. Der Druck fällt hier verschieden aus.

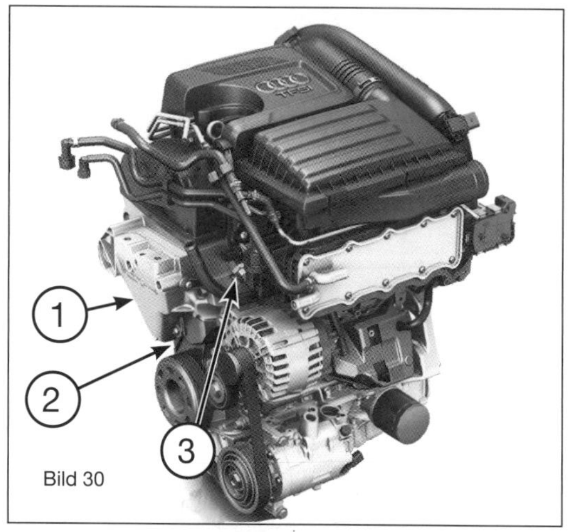

Bild 30

Bild 31

2,0-l-TFSI-Motorvarianten der 2. Generation mit einem Nockenwellenversteller:

Drehzahl	Druck
Leerlauf	0,85 bar - 4,0 bar
2000 1/min	2,0 bar bis 4,3 bar
3700 1/min	3,8 bar bis 4,3 bar

2,0-l-TFSI-Motorvarianten der 2. Generation mit zwei Nockenwellenverstellern:

Drehzahl	Druck
Leerlauf	0,85 bar - 4,3 bar
2000 1/min	2,0 bar bis 4,0 bar
3700 1/min	3,0 bar bis 4,0 bar

Messwerte für die 2,0-l-TDI-Motoren

2,0-l-TDI-Motor der 1. Generation:

Die Prüfungen werden mit Hilfe des Motortesters unterstützt. Über den Tester werden Anweisungen ausgegeben, die den Ablauf zur Drehzahlerhöhung angeben.

Drehzahl	Druck
Leerlauf	> 1,4 bar
erhöhte Drehzahl nach Anweisung	> 3,5 bar

2,0-l-TDI-Motor der 2. Generation:

Drehzahl	Druck
Leerlauf	> 0,6 bar
2000 1/min	> 1,0 bar

Fällt der Öldruck geringer als in der Tabelle angegeben aus:

- Prüfen Sie, ob im Fehlerspeicher Einträge vorliegen.
- Überprüfen Sie mit dem Diagnosetester das Ventil für die Öldruckregelung.

Prüfung des Öldruckschalters

- Klemmen Sie die braune Anschlussleitung an die Fahrzeugmasse an.
- Klemmen Sie Anschlussleitung »S« an den Öldruckschalter an.
- Klemmen Sie die Anschlussleitung »+« an den Batterieplusanschluss an.

Die LED im Prüfgerät sollte nicht leuchten. Andernfalls muss sie ersetzt werden. Ab einem Druck von 1,2 bar bis 1,6 bar sollte die LED angehen.

Messen des Ölverbrauchs

Ölverbrauch ist bis zu einem gewissen Maß für einen Verbrennungsmotor normal. Über die Kolbenringe und auch über die Motorentlüftung werden Öl oder Ölnebel in den Brennraum übertragen. Bei den Turbomotoren kommt auch der Turbolader mit dazu.

Vorarbeiten

- Kontrollieren Sie Motor, Turbolader, Ladeluftleitungen und Anbauteile auf Ölspuren.
- Eventuelle Undichtigkeiten müssen vor der Messung beseitigt werden.

Wenn der letzte Ölwechsel mehr als 1000 km zurückliegt, muss zuerst ein Ölwechsel durchgeführt werden.

- Stellen Sie sicher, dass ein zugelassenes Motoröl eingefüllt wurde. Wenn sich nicht nachvollziehen lässt, welches Öl in den Motor eingefüllt wurde, sollten Sie zuerst das Öl wechseln.

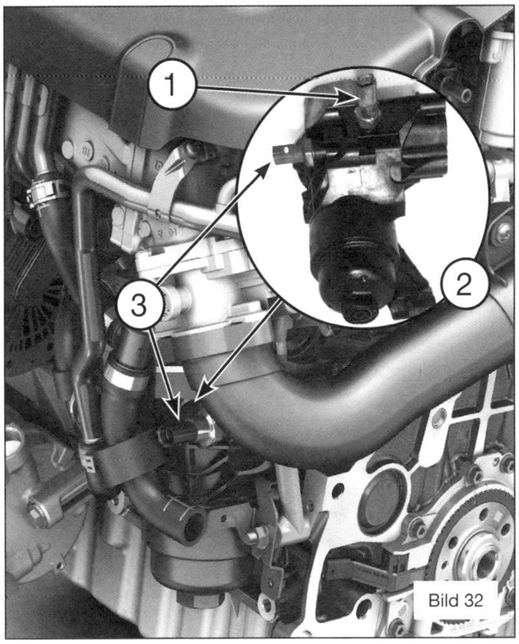

Bild 32
Position der Sensoren beim 2,0-l-TDI-Motor.
1 Öldruckschalter reduzierter Öldruck (grün)
2 Filtergehäuse (EA-288)
3 Öldruckschalter hoher Druckbereich (braun)

Die Messung

- Bringen Sie das Fahrzeug auf Betriebstemperatur (etwa 80 °C) und stellen Sie das Fahrzeug auf eine ebene Fläche ab.
- Warten Sie 5 Minuten ab und kontrollieren Sie den Ölstand mit dem Ölmessstab.
- Belassen Sie den Ölmessstab etwa 1 Minute komplett eingeschoben und ziehen Sie ihn dann heraus.

Der Ölstand darf nicht über der Maximum-Markierung stehen.

- Markieren Sie den genauen Ölstand mit einer Reißnadel auf dem Ölmessstab.

Auswertung Ölverbrauch

- Nach etwa 500 bis 1000 km Fahrtstrecke wiederholen Sie die Messung.
- Stellen Sie das Fahrzeug wieder auf die gleiche ebene Fläche, auf der Sie die Eingangsmessung durchgeführt haben.
- Füllen Sie mit einem Messbecher, soweit erforderlich, den Ölstand bis zur Markierung (durch die Reißnadel) auf. Gehen Sie hier in kleinen Schritten vor (etwa 100 ml).

Berechnen Sie den Ölverbrauch:

$$\frac{\text{Nachfüllmenge (in Litern)} \times 1000}{\text{Zurückgelegte Strecke (in km)}}$$

Das Ergebnis ergibt den Ölverbrauch auf 1000 km. Audi gibt einen zulässigen Ölverbrauch bis 0,8 Liter auf 1000 km an.

6 Kühlsystem

Funktion des Kühlkreislaufs

Das Kühlsystem sorgt für die richtige Betriebstemperatur des Motors. Es besteht aufbauseitig aus Kühler, Ladeluftkühler, Luftführungshutze mit Kühlerlüftern und Ausgleichsbehälter für Kühlmittel. Motorseitig gehören Kühlmittelschläuche und Kühlmittelrohre sowie ein Netz aus kleinen, genau bemessenen Kanälen in Motorblock und Zylinder, in denen die in den Ausgleichsbehälter eingefüllte Kühlflüssigkeit zirkuliert, zum System. So entsteht ein Wassermantel, der die Verbrennungswärme über die Schläuche des Kühlsystems an den Kühler abführt. Welche Wege im jeweils konkreten Betriebszustand das Kühlmittel im Kühlsystem nimmt, hängt von der Temperatur des Motors ab.

Zu den motorseitigen Aggregaten des Kühlsystems gehört auch der Motorölkühler. Eine mechanische Kühlmittelpumpe (»Wasserpumpe«) sorgt für den ständigen Kreislauf des Kühlmittels. Sie wird über den Keilrippenriemen angetrieben. Ein Kühlmittelregler (Dehnstoff-Thermostat) hält die Kühlmitteltemperatur konstant. Das Kühlsystem steht unter einem Überdruck von etwa 1,2 bis 1,5 bar bei Betriebstemperatur. Dadurch und durch den Einsatz von Kühlmittelzusätzen erhöht sich der Siedepunkt der Kühlflüssigkeit von 100 °C auf rund 120 °C.
Die höhere Temperatur ermöglicht einen wirtschaftlicheren und damit Kraftstoff sparenden Motorbetrieb. Wenn bei einem heißen Motor der Kühlmitteldruck 1,5 bar übersteigt, tritt das Überdruckventil am Ausgleichsbehälter in Aktion. Es öffnet dann und lässt zum Druckausgleich etwas Wasserdampf entweichen.

Sicht- und Funktionsprüfungen

Kühlmittelstand prüfen

■ Der Kühlmittelstand wird bei kaltem Motor am Kühlmittel-Ausgleichsbehälter geprüft. Dieser Behälter befindet sich im Motorraum rechts hinten. Er ist meist mit den Markierungen »Max« und »Min« gekennzeichnet, auf jeden Fall mit der »Min«-Markierung und einer Markierungslinie für den maximalen Füllstand.

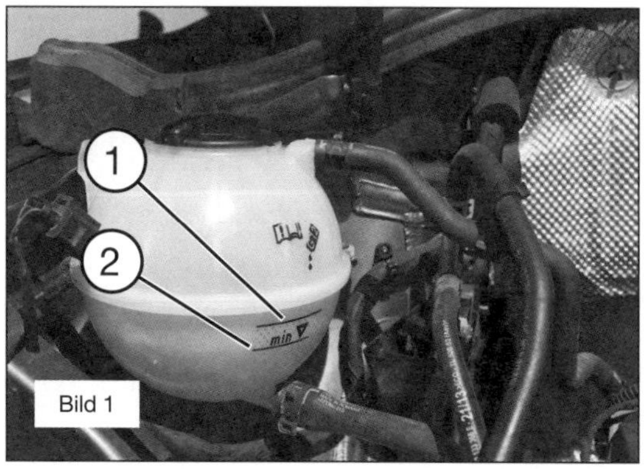

Bild 1
Kühlmittelstand am Kühlmittelausgleichsbehälter.
1 Maximum-Markierung
2 Minimum-Markierung

■ Ist der Motor kalt, muss das Kühlmittel zwischen »Max« und »Min« (Bild 1), bei warmem Motor etwas über der Markierungslinie für maximalen Füllstand stehen.

■ Bei nicht verbrauchsbedingtem Flüssigkeitsverlust muss die Ursache ermittelt und durch Reparatur beseitigt werden.

Frostschutz des Kühlmittels prüfen

Zur Frostschutzprüfung wird ein handelsüblicher Ansaugprüfer oder für genauere Prüfung ein sogenanntes Refraktometer benötigt. Beim Ansaugprüfer wird der jeweilige Frostschutz in °C angezeigt. Audi schreibt den Werkstätten aber vor, die Konzentration des Kühlmittelzusatzes bei der jüngsten Motorengeneration mit dem Refraktometer entsprechend Bedienungsanleitung zu prüfen (Bilder 2 und 3). Die Skala »1« des Refraktometers bezieht sich auf die Kühlmittelzusätze G12, G12 plus, G12 Plusplus und G30, die für die Audi-Kühlsysteme empfohlen werden. Die Skala »2« bezieht sich nur auf den zu verwendenden Kühlmittelzusatz G13.

■ Prüfen Sie den Kühlmittelstand im Ausgleichsbehälter bei kaltem Motor.

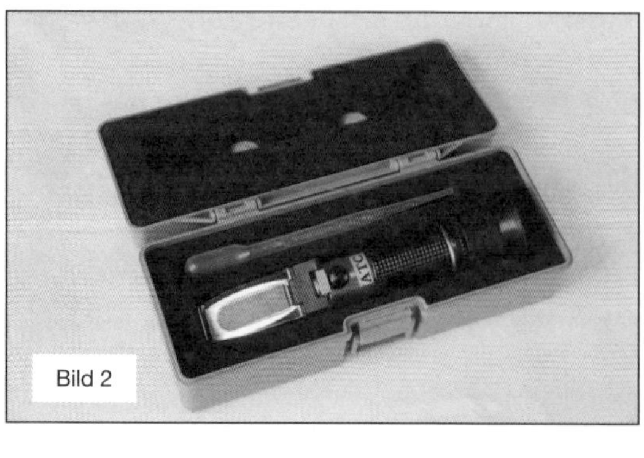
Bild 2
Refraktometer zur Frostschutzgehaltsprüfung.

■ Den genauen Wert bei den Prüfungen liest man an der Hell-Dunkel-Grenze ab. Zur besseren Veranschaulichung der Hell-Dunkel-Grenze wird mit der Pipette ein Tropfen Wasser auf das Glas gebracht. Die Hell-Dunkel-Grenze ist dann deutlich an der »Waterline« zu erkennen (Bild 3). Der Frostschutz muss bis etwa -25 °C gewährleistet sein.

■ Bei zu geringem Frostschutz Kühlflüssigkeit ablassen und durch Kühlmittelzusatz G30 (violett) ergänzen.

■ Probefahrt durchführen und Frostschutz des Kühlmittels erneut prüfen.

Kühlsystem auf Dichtigkeit prüfen

Zur Prüfung der Dichtheit des Kühlsystems und des Überdruckventils wird ein Kühlsystem-Prüfgerät mit Adapter (Bild 5) benötigt. Der Motor muss betriebswarm sein.

■ Verschlussdeckel vom Kühlmittel-Ausgleichsbehälter öffnen.

■ Adapter für das Kühlsystemprüfgerät in den Kühlmittelausgleichsbehälter schrauben.

■ Anschlussstück in den Adapter für Kühlsystemprüfgerät klemmen und das Anschlussstück über den mitgelieferten Verbindungsschlauch mit dem Kühlsystem-Prüfgerät verbinden.

■ Mit der Handpumpe des Kühlsystemprüfgerätes ca. 1,5 bar Überdruck erzeugen.

Fällt der Druck ab:

■ Undichte Stelle suchen und Fehler beseitigen.

⚠ Bevor das Kühlsystemprüfgerät vom Verbindungsschlauch oder Anschlussstück getrennt wird, muss unbedingt der vorhandene Druck abgebaut werden.

■ Dazu das Druckentlastungsventil am Kühlsystem-Prüfgerät drücken, bis das Druckmanometer den Wert »0« anzeigt.

Überdruckventil im Verschlussdeckel des Kühlmittelbehälters prüfen

■ Verschlussdeckel des Kühlmittel-Ausgleichsbehälters in den Adapter für Kühlsystemprüfgerät schrauben, Anschlussstück in den Adapter für Kühlsystemprüfgerät klemmen und das Anschlussstück über den mitgelieferten Verbindungsschlauch mit dem Kühlsystem-Prüfgerät verbinden.

■ Mit der Handpumpe des Kühlsystem-Prüfgerätes einen Überdruck von max. 1,6 bar erzeugen. Das Überdruckventil darf noch nicht öffnen.

Öffnet das Überdruckventil vorzeitig: Verschlussdeckel ersetzen.

■ Druck auf über 1,6 bar erhöhen. Das Überdruckventil muss öffnen.

Öffnet das Überdruckventil nicht: Verschlussdeckel ersetzen.

Kühlmittel ablassen, ergänzen, auffüllen

Kühlmittel ablassen

Die wesentlichen Arbeitsschritte unterscheiden sich nicht in den einzelnen Motorvarianten. Wir stellen Ihnen eine allgemeingültige Anweisung vor, die auch für Ihr Fahrzeug angewendet werden kann.

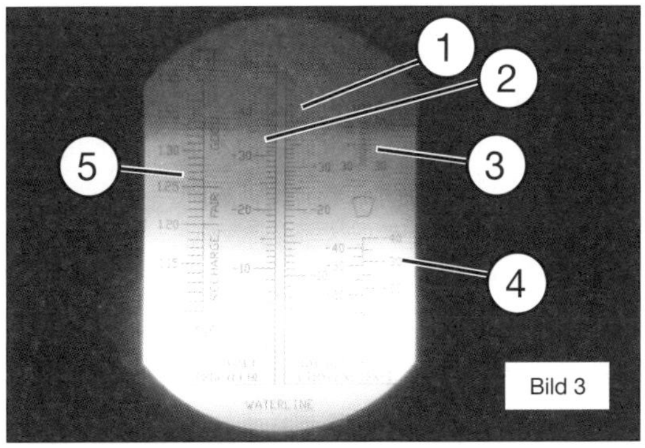

Bild 3

Bild 3
Sichtfeld des Refraktometers.
1 G12; G12 Plus, G12 Plusplus, G11 und auch G30
2 G13
3 AdBlue
4 Scheibenfrostschutz
5 Säuredichte der Batterie

Bild 4

Bild 4
Frostschutzspindel zur Frostschutzgehaltsprüfung.

Bild 5

Bild 5
Druckpumpe mit Adapter auf dem Kühlmittelbehälter.
1 Adapter
2 Prüfpumpe
3 Sensor Kühlmittel

Vorbereitungen

■ Verschlussdeckel vom Kühlmittel-Ausgleichsbehälter öffnen.

⚠ Bei warmem Motor steht das Kühlsystem unter Druck, beim Öffnen des Ausgleichsbehälters kann deshalb heißer Dampf bzw. heißes Kühlmittel entweichen. Überdruck abbauen, dazu Verschlussdeckel mit einem Lappen abdecken und vorsichtig öffnen. Schutzbrille und Schutzbekleidung tragen, um Augenverletzungen und Verbrühungen zu vermeiden.

■ Das Fahrzeug auf die Hebebühne fahren.
■ Fahrzeug anheben und Motorspritzschutz (Geräuschdämpfung) abschrauben.
■ Auffangwanne für Werkstattkräne unter den Motor stellen.

Kühlmittel ablassen

Das abgelassene Kühlmittel darf nicht wiederverwendet werden.

Fahrzeuge mit Ablasshahn (am Kühler):

■ Öffnen Sie den Kühlerverschlussdeckel.
■ Drehen Sie die Ablassschraube unten links im Kühler los.
■ Öffnen Sie den Ausgleichsbehälterdeckel.
■ Lassen Sie das Kühlmittel ablaufen.
■ Entsorgen Sie das Kühlmittel fachgerecht.

Fahrzeuge ohne Ablasshahn:

■ Öffnen Sie den Kühlerverschlussdeckel.
■ Schlauchschellen lösen und den unteren Kühlerschlauch am Unterboden abziehen.
■ Lassen Sie das Kühlmittel ablaufen.
■ Entsorgen Sie das Kühlmittel fachgerecht.

Fahrzeuge mit Standheizung:

■ Kühlmittelschläuche auch am Heizsystem abbauen und restliches Kühlmittel ablaufen lassen.
■ Entsorgen Sie das Kühlmittel fachgerecht oder geben Sie es beim Händler zurück.

Kühlmittel zum Befüllen vorbereiten

Als Kühlmittelzusatz darf nur »G 40« oder die originale Flüssigkeit nach Vorschriftenblatt 325.6 und 325.7 verwendet werden. Erkennungsmerkmal ist die lila Färbung. Auf keinen Fall darf G 30 mit anderen Kühlmittelzusätzen vermischt werden! Ist die Flüssigkeit im Ausgleichbehälter braun, wurde G 30 mit einem anderen Kühlmittel vermischt. In diesem Fall muss das Kühlmittel gewechselt werden. G 30 und Kühlmittelzusätze verhindern Frost- und Korrosionsschäden, Kalkansatz und heben außerdem die Siedetemperatur an. Aus diesen Gründen muss das Kühlsystem unbedingt ganzjährig mit Kühlerfrost- und Korrosionsschutzmittel befüllt sein.

Frostschutz und Klimazonen:

Besonders in Ländern mit tropischem Klima trägt das Kühlmittel durch den höheren Siedepunkt bei hoher Belastung des Motors zur Betriebssicherheit bei. Der Frostschutz muss bis etwa -25 °C (in Ländern mit arktischem Klima bis etwa -35 °C) gewährleistet sein.

Die Konzentration des Kühlmittels darf auch in der warmen Jahreszeit bzw. in warmen Ländern nicht durch Nachfüllen von Wasser verringert werden. Der Kühlmittelzusatz-Anteil muss mindestens 40 % betragen. Ist aus klimatischen Gründen ein stärkerer Frostschutz erforderlich, kann der Anteil von G 30 erhöht werden, aber nur bis zu 60 % (Frostschutz bis etwa -40 °C), da sich sonst der Frostschutz wieder verringert und außerdem die Kühlwirkung verschlechtert wird.

■ Zum Festlegen der aktuellen Frostschutzdichte wird das Refraktometer wie schon beschrieben empfohlen.

Anmischen:

Je nach Kühlmittelhersteller und Klimazone muss eine Mischung aus Frostschutzkonzentrat und Wasser hergestellt werden. Die erforderliche Menge können Sie einer Tabelle auf dem Behälter des Frostschutzkonzentrats ablesen.

■ Stellen Sie einen sauberen 5-l-Eimer bereit.
■ Mischen Sie die erforderliche Konzentratmenge mit der dazugehörigen Wassermenge an.
■ Kontrollieren Sie den Frostschutzgehalt mit dem Refraktometer oder der Frostschutzspindel.

Befüllen mit Kühler-Vakuum-Befüllgerät

Wurden Kühler, Wärmetauscher, Zylinderkopf oder Zylinderkopfdichtung ersetzt: Gebrauchtes Kühlmittel vorschriftsmäßig entsorgen und nicht wiederverwenden! Das Kühlmittel kann auch über die Abgabestellen für Sondermüll entsorgt werden.

■ Ablassschraube Kühler schließen.
■ Prüfverschluss oder einen Universalanschluss (7 im Bild 6) am Ausgleichsbehälter befestigen.
■ Druckluftleitung an dem Anschluss (2) anschließen und mit Druckluft beaufschlagen.
■ Den Sauganschluss (5) in einen Kanister mit gebrauchsfertig angemischter Kühlflüssigkeit leiten.
■ Den Abluftschlauch (11) in einen offenen Behälter legen.
■ Ablaufventil (8) und Zulaufventil (7) schließen.
■ Die für das Kühlsystem angegebene Kühlmittelmenge in der vorgeschriebenen Zusammensetzung aufbereiten und in den Kanister oder Behälter für den Ansaugschlauch (5) geben.

Damit keine Luft angesaugt wird darauf achten, dass etwas mehr Kühlmittel im Kanister oder Behälter für den Ansaugschlauch (5) ist, als die maximale Füllmenge des Kühlsystems beträgt.

■ Das Filterstück (6) mit dem Schlauch am Sauganschluss in den Kanister einführen und das Filterstück (6) am tiefsten Punkt platzieren.
■ Das Ventil für den Venturianschluss (9) öffnen.
■ Das Ventil für den Kühlmittelzufluss (8) öffnen.

Praxistipp: Destilliertes Wasser als Mischbasis

Zum Befüllen wird laut Werkstattunterlagen einiger Fahrzeughersteller ausdrücklich destilliertes Wasser (plus Frostschutz) vorgeschrieben. »Leitungswasser mit dem vorgeschriebenen Frostschutzzusatz« ist nicht immer ausreichend. Auch dann, wenn der Hersteller das Anmischen mit Leitungswasser zulässt, kann das Verwenden von destilliertem Wasser Vorteile haben. Durch die unterschiedlichen Inhaltsstoffe, die länderspezifisch und sogar regionalspezifisch sein können, haben einige Hersteller entschieden, die Wasserqualität für Kühlsysteme zu definieren. Destilliertes Wasser erfüllt alle Anforderungen. Aus diesem Grund wird empfohlen, auch bei älteren Modellen das Kühlmittel bei Ergänzungen und Neubefüllungen mit destilliertem Wasser anzumischen.

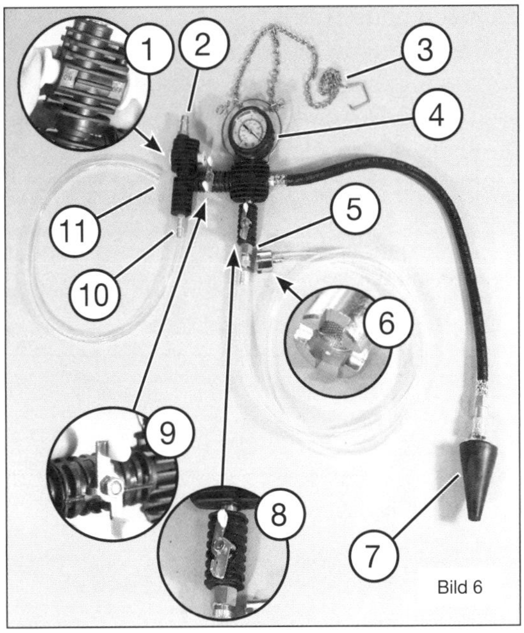

Bild 6

Bild 6
Vakuumbefüllgerät für Kühlsysteme.
1 Druckluftventil
2 Druckluftanschluss
3 Haltekette zum Aufhängen an der Haube
4 Unterdruckanzeige
5 Sauganschluss für Kühlmittel (aus einem Kanister)
6 Filterstück für den Kanister
7 Universalanschluss für den Ausgleichsbehälter
8 Ventil Kühlmittel
9 Ventil Venturianschluss
10 Anschluss Abluftschlauch
11 Abluftschlauch für einen offenen Auffangbehälter

■ Das Druckluftventil (1) öffnen. Im Kühlsystem wird nun ein Unterdruck erzeugt.
■ Das Ventil für den Kühlmittelzufluss (8) so lange öffnen, bis sich der Zulaufschlauch mit Kühlmittel gefüllt hat.
■ Das Ventil für den Venturianschluss (9) schließen, wenn sich die Anzeige der Kontrolleinheit (3) im grünen Bereich (etwa 0,5 bis 0,6 bar Unterdruck) befindet.
■ Das Druckluftventil (1) schließen.
■ Beobachten, ob der Unterdruck etwa 30 Sekunden stabil bleibt.
■ Ist dies nicht der Fall, Schläuche und Anschlüsse überprüfen, ggf. instand setzen und Prüfung wiederholen.
■ Das Ventil für den Kühlmittelzufluss (8) öffnen. Das Kühlsystem wird nun befüllt.
■ Das Ablaufventil (8) öffnen, wenn kein Kühlmittel mehr aus dem Kühlmittelbehälter angesaugt wird und das Kühlmittel im Ausgleichsbehälter sichtbar ist.
■ Das Ventil für den Kühlmittelzufluss (8) schließen.
■ Das Ventil für den Venturianschluss (9) öffnen, um den Unterdruck im Kühlsystem abzubauen.
■ Das Vakuumbefüllgerät mit allen Anschlüssen und den entsprechenden Verschlauchungen zurückbauen.
■ Kühlmittelstand bis zur Unterkante der Markierung am Ausgleichsbehälter (Bild 1) auffüllen.
■ Falls demontiert, die verbaute Geräuschdämpfung wieder einbauen.

Sichtprüfung Messen

Bild 7

Ansicht Kühler.

1 Steckkontakt zum Steuergerät der Lüftermotoren

2 Haltebolzen im Schließblech

3 Haltelaschen für die Lüfterzarge

Befüllen ohne Gerät

■ Das Kühlmittel langsam bis zur oberen Markierung des gerasterten Feldes am Ausgleichsbehälter auffüllen (Bild 1).

■ Ausgleichsbehälter verschließen. Den Motor starten und die Motordrehzahl für ca. 3 Minuten auf ca. 2000/min halten.

■ Motor danach im Leerlauf laufen lassen.

■ Kühlmittelstand prüfen und ggf. ergänzen.

Bei betriebswarmem Motor muss der Kühlmittelstand an der oberen Markierung, bei kaltem Motor in der Mitte des gerasterten Feldes liegen.

Kühler aus- und einbauen

Die unterschiedlichen Motorvarianten verändern auch den Arbeitsablauf zum Ausbau des Kühlers im Detail. Es sind grundsätzlich zwei verschiedene Bauweisen der Kühlereinheiten in den unterschiedlichen Fahrzeugen verbaut worden. Sie lassen sich aber recht einfach schon optisch unterscheiden.
Die zusätzlichen Kühler für Klimaanlage, Ladeluftsystem und auch die Lenkung sind im Umfeld verbaut. Wenn erforderlich, werden wir den Umgang mit den Komponenten bei der Montage des Kühlers berücksichtigen.

Es ist sehr wichtig beim Ersatz des Kühlers den verbauten Kühler mit dem Ersatzteil zu vergleichen. Die Variantenvielfalt für die beiden Kühlersysteme ist sehr umfangreich.

Vorbereitungen zum Ausbau

Vorbereitung am Fahrzeug:

■ Falls vorhanden, die Geräuschdämpfung oben und unten ausbauen.

■ Bauen Sie den Stoßfänger vorne ab.

Wasserkühler Ladeluftkühlung:

■ Lösen Sie die Kühlmittelschläuche zum Ladeluftkühler.

■ Entsichern Sie die Verrastungen des Wasserkühlers für die Ladeluftkühlung am Kühler und ziehen Sie ihn nach vorne ab.

Anschlüsse am Wasserkühler Kühlkreislauf:

■ Entsichern Sie den elektrischen Anschlussstecker zum Kühlerlüfter (1 im Bild 7) und ziehen Sie ihn ab.

■ Lösen Sie die Halteklammern an den verbliebenen Kühlerschläuchen am Wasserkühler und ziehen Sie die Schläuche ab.

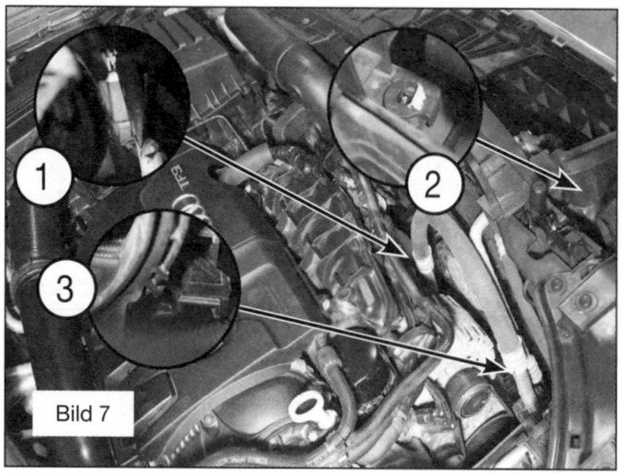

Bild 7

■ Entsichern Sie die beiden Haltebolzen (2) am Schließblech und ziehen sie nach oben heraus.

Klimakondensator lösen:

■ Entsichern Sie die Halteklammern für den Klimakondensator und heben Sie ihn am besten zusammen mit einem zweiten Mechaniker nach leicht oben ab.

■ Schwenken Sie den Klimakondensator mit angeschlossenen Leitungen vorsichtig nach vorne.

⚠ Beachten Sie hierbei die Hinweise zum Umgang mit der Klimaanlage auf Seite 8 dieses Buches.

Wasserkühler Kühlkreislauf ausbauen:

■ Drehen Sie die Schraube rechts und links der Kühlerkonsole am Schlossträger heraus.

■ Ziehen Sie die Kühlerkonsolen zusammen mit dem Kühler vom Schlossträger ab und nehmen Sie den Kühler nach unten heraus.

Fangen Sie das Restkühlmittel mit Lappen und Behältern auf und führen Sie es der Entsorgung zu.

Lüfterzarge und Kühler trennen:

■ Entsichern Sie die Verriegelungslaschen rechts und links und schieben Sie die Lüfterzarge nach oben.

■ Nehmen Sie die Lüfterzarge vom Kühler ab (3 im Bild 7).

Der Einbau erfolgt sinngemäß in umgekehrter Reihenfolge.

■ Prüfen Sie die Dichtigkeit der Anschlüsse, Leitungen und Schläuche.

■ Wird der Kühler ersetzt, bauen Sie soweit erforderlich Leitbleche und Dichtungen um.

Kühlmittelpumpe/Wasserpumpe aus- und einbauen

Kühlmittelpumpe am 1,4-l-TFSI-Motor
Die Kühlmittelpumpe ist zwar im Prinzip zerlegbar, die meisten Einzelteile aus der Lieferliste sind aber bereits entfallen. Als komplette Einheit mit dem Kühlmittelreglergehäuse ist sie aber weiterhin auch im Zubehör lieferbar.

Tipp: Die Wasserpumpe ist getriebeseitig am Zylinderkopf befestigt und wird über einen Zahnriemen über die Nockenwelle angetrieben.

- Lassen Sie das Kühlmittel wie beschrieben ab.
- Bauen Sie das Luftführungsrohr vom Luftfilter zum Turbolader aus.
- Bauen Sie das Luftführungsrohr vom Turbolader zum Drosselklappenstück aus.
- Drehen Sie die Verschraubungen der Kurbelgehäuseentlüftung heraus und legen Sie sie mit dem angeschlossenen Schlauch zum Aktivkohlefilter zur Seite.
- Clipsen Sie den Kabelstrang am Gehäuse der Kühlmittelpumpe ab.
- Lösen Sie die Schlauchschellen und ziehen Sie die angeschlossenen Kühlmittelschläuche an der Kühlmittelpumpe ab.
- Clipsen Sie den Kabelstrang an der Zahnriemenabdeckung der Kühlmittelpumpe ab.
- Drehen Sie die beiden Schrauben der Zahnriemenabdeckung heraus und nehmen Sie sie ab.

Tipp: Soweit der Zahnriemen weiterverwendet werden soll, markieren Sie sichtbar die Laufrichtung.

- Drehen Sie die Schrauben der Kühlmittelpumpe in der Reihenfolge (5-1 im Bild 8) heraus.
- Nehmen Sie die Kühlmittelpumpe zusammen mit dem Zahnriemen ab.

Kühlmittelpumpe am 2,0-l-TFSI-Motor
Die Kühlmittelpumpe ist zerlegbar. Sie ist als komplette Einheit mit Gehäuse aber auch als Einsatz für das Gehäuse lieferbar.

Tipp: Die Wasserpumpe ist auf der Motorvorderseite in Richtung Getriebe verbaut. Sie wird über einen Zahnriemen von der unteren Ausgleichswelle angetrieben.

- Lassen Sie das Kühlmittel wie beschrieben ab.

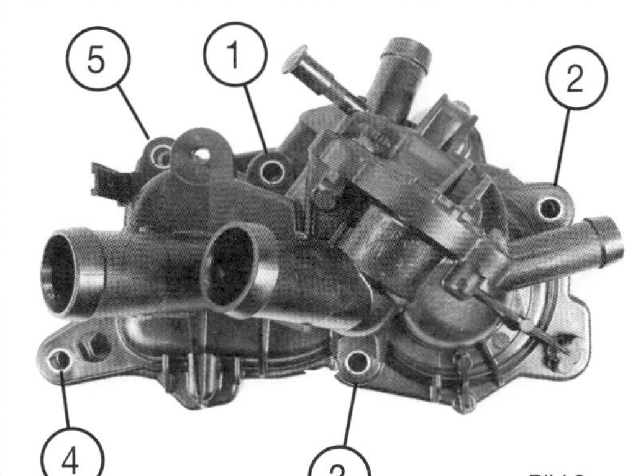

Bild 8

Bild 8
Wasserpumpe 1,4-l-TFSI-Motoren (getriebeseitig verbaut).
1 - 5 Anzugsreihenfolge der Schrauben
5 - 1 Lösereihenfolge der Schrauben

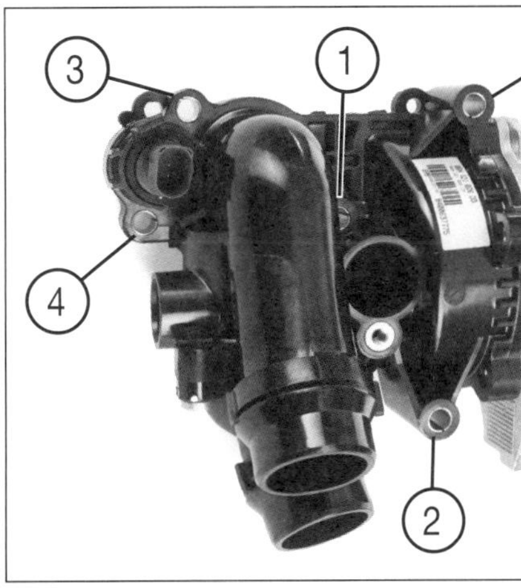

Bild 9

Bild 9
Wasserpumpe 2,0-l-TFSI-Motoren (vorne rechts verbaut).
1 - 5 Anzugsreihenfolge der Schrauben
5 - 1 Lösereihenfolge der Schrauben

Demontage des Wasserpumpengehäuses:

- Bauen Sie die Anschlussschläuche von der Wasserpumpe ab und legen Sie sie aus dem Arbeitsbereich heraus.
- Drehen Sie die beiden Schrauben aus dem Zahnriemenschutz der Wasserpumpe heraus und nehmen Sie den Zahnriemenschutz ab.
- Lösen Sie die Schraube am Antriebsrad der Ausgleichswelle. Es handelt sich um ein Linksgewinde.
- Halten Sie dazu mit einem passenden Schlüssel die Riemenscheibe fest.
- Nehmen Sie den Zahnriemen ab.
- Lösen Sie die Schrauben des Wasserpumpengehäuses in der Reihenfolge (5-1 im Bild 9)
- Nehmen Sie die Wasserpumpe von den Passstiften ab und ziehen Sie sie aus dem Wärmetauscher am Ölfilter ab.

Ausbau der Wasserpumpe aus dem Wasserpumpengehäuse:

- Bauen Sie das Wasserpumpengehäuse wie beschrieben aus.

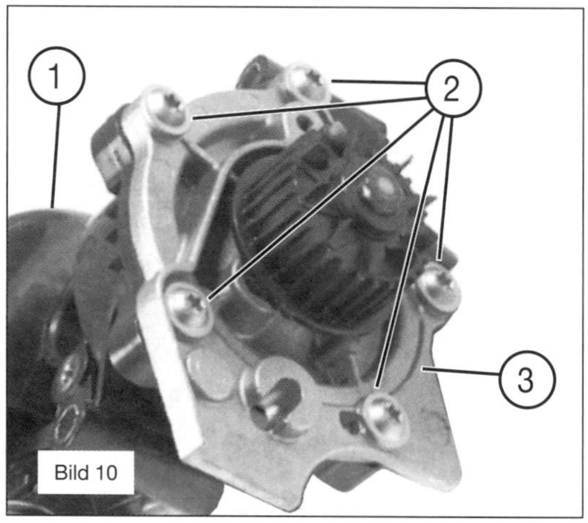

Bild 10
Wasserpumpe im Gehäuse 2,0-l-TFSI-Motoren (vorne rechts verbaut).
1 Wasserpumpengehäuse
2 Schrauben
3 Wasserpumpe

■ Drehen Sie die Schrauben (2 im Bild 10) über Kreuz heraus.
■ Nehmen Sie die Wasserpumpe aus dem Gehäuse heraus.

☞ Die Wasserpumpe ist nicht im Wasserpumpengehäuse gestiftet und kann durchaus versetzt verbaut werden. Das hat Einfluss auf die Spannung des Antriebsriemens. Richten Sie die Wasserpumpe bei der Montage gleichmäßig zum Wasserpumpengehäuse aus.

Kühlmittelpumpe am 2,0-l-TDI-Motor
Die Kühlmittelpumpe oder Wasserpumpe unterscheidet sich für die 2,0-l-Dieselmotoren im Wesentlichen durch den verbauten Regelschieber in der ersten Generation. Die Montagearbeiten unterscheiden sich kaum voneinander.

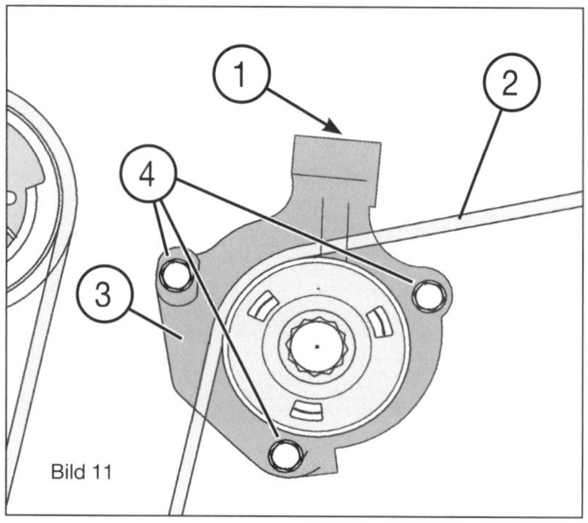

Bild 11
Wasserpumpe im Gehäuse 2,0-l-TDI-Motoren (im Zahnriementrieb verbaut).
1 Wasserpumpengehäuse
2 Zahnriemen
3 Wasserpumpe
4 Schrauben

☞ Die Kühlmittelpumpe oder Wasserpumpe ist Bestandteil des Zahnriementriebes. Beim Wechsel des Zahnriemens sollte sie mit ersetzt werden.
■ Lassen Sie das Kühlmittel wie beschrieben ab.
■ Demontieren Sie den Zahnriemen wie bereits beschrieben.
■ Ziehen Sie, soweit verbaut, die elektrische Steckverbindung (1 im Bild 10) der Wasserpumpe ab.
■ Drehen Sie die Schrauben (4) heraus.
■ Nehmen Sie die Wasserpumpe aus dem Motorblock heraus.

⚠ Versuchen Sie niemals den Regelschieber manuell zu bewegen. Das Stellelement wird hierbei zwangsläufig beschädigt.

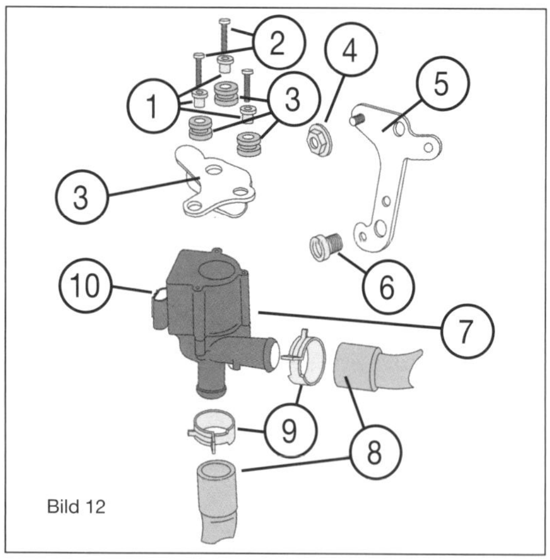

Bild 12
Elektrische Kühlmittelpumpe mit Halter.
1 Lagerhülsen
2 Schrauben
3 Halteplatte
4 Mutter
5 Halter
6 Schraube
7 Kühlmittelpumpe
8 Kühlschlauch
9 Schelle
10 Elektrischer Anschluss

Einbau der Kühlmittelpumpen
Der Einbau der unterschiedlichen Kühlmittelpumpen erfolgt sinngemäß in umgekehrter Reihenfolge zum beschriebenen Ausbau.
■ Die Dichtfläche der Kühlmittelpumpe (1) reinigen.
■ Die Dichtung erneuern.
■ Das Kühlsystem auf Dichtheit prüfen.
■ Kühlmittelpumpe (1) auf Dichtheit prüfen.

Elektrische Kühlmittelpumpe
Im Audi Q3 sind mindestens zwei Kühlmittelpumpen verbaut. Die mechanische Pumpe ist für die Zirkulation im Motorkühlkreislauf zuständig. Die elektrische Pumpe übernimmt den Volumenstrom zu dem Heizungskühler oder unterstützt den Volumenstrom für den AGR-Kühler.

Ausbau der elektrischen Kühlmittelpumpe:
■ Lassen Sie den Motor abkühlen.
■ Lassen Sie das Kühlmittel ab oder klemmen Sie die Kühlmittelschläuche mit passenden Schlauchklemmen zu.

■ Die elektrische Steckverbindung (10 im Bild 12) entriegeln und trennen.
■ Lösen Sie die Verschraubungen des Klimakompressors und binden Sie ihn vorsichtig zur rechten Fahrzeugseite hoch.

Bei Fahrzeugen mit Allradantrieb:
■ Legen Sie die elektrischen Leitungen am Luftführungsrohr über dem Getriebe frei.
■ Lösen Sie die Schlauchschellen und Verschraubungen des Luftrohrs und bauen Sie es aus.

Weiter für alle Fahrzeuge:
■ Öffnen Sie die Wärmeschutzmanschette über der elektrischen Kühlmittelpumpe.
■ Ziehen Sie die elektrische Steckverbindung (10 im Bild 12) ab.
■ Drehen Sie die Mutter (4) ab.
■ Öffnen Sie die Schlauchschellen (9) und ziehen Sie die Kühlmittelschläuche (8) von der elektrischen Kühlmittelpumpe ab.

Tipp: Fangen Sie austretendes Restkühlmittel mit einem Lappen auf.

■ Nehmen Sie die elektrische Kühlmittelpumpe ab.
■ Wenn die Kühlmittelpumpe ersetzt werden soll, drehen Sie die Schrauben (2 im Bild 12) heraus und bauen Sie sie vom Halter ab.

Die Montage erfolgt sinngemäß in umgekehrter Reihenfolge.
■ Füllen Sie das Kühlmittel auf.
■ Entlüften Sie das Kühlsystem wie bereits beschrieben.
■ Prüfen Sie die Dichtigkeit der Anschlüsse, Leitungen und Schläuche.

Thermostat und Regelventile

Thermostate beim 1,4-l-TFSI-Motor

Die Thermostate werden im Regelfall zusammen mit der Kühlmittelpumpe geliefert. Es ist aber trotzdem möglich, die Thermostate zu demontieren und zu prüfen. Es sind zwei Thermostate (7 und 10 im Bild 13) verbaut.

De- und Montage des Thermostaten für den kleinen Kühlkreislauf:
■ Bauen Sie die Kühlmittelpumpe (Wasserpumpe) wie bereits beschrieben, aus.
■ Drehen Sie die Schrauben in der Reihenfolge (6-1 im Bild 14) heraus.

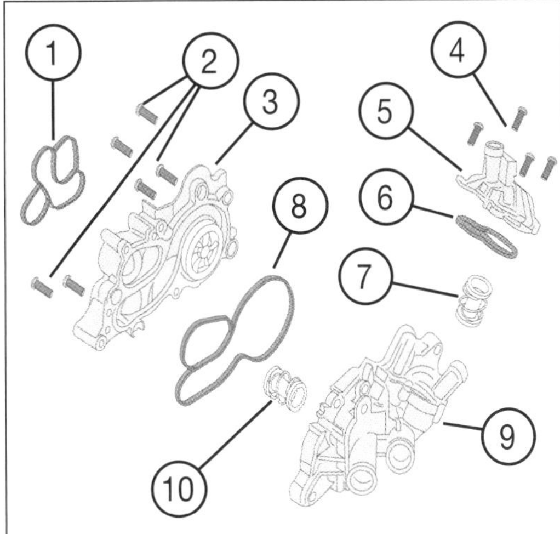

Bild 13

Bild 13
Kühlmittelpumpe und Thermostate beim 1,4-l-TFSI-Motor.
1 Dichtung
2 Schrauben
3 Wasserpumpengehäuse
4 Schrauben
5 Gehäusedeckel
6 Dichtung
7 Thermostat für den großen Kühlkreislauf
8 Dichtung
9 Thermostatgehäuse
10 Thermostat für den kleinen Kühlkreislauf

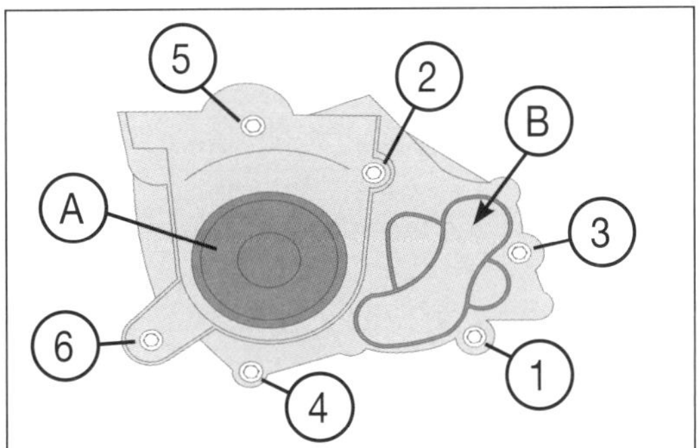

Bild 14

Bild 14
Verschraubung Kühlmittelpumpe und Thermostatgehäuse beim 1,4-l-TFSI-Motor.
1-6 Anzugsreihenfolge
6-1 Lösereihenfolge
A Zahnriemenrad Kühlmittelpumpe
B Einbauposition des Thermostaten für den kleinen Kühlkreislauf

■ Trennen Sie das Thermostatgehäuse von der Wasserpumpe.
■ Nehmen Sie den Thermostaten für den kleinen Kühlkreislauf (10 im Bild 13) heraus.

Die Montage erfolgt sinngemäß in umgekehrter Reihenfolge.
■ Benetzen Sie die neue Dichtungen (1 und 8) vor der Montage mit etwas Kühlmittel.

De- und Montage des Thermostaten für den großen Kühlkreislauf:
■ Lassen Sie das Kühlmittel wie beschrieben ab.
■ Demontieren Sie den Kühlmittelschlauch am Gehäusedeckel (5 im Bild 13).
■ Drehen Sie die Schrauben (4) heraus.
■ Nehmen Sie den Gehäusedeckel (5) ab.
■ Drehen Sie den Thermostaten mit dem Schlüssel »T10508« gegen den Uhrzeigersinn los und nehmen ihn heraus.

Die Montage erfolgt sinngemäß in umgekehrter Reihenfolge.

Bild 15
Thermostat mit Gehäusedeckel beim 2,0-l-TFSI.
1 Thermostat
2 Stift
3 Dichtring
4 Gehäusedeckel
5 Schrauben

Bild 16
Thermostatgehäuse und Thermostat beim 2,0-l-TDI-Motor der ersten Generation (CUVD, DFTC, CUVC, CYLA, DFUA, CUVB, DFTA, DBBA).
1 Sitz im Anschluss
2 Thermostateinsatz
3 Kühlmittelanschluss

■ Benetzen Sie die neue Dichtung (6 im Bild 13) vor der Montage mit etwas Kühlmittel.
■ Achten Sie auf die Einbaurichtung des Thermostaten.

Thermostate beim 2,0-l-TFSI-Motor
Bei den 2,0-l-TFSI-Motoren finden sich zwei unterschiedliche Konzepte für die Kühlmitteltemperaturregelung. Zur Abregelung des kleinen Kühlkreislaufes zum großen ist im Wasserpumpengehäuse ein Thermostat verbaut. Den Kühlkreislauf des DSG-Getriebes sperrt ein Absperrventil im Kühlschlauch ab. Für die TFSI-Motoren der Generation II wird die Demontage des Thermostaten aus dem Thermostatgehäuse beschrieben.

Ausbau des Thermostaten aus dem Thermostatgehäuse:
Die Demontage ist auch ohne den Ausbau der Kühlmittelpumpe möglich.
■ Lassen Sie das Kühlmittel ab.
■ Bauen Sie das Luftführungsrohr unten ab.
■ Lösen Sie den Halter (soweit verbaut) am Motorblock vorne links und lösen Sie den elektrischen Leitungsstrang.
■ Lösen Sie den Halter der elektrischen Kühlmittelpumpe am Motor.
■ Lösen Sie die Halteklammer und ziehen Sie beide Kühlschläuche ab.
■ Bauen Sie den Ölabscheider am Motorblock ab.
■ Lösen Sie die Verschraubungen der Stütze des Ansaugstutzens und schwenken Sie sie etwas zur Seite.
■ Drehen Sie die Schrauben (5 im Bild 15) heraus.
■ Nehmen Sie den Thermostat (1) und den Stift (2) heraus.

Die Montage erfolgt sinngemäß in umgekehrter Reihenfolge.
■ Benetzen Sie die neue Dichtung (3) vor der Montage mit etwas Kühlmittel.
■ Achten Sie auf die Einbaurichtung des Thermostaten.

Ausbau des Thermostatgehäuses:
Die Montagearbeiten haben wir bereits im Rahmen der Arbeiten an der Kühlmittelpumpe auf Seite 97 beschrieben. Das Thermostatgehäuse wird in der Regel zusammen mit der Wasserpumpe und bereits eingebautem Thermostat geliefert.

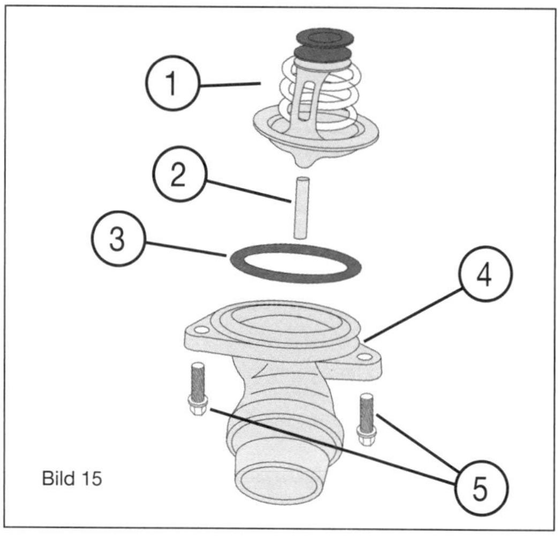

Bild 15

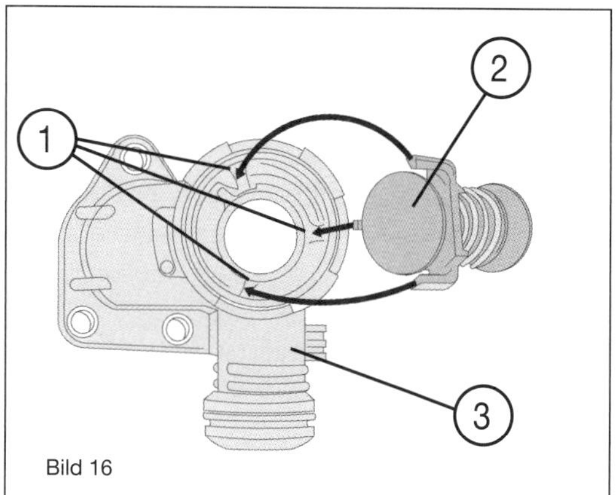

Bild 16

Thermostate beim 2,0-l-TDI-Motor
Auch für die beiden Generationen der Dieselmotoren gibt es unterschiedliche Konzepte und Bauformen für die Thermostate, die den großen und kleinen Kühlkreislauf voneinander trennen. Für die Diesel-Motoren der ersten Generation im Audi Q3 ist es möglich auch nur den Thermostat zu ersetzen.
Aufgrund der unterschiedlichen Bauformen sehen Sie sich genau an, welcher Thermostat in Ihrem Fahrzeug verbaut wurde.

Aus- und Einbau des Thermostaten der ersten Generation (CUVD, DFTC, CUVC, CYLA, DFUA, CUVB, DFTA, DBBA):
Der Thermostat ist auf der linken vorderen Seite des Motors verbaut.
■ Lassen Sie das Kühlmittel ab.
■ Bauen Sie den Luftfilter mit Gehäuse und Luftführungen ab.
■ Bauen Sie das Luftführungsrohr über dem Getriebe am Zylinderkopf ab.
■ Entriegeln Sie den Anschlussstutzen und

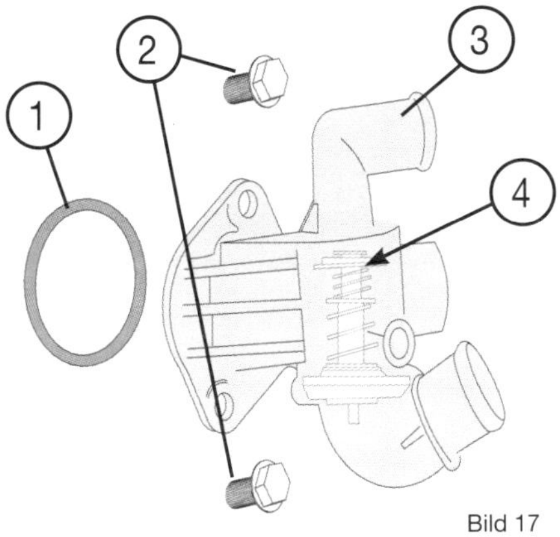

Bild 17

drehen Sie ihn gegen den Uhrzeigersinn.
■ Ziehen Sie den Anschlussstutzen vom Anschluss ab.
■ Nehmen Sie den Thermostaten aus dem Anschluss heraus.

Ausbau des Thermostaten der zweiten Generation (CFFA, CFFB, CLJA, CFGD, CFGC, CLBB):

Der Thermostat (4/2 Wegeventil) ist auf der rechten vorderen Seite des Motors verbaut.
■ Lassen Sie das Kühlmittel ab.
■ Bauen Sie den Luftfilter mit Gehäuse und Luftführungen ab.
■ Drücken Sie die Entriegelungstasten und ziehen Sie die Motorentlüftungsleitung vom Zylinderkopf ab.
■ Lösen Sie die Unterdruckschläuche am Luftführungsrohr zum Turbolader.
■ Schwenken Sie das Lüftungsrohr nach hinten und nehmen Sie es vom Turbolader ab.
■ Lösen Sie die Leitungen am Halter neben dem Starter.
■ Bei Fahrzeugen mit DSG-Getriebe klemmen Sie die Anschlussschläuche zum Getriebeölkühler mit Schlauchklemmen zu und ziehen Sie sie vom Getriebekühler ab.
■ Clipsen Sie die Leitungen am Luftführungsrohr über dem Getriebe ab.
■ Lösen Sie die Verschraubungen am Motorblock sowie die Schlauchschellen und bauen Sie das Ladeluftrohr aus.
■ Nehmen Sie den Stecker des Hallgebers für die Nockenwelle aus dem Halter heraus.
■ Drehen Sie die Schrauben des Kühlmittelrohrs über dem Getriebe heraus und ziehen Sie es etwas zur Seite.
■ Ziehen Sie das Kühlmittelrohr aus dem Thermostatgehäuse (4/2 Wegeventil) heraus, lassen es aber in dieser Position.
■ Lösen Sie die Schellen des Ansaugrohres zwischen Ladeluftkühler und Drosselklappenstück und bauen Sie das Ansaugrohr am Drosselklappenstück ab.
■ Ziehen Sie den Stecker am Ladedrucksensor ab und drehen Sie die Schrauben am Ansaugrohr heraus.
■ Nehmen Sie das Ansaugrohr heraus.
■ Ziehen Sie den Ölstab etwas heraus, ziehen Sie das Führungsrohr des Ölstabs etwas aus dem Motorblock heraus und drücken Sie beides etwas zur Seite.
■ Lösen Sie die Kühlschläuche am Thermostatgehäuse.
■ Drehen Sie die Schrauben (2 im Bild 17) heraus und nehmen Sie das Thermostatgehäuse ab.

Die Montage erfolgt sinngemäß in umgekehrter Reihenfolge.
■ Benetzen Sie die neue Dichtung (3) vor der Montage mit etwas Kühlmittel.
■ Achten Sie auf die Einbaurichtung des Thermostaten.

Thermostat prüfen

Prüfung im eingebauten Zustand:
■ Stellen Sie das Fahrzeug auf eine Hebebühne und versehen Sie es mit einer Abgasabsauganlage.
■ Lassen Sie den Motor laufen.

Kontrollieren Sie in regelmäßigen Abständen die Temperatur der Anschlussschläuche des Thermostaten mit einem Lasertemperaturmesser oder einem anderen geeigneten Thermometer.

Die Temperatur vor und nach dem Thermostat wird mit steigender Temperatur unterschiedlich ausfallen. Sobald der Thermostat öffnet, ist die Temperatur vor dem Thermostat fast genauso hoch wie die Temperatur nach dem Thermostat.

Prüfung im ausgebauten Zustand:
■ Legen Sie den Thermostat in ein Wasserbad ein und erwärmen Sie das Wasser auf einer Kochplatte langsam.

Das Thermoelement muss sich bei etwa 90 °C langsam und ruckfrei öffnen. Das können Sie beim Hindurchsehen durch einen Lichtspalt erkennen.

Bild 17
Thermostatgehäuse mit integriertem Thermostat beim 2,0-l-TDI der zweiten Generation (CFFA, CFFB, CLJA, CFGD, CFGC, CLBB).
1 Dichtring
2 Schrauben
3 Thermostatgehäuse
4 Integrierter Thermostat

Bild 1

Tankanlage am Audi Q3.

1 Tankdeckel
2 Masseband
3 Schrauben
4 elektrische Kraftstoffpumpe
5 Saugstrahlpumpe
6 Halterung Steuergerät elektrische Kraftstoffpumpe
7 Schraube
8 Schraube
9 Tankfangband
10 Tankfangband
11 Schraube
12 Kraftstoffvorlaufleitung
13 Kraftstoffrücklaufleitung
14 Kraftstofftank
15 Einfüllstutzen

7 Kraftstoffversorgung

Bauteile der Anlage und Arbeiten am Kraftstoffsystem

Sicherheit geht vor

⚠ Der Kraftstoffdruck im Hochdruckrohr kann beim Common-Rail-System bis zu 2000 bar betragen! Beachten Sie die Sicherheitsmaßnahmen zum Druckabbau im Hochdruckbereich. Selbst die Kraftstoffvorlaufleitung steht unter Druck! Tragen Sie Schutzbrille und Schutzbekleidung, um Verletzungen und Hautkontakt zu vermeiden. Vor dem Lösen von Schlauchverbindungen Putzlappen um die Verbindungsstelle legen. Dann durch vorsichtiges Abziehen des Schlauchs Druck abbauen.

⚠ Aus Sicherheitsgründen muss vor dem Öffnen des Kraftstoffsystems die Stromzufuhr zur Kraftstoffpumpe unterbrochen werden. Die Kraftstoffpumpe kann auch beim Öffnen der Fahrertür aktiviert werden. Nutzen Sie eine der folgenden Möglichkeiten, um die Stromzufuhr zu unterbrechen.

⚠ Wichtig zu wissen für die Arbeit an dieser Reparaturgruppe ist die Tatsache, dass es automatische Ein- und Ausschaltfunktionen für die Kraftstoffpumpe gibt.

Die Crash-Kraftstoffabschaltung

Sie soll die Gefahr eines Fahrzeugbrandes nach einem Crash reduzieren, indem die Kraftstoffpumpe abgeschaltet wird.

Komfortschaltung

Kurzzeitiges Einschalten der Pumpe beim Öffnen der Tür soll andererseits eine Komfortverbesserung des Startverhaltens beim Motor bewirken. Dabei wird die Kraftstoffpumpe 2 Sekunden lang angesteuert, damit sich im Kraftstoffsystem Druck aufbaut. Weil die Kraftstoffpumpe beim Einschalten der Zündung und durch den Türkontaktschalter der Fahrertür aktiviert wird, muss vor dem Öffnen des Kraftstoffsystems aus Sicherheitsgründen, wenn die Batterie nicht abgeklemmt wird, der Anschlussstecker von

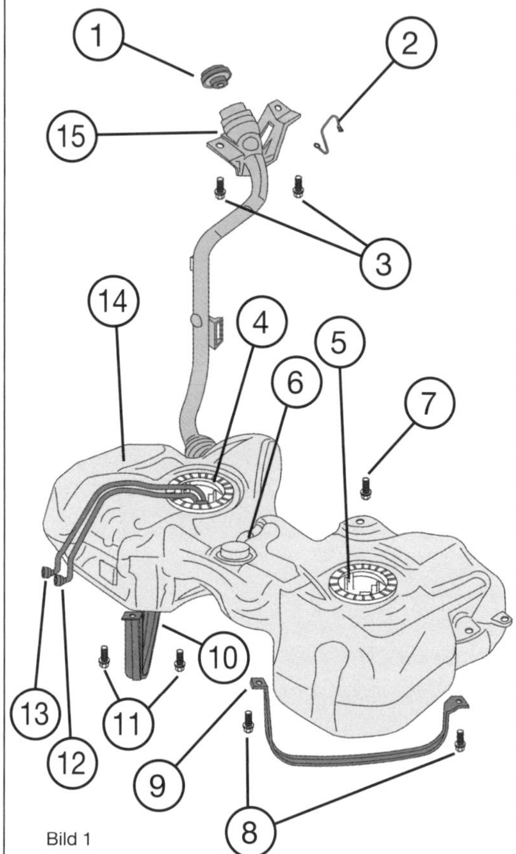

Bild 1

der Kraftstoff-Fördereinheit abgezogen oder die Sicherung für die Ansteuerung der Kraftstofffördereinheit aus dem Sicherungshalter entfernt werden.

Die Anlage im Überblick

Wichtigste Bauteile des Systems der Kraftstoffversorgung sind der Kraftstoffbehälter (Tank), in den der Kraftstoff über Tankklappeneinheit und Einfüllstutzen eingebracht wird, die in den Tank eingebaute Kraftstofffördereinheit (Kraftstoffpumpe), der Kraftstofffilter und die Kraftstoffleitungen (Bild 1). Es gibt kaum Merkmale, durch die sich die durchaus unterschiedlichen Tankanlagen für die unterschiedlichen Modelle im Kraftstoffversorgungssystem voneinander unterscheiden lassen. Die Einbauposition der Komponenten unterscheidet sich nicht. Erfahrungsgemäß wird der Ersatz oder auch Arbeiten am Tanksystem sich auf die Intankpumpe oder den Kraftstoffgeber beschränken. Der Austausch der kompletten Tankanlage ist möglich, aber aufwendig und kommt sehr selten vor.

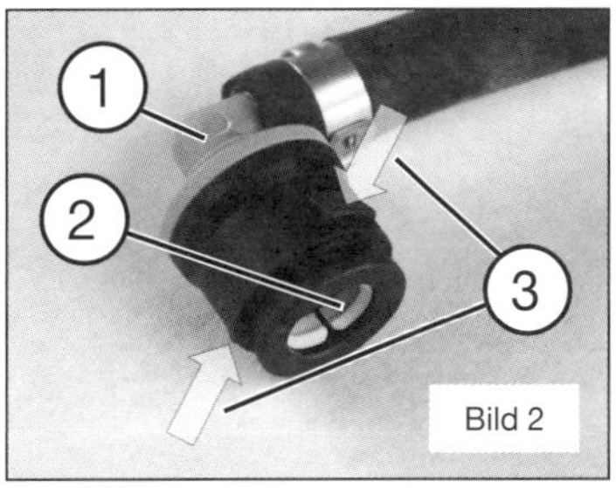

Bild 2

Bild 2
Variante 1.
1 Kupplungsgehäuse
2 Rastenring
3 Entriegelungstasten

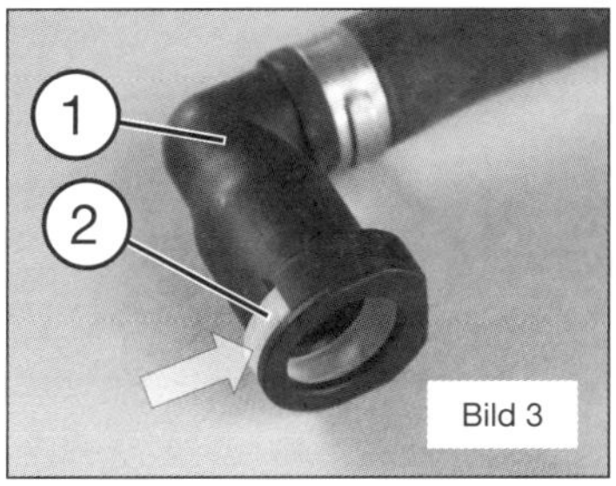

Bild 3

Bild 3
Variante 2.
1 Kupplungsgehäuse
2 Rastenring

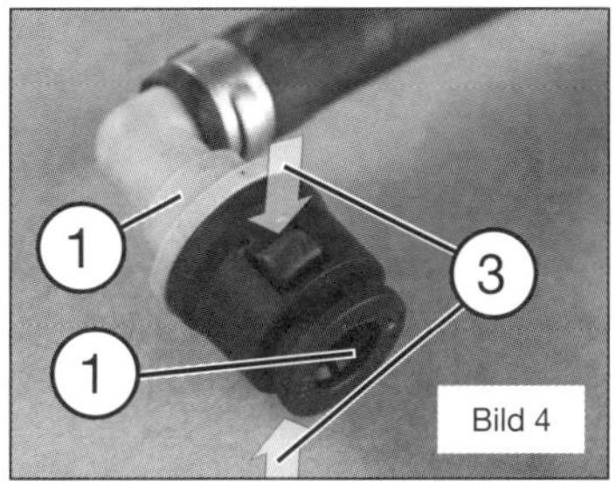

Bild 4

Bild 4
Variante 3.
1 Kupplungsgehäuse
2 Rastenring
3 Entriegelungstasten

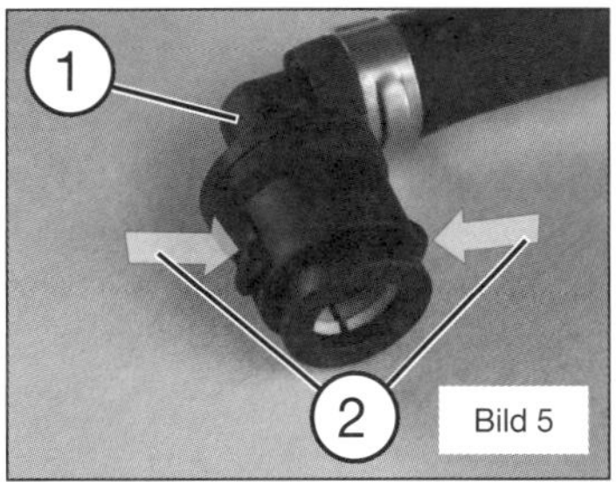

Bild 5

Bild 5
Variante 4.
1 Kupplungsgehäuse
2 Entriegelungstasten

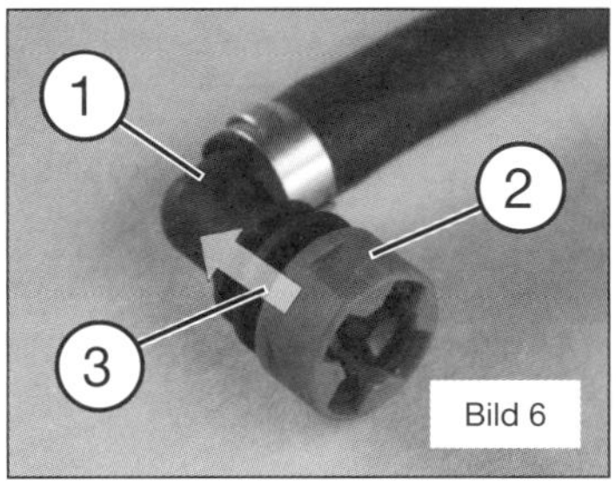

Bild 6

Bild 6
Variante 5.
1 Kupplungsgehäuse
2 Außenring
3 Bewegungsrichtung

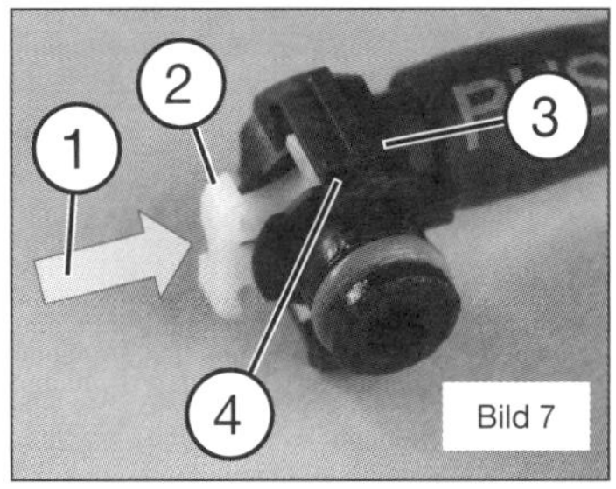

Bild 7

Bild 7
Variante 6.
1 Bewegungsrichtung (sichern)
2 Sicherungsklammer
3 Kupplungsgehäuse
4 Entriegelungstaste

Ansteuerung der Kraftstoffpumpe
Während sich bei älteren Fahrzeugen die Kraftstoffpumpe noch über eine Sicherung bestromen ließ, ist das in dieser Baureihe nicht mehr möglich. Auch dann nicht, wenn man die Anschlüsse des Tankfördermoduls freilegt. Die Kraftstoffpumpe ist ein dreiphasiger Gleichstrommotor. Durch das Steuergerät wird wie bei einem Wechselstrommotor hier ein Drehfeld erzeugt. Der Pumpenmotor kann nun stufenlos entsprechend der Anforderung an die Förderleistung angepasst werden. Die Ansteuerung für Service und Reparatur muss entsprechend über einen Diagnosetester erfolgen. Diese Funktion ist aber bei fast keinem der auf dem freien Markt verfügbaren Tester vorgesehen. Diese Funktion wird im Rahmen der Updates der Diagnosesoftware sicherlich noch nachgeschoben.

Steckkupplungen trennen

Bei Fahrzeugen dieser Baureihen finden sich sechs typische Stecksysteme für die Verbindungen der Kraftstoffversorgungsschläuche, die durchaus auch bei anderen Fahrzeugherstellern zum Einsatz kommen.

Variante 1 (Bild 2)
- Steckkupplung (1) auf die Leitung drücken.
- Entriegelungstasten in Pfeilrichtung (3) drücken und gedrückt halten.
- Steckkupplung (1) von der Kraftstoffleitung (2) abziehen.
- Beim Einbau Farbzuordnung beachten.
- Steckkupplungen müssen beim Verriegeln »hörbar« einrasten.

Tipp: Den festen Sitz der Steckkupplung durch Gegenziehen prüfen!

Variante 2 (Bild 3)
- Steckkupplung (1) auf die Leitung drücken.
- Zugentriegelung in Pfeilrichtung (2) ziehen.
- Steckkupplung (1) von der Kraftstoffleitung (2) abziehen.
- Beim Einbau Farbzuordnung beachten.
- Die Steckkupplungen müssen beim Verriegeln »hörbar« einrasten.

Tipp: Den festen Sitz der Steckkupplung durch Gegenziehen prüfen!

Variante 3 (Bild 4)
- Steckkupplung (1) auf die Leitung drücken.
- Entriegelungstaste (2) drücken und Steckkupplungen abziehen.
- Beim Einbau Farbzuordnung beachten.
- Steckkupplungen müssen beim Verriegeln »hörbar« einrasten.

Tipp: Den festen Sitz der Steckkupplungen durch Gegenziehen prüfen!

Variante 4 (Bild 5)
- Steckkupplung (1) auf die Leitung drücken.
- Entriegelungstaste (2) drücken und Steckkupplung abziehen.
- Beim Einbau Farbzuordnung beachten.
- Steckkupplungen müssen beim Verriegeln »hörbar« einrasten.

Sichtprüfung Messen

Den festen Sitz der Steckkupplung durch Gegenziehen prüfen!

Variante 5 (Bild 6)

- Steckkupplung (1) auf die Leitung drücken.
- Außenring (2) in Pfeilrichtung (3) zurückziehen und die Steckkupplungen abziehen.
- Beim Einbau Farbzuordnung beachten.
- Steckkupplungen müssen beim Verriegeln »hörbar« einrasten.

Den festen Sitz der Steckkupplung durch Gegenziehen prüfen!

Variante 6 (Bild 7)

- Die Sicherungsklammer (2) rechts und links zusammendrücken (1).
- Die Entriegelungstasten (4) rechts und links zusammendrücken und gedrückt halten.
- Die Steckkupplung (3) abziehen.
- Beim Einbau Farbzuordnung beachten.
- Steckkupplungen müssen beim Verriegeln »hörbar« einrasten.

Den festen Sitz der Steckkupplung durch Gegenziehen prüfen!

Kraftstoffbehälter entleeren oder befüllen

Die Montagearbeiten für die einzelnen Motorvarianten und Fahrzeugaufbauten unterscheiden sich nur unwesentlich.

⚠ Grundsätzlich sollten Sie den Kraftstofftank niemals im gefüllten Zustand demontieren oder mit hohem Füllstand die Verschlussschraube öffnen. Der Kunststofftank kann sich verziehen und so auch der Verschluss zum Tankgeber undicht werden.

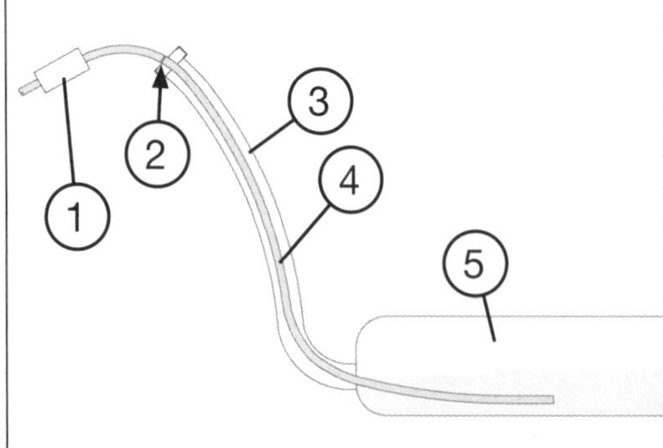

Bild 8

Bild 8
Markierung am Absaugschlauch.
1 Externe Pumpe
2 Markierung am Schlauch (140 cm vom Schlauchende)
3 Tankfüllrohr
4 Absaugschlauch
5 Tank

Tank absaugen (Teilentleerung)

Der Kraftstofftank ist bei den meisten Fahrzeugen mit Tankfangbändern (9 und 10 im Bild 1) gehalten. Um den Umgang mit dem Kraftstofftank zu erleichtern, sollte er möglichst für eine Demontage entleert worden sein.

Schon beim Ausbau des Fördermoduls ist eine Teilentleerung erforderlich.

Teilentleerung über die Kraftstoffpumpe:

⚠ Die Entleerung des Tanks über die Kraftstoffpumpe ist in der Regel nicht vorgesehen. Die Kraftstoffpumpe wird über ein Steuergerät angesteuert. Die Bestromung über eine Sicherung ist nicht mehr möglich. Die Kraftststoffpumpe ist mit Sensoren für den Kraftstoffdruck und Temperatur ausgerüstet. Zudem handelt es sich nicht mehr um einen klassischen Gleichstrommotor, sondern um einen Dreiphasen-Wechselstrommotor. Bedarfsgerecht kann die Drehzahl den Anforderungen angepasst werden. Die Ansteuerung ist über den Diagnosetester möglich. Die Tankentleerung über das System wird seitens des Herstellers nicht beschrieben.

Absaugen über das Tankfüllrohr:

⚠ Bei der Verwendung von einer externen Pumpe muss die Pumpe (das Pumpengehäuse) zur statischen Entladung an die Fahrzeugmasse angeschlossen werden.

Beim Audi Q3 bietet sich hier der Türschlossbügel der Fahrerseite an.

- Schalten Sie die Zündung ein und lesen Sie den Füllstand der Kraftstoffanzeige ab.
- Schätzen Sie über den Tankinhalt Ihres Fahrzeuges die erforderliche Größe für die Auffangbehälter ein.

Es ist nicht möglich, den gesamten Tank über diese Methode zu entleeren; muss der Tank vollständig entleert werden (beispielsweise bei Falschbetankung), muss der Tank ausgebaut werden.

- Schalten Sie die Zündung aus und ziehen Sie den Zündschlüssel ab.
- Führen Sie den Absaugschlauch in den Tankstutzen ausreichend weit in den Tank ein (etwa 1,5 m Schlauchlänge).
- Schalten Sie die Absaugpumpe ein und beobachten Sie den Füllstand des Auffangbehälters (Kanister).

Die Montage erfolgt sinngemäß in umgekehrter Reihenfolge.

Die Steckverbindungen der Entlüftungs- und Kraftstoffleitungen müssen beim Zusammenstecken hörbar einrasten.

■ Kraftstoffleitungen am Kraftstoffbehälter einclipsen.

Auf festen Sitz der Kraftstoffschläuche achten.

Soll der abgesaugte Kraftstoff wiederverwendet werden, darf er keine Verschmutzungen aufweisen und keine Beimischung von anderen Stoffen enthalten.

Restentleerung des Tanks über den Zugang der Intankpumpe:

■ Den Kraftstofftank ausbauen.

■ Das Tankfördermodul ausbauen.

■ Kraftstofffördereinheit entleeren und auf einen sauberen Untergrund stellen.

■ Kraftstoffbehälter mit einem Kraftstoffabsauggerät über die Öffnung der Kraftstofffördereinheit vollständig entleeren.

Der Einbau erfolgt sinngemäß in umgekehrter Reihenfolge.

Es besteht Explosionsgefahr! Nach dem Einbau eines neuen oder vollkommen entleerten Kraftstoffbehälters muss umgehend eine Mindestmenge von 3 bis 5 Litern Kraftstoff eingefüllt werden. Die Kraftstoffpumpe darf in einem vollkommen leeren Kraftstoffbehälter nicht anlaufen.

Die Steckverbindungen der Entlüftungs- und Kraftstoffleitungen müssen beim Zusammenstecken hörbar einrasten.

■ Kraftstoffleitungen am Kraftstoffbehälter einclipsen.

■ Stecker am Flansch der Kraftstoffpumpe aufstecken und Leitung am Kraftstoffbehälter einclipsen.

Auf festen Sitz der Kraftstoffschläuche achten.

Kraftstofftank aus- und einbauen

Es kann beim Ausbau des Kraftstofftanks immer Restkraftstoff austreten. Legen Sie sich Bindemittel und einige Lappen bereit, um den austretenden Kraftstoff aufzufangen. Um zu vermeiden, dass Verschmutzungen in die Anschlüsse oder in den Tank selber eintreten, kann man die Anschlussstücke mit Klebeband abkleben oder durch Lappen verschließen.

■ Prüfen Sie zuerst, ob ein codiertes Radio eingebaut ist. In diesem Fall erfragen Sie bitte die Anti-Diebstahl-Codierung.

■ Klemmen Sie bei ausgeschalteter Zündung das Masseband der Batterie ab.

■ Entleeren Sie den Kraftstofftank wie bereits beschrieben.

■ Die elektrische Steckverbindung im vorderen Bereich (6 im Bild 1) des Tanks am Unterboden trennen.

■ Fahren Sie die Vordersitze ganz nach vorne.

■ Bauen Sie die (bei geteilter Rückbank, beide) Sitzfläche/n der Rückbank aus.

■ Entleeren Sie den Kraftstoffbehälter wie bereits beschrieben.

■ Entfernen Sie beide Abdeckungen (6 und 8 im Bild 9) im Bodenblech unter der Sitzfläche und legen Sie den Zugang zum Tankfördermodul und zur Saugstrahlpumpe frei.

■ Ziehen Sie die Steckverbindungen am Tankfördermodul (1) ab.

Der Anschlussstecker für das Steuergerät der Kraftstoffförderpumpe ist schlecht zu erreichen.

■ Führen Sie einen kleinen Demontagehaken in die Öse des Anschlusssteckers ein und entsichern (3) Sie den Stecker mit einem Schraubendreher.

■ Ziehen Sie den Stecker (2) vom Tankfördermodul ab.

■ Entsichern Sie die Steckverbindung (4) an der Saugstrahlpumpe und ziehen Sie den Stecker ab.

■ Soweit befestigt, lösen Sie die Steckverbindung (5) an der Saugstrahlpumpe.

■ Öffnen Sie die Tankklappe und reinigen Sie den Bereich um den Einfüllstutzen gründlich.

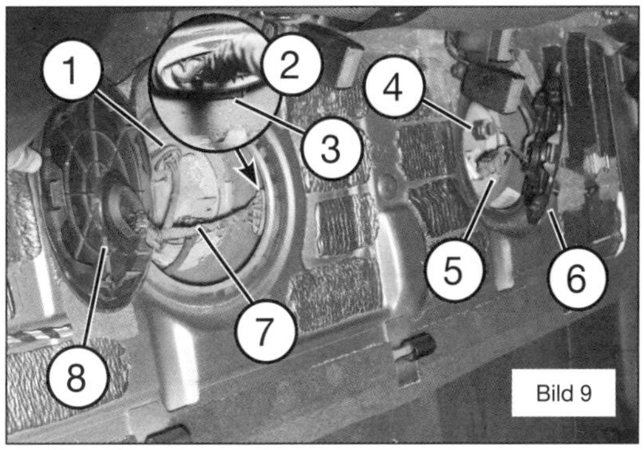

Bild 9

Zugang zum Tank unter der hinteren Sitzbank.

1 Steckkontakt elektrische Kraftstoffpumpe
2 Steckkontakt Kraftstoffpumpensteuergerät
3 Rastnase am Stecker
4 Steckkontakt an der Saugstrahlpumpe
5 Halterung Steckkontakt
6 Abdeckung Saugstrahl pumpe
7 Kraftstoffleitung
8 Abdeckung Kraftstoffpumpe

Sichtprüfung Messen

■ Öffnen Sie den Tankdeckel und lösen Sie die Gummimanschette am Einfüllstutzen.
■ Um zu verhindern, dass Schmutz in das Tankrohr hineinfällt, verschließen Sie den Bereich des Tankdeckels mit Klebeband oder einem passenden Stopfen.

Bei Fahrzeugen mit SRC-System (Diesel) müssen die Tankklappe ausgebaut und der Tankstutzen für das Reduktionsmittel vom Tankstutzen für Kraftstoff abgeschraubt werden (zwei Schrauben).
■ Bauen Sie die Radhausschale hinten rechts aus.
■ Drehen Sie die beiden Schrauben des Einfüllstutzens heraus.
■ Lösen Sie die Anschlussleitung für den Raddrehzahlfühler hinten rechts.
■ Bauen Sie den hinteren Teil der Abgasanlage unter dem Tank ab.

Fahrzeuge mit Allradantrieb:
■ Bauen Sie die Kardanwelle aus.
■ Entsichern Sie den Steckkontakt und ziehen Sie die elektrische Steckverbindung für die Haldexkupplung ab.

Weiter für alle Fahrzeuge:
■ Bauen Sie die Unterbodenverkleidung rechts und links ab.
■ Entsichern Sie die Kupplungen und ziehen Sie die Kraftstoffleitungen an den Kupplungen auseinander.
■ Unterbauen Sie den Kraftstofftank mit einem entsprechenden Hubmittel und lassen Sie ihn mit Hilfe eines zweiten Mechanikers nach unten ab.
■ Drehen Sie die Schrauben (7, 8 und 11 im Bild 1 heraus)

Der Kraftstofftank muss während des Ablassens etwas gedreht und der Einfüllstutzen aus der Karosserie herausgeführt werden.

Der Einbau erfolgt sinngemäß in umgekehrter Reihenfolge.
■ Verwenden Sie ausschließlich Schellen, die dem Serienstand entsprechen.
■ Ersetzen Sie beschädigte Bauteile sofort.
■ Prüfen Sie die Dichtheit der Kraftstoffanlage zum Aktivkohlefilter und zum Tankstutzen.

Messen Sie den Widerstand zwischen dem Tankeinfüllstutzen und der Karosserie. Er muss bei 0 Ω liegen. Die Masseverbindung ist sehr wichtig für den Brandschutz (statische Aufladung beim Betanken).

Kraftstoff-Fördereinheit aus- und einbauen

Die Montagearbeiten für die einzelnen Modelle unterscheiden sich nur unwesentlich. Die hier beschriebenen Arbeitsschritte können als Arbeitsschema für alle Modelle übernommen werden.

Der Kraftstoffbehälter darf maximal 1/2 gefüllt sein.

Im weiteren Arbeitsablauf muss das Masseband der Batterie abgeklemmt werden. Prüfen Sie deshalb bitte, ob ein codiertes Radiogerät eingebaut ist. Gegebenenfalls ist dann vorher die Antidiebstahlcodierung zu erfragen.

Besonderheit Saugstrahlpumpe

Der Kraftstofftank beim Audi Q3 ist zwar ein Behälter, hat aber zwei Bereiche, die rechts und links von Kardan und/oder Auspuffanlage Platz gefunden haben. Die rechte Tankhälfte wird über die elektrische Kraftstoffpumpe entleert. Der linke Tankbereich ist durch eine Saugstrahlpumpe an den rechten Tankbereich angebunden.
Durch einen Teil des Fördervolumens der elektrischen Kraftstoffpumpe (8 im Bild 10) wird in der Düse (7) über die Saugstrahlleitung nach dem Venturiprinzip das Volumen in der linken Tankhälfte (4) mit angesaugt (6).

Kraftstofffördereinheit ausbauen

■ Klemmen Sie bei ausgeschalteter Zündung das Masseband der Batterie ab.

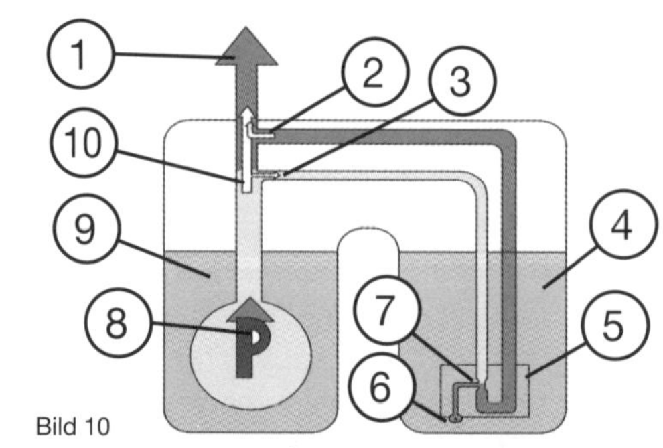

Bild 10

Bild 10
Prinzip Saugstrahlpumpe.
1 Ausgang Kraftstoffpumpe (Vorlauf)
2 Volumen durch die Saugstrahlpumpe
3 Saugstrahl (Teilvolumen der elektrischen Kraftstoffpumpe
4 Kraftstoffbehälter linke Fahrzeugseite
5 Saugstrahlpumpe
6 Ansaugsieb
7 Düse der Saugstrahlpumpe
8 Elektrische Kraftstoffpumpe
9 Kraftststoffbehälter rechte Fahrzeugseite
10 Volumen elektrische Kraftstoffpumpe

■ Abdeckung (8 im Bild 9) unter der Sitzbank ausbauen.
■ Reinigen Sie den Bereich um die Kraftstofffördereinheit gründlich.
■ Die Anschlussstecker (1 und 2 im Bild 11) sowie Vor- und Rücklaufleitung (14 und 15) vom Flansch abziehen.
■ Verschließen Sie die Leitungen, damit kein Schmutz in das Kraftstoffsystem gelangen kann.
■ Drehen Sie den Verschlussring (6) mit einem geeigneten Schlüssel ab.
■ Kraftstoff-Fördereinheit und den Dichtring etwas aus der Öffnung des Kraftstoffbehälters ziehen.
■ Nehmen Sie die Dichtung (7) ab.
■ Greifen Sie in den Tank hinein, entriegeln und ziehen Sie die Förderleitung (8) und die Saugstrahlleitung (11) ab.
■ Kraftstoff-Fördereinheit vorsichtig aus der Tanköffnung herausnehmen.

Achten Sie darauf, den Füllstandsgeber und die elektrischen Leitungen nicht zu belasten.

Wenn Sie die Fördereinheit ersetzen wollen, müssen Sie die alte Fördereinheit vor dem Entsorgen entleeren.

Der Einbau der Kraftstoff-Fördereinheit erfolgt sinngemäß in umgekehrter Reihenfolge.
■ Beim Einsetzen der Kraftstoff-Fördereinheit darauf achten, dass der Geber für die Kraftstoffvorratsanzeige nicht verbogen wird.
■ Den Dichtring der Kraftstoff-Fördereinheit trocken in die Öffnung des Kraftstoffbehälters einsetzen.
■ Den Dichtring zur Montage der Kraftstoff-Fördereinheit mit Kraftstoff benetzen.
■ Auf festen Sitz der Kraftstoffschläuche achten.

Die Einbaulage des Flansches der Kraftstoff-Fördereinheit beachten: Die Markierung auf dem Flansch muss mit der Markierung auf dem Kraftstoffbehälter übereinstimmen.

Die Lasche des Tankeinsatzes (elektrische Kraftstoffpumpe oder Saugstrahlpumpe) muss zwischen den beiden Nasen des Verschlussrings sitzen.

■ Nach dem Einbau der Kraftstoff-Fördereinheit prüfen, ob die Vorlauf-, Rücklauf- und Entlüftungsleitungen noch am Kraftstoffbehälter eingeclipst sind.

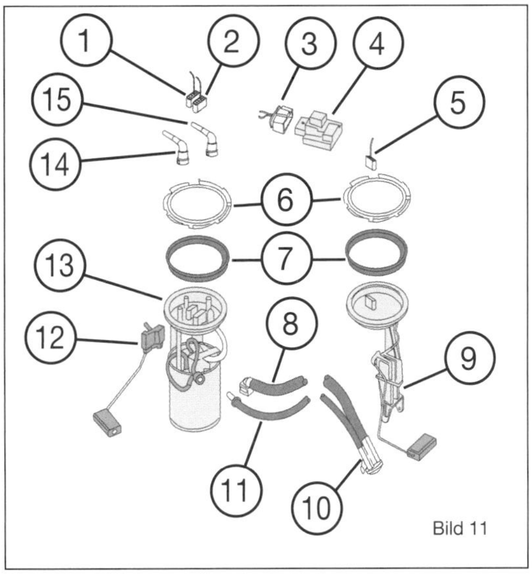

Bild 11

Bild 11
Kraftstoffpumpe und Saugstrahlpumpe (TDI).
1 Anschluss elektrische Kraftstoffpumpe
2 Anschluss Tankgeber rechts
3 Anschluss Steuergerät elektrische Kraftstoffpumpe
4 Steuergerät elektrische Kraftstoffpumpe
5 Anschluss Tankgeber links
6 Verschlussring
7 Dichtring
8 Förderleitung
9 Füllstandssensor links
10 Saugstrahlpumpe
11 Saugstrahlleitung
12 Füllstandssensor rechts
13 Elektrische Kraftstoff pumpe
14 Kraftstoffrücklauf
15 Kraftstoffvorlauf

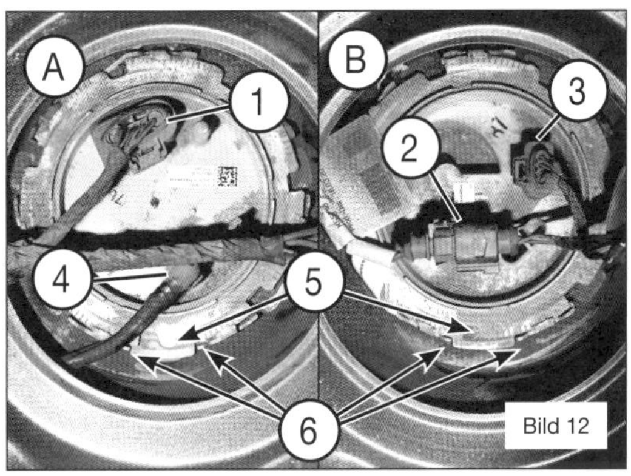

Bild 12

Bild 12
Abdeckungen links und rechts unter der hinteren Sitzbank (TFSI).
A Blick unter die rechte Abdeckung
B Blick unter die linke Abdeckung
1 Anschluss el. Kraftstoffpumpe und Füllstandssensor rechts
2 Steckkontakt
3 Anschluss Füllstandssensor rechts
4 Kraftstoffvorlauf
5 Lasche am Tankeinsatz
6 Nasen am Verschluss ring

■ Prüfen Sie die Dichtigkeit der Anschlüsse und den sicheren Sitz der Kupplungen.

Saugstrahlpumpe ausbauen

■ Schalten Sie die Zündung aus.
■ Abdeckung (8 im Bild 9) unter der Sitzbank ausbauen.
■ Den Anschlussstecker (5 im Bild 11) entsichern und vom Flansch abziehen.
■ Reinigen Sie den Bereich um die Saugstrahlpumpe gründlich.
■ Drehen Sie den Verschlussring (6) mit einem geeigneten Verschlussringschlüssel ab.
■ Füllstandssensor und Dichtring etwas aus der Öffnung des Kraftstoffbehälters ziehen.
■ Nehmen Sie die Dichtung (7) ab.
■ Greifen Sie in den Tank hinein, entriegeln und ziehen Sie die Saugstrahlpumpe vom Füllstandssensor links ab.
■ Den Füllstandssensor (9) vorsichtig aus der Tanköffnung herausnehmen.

Achten Sie darauf, den Füllstandssensor (9) und die elektrischen Leitungen nicht zu belasten.

Sichtprüfung Messen

Der Einbau des Füllstandssensors (9) erfolgt sinngemäß in umgekehrter Reihenfolge.

- Beim Einsetzen des Füllstandssensors (9) darauf achten, dass der Geber für die Kraftstoffvorratsanzeige nicht verbogen wird.
- Den Dichtring des Füllstandssensors (9) in die Öffnung des Kraftstoffbehälters einsetzen.
- Den Dichtring zur Montage des Füllstandssensors (9) mit Kraftstoff benetzen.

Die Einbaulage des Flansches der Kraftstoff-Fördereinheit beachten: Die Markierung auf dem Flansch muss mit der Markierung auf dem Kraftstoffbehälter übereinstimmen.

Die Lasche des Tankeinsatzes (elektrische Kraftstoffpumpe oder Saugstrahlpumpe) muss zwischen den beiden Nasen des Verschlussrings sitzen.

Kraftstoffpumpe prüfen

Prüfungsvoraussetzungen

Die Prüfung der Kraftstoffpumpe ist ohne den Einsatz eines Diagnosetesters, der die Ansteuerung der Pumpe erlaubt, nicht oder nur sehr schwer möglich. Die Pumpe ist nicht immer als klassischer Gleichstrommotor ausgelegt, der lediglich über ein Relais bestromt wurde. Die Tankfördereinheit mit zwei Steckergehäusen ist meist als dreiphasiger Gleichstrommotor ausgeführt.

Die Entleerung über den Tester verläuft für beide Pumpensysteme gleichartig.

- Die Batteriespannung muss mindestens 11,5 V betragen.

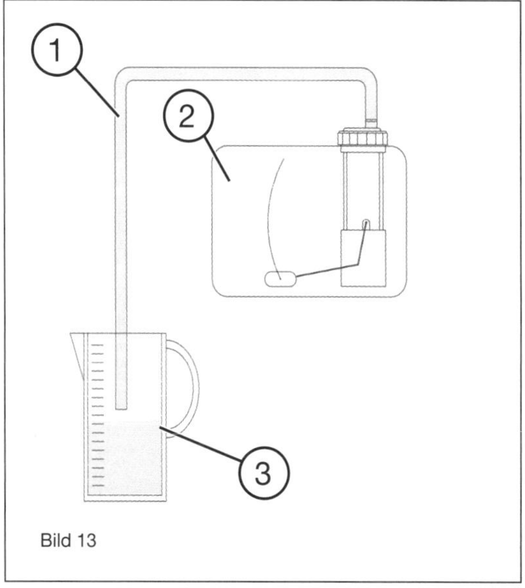

Bild 13
Fördermenge prüfen.
1 Vorlaufleitung
2 Kraftstofftank mit Kraftstofffördermodul (Intankpumpe und Füllstandssensor)
3 Messbecher (2 l)

- Schließen Sie ein Dauerladegerät zur Ladungserhaltung an die Batterie an.
- Die Sicherungen sind alle intakt.
- Alle elektrischen Verbraucher wie z. B. Licht und Heckscheibenheizung müssen ausgeschaltet sein.
- Ist das Fahrzeug mit einer Klimaanlage ausgerüstet, muss diese ausgeschaltet sein.

Im weiteren Arbeitsablauf ist es eventuell erforderlich, das Masseband der Batterie abzuklemmen. Prüfen Sie deshalb bitte, ob ein codiertes Radiogerät eingebaut ist. Gegebenenfalls ist dann vorher die Antidiebstahlcodierung zu erfragen.

Fördermenge prüfen (Bild 13)

- Nehmen Sie den Verschlussdeckel vom Kraftstoff-Einfüllstutzen ab.
- Ziehen Sie den Vorlaufschlauch an der Spritzwand im Motorraum rechts oder am Kraftstofftank (15 im Bild 11) ab und fangen den ausfließenden Kraftstoff mit einem Putzlappen auf.
- Schließen Sie ein T-Stück an die Kraftstoffvorlaufleitung an.
- Stecken Sie einen Schlauch auf das T-Stück auf und halten Sie ihn in ein Messgefäß (3).
- Betätigen Sie die Kraftstoffpumpe über den Diagnosetester.
- Lassen Sie etwa 250 ml in den Messbecher laufen, schalten Sie die Kraftstoffpumpe ab. So werden T-Stück und der Anschlussschlauch entlüftet.
- Das Messgefäß (3) entleeren.

Die Fördermenge der Kraftstoffpumpe hängt von der Batteriespannung ab. Prüfen Sie die Batteriespannung und schließen Sie, wenn erforderlich, ein Dauerladegerät an.

Lassen Sie die Kraftstoffpumpe über den Diagnosetester 15 Sekunden lang laufen und messen dabei die geförderte Kraftstoffmenge. Sie sollte mindestens 0,6 l betragen.

Wird die Mindestfördermenge nicht erreicht:

- Kraftstoffleitungen auf mögliche Verengungen (Knicke) oder Verstopfungen prüfen.
- Ziehen Sie die Vorlaufleitung (1) vom Kraftstofffilter-Eingang ab.
- Prüfung der Fördermenge vor dem Kraftstofffilter wiederholen.

Wird die Mindestfördermenge jetzt erreicht:
■ Ersetzen Sie den Kraftstofffilter.

Wird die Mindestfördermenge wieder nicht erreicht:
■ Bauen Sie die Kraftstoff-Fördereinheit aus und prüfen Sie das Filtersieb auf Verschmutzung.

Bisher liegt kein Fehler vor:
■ Kraftstoffpumpe defekt, ersetzen Sie die Kraftstoff-Fördereinheit.

Kraftstoffdruck im Niederdruckkreislauf messen (Bild 14)
Sie haben die Fördermenge erreicht, vermuten trotzdem einen Fehler in der Kraftstoffversorgung (Undichtigkeiten in der Pumpe unter Druck). Auch hier findet sich eine Besonderheit der Kraftstoffpumpe in diesem System. In der Pumpe ist ein Drucksensor für die Erfassung des Drucks im Niederdruckkreislauf verbaut. Das Auslesen ist somit mit einem geeigneten Tester auch ohne jegliche Montage möglich. Gleichzeitig können aber auch Fehlmessungen dieses Sensors Fehler in der Gemischaufbereitung verursachen.
■ Belassen Sie das T-Stück in der Kraftstoffleitung, stecken aber den Adapter auf das Kraftstoffverteilerrohr auf.
■ Verlegen Sie einen Verlängerungsschlauch (1 im Bild 15) so, dass Sie den Kraftstoffdruck während der Fahrt beobachten können.
■ Fahren Sie das Fahrzeug mit einem zweiten Mechaniker Probe, um den Kraftstoffdruck beobachten zu können.
■ Fahren Sie das Fahrzeug auch unter hoher Last. Der Kraftstoffdruck muss bei etwa 4,0 bar bleiben.
■ Fällt der Kraftstoffdruck ab, müssen der Kraftstofffilter und die Kraftstoffleitungen überprüft werden.
■ Liegt kein Fehler vor, ist die Kraftstoffpumpe defekt, ersetzen Sie die Kraftstoff-Fördereinheit.

Stromaufnahme messen
Sie haben die Fördermenge erreicht, vermuten trotzdem einen Fehler in der Kraftstoffversorgung (z. B. zeitweiser Ausfall der Kraftstoffversorgung):
■ Alle gelösten Kraftstoffleitungen wieder anschließen.

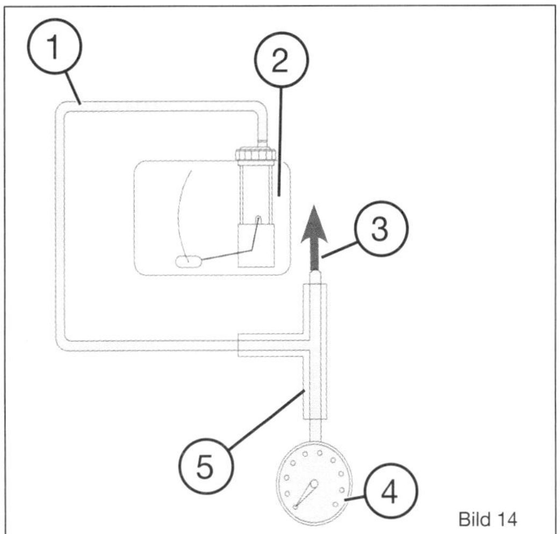

Bild 14

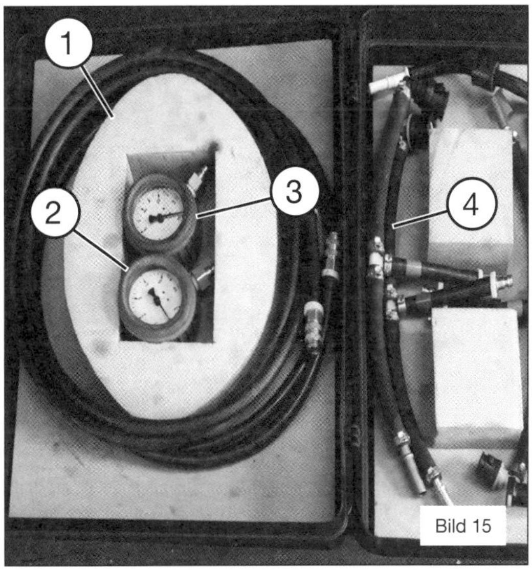

Bild 15

■ Multimeter oder Stromzange an die Leitungen (Pin am Stecker 5, 7 und 9) vom Leitungsstrang anschließen.
■ Lassen Sie den Motor an und im Leerlauf laufen.
Stromaufnahme der Kraftstoffpumpe messen. Sollwert: Max. 9,5 Ampere.
■ Ist die Störung in der Kraftstoffanlage nur zeitweise vorhanden, können Sie die Prüfung auch während einer Probefahrt durchführen. Es ist dazu jedoch eine zweite Person erforderlich.

Wird die Stromaufnahme überschritten:
■ Kraftstoffpumpe defekt.

Rückschlagventil Kraftstoffpumpe prüfen
■ Der Fernschalter ist noch angeschlossen.
■ Die Druckmessuhr ist wie für die Druckmessung im Bild 14 noch angeschlossen.

Bild 14
Druckprüfung.
1 Vorlaufleitung
2 Kraftstofftank mit Kraftstofffördermodul (Intankpumpe und Füllstandssensor)
3 Anschluss zum Kraftstofffilter
4 Druckmessuhr
5 Anschlussadapter

Bild 15
Druckprüfgeräteset.
1 Verlängerungsschlauch
2 Messuhr bis 5 bar
3 Messuhr bis 10 bar
4 Anschlussadapter mit T-Stücken

Mit dieser Prüfung werden gleichzeitig die Anschlüsse der Kraftstoffvorlaufleitung von der Kraftstoff-Fördereinheit bis zur Anschlussstelle der Druckmessvorrichtung und der weitere Verlauf über das Kraftstoffverteilerrohr bis zur Einspritzdüse auf Dichtheit geprüft.

- Schalten Sie die Kraftstoffpumpe ein, bis der Kraftstoffdruck auf der Messuhr ablesbar ist.
- Beachten Sie den Druckabfall am Manometer. Der Druck darf nach 10 Minuten nicht unter 2,5 bar abfallen.

Fällt der Druck weiter ab:

- Prüfen Sie die Leitungsanschlüsse auf Dichtheit.

Wird kein Fehler in den Leitungen festgestellt:

- Kraftstoffpumpe defekt, ersetzen Sie die Kraftstoff-Fördereinheit.

Fehlersuche Saugstrahlpumpe

Die Saugstrahlpumpe wird nicht durch das Steuergerät der Einspritzanlage überwacht. Fällt die Saugstrahlpumpe aus, können bis zu 15 l Kraftstoff in der linken Tankhälfte verbleiben, die für das Einspritzsystem unerreichbar sind. Das Fahrzeug kann dann mit Kraftstoffmangel liegen bleiben. Die Tankanzeige zeigt dann einen etwa zu 1/4 gefüllten Tank an.

Läuft die Kraftstoffpumpe, aber es wird kein Kraftstoff gefördert, tanken Sie zuerst mehr als 5 l Kraftstoff nach.

Wird dann wieder Kraftstoff gefördert, müssen die Saugstrahlpumpe und die Zuleitungen geprüft und wenn keine Schäden an den Leitungen erkennbar sind, muss die Saugstrahlpumpe mit dem Tankfüllstandsgeber ersetzt werden.

⚠ Beim Diesel muss die Kraftstoffanlage mit dem Diagnosetester entlüftet werden, um ein Trockenlaufen der Hochdruckpumpe zu vermeiden.

Verhalten bei Falschbetankung

Durch eine Falschbetankung kann es bei Dieselmotoren wegen mangelnder Schmierung durch den falschen Kraftstoff (z. B. Ottokraftstoff) zu irreversiblen Schäden an den Hochdruckkomponenten, insbesondere der Hochdruckpumpe, kommen. Schäden in Form von »Fressern« und Partikelabtrag sind zu erwarten. Durch diese Partikel sind weitere Schäden im Druckregelventil und in den Injektoren als sicher anzunehmen. Betrachten wir als Nächstes zwei mögliche Szenarien genauer.

Die Benziner kommen hier deutlich besser weg. Zwar ist auch wie beim Diesel das gesamte Kraftstoffsystem zu reinigen und der Kraftstofffilter zu wechseln, es sind aber keine Schäden an Komponenten zu erwarten.

Der Motor wurde mit falschem Kraftstoff gestartet.

Verunreinigter, beziehungsweise falscher Kraftstoff ist in das Kraftstoffsystem eingedrungen und hat die Hochdruckkomponenten erreicht.

⚠ Der Kraftstoffbehälter darf nicht vollständig über den Einfüllstutzen mit dem Kraftstoffabsauggerät entleert werden. Wird der Kraftstoffbehälter über den Einfüllstutzen mit dem Kraftstoffabsauggerät vollständig entleert, wird das Rückschlagventil beschädigt.

- Zündung nicht einschalten.
- Kraftstoffbehälter ausbauen.
- Kraftstofffördereinheit ausbauen und gegen eine neue tauschen.
- Kraftstoffbehälter mit dem Kraftstoffabsauggerät über die Öffnung der Kraftstofffördereinheit vollständig entleeren.
- Kraftstoffbehälter auf Verschmutzung und Späne kontrollieren.
- Ggf. den Kraftstoffbehälter reinigen.

Keine Späne im Kraftstoffbehälter:

- Den Kraftstoffbehälter mit 5 Liter Dieselkraftstoff befüllen.
- Kraftstoffbehälter nochmals wie oben beschrieben vollständig entleeren.
- Hochdruckpumpe ersetzen.
- Die Schrauben herausdrehen und die Zumesseinheit von der ALTEN Hochdruckpumpe abnehmen.

Die Zumesseinheit und die Hochdruckpumpe auf Späne kontrollieren.

Falls Späne in der Hochdruckpumpe vorhanden sind, müssen folgende Komponenten ersetzt werden:

a) Hochdruckleitungen,
b) Hochdruckspeicher (Kraftstoffverteiler)

inklusive Regelventil für Kraftstoffdruck und Kraftstoffdruckgeber,
c) Einspritzeinheiten (Injektoren),
d) Kraftstoffrücklaufleitungen (auch Lecköl),
e) Kraftstofffilter.

■ Fahrzeug volltanken.
■ Kraftstoffsystem entlüften.
■ Probefahrt durchführen.

Keine Späne in der Hochdruckpumpe:
Kraftstofffilter erneuern.

■ Das Kraftstoffsystem mit dem Diagnosetester entlüften.
■ Das Fahrzeug volltanken und Probefahrt durchführen.

Es sind Späne/Abrieb im Kraftstoffbehälter erkennbar:

Kraftstoffbehälter auf Verschmutzung und Späne kontrollieren.

■ Kraftstoffbehälter gründlich reinigen.
■ Alle Hochdruckkomponenten ersetzen:
a) Hochdruckpumpe,
b) Hochdruckleitungen,
c) Hochdruckspeicher (Kraftstoffverteiler) inklusive Regelventil für Kraftstoffdruck und Kraftstoffdruckgeber,
d) Einspritzeinheiten,
e) Kraftstoffrücklaufleitungen (auch Lecköl),
f) Einspritzeinheiten/Hochdruckspeicher (Rail).

■ Die Kraftstofffördereinheit einbauen.
■ Den Kraftstoffbehälter einbauen.
■ Den Kraftstofffilter ersetzen.

Um einen Trockenlauf der Hochdruckpumpe zu vermeiden und einen raschen Motorstart nach Teiletausch zu erzielen, sind folgende Punkte zu beachten:

■ Den Kraftstoffbehälter mit 5 Liter Dieselkraftstoff befüllen.

Anschließend in den »Geführten Funktionen« die Funktion »Kraftstoffsystem entlüften« durchführen. Bei Austausch bzw. Ausbau von Bauteilen/Komponenten des Kraftstoffsystems zwischen Kraftstoffbehälter und Hochdruckpumpe muss dieses entlüftet werden. Dieser Vorgang dauert etwa 130 Sekunden. Dabei werden die Kraftstoffpumpen insgesamt 3 Mal angesteuert. Der Vorgang darf nicht vorzeitig abgebrochen werden.

■ Den Kraftstoffbehälter vollständig mit Dieselkraftstoff befüllen.
■ Das Kraftstoffsystem entlüften.

Falschbetankung wurde VOR dem Start des Motors bemerkt.

Der Motor wurde NICHT gestartet, die Zündung wurde NICHT eingeschaltet.

■ Die Zündung NICHT einschalten.
■ Steckverbindung der Kraftstoffpumpe für Vorförderung und den Geber für Kraftstoffvorratsanzeige im Bereich Unterboden entriegeln und abziehen.
■ Den Kraftstoffbehälter wie bereits beschrieben ausbauen.
■ Die Kraftstofffördereinheit wie bereits beschrieben ausbauen und entleeren.
■ Das Sieb der Kraftstofffördereinheit auf Verschmutzung prüfen und wenn erforderlich reinigen.
■ Kraftstoffbehälter mit dem Kraftstoffabsauggerät über die Öffnung der Kraftstofffördereinheit vollständig entleeren.
■ Ist der Kraftstoffbehälter vollständig entleert, den Kraftstoffbehälter mit einem fusselfreien Lappen innen reinigen.
■ Kraftstofffördereinheit einbauen.
■ Kraftstoffbehälter einbauen.
■ Steckverbindung Kraftstoffpumpe für Vorförderung und Geber für Kraftstoffvorratsanzeige im Bereich des Unterbodens Mitte links anschließen.

Bei Ausführungen, bei denen die Kraftstoffpumpe durch den Türöffner angesteuert wird, ist der Kraftstofffilter zu ersetzen!

Um einen Trockenlauf der Hochdruckpumpe zu vermeiden und einen raschen Motorstart nach Teiletausch zu erzielen, sind folgende Punkte unbedingt zu beachten:
a) Kraftstoffbehälter mit 5 Liter Dieselkraftstoff befüllen,
b) Kraftstoffsystem entlüften.

Werden Bauteile/Komponenten des Kraftstoffsystems zwischen Kraftstoffbehälter und Hochdruckpumpe abgebaut, ausgebaut oder ersetzt, muss zur Entlüftung des Kraftstoffsystems mit dem Fahrzeugdiagnosetester in den »Geführten Funktionen« die Funktion »Kraftstoffsystem Entlüften« durchgeführt werden.

Die Kraftstoffpumpe wird 3 Mal angesteuert. Der Vorgang darf nicht vorzeitig abgebrochen werden.

■ Kraftstoffbehälter vollständig mit Dieselkraftstoff befüllen.

8 Gemischaufbereitung und Einspritzung

Gemischaufbereitung, Einspritzung und (Selbst-)Zündung werden durch elektronisch gesteuerte Einspritzsysteme realisiert. Die Aufladung über Abgasturbolader gehört zur Ausrüstung der Motoren wie bei den meisten Herstellern der aktuellen Generationen. Die Einspritzsysteme für die Otto-Motoren (Benziner) und die Dieselmotoren unterscheiden sich beim Q3 zumindest in den Aufgaben kaum noch. Der Kraftstoff wird durch das Tankfördermodul an eine Hochdruckpumpe gefördert. Die Hochdruckpumpe erzeugt den Einspritzdruck, der beim Benziner bei etwa 200 bar und beim Dieselmotor mit bis zu 2000 bar erreicht. Der Kraftstoff wird über ein Verteilerrohr (Rail) an die Injektoren verteilt. Im Rail ist bei beiden Systemen ein Druckregler und auch ein Drucksensor verbaut, der den Kraftstoffdruck erfasst. Die Messwerte werden über das Motorsteuergerät erfasst und können deshalb auch über einen Diagnosetester dargestellt werden. Die Einspritzdüsen werden bei diesen Systemen Injektoren genannt und spritzen den Kraftstoff direkt in den Verbrennungsraum ein. Die Selbstzündung ergibt hier für den Diesel einen Vorteil, der sich eigentlich im besseren Drehmomentverlauf auswirken muss. Das allerdings wird heute durch die Turboaufladung fast schon ausgeglichen. Die Sensoren am Motor unterscheiden sich zumindest in den Aufgaben kaum voneinander.

☞ In den folgenden Arbeitsbeschreibungen geben wir einige der direkt aufs Bauteil bezogenen Arbeitshinweise des Herstellers wieder, um auf die Sensibilität des Systems aufmerksam zu machen.

☞ Daran darf nur mit Kenntnis, Sachverstand und Fingerspitzengefühl gearbeitet werden. Die Hochdruckleitung verläuft zwischen Hochdruckpumpe und Rail-Element (Common Rail, Hochdruckspeicher). Sie muss spannungsfrei eingebaut werden. Die Hochdruckleitung kann wiederverwendet werden, wenn ihr Dichtkonus ohne Beanstandungen auf Verformungen und Risse geprüft wurde und wenn die Leitungsbohrung nicht verformt, verengt oder beschädigt ist. Korrodierte Leitungen dürfen nicht mehr verwendet werden.

Benzin-Motoren

Die TFSI-Motoren des Audi Q3 sind grundsätzlich Benzindirekteinspritzer mit Turboaufladung. »Direkteinspritzung« bezeichnet ein Verfahren zur Kraftstoffeinspritzung für Dieselmotoren und Ottomotoren. Bei der Direkteinspritzung wird dagegen der Kraftstoff direkt in den Zylinder-Brennraum eingespritzt. Unterschiede zum Dieselmotor bestehen auch in dem deutlich geringeren Einspritzdruck. Der Einspritzdruck beim Saugrohrbenziner ist bei etwa 3,5 - 5 bar angesiedelt. Der »DI«-Benziner spritzt in einem Bereich von 100 – 200 bar ein, beim Common-Rail Diesel im Bereich 1600 – 2000 bar. Bei beiden Motorentypen wird der Einspritzdruck steigen, um die Verwirbelung und den Kraftstoffverbrauch oder auch die Leistung und das Drehmoment zu verbessern. Durch die direkte Einspritzung sollte eigentlich eine Ladungsschichtung erreicht werden, wodurch der Motor mit Sauerstoffüberschuss besonders sparsam betrieben werden kann. Zwar wurde aufgrund der schwierigen Gemischbildung und Alltagsproblemen zunehmend auf die Schichtladung verzichtet; die entwickelten Vorteile des Gemischbildungsverfahrens durch Turbolader und/oder Kompressor und die verringerte Motor-Reibleistung sind der Trend in der jüngeren Motorenentwicklung in der Volkswagengruppe. Hinzugekommen sind für die TFSI-Motoren neben der oder den verstellbaren Nockenwelle(n), die es auch beim Dieselmotor gibt, für die Zylinderabschaltung erforderliche Maßnahmen für das Abgasverhalten, die sicherlich im Laufe der Jahre noch Probleme in Funktion und Diagnose ergeben werden.

Diesel-Motoren

Die TDI-Motoren haben direkte Kraftstoffeinspritzung über Hochdruckspeicher »Common Rail« mit Aufladung über Abgasturbolader. Der Kraftstoff für die CDI, Diesel mit einer Cetanzahl (CZ) von mindestens 51 wird

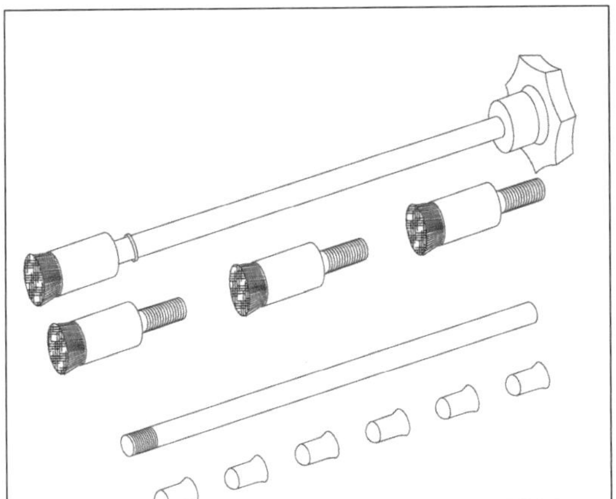

Bild 1

von der Fördereinheit im Tank über Vorlaufleitung und Kraftstofffilter zur Hochdruckpumpe geschafft. Diese drückt ihn ins »Common Rail«, das Kraftstoffsammler- und Verteilerrohr und von dort in die Piezo-Injektoren, die hier als Einspritzventil zum Einsatz kommen. Kraftstoffvor- und -Rücklaufleitungen sind aus besonders druckfestem Material gefertigt. Die erzielten Verbesserungen sind ein größeres, verfügbares Einspritzvolumen sowie eine besonders feine und schnelle Dosierung der Einspritzmenge durch exakt abgestimmte Schaltzeiten. Die direkte Ansteuerung der Piezodüsen durch das Motorsteuergerät erlaubt eine sehr feine Anpassung an Last und Drehzahlanforderungen. Eine sehr präzise Mehrfacheinspritzung ermöglicht eine Reduzierung des Kraftstoffverbrauchs und eine Verbesserung der Abgasemissionen. Nebenbei wird das Laufgeräusch leiser und auch im Leerlauf deutlich ruhiger.

Injektorenbohrungen reinigen

Hinweise zum Reinigen des Injektorschachtes und des Injektorsitzes bei leichter Verkokung

- Die Rundbürste (Bild 1) mit dem Wollkopf verwenden, das Verschließen der Brennraumbohrung ist hierbei nicht erforderlich.
- Vor jedem erneuten Einsatz der Rundbürste mit dem Wollkopf müssen die Schmutz- und Fettrückstände mit einem Lappen entfernt werden.

Tipp: Bei der Verwendung der Rundbürste mit Wollkopf ist die Verwendung eines Akkuschraubers zulässig.

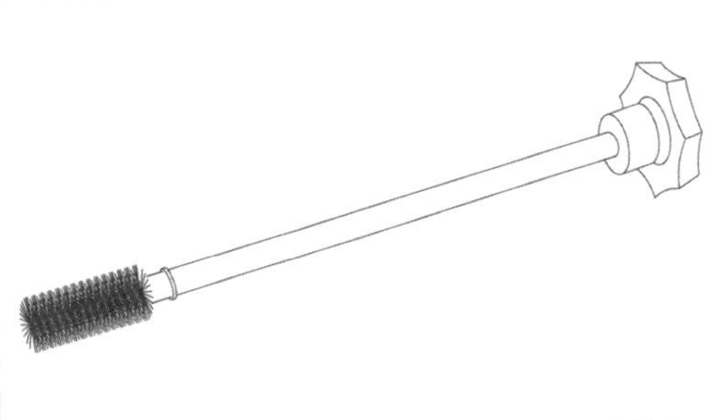

Bild 2

Tipp: Die Verwendung vom spanabhebenden Werkzeugen ist nicht zulässig.

- Den Reinigungsvorgang so lange wiederholen, bis der Injektorschacht und der Injektorsitz metallisch blank sind. Wird kein zufriedenstellendes Ergebnis erreicht, dann ist mit der Reinigungsmethode bei starker Verkokung fortzufahren.
- Den Injektorschacht nach Reinigung abdecken oder mit geeigneten Mitteln verschließen.

Hinweise zum Reinigen des Injektorschachtes und des Injektorsitzes bei starker Verkokung

- Die Verwendung von Maschinen ist bei dieser Reinigungsmethode nicht zulässig.
- Den Injektorschacht mit der Zylinderbürste (Bild 2) reinigen.

Tipp: Vor dem Reinigen des Injektorsitzes muss die Bohrung zum Brennraum mit den Verschlussstopfen aus dem Reinigungsset verschlossen werden.

- Den Injektorsitz mit der Rundbürste von Hand reinigen.
- Die Rundbürste sorgfältig und behutsam einsetzen.
- Den Reinigungsvorgang so lange wiederholen, bis der Injektorschacht und der Injektorsitz metallisch blank sind.
- Die Reinigungsrückstände mit Luft ausblasen.

Injektoren reinigen

Tipp: Die Injektoren dürfen nicht zerlegt werden.

Tipp: Die Verwendung vom spanabhebenden Werkzeugen ist nicht zulässig.

Tipp: Achten Sie darauf, dass keine Verschmutzungen in den Anschluss eingetragen wird.

Bild 1
Rundbürstenset mit diversen Aufsätzen für die Reinigung der Injektorendichtfläche.

Bild 2
Die Zylinderbürste für die Reinigung der Bohrungen.

Sichtprüfung Messen

Bild 3
Reinigung der Injektoren am Diesel-Motor.
A Bereich, der mit einer Messingbürste gereinigt werden darf
B Bereich, der bei der Montage mit einem Spezialfett behandelt werden muss
C Die Spitze darf nicht mechanisch behandelt oder bearbeitet werden

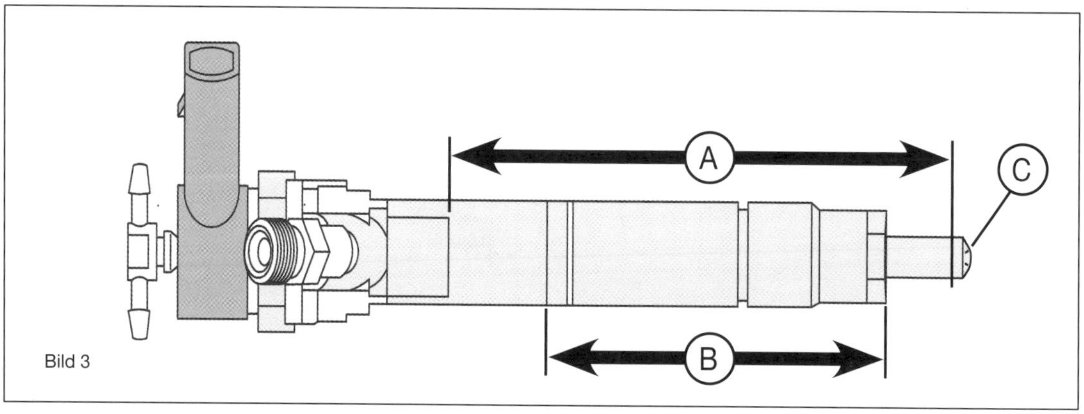

Bild 3

Hinweise zum Reinigungswerkzeug

- Die Rundbürste (Bilder 1 und 2) nach Gebrauch gründlich säubern.
- Die Borstenlänge der Rundbürste bei hochwertigen Reinigungssets ist einstellbar. Die Borstenlänge soll 3 mm betragen. Bei Bedarf kann die Bürstenfläche eben geschliffen werden.

Hinweise zum Reinigen des Injektors beim Benzin-Motor

- Die Injektoren werden 30 Minuten im Ultraschallbad bei mindestens 50 °C gereinigt.
- Die Injektoren müssen aufrecht im Reinigungsbad hängen.
- Gereinigt wird lediglich der Bereich, der in den Zylinderkopf eingeschoben wird.
- Ersetzen Sie nach der Reinigung die Brennraumdichtung am Injektor.

Hinweise zum Reinigen des Injektors Beim Dieselmotor (Bild 3)

- Der Injektorbereich (A) kann mit einer Messingdrahtbürste gereinigt werden.
- Die Düsenspitze niemals mit einer Messingdrahtbürste reinigen.
- Den Injektor mit Vlieslappen gründlich nachreinigen.
- Die Faserrückstände des Vlieslappens entfernen.

Injektoren wechseln

De- und Montage am 1,4-l-TFSI-Motor

- Bauen Sie die Motorabdeckung oben und den Luftfilterkasten aus.
- Demontieren Sie den Luftfilter mit dem Luftfilterkasten.
- Entsichern Sie die Leitungen am Aktivkohlebehälter und legen Sie sie aus dem Arbeitsbereich heraus.
- Bauen Sie die Unterdruckleitung am Drosselklappenstück ab.
- Entsichern Sie den Steckkontakt am Ladedrucksensor und ziehen Sie ihn ab.
- Entsichern Sie das Ladeluftrohr (1 im Bild 4) vom Turbolader zum Drosselklappenstück und bauen Sie es aus.
- Bauen Sie die Luftführung vom Schlossträger ab.
- Entsichern Sie den Stecker zum Magnetventil (6) für den Aktivkohlebehälter und ziehen Sie ihn ab.
- Entsichern Sie den Stecker zum Drosselklappenstück (3) und ziehen Sie ihn ab.
- Entsichern Sie den Stecker zum Ansaugtemperaturfühler im Ansaugrohr und ziehen Sie ihn ab.
- Drehen Sie die Halterungsschraube für das Kühlmittelrohr (7) heraus.
- Entsichern Sie den Schlauch zum Aktivkohlefilter und ziehen Sie ihn ab.
- Clipsen Sie die Kraftstoffvorlaufleitung am Saugrohr aus und drücken sie etwa zur Seite.
- Ziehen Sie den Stecker am Öldruckschalter (8) ab.

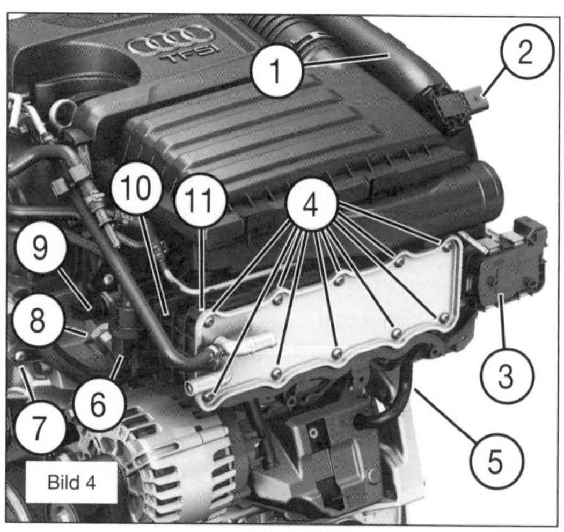

Bild 4

Bild 4
Saugrohr am 1,4-l-Motor.
1 Luftführung vom Turbo
2 Ladedrucksensor
3 Drosselklappenstück
4 Schrauben
5 Entlüftungsschlauch
6 elektrischer Anschluss Magnetventil AKV
7 Schraube
8 Öldruckschalter
9 Raildrucksensor
10 Saugrohr
11 Ladeluftkühler

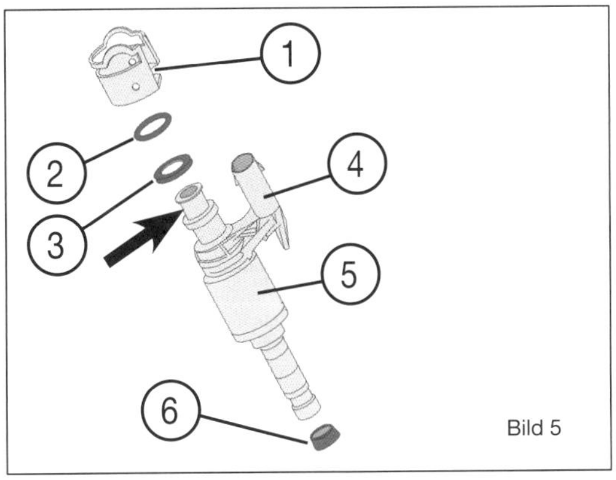

Bild 5

Bild 5
Injektor beim 1,4-l-TFSI.
1 Stützring
2 O-Ring
3 Distanzring
4 Elektrischer Anschluss
5 Injektor
6 Brennraumdichtung
Pfeil Ansatzpunkt für den Abzieher

■ Klemmen Sie die Kühlmittelschläuche am Saugrohr ab.
■ Lösen Sie die elektrische Leitung und den Kühlmittelschlauch auf der Unterseite des Saugrohrs.
■ Ziehen Sie den Schlauch zur Kurbelgehäuseentlüftung (5) ab.
■ Drehen Sie die Schrauben zum Ladeluftkühler (4) heraus.
■ Drehen Sie die Schrauben des Saugrohrs (10) im Zylinderkopf heraus.
■ Nehmen Sie das Saugrohr heraus. Ziehen Sie hierbei den Ladeluftkühler (11) aus dem Saugrohr (10) heraus.
■ Bauen Sie das Hochdruckrohr zwischen Hochdruckpumpe und Kraftstoffverteilerrohr (Rail) aus.
■ Entsichern Sie den Stecker am Raildrucksensor und ziehen Sie ihn ab.

⚠ Reinigen Sie den Montagebereich der Injektoren gründlich, um das Hineinfallen von Ablagerungen in die Injektorbohrung zu verhindern.

■ Drehen Sie die Halterungsschrauben heraus und ziehen Sie das Kraftstoffverteilerrohr (Rail) zusammen von den Injektoren (Einspritzventilen) ab.
■ Hebeln Sie den Stützring (1 im Bild 4) seitlich von den Injektoren (5) ab.
■ Schieben Sie eine Schlaghülse (VW T10133/18) auf den Injektor auf und schlagen Sie leicht mit einem Kunststoffhammer darauf, um den Injektor zu lösen.
■ Setzen Sie den Innenteil des Abziehers (VW T10133-19) in die Abstufung des Injektors (Pfeil) ein.
■ Schieben Sie die Abzieherhülse (VW T10-133/16A) über das Innenteil und ziehen Sie den Injektor durch Anziehen der Schraube im Abzieher mit einem Drehmomentschlüssel heraus.

⚠ Das Drehmoment darf 5 Nm nicht überschreiten, da sonst der Injektor beschädigt wird.

☞ Löst sich der Injektor nicht, muss der Injektor mit der Schlaghülse (VW T10133/18) nochmals gelöst werden, bis er sich mit 5 Nm herausziehen lässt.

■ Ziehen Sie den Injektor (5) aus dem Zylinderkopf heraus.
■ Nehmen Sie den O-Ring (2) von dem jeweiligen Injektor (5) ab.

Der Einbau erfolgt sinngemäß in umgekehrter Reihenfolge.
■ Die Brennraumdichtung zwischen Injektor und Brennraum immer erneuern. Der Dichtring und dessen Anlageflächen müssen fettfrei sein.
■ Reinigen Sie die Injektorbohrung wie bereits auf Seite 113 beschrieben.

De- und Montage am 2,0-l-TFSI-Motor
Für den 2,0-l-TFSI-Motor wurden zwei Motorgenerationen und für die jüngste Generation noch eine weitere Bauvariante produziert. Die Unterschiede für die Montagearbeiten sind aber nicht erheblich. Wir stellen Ihnen die Montagearbeiten an der ersten Motorgeneration vor und heben die Besonderheiten für die anderen Varianten hervor.
■ Bauen Sie die Motorabdeckung oben und den Luftfilterkasten aus.

⚠ Reinigen Sie den Montagebereich der Injektoren gründlich, um das Hineinfallen von Ablagerungen in die Injektorbohrung zu verhindern.

■ Lösen Sie die Unterdruckleitung (6 im Bild 6) und legen Sie sie zur Seite.
■ Entsichern Sie die Anschlussleitung zum Ansauglufttemperturgeber (7), zum Magnetventil für den Aktivkohlebehälter (5) sowie

Bild 6

Bild 6
Injektor beim 2,0-l-TFSI.
1 Leitung Aktivkohlefilter
2 Nockenwellenpositionsgeber
3 Motorentlüftung
4 Drosselklappensteller
5 Anschluss Magnetventil
6 Unterdruckleitung
7 Ansauglufttemperaturfühler
8 Schraube

Bild 7
Injektor und Sammelrohr (Rail) beim 2,0-l-TFSI Generation II.
1 Schraube
2 Stützring
3 O-Ring
4 Distanzring
5 Injektor (Einspritzdüse)
6 Dichtscheibe
7 Aufnahme
8 Brennraumdichtung
9 Halteschelle
10 Selbstschneidende Schraube (Anschluss)
11 Hochdruckleitung
12 Kraftstoffdrucksensor
13 Sammel oder Verteilerrohr (Rail)
Pfeil Ansatzpunkt für den Abzieher

Bild 8
Verschraubungen am Saugrohr beim 2,0-l-TFSI.
1 Schrauben
2 Muttern

Bild 9
Verschraubungen am Saugrohr beim 2,0-l-TFSI Generation III.
1 Hochdruckrohr
2 Schraube
3 Schrauben
4 Kraftstoffdrucksensor
5 Kraftstoffverteilerrohr (Rail)
6 Stützring
7 O-Ring
8 Distanzring
9 Injektor Generation III (Variante1)
10 Dichtscheibe
11 Brennraumdichtring
12 Injektor Generation III (Variante 2)
13 Anschlussstutzen

den Drosselklappensteller (4) und ziehen Sie sie ab.

■ Ziehen Sie die Steckverbindung zum Saugrohrdruckgeber (soweit verbaut) ab.

■ Entriegeln Sie die Anschlüsse (3) der Motorentlüftung und nehmen Sie sie heraus.

■ Bauen Sie das Luftführungsrohr vom Ladeluftkühler zum Drosselklappenstück aus.

■ Lösen Sie den Kraftstoffvorlaufschlauch zur Hochdruckpumpe vom Saugrohr.

■ Lösen Sie die Überwurfmutter der Hochdruckleitung an der Hochdruckpumpe.

Halten Sie den Sechskant des Anschlussstutzens an der Hochdruckpumpe beim Lösen der Überwurfmutter fest.

■ Entsichern Sie die Anschlussleitung zum Ventil für die Saugrohrklappenverstellung und ziehen Sie sie ab.

■ Ziehen Sie den Unterdruckanschluss zum Ventil für die Saugrohrklappenverstellung ab.

■ Entsichern Sie die Anschlussleitung zum Kraftstoffdruckgeber und ziehen Sie sie ab.

■ Entsichern Sie die Anschlussleitung an der Saugrohrstütze und ziehen Sie sie ab.

■ Lösen Sie die Anschlusskabel von der Saugrohrstütze.

■ Drehen Sie die Mutter und die Schraube der Saugrohrstütze unter dem Drosselklappenstück heraus und nehmen Sie die Saugrohrstütze ab.

■ Bauen Sie den Ölfilter ab.

■ Entsichern Sie die Anschlussleitung des Positionsgebers der Saugrohrklappe und ziehen Sie sie ab.

■ Nehmen das Kabel vom Saugrohr ab.

■ Drehen Sie die Muttern (2 im Bild 8) und die Schrauben (1) des Saugrohrs heraus.

Entsichern Sie die Anschlussleitung der im Zylinderkopf verbliebenen Einspritzventile und ziehen Sie sie ab.

⚠ Verschließen Sie die Einlasskanäle im Zylinderkopf mit einem Lappen, um das Hereinfallen von Kleinteilen oder Verschmutzungen zu vermeiden.

■ Hebeln Sie den Stützring (2 im Bild 7) seitlich von den Injektoren (5) ab.

Demontage der Injektoren mit dem Abzieher:

■ Schieben Sie eine Schlaghülse (VW T10133/18) auf den Injektor auf und schlagen Sie leicht mit einem Kunststoffhammer darauf, um den Injektor zu lösen.

■ Setzen Sie das Innenteil des Abziehers

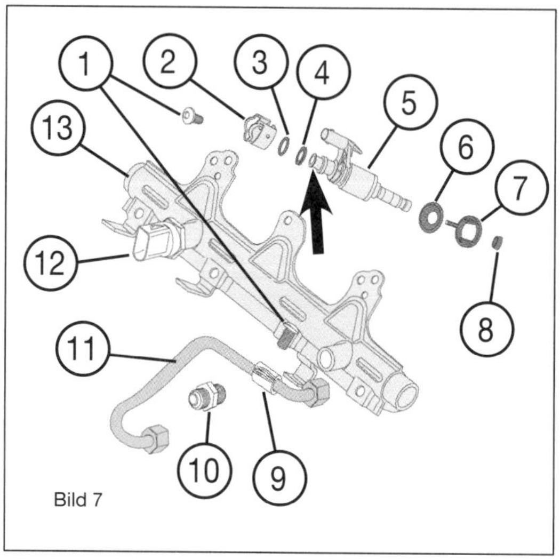

Bild 7

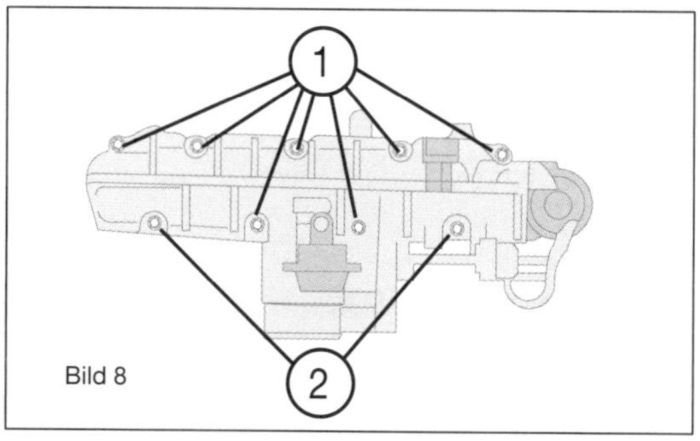

Bild 8

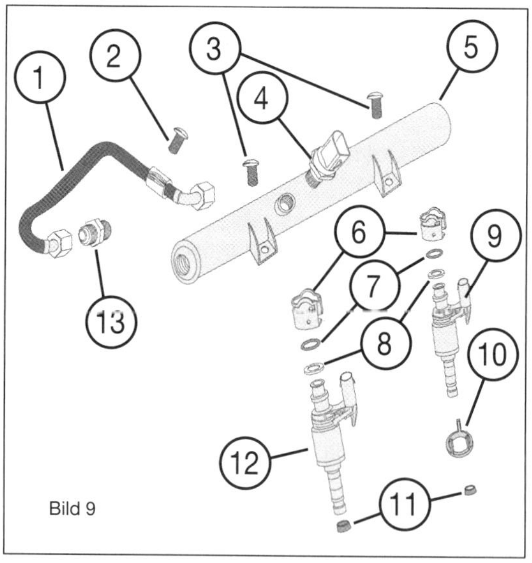

Bild 9

(VW T10133/2A) in die Abstufung des Injektors (Pfeil) ein.

■ Schieben Sie die Abzieherhülse (VW T10-133/16A) über das Innenteil und ziehen Sie den Injektor durch Anziehen der Schraube im Abzieher mit einem Drehmomentschlüssel heraus.

⚠ Das Drehmoment darf 5 Nm nicht überschreiten, da sonst der Injektor beschädigt wird.

Löst sich der Injektor nicht, muss der Injektor mit der Schlaghülse (VW T10133/18) nochmals gelöst werden, bis er sich mit 5 Nm herausziehen lässt.
■ Ziehen Sie den Injektor (5) aus dem Zylinderkopf heraus.

Lösen der Injektoren mit dem Zughammer:
Diese Demontagemethode ist für die neuern Injektoren (12 im Bild 9) beschrieben. Vorsichtig angewendet kann sie aber auch bei den anderen Bauversionen zum Einsatz kommen. Der Zughammer kann mit dem Schlagimpuls Verkrustungen leichter aufbrechen. Allerdings kann auch der Injektor leichter Schaden nehmen.
■ Schieben Sie eine Schlaghülse (VW T10133/18) auf den Injektor auf und schlagen Sie leicht mit einem Kunststoffhammer darauf, um den Injektor zu lösen.
■ Montieren Sie dann einen passenden Abzieher (wie VW T10133/20) mit einem kleinen Zughammer an dem oberen Rand (Pfeil im Bild 5 oder im Bild 7) der Einspritzdüse.
■ Ziehen Sie die Einspritzdüse mit leichten Schlägen in Zugrichtung heraus.

Weiter nach der Demontage:
■ Nehmen Sie den O-Ring (3) und den Distanzring (4) von dem Injektor (5) ab.

Der Einbau erfolgt sinngemäß in umgekehrter Reihenfolge.
■ Die Brennraumdichtung (8) zwischen Injektor und Brennraum immer erneuern. Der Dichtring und dessen Anlageflächen müssen fettfrei sein.
Die Brennraumdichtung muss vorsichtig mit einer passenden Montagehülse (VW T10133/5 und T10133/6 aufgeschoben werden.
Verwenden Sie grundsätzlich einen kompletten Reparatursatz für die Montage.
■ Reinigen Sie die Injektorbohrung wie bereits auf Seite 113 beschrieben.

De- und Montage am 2,0-l-TDI-Motor
■ Bauen Sie die Motorabdeckung oben ab. Nehmen Sie die Geräuschdämmung über dem Motor ab.
Reinigen Sie den Montagebereich der Injektoren gründlich, um das Verschmutzen der Injektorbohrung zu verhindern.

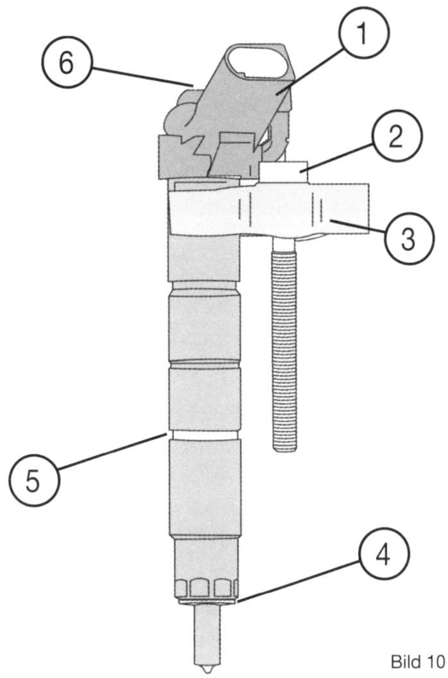

Bild 10

Bild 10
Injektor ausgebaut.
1 Elektrischer Anschluss
2 Schraube Spannpratze
3 Spannpratze
4 Kupfer-Dichtring
5 O-Ring Injektorschacht
6 Anschluss Lecköl

■ Ziehen Sie die Verriegelung der Leckölleitungen nach oben und nehmen Sie die Leckölleitung ab.
■ Entsichern Sie die Anschlussleitung an den Injektoren der Saugrohrklappe und ziehen Sie sie ab.
■ Lösen Sie die Überwurfmutter der Hochdruckleitung zwischen Injektor und Verteilerrohr (Rail).
Vor dem Ausbau der Hochdruckrohre ist die Zuordnung zum jeweiligen Injektor zu kennzeichnen.
■ Nehmen Sie das Hochdruckrohr heraus. Verschließen Sie die offenen Anschlüsse mit passenden Stopfen.
■ Lösen Sie die Schraube der Spannpratze (2 im Bild 10) und drehen Sie sie heraus.
Die Spannpratzen fixiert immer zwei Injektoren. Sie kann nur dann abgenommen oder eingebaut werden, wenn die beiden Injektoren demontiert werden.
Für die Injektorenpaarungen ist folgende Demontagereihenfolge vorgegeben:
■ Spannpratze 1: Zuerst Injektor 2, dann Injektor 1 demontieren.
■ Spannpratze 2: Zuerst Injektor 4, dann Injektor 3 demontieren.
■ Montieren Sie das Adapterstück (3 im Bild 11) des Abziehers an den Hochdruckanschluss des Injektors.

Sichtprüfung Messen

Bild 11
Auszieher für die Injektoren beim 2,0-l-TDI.
1 Zugachse
2 Schlageisen
3 Adapterstück
4 Hohlschraube
5 Hochdruckanschluss Injektor
6 O-Ring Injektorschacht
7 Kupferring
8 Injektor
9 Anschluss Lecköl

■ Schrauben Sie die Zugachse (1) mit dem Schlageisen (2) an das Adapterstück.

Die Zugachse sollte nun mittig über dem Injektor stehen.

■ Lösen Sie mit vorsichtigen Schlägen in die Zugrichtung (Pfeil im Bild 11) den Injektor.

Sitzen die Injektoren aufgrund von Ablagerungen zwischen Zylinderkopf und Injektor fest, zuerst ein Injektorenspray einwirken lassen und dann den Injektor mit einem geeigneten Auszieher gerade nach oben herausziehen.

Vor dem Ausbau des Injektors ist die Zuordnung zum jeweiligen Injektorschacht zu kennzeichnen, sonst muss die Injektorklassierung (Kennzeichnung auf dem Injektor) mit Diagnosesystem im Motor-Steuergerät neu eingetragen werden.

■ Ziehen Sie den Injektor (8) mit Drehbewegungen, um die Dichtlippe oben zu schonen, nach oben heraus.

■ Legen Sie die ausgebauten Injektoren auf einem sauberen Lappen ab.

Für die Montage müssen die Schraube der Spannpratze (2 im Bild 10), der Kupferdichtring (4), der O-Ring für den Injektorschacht (5) sowie der O-Ring (6) für den Leckölanschluss ersetzt werden.

Achten Sie bei Wiederverwendung der Hochdruckleitungen (Hochdruckrohre) auf die bei der Demontage gemachten Markierung zur Zuordnung zum Zylinder.

Die Hochdruckleitungen (Hochdruckrohre) dürfen nur dann weiterverwendet werden wenn:
- sie am Dichtkonus keine Verformung oder Risse aufweisen,
- die Bohrungen der Leitung keine Verformung, Verengung oder Beschädigungen aufweist,
- die Leitungen nicht korrodiert oder verbogen worden sind.

■ Injektor und Injektorschächte wie beschrieben reinigen.

Nach dem Erneuern eines Injektors müssen das Diagnosesystem angeschlossen, der Fehlerspeicher ausgelesen und Injektorklassierung im Motorsteuergerät eintragen werden.

■ Der Injektorbereich (B im Bild 2) muss eingefettet werden. Spezialfett muss dünn und gleichmäßig aufgetragen werden.

■ Den Dichtring zwischen Injektor und

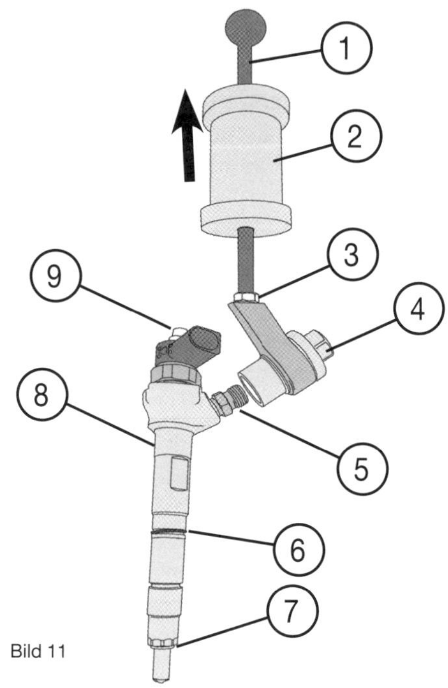

Bild 11

Brennraum immer erneuern. Dichtring und dessen Anlageflächen müssen fettfrei sein.

■ Die Befestigungsschrauben müssen immer erneuert werden.

■ Befestigungsschrauben müssen leicht hineinzudrehen sein. Bei Bedarf das Gewinde vorsichtig nachschneiden/reinigen.

■ Beachten Sie die Montagereihenfolge für die Injektorpaarungen, die wir zu Anfang schon beschrieben haben.

Kraftstofffilter wechseln

Kraftstofffilter bei den TFSI-Motoren

Der Kraftstofffilter ist bei allen Ländervarianten (außer China) im rechten Verschlussflansch verbaut. Ein Filterwechsel ist nicht vorgesehen. Bei einem Defekt am Kraftstofffilter oder am Druckregler, muss das Tankfördermodul ersetzt werden.

Kraftstofffilter bei den TDI-Motoren

Der Kraftstofffilter ist im Motorraum vorne rechts verbaut.

Schalten Sie die Zündung aus und ziehen Sie den Zündschlüssel ab.

Drehen Sie die Schrauben in der Reihenfolge (5-1 im Bild 12) heraus.

Legen Sie einen Lappen bereit, um den abtropfenden Kraftstoff aus dem Kraftstofffilter aufzunehmen.

■ Heben Sie den Filtergehäusedeckel (D) an und nehmen Sie den Filtereinsatz (E) heraus.

Der Einbau erfolgt sinngemäß in umgekehrter Reihenfolge.
■ Drehen Sie die Schrauben in der Reihenfolge (1-5) an.

Um ein sofortiges Starten des Motors nach dem Kraftstofffilterwechsel zu gewährleisten und einen Trockenlauf der Pumpen zu verhindern, muss das Kraftstoffsystem mit dem Fahrzeugdiagnosesystem entlüftet werden. Vor dem ersten Motorstart kann der Kraftstofffilter (1) durch mehrmaliges Ein-/Ausschalten der Zündung befüllt werden, um Schäden an der Hochdruckpumpe zu verhindern.
■ Starten Sie den Motor und führen Sie eine Sichtprüfung des Kraftstoffsystems am Kraftstofffilter durch.

Luftfilter wechseln

Beim Ausblasen des Luftfiltergehäuses mit Pressluft ist Folgendes zu beachten:
■ Zur Vermeidung von Funktionsstörungen bitte die kritischen luftführenden Motorbauteile wie Luftmassenmesser, Lufteinlassrohre usw. mit einem sauberen Putzlappen abdecken.

Grundsätzlich sollten Sie das Gehäuse reinigen und wenn erforderlich auch mit einem Staubsauger aussaugen, um Rückstände gründlich zu entfernen.
■ Schlauchstutzen und Schläuche für Ladeluftsystem müssen vor dem Montieren öl- und fettfrei sein.
■ Verwenden Sie keine silikonhaltigen Gleitmittel bei der Montage.

Luftfiltereinsatz beim 1,4-l-TFSI
■ Bauen Sie die Motorabdeckung oben ab.
■ Soweit vorhanden, den Unterdruckschlauch am Luftfilteroberteil abziehen.
■ Lösen Sie die Schlauchschellen (4 im Bild 13) am Luftfilterkasten und ziehen Sie die Luftführungsrohre (3 und 5) ab.
■ Ziehen Sie das komplette Luftfiltergehäuse nach oben von den Haltestiften ab.
■ Legen Sie das Luftfiltergehäuse auf einem Lappen auf der Werkbank umgedreht ab.
■ Drehen Sie die beiden Schrauben von unten heraus.

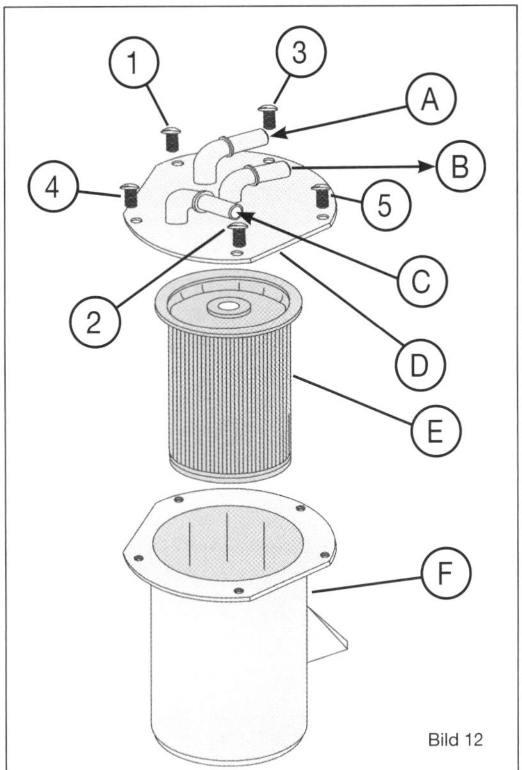

Bild 12

Bild 12
Kraftstofffilter beim TDI.
A Kraftstoffvorlauf vom Tank
B Kraftstoffvorlauf zur Hochdruckpumpe
C Kraftstoffrücklauf
D Gehäusedeckel
E Filtereinsatz
F Filtergehäuse
1-5 Schrauben (Anzugsreihenfolge)
5-1 Schrauben (Lösereihenfolge)

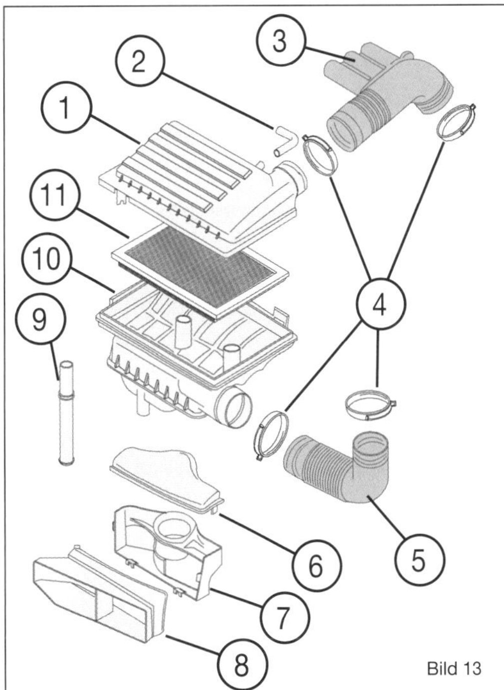

Bild 13

Bild 13
Luftfilter beim 1,4-l-TFSI.
1 Filterkastenoberteil
2 Kurbelgehäuseentlüftung
3 Luftführungsrohr
4 Schelle
5 Luftführungsrohr
6 Luftführungsdeckel
7 Luftführungskasten
8 Lufthutze
9 Wasserablaufschlauch
10 Filterkastenunterteil
11 Filtereinsatz

■ Öffnen Sie die Halteclips, die Filterkastenoberteil (1) und Filterkastenunterteil (10) des Luftfiltergehäuses zusammenhalten.
■ Trennen Sie das Filterkastenoberteil (1) vom Filterkastenunterteil (10).
■ Nehmen Sie den Luftfiltereinsatz heraus.
■ Reinigen Sie den Luftfilterkasten.

Der Einbau erfolgt sinngemäß in umgekehrter Reihenfolge.

- Fetten Sie die Haltestifte am Saugrohr vor der Montage des Luftfilterkastens leicht ein.
- Achten Sie auf den Sitz der Schlauchschellen (4).

Luftfiltereinsatz bei den 2,0-l-TFSI und beim 2,0-l-TDI-Motoren

- Bauen Sie die Motorabdeckung oben ab.
- Soweit vorhanden den Unterdruckschlauch (1 im Bild 14) am Luftfilteroberteil abziehen.
- Drehen Sie die Befestigungsschrauben (3) am Luftfilteroberteil (2) heraus.
- Heben Sie das Luftfilteroberteil (2) an und nehmen Sie den Flitereinsatz heraus.
- Soweit vorhanden das Schneefangsieb unter dem Filtereinsatz herausnehmen.
- Reinigen Sie das Luftfiltergehäuse und prüfen Sie, ob der Wasserablauf frei ist.

Der Einbau erfolgt sinngemäß in umgekehrter Reihenfolge.

- Reinigen Sie gegebenenfalls das Luftfilterunterteil.

Zündkerzen wechseln

Augenscheinlich ist der Wechsel der Zündkerzen sehr leicht möglich. Allerdings »verbacken« die Zündkerzenstecker (Gummi) recht häufig mit der Zündkerze und reißen dann oft beim Abziehen der Einzelfunkenspule. Oftmals ist es erforderlich, neue Kerzenstecker zu verbauen. Diese sind auf die Zündspule aufgesteckt und können auch im Zubehör einzeln erworben werden.

Wechsel der Zündkerzen beim 1,4-l-TFSI

- Bauen Sie die Motorabdeckung oben ab.
- Demontieren Sie das Luftführungsrohr (3 im Bild 13).
- Entsichern Sie die Anschlussleitung der Zündspulen, ziehen Sie sie ab und legen Sie sie zur Seite.
- Drehen Sie die Schrauben (2 im Bild 15) heraus.
- Ziehen Sie die Zündspule gerade nach oben heraus.

Um mehr Kraft einsetzen zu können ist das Spezialwerkzeug »T10530« hilfreich.

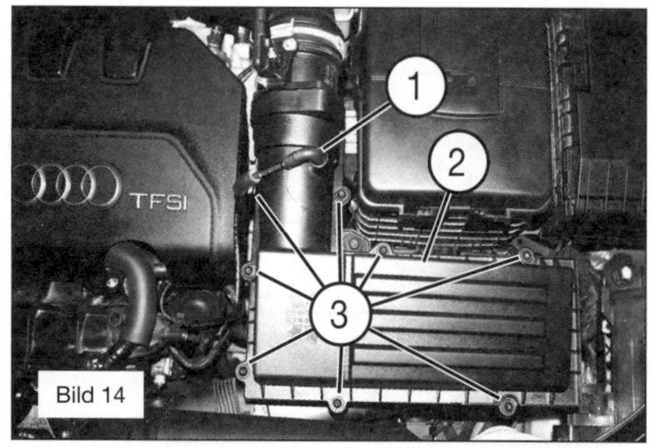

Bild 14

Bild 14
Luftfilterkasten beim TFSI und beim TDI.
1 Unterdruckschlauch
2 Filterkastenoberteil
3 Schrauben

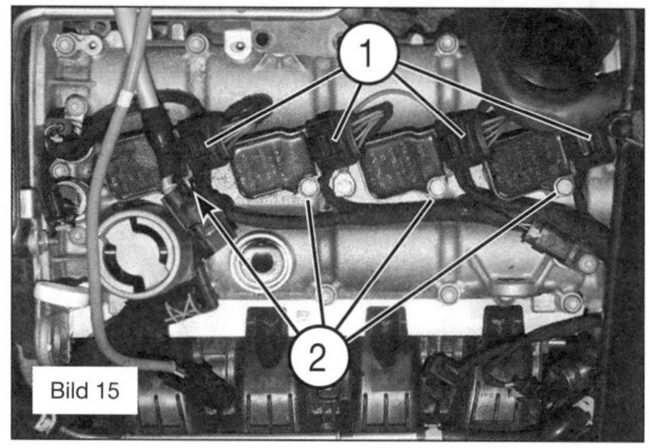

Bild 15

Bild 15
Einzelfunkenspulen beim 1,4-l-TFSI.
1 Anschlussstecker Zündspule
2 Schraube

- Reinigen Sie den Kerzenschacht mit Druckluft und vergewissern Sie sich, dass keine Rückstände im Kerzenschacht verblieben sind.
- Drehen Sie die Zündkerzen mit einem passenden Kerzenschlüssel heraus.
- Ziehen Sie die Kerze aus dem Schacht heraus.

Der Einbau erfolgt sinngemäß in umgekehrter Reihenfolge.

- Führen Sie die neuen Zündkerzen in den Zündkerzenschacht ein. Lassen Sie die Kerze nicht hineinfallen.

Sie können einen Schlauch, in den die Keramik der Zündkerze passt, hilfsweise zum Herausziehen oder einsetzen der Zündkerze verwenden.

- Ziehen Sie die Zündkerze mit dem entsprechenden Drehmoment an.

Prüfen Sie den Kerzenstecker (das Gummi auf der Zündspule) auf Beschädigungen oder Ausrisse.

- Fetten Sie den Anlagebereich des Kerzensteckers mit etwas Silikonfett ein.
- Legen Sie die Zündspule auf die Zündkerze auf und richten Sie sie passend zur Verschraubung der Zündspule aus.
- Drücken Sie die Zündspule von Hand auf die Zündkerze und ziehen Sie die Schraube (2) an.

Wechsel der Zündkerzen beim 2,0-l-TFSI

Im 2,0-l-TFSI Motor sind zwei unterschiedliche Einzelfunkenspulen verbaut.

■ Bauen Sie die Motorabdeckung oben ab.
■ Entsichern Sie die Anschlussleitung der Zündspulen, ziehen Sie sie ab und legen Sie sie zur Seite.

Variante 1 (gesicherte Zündspulen):
■ Drehen Sie die Schrauben (2 im Bild 15) heraus.
■ Ziehen Sie die Zündspule gerade nach oben heraus.

Tipp: Um mehr Kraft einsetzen zu können, ist das Spezialwerkzeug »T10530« hilfreich.

Variante 2 (gesteckte Zündspulen):
■ Schieben Sie den Abzieher »T40039« in die oberste Rille des Kerzensteckers auf.
■ Ziehen Sie die Zündspule gerade nach oben heraus.

Weiter für beide Varianten:
■ Reinigen Sie den Kerzenschacht mit Druckluft und vergewissern Sie sich, dass keine Rückstände im Kerzenschacht verblieben sind.
■ Drehen Sie die Zündkerzen mit einem passenden Kerzenschlüssel heraus.
■ Ziehen Sie die Kerze aus dem Schacht heraus.

Der Einbau erfolgt sinngemäß in umgekehrter Reihenfolge.
■ Führen Sie die neuen Zündkerzen in den Zündkerzenschacht ein. Lassen Sie die Kerze nicht hineinfallen.

Tipp: Sie können einen Schlauch, in den die Keramik der Zündkerze passt, hilfsweise zum Herausziehen oder Einsetzen der Zündkerze verwenden.

■ Ziehen Sie die Zündkerze mit dem entsprechenden Drehmoment an.

Prüfen Sie den Kerzenstecker (das Gummi auf der Zündspule) auf Beschädigungen oder Ausrisse.

■ Fetten Sie den Anlagebereich des Kerzensteckers mit etwas Silikonfett ein.

Variante 1 (gesicherte Zündspulen):
■ Legen Sie die Zündspule auf die Zündkerze auf und richten Sie sie passend zur Verschraubung der Zündspule aus.
■ Drücken Sie die Zündspule von Hand auf die Zündkerze und ziehen Sie die Schraube (2) an.

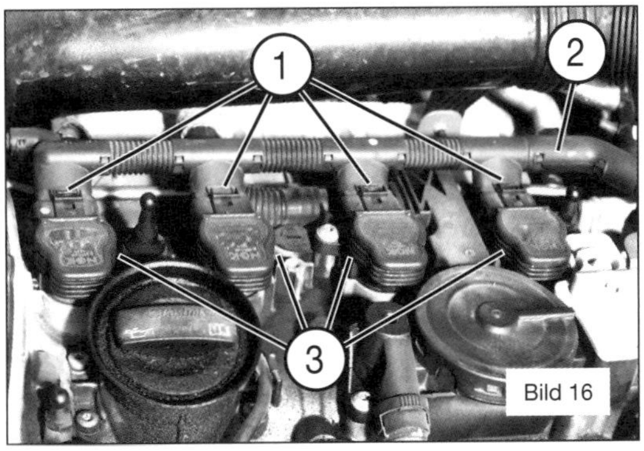

Bild 16
Einzelfunkenspulen beim 2,0-l-TFSI.
1 Steckkontakt Zündspulen
2 Kabelsatz
3 Zündspulen

Variante 2 (gesteckte Zündspulen):
■ Drücken Sie die Zündspule von Hand auf die Zündkerze.

Glühkerzen wechseln

Umgang mit Keramik-Glühkerzen

Tipp: Eine Glühkerze darf generell nicht mit 12 V bestromt werden, da diese dadurch zerstört wird. Die Diagnose erfolgt über die Widerstandsmessung oder über den Diagnosetester.

Achtung: Keramik-Glühkerzen sind sehr stoßempfindlich. Stöße können nicht sichtbare Beschädigungen (Haarrisse) verursachen und zu Motorschäden führen. Sie können nicht auf mechanische Beschädigungen (z. B. Haarrisse) geprüft werden. Solche Schäden sind in den meisten Fällen nicht erkennbar. Ist eine Keramik-Glühkerze heruntergefallen, muss diese zwingend erneuert werden.

Tipp: Verwenden Sie Keramik-Glühkerzen nur aus einer ungeöffneten Originalverpackung.

Wechsel der Glühkerzen

Tipp: Die Glühkerzen sind auf der Vorderseite des Motors angeordnet.

■ Die Motorabdeckung oben wie beschrieben demontieren.
■ Schalten Sie die Zündung ab und ziehen Sie den Zündschlüssel ab.
■ Lösen Sie die Halteklammern des Leitungsstrangs.
■ Ziehen Sie die Stecker zu den Glühkerzen ab.
■ Reinigen Sie das Umfeld der Glühkerzen und den Glühkerzenschacht gründlich.

Bild 17
Reinigung des Glühkerzenkanals.
1 Spray zum Lösen von Verkokungen
2 Montagepaste
3 Bürste zum Reinigen

Bild 18
OBD-Tester mit Zubehör.
1 Aufbewahrungskoffer
2 Informationsmaterial und Datenstick
3 OBD-Dongel
4 USB-Anschlusskabel

Lösen Sie die Glühkerze mit einem passenden Glühkerzenschlüssel.

⚠ Lassen sich die Glühkerzen nicht lösen, lassen Sie den Motor warmlaufen, sprühen Sie ein Injektorlösemittel im Bereich des Gewindes auf und warten Sie einige Minuten.

☞ Oftmals lassen sich die Glühkerzen nicht einfach herausdrehen. Die Anlagerungen in Richtung Brennraum verhindern ein Ausdrehen.

- Um Schäden oder ein Abreißen zu verhindern, sprühen Sie einen Rost- oder Glühkerzenlöser in der Kerzenschacht und lassen diesen einige Minuten einwirken.
- Drehen Sie die Glühkerze bis zum Klemmpunkt und wieder zurück. Der Klemmpunkt wird sich mit jedem Durchlauf etwas verlagern.
- Wiederholen Sie das Drehen bis zum Klemmpunkt so lange, bis die Glühkerze herausgedreht ist.
- Ziehen Sie die Glühkerze mit einem geeigneten Werkzeug gerade heraus. Werkseitig wird hier das Montagewerkzeug »T40428« empfohlen.

☞ Bei Wiederverwendung der Glühkerzen, Glühkerzen zum entsprechenden Zylinder 1 bis Zylinder 4 kennzeichnen.

- Die Glühkerzen herausdrehen.

☞ Verschließen Sie den Glühkerzenschacht, wenn weitere Montagearbeiten in diesem Bereich anliegen.

Die Montage erfolgt sinngemäß in umgekehrter Reihenfolge.

- Den jeweiligen Glühkerzenschacht und das Gewinde reinigen.
- Das Gewinde der Glühkerze leicht mit Montagepaste (2) einstreichen.
- Fehlerspeicher des Motorsteuergeräts kontrollieren und gegebenenfalls löschen.

Fahrzeugdiagnosetester einsetzen

Es gibt eine Reihe von Arbeiten im Bereich der Einspritz- und Zündanlage, die man ohne Tester mit Übung und Erfahrung, unter Einsatz bestimmter Spezialwerkzeuge und am besten auch mit fachkundiger Beratung in einer Mietwerkstatt ausführen kann. Darauf gehen wir mit den folgenden

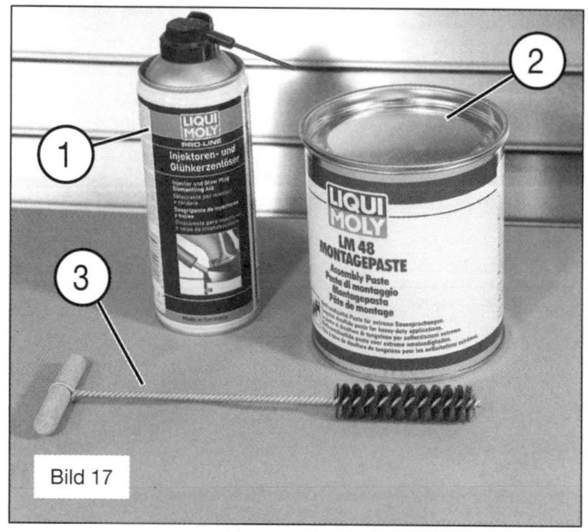

Bild 17

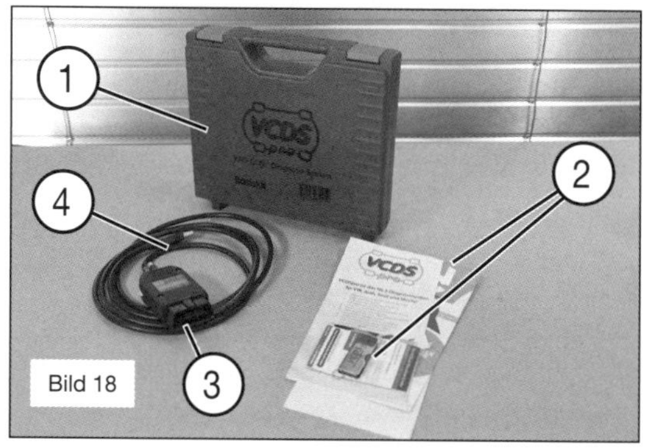

Bild 18

Arbeitsbeschreibungen ein. Vielfach aber kann man an den elektronisch gesteuerten Einspritzsystemen nur selbst Hand anlegen, wenn man über einen Diagnosetester verfügt. Das Steuergerät kann viele Fehler an elektrischen Teilen der Einspritz- und Zündanlage per Selbstdiagnose erkennen und sie in einem Fehlerspeicher ablegen. Dabei wird auch eine Entscheidung getroffen, ob es sich um permanente Fehler oder um sporadische Mängel handelt. Entsprechend kann die Diagnose oder der Austausch der einzelnen Komponenten ausgelegt werden. In den meisten Fällen werden aber nur fehlerhafte Abweichungen beschrieben. Die Diagnose muss dann mit Sachkenntnis über Systeme und Bauteile im System erfolgen.

Diagnosegeräte

Die Marken-Werkstätten verwenden ein eigenes Diagnosesystem, das auf die einzelne Marke abgestimmt ist. Mit geeigneter Software und gewisser Kenntnis der Funktions- und Vorgehensweise sind auch andere Werkstattsysteme zu verwenden, wie sie in vielen Mietwerkstätten vorhanden sind. Als Vertreter der frei verfügbaren marken-

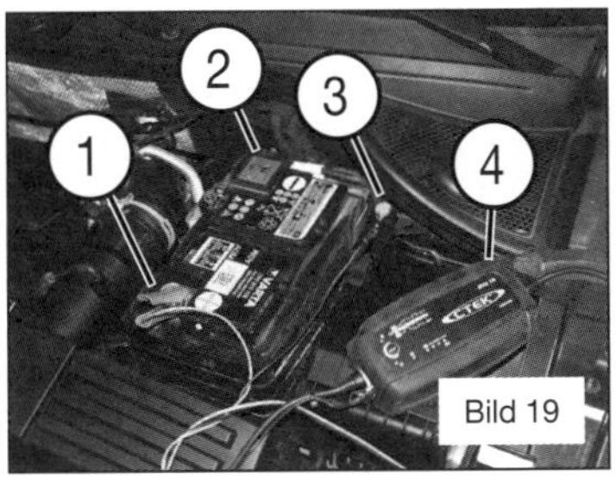

Bild 19

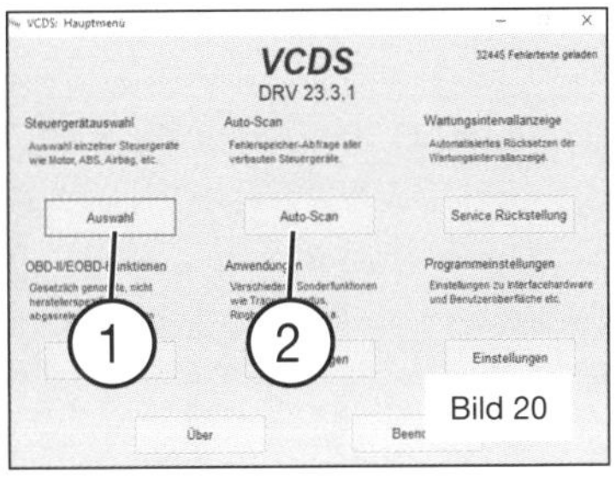

Bild 20

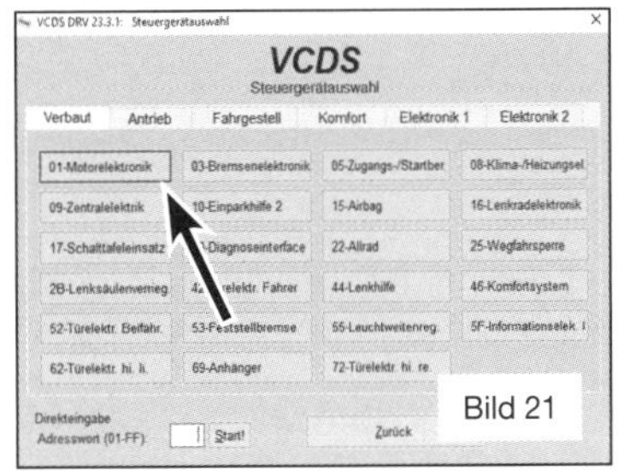

Bild 21

Bild 19
Dauerladegerät zur Ladungserhaltung.
1 Batteriepluspol
2 Batterieminuspol
3 Masseanschluss zur Starthilfe
4 Ladegerät

Bild 20
Anwahl eines Steuergerätes (1) oder die Abfrage aller verbauten Steuergeräte (2).

Bild 21
Anwahl des Motorsteuergerätes unter »01 Motorelektronik« (Pfeil).

spezifischen Systeme stellen wir Ihnen den »VCDS« (freier Tester mit Zuschnitt auf die Arbeiten gerade in freien Werkstätten) vor. Der Testerhersteller Secons bietet Testsysteme für unterschiedliche Fahrzeughersteller an. Über regelmäßige Updates wird ein aktueller Software- und Fahrzeugbestand angeglichen. Hier möchten wir die Istwerte für die Gemischaufbereitung erfassen und darstellen. Die Fehlerspeicherauslese unterscheidet sich kaum von den Arbeitsschritten, die wir Ihnen ab Seite 30 in diesem Buch vorgestellt haben.

Messwerte aus Sicht des Steuergerätes
Da das Motorsteuergerät aus den erfassten Messwerten und den abgespeicherten Kennfeldern definierte Funktionen ausführt, ist es wichtig, die »Sichtweise« des Steuergerätes einzunehmen, und die erfassten Messwerte auf Plausibilität zu überprüfen.
Exemplarisch werden wir im Folgenden die »Istwerte« für die Motordrehzahl, die errechnete Luftmasse pro Zylinder und den Saugrohrdruckfühler betrachten. Wir möchten hiermit die Reaktion der Sensoren zeitgleich beobachten. Wenn aus dem Leerlauf die Drosselklappe geöffnet wird, erfolgt ein Drehzahlanstieg des Motors und auch für unseren Turbomotor steigt der Druck im Saugrohr an. Bei geöffneter Drosselklappe erreicht der Saugrohrdruck bis etwa 1000 hPa beim Saugmotor. Bei den Turbomotoren kann sogar ein deutlich höherer Druck anliegen. Nach einigen Gasstößen kann die Auswertung über die Abweichung der Kurven untereinander erfolgen. Die dargestellten Messwertkurven (im Bild 24) und die Messwerte (Bild 23) zeigen auch ohne die Sollwerte eine Reaktion beispielsweise des Saugdruckfühlers an. Der Messwert des Saugrohrdruckfühlers kann dann auch über eine Druckmessuhr nachkontrolliert werden. Der Anschluss der Messuhr ist allerdings mit zusätzlichem Aufwand verbunden. Zumindest für die Funktionsprüfung in einer ersten Übersicht kann hier einiges an Vorbereitungszeit eingespart werden. Fällt ein Sensor aus oder liefert einen Messwert, der sich nicht erklären lässt, müssen die Spannungsversorgung des Bauteils und natürlich auch das Bauteil einzeln überprüft werden.

Istwerte-Erfassung über das Motorsteuergerät
Die Istwerterfassung verläuft für die meisten Testerhersteller sehr ähnlich. Wir haben für die Darstellung den StarCOM von Secon gewählt und schildern die wichtigsten Arbeitsschritte bis zu den unterschiedlichen Messwertdarstellungen.

- Schließen Sie ein Dauerladegerät (Bild 19) an, um die Batterie in den Phasen der Vorbereitung für die Messungen nicht zu belasten.
- Schließen Sie den Tester an die OBD-Anschlussdose an. Die 13-polige Anschlussdose befindet sich an der A-Säule im Fahrerfußraum.
- Schalten Sie die Zündung ein.
- Starten Sie die Testersoftware.
- Wählen Sie über den Button »Auswahl« die Startmaske für die unterschiedlichen Steuergeräte an.
- Wählen Sie über den Button »01-Motorelektronik« (Pfeil im Bild 21) das Motorsteuergerät an.
- Lassen Sie den Motor im Leerlauf laufen.
- Wählen Sie über den Button »Messwertblöcke 08« (1 im Bild 22) die Maske zur Auswahl der Messwerte in einem Block an. Alternativ können Sie die Messwerte über den Button »erw. Messwerte« (2) auch individuell zusammenstellen. Die Messwerte werden hier dann als Zahlenwert in der Maske dargestellt.

Über das Herunterscrollen mit dem Seitenschieber in der Liste lassen sich die Messwerte einsehen.

- Zur grafischen Darstellung wählen Sie über den Button »Diagramm« (1 im Bild 23) eine neue Maske (Bild 24) an, in der sowohl die

Sichtprüfung · Messen

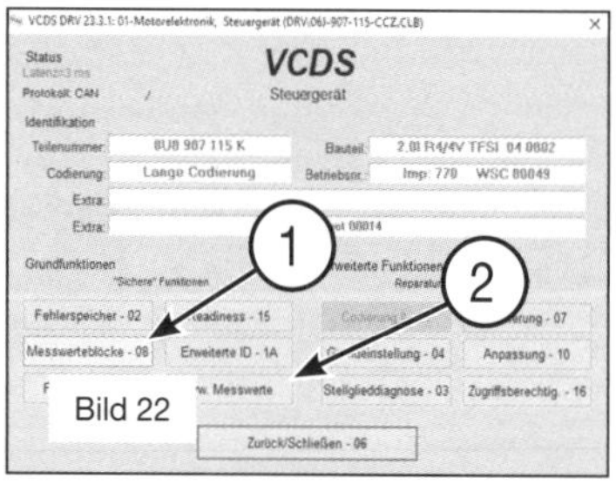

Bild 22

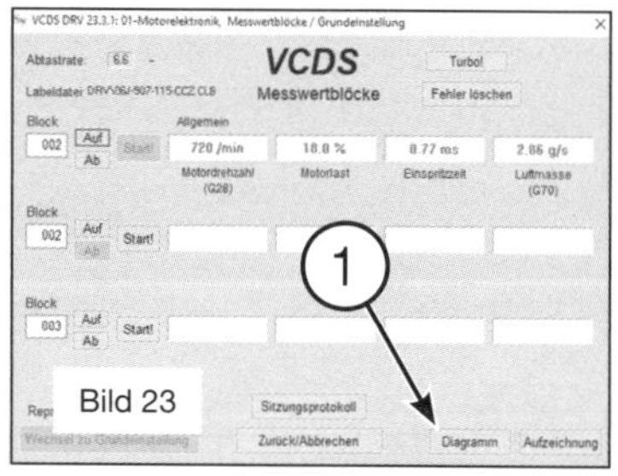

Bild 23

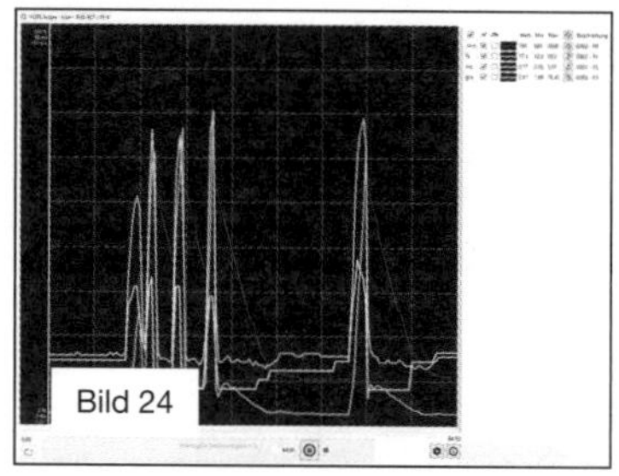

Bild 24

Bild 22
Anwahl des Motorsteuergerätes.
1 »08 Messwertblöcke«
2 »erw. Messwerte«

Bild 23
Messwerte im Messwertblock als Zahlwerte.
1 Anwahl zur grafischen Darstellung

Bild 24
Grafische Darstellung des im Bild 23 angewählten Messwertblocks.

Messwerte als Zahlenwert als auch als Signalbild dargestellt werden.

■ Wählen Sie aus der Liste die Motordrehzahl, die Luftmasse pro Zylinder und den Saugrohrdrucksensor an.

■ Die angewählten Messwerte werden nun auf der rechten Maskenseite beginnend grafisch dargestellt.

Der aktuelle Messwert wird als Zahlenwert mit der entsprechenden Einheit und im Verlauf grafisch dargestellt.

Die neueste Darstellung erfolgt bei diesem Tester immer rechts im Bild.

■ Treten Sie nun das Gaspedal kurz voll durch und lassen Sie das Gaspedal wieder los. Der Saugrohrdruck und die Luftmasse werden etwas früher ansprechen.

■ Wiederholen Sie die Gasstöße einige Male. Die Reaktion sollte ähnlich ausfallen.

Beobachten Sie die Reaktion der drei Messwerte untereinander. Die Messwerte für den Saugrohrdruck und die Luftmasse sollte fast zeitgleich und im erkennbaren Zusammenhang erfolgen.

Sensoren der Gemischaufbereitung

Lesen Sie vor den Arbeiten den Fehlerspeicher aus. Löschen Sie nach der Montage den Fehlerspeicher und lesen Sie ihn erneut nach der Probefahrt neu aus.

Der Nockenwellengeber und Kurbelwellengeber sind Hallsensoren. Eine Widerstandsmessung ist nicht sinnvoll und kann den Sensor beschädigen.

Wir werden an dieser Stelle die relevantesten Sensoren für das Gemischaufbereitungssystem, ihre Einbauposition und Demontage vorstellen. Die Bilder stellen Ihnen ein typisches Signalbild vor, das Sie für die Darstellung mit Oszilloskop erwarten können.

Nockenwellengeber

Die Nockenwellenpositionsgeber oder auch Phasengeber sind bei allen Motorvarianten im Ventildeckel oder im Bereich des Ventildeckels verbaut. Die Demontage ist recht ähnlich. Wir stellen Ihnen hier eine allgemeingültige Beschreibung zur Verfügung.

■ Lassen Sie den Motor für die Montagearbeiten abkühlen.

■ Demontieren Sie die Motorabdeckung oben und legen Sie den Ventildeckel frei.

■ Legen Sie die Steckkontakte frei.

■ Entsichern Sie den Steckkontakt (2 im Bild 25) und ziehen Sie ihn ab.

■ Drehen Sie die Schraube (1) heraus.

■ Ziehen Sie den Sensor gerade aus dem Ventildeckel heraus.

Die Montage erfolgt sinngemäß in umgekehrter Reihenfolge.

■ Erneuern Sie die O-Ring (3).

Kurbelwellengeber aus- und einbauen

Die Kurbelwellenpositionsgeber oder auch Drehzahlgeber sind bei allen Motorvarianten im Kurbelgehäuse oder am Kurbelgehäuse verbaut. Die Demontage ist recht ähnlich. Wir stellen Ihnen hier eine allgemeingültige Beschreibung zur Verfügung.

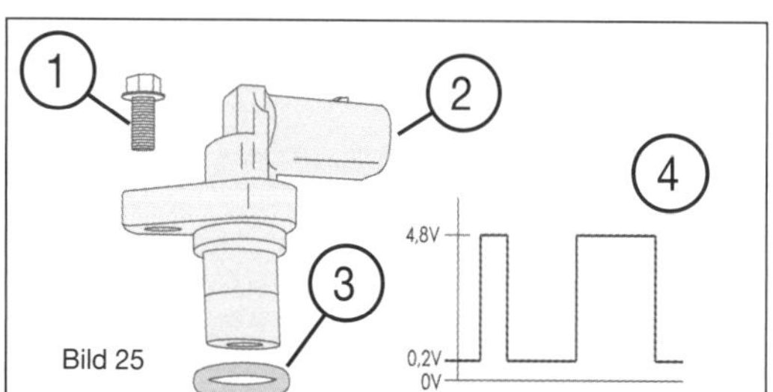

Bild 25

Bild 25
Nockenwellengeber.
1 Schraube
2 Elektrischer Anschluss
3 Dichtring
4 Signalbild

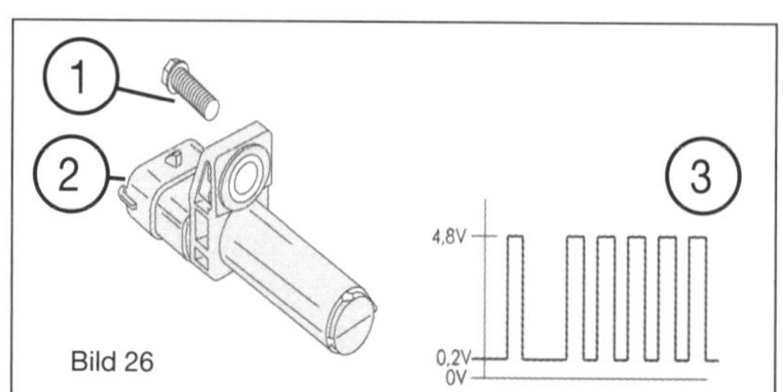

Bild 26

Bild 26
Kurbelwellengeber.
1 Schraube
2 Elektrischer Anschluss
3 Signalbild

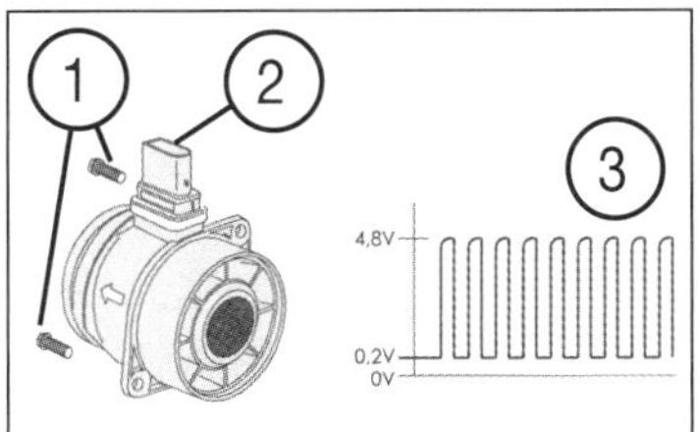

Bild 27

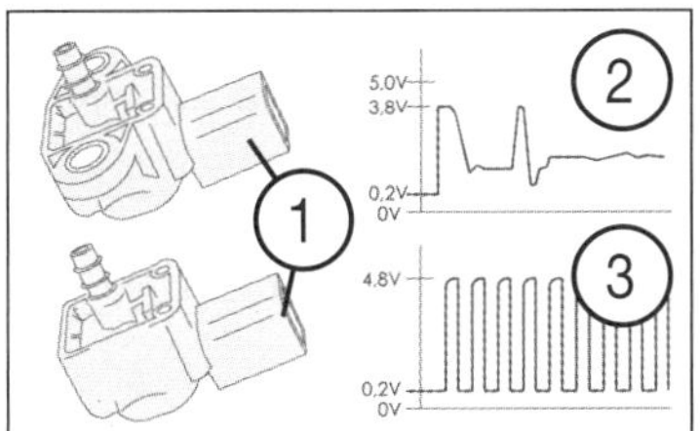

Bild 28

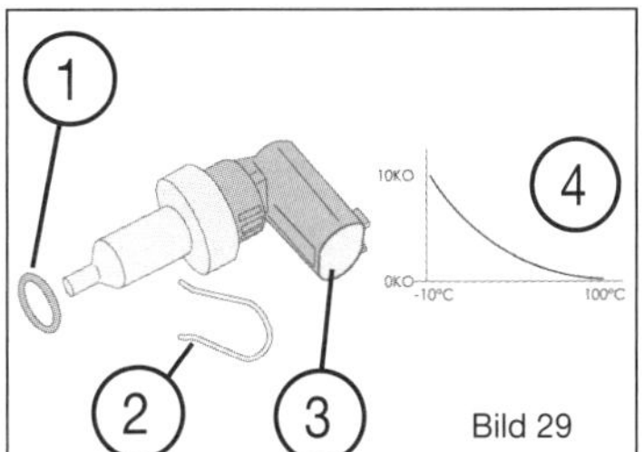

Bild 29

Bild 27
Luftmassenmesser.
1 Schrauben
2 Elektrischer Anschluss
3 Signalbild (Frequenz)

Bild 28
MAP-Sensor.
1 Elektrischer Anschluss
3 Analog-Signal (Spannung)
4 Signalbild (Frequenz)

Bild 29
Kühlmittel-Temperaturgeber.
1 Dichtring
2 Halteklammer
3 Elektrische Anschluss
4 Signalbild (Spannung)

■ Den Motor und die Abgasanlage für die Montagearbeiten abkühlen lassen.
■ Das Fahrzeug mit der Hebebühne wie beschrieben anheben.

Fahrzeug zwischen den Hebebühnensäulen ausrichten und die vier Aufnahmeteller an den vom Fahrzeughersteller vorgeschriebenen Hebebühnenaufnahmepunkten platzieren.

■ Legen Sie die Steckkontakte frei.
■ Entsichern Sie den Steckkontakt (1 im Bild 26) und ziehen Sie ihn ab.
■ Drehen Sie die Schraube (1) heraus.
■ Ziehen Sie den Sensor gerade aus dem Gehäuse heraus.

Die Montage erfolgt sinngemäß in umgekehrter Reihenfolge.

Luftmassenmesser aus- und einbauen
Der Luftmassenmesser ist beim 2,0-l-TFSI und beim 2,0-l-TDI-Motor verbaut. Der 1,4-l-TFSI-Motor kommt ohne diesen Sensor aus. Hier wird die Luftmasse über den Saugrohrdruck, Drehzahl und Lufttemperatur errechnet. Er ist zwischen Luftfiltergehäuse und Saugseite des Turboladers am Luftfilterkasten verbaut.
Die Demontage für die beiden Einspritzsysteme ist recht ähnlich. Wir stellen Ihnen hier eine allgemeingültige Beschreibung zur Verfügung.

■ Lassen Sie den Motor für die Montagearbeiten abkühlen.
■ Reinigen Sie den Bereich um den Luftmassenmesser gründlich.
■ Legen Sie die Steckkontakte frei.
■ Entsichern Sie den Steckkontakt des Anschlusskabels (2 im Bild 27) und ziehen Sie ihn ab.
■ Demontieren Sie den Ansaugschlauch am Luftmassenmesser.
■ Drehen Sie die Schraube (1) heraus.
■ Ziehen Sie den Luftmassenmesser aus dem Luftfilterkasten heraus.

Die Montage erfolgt sinngemäß in umgekehrter Reihenfolge.

Saugrohrdruckfühler aus- und einbauen
Der Saugrohrdrucksensor (MAP-Sensor) ist bei allen Motorvarianten im Ansauggehäuse vor dem Zylinderkopf verbaut.

■ Lassen Sie den Motor für die Montagearbeiten abkühlen.
■ Reinigen Sie den Bereich um den Saugrohrdruckfühler gründlich.
■ Legen Sie die Steckkontakte frei.
■ Entsichern Sie den Steckkontakt (1 im Bild 28) und ziehen Sie ihn ab.
■ Drehen Sie die Schraube heraus.
■ Ziehen Sie den Sensor gerade aus dem Getriebegehäuse heraus.

Die Montage erfolgt sinngemäß in umgekehrter Reihenfolge.
■ Erneuern Sie die O-Ring.

Kühlwassertemperaturgeber

Der Kühlwassertemperaturgeber befindet sich im Thermostatgehäuse.

Die Temperaturfühler werden mit einem Gummiring (1 im Bild 29) abgedichtet und mit der Klammer (2) gehalten.

■ Lassen Sie den Motor für die Montagearbeiten abkühlen.
■ Entsichern Sie den Steckkontakt (3 im Bild 29) und ziehen Sie ihn ab.
■ Stellen Sie einen Auffangbehälter auf und legen Sie einige saugfähige Lappen bereit.
■ Reinigen Sie den Bereich um den Temperaturfühler gründlich.
■ Ziehen Sie die Sicherungsklammer (2) heraus.
■ Ziehen Sie den Temperaturfühler (3) gerade heraus.
■ Fangen Sie austretendes Kühlmittel auf.

Die Montage erfolgt sinngemäß in umgekehrter Reihenfolge.
■ Ergänzen Sie das Kühlmittel.

9 Abgasanlage

Die Abgas- oder Auspuffanlage am Unterboden des Audi Q3 reinigt mit Partikelfilter beim Diesel plus Oxidationskatalysator oder mit Katalysator die Verbrennungsabgase und leitet sie mit geringem Gegendruck über das Endrohr zum Fahrzeugheck. Ein Schalldämpfer oder Schalldämpfersystem ist in diesem Modell nicht mehr erforderlich. Der Auspuff moderner Pkw ist für mehr als 120.000 Kilometer gut, wobei die Lebensdauer natürlich auch von den Einsatzbedingungen des Fahrzeugs abhängt. Ist man überwiegend auf kurzen Strecken unterwegs, fallen mehr Kondensat, Ruß und aggressive Säuren im Innern der Anlage an als beim Langstreckenbetrieb mit voll durchgewärmtem Motor. Das Abgasvorrohr ist seltener als die anderen Teile vom Rost bedroht, weil dort die Verbrennungsgase noch mit Temperaturen zwischen 800 und 1000 °C einströmen. Danach verlieren die Abgase an Temperatur und sind am Endrohr nur noch 150 bis 300 °C heiß. Dort tritt das meiste Kondenswasser aus. Es mischt sich mit Verbrennungsrückständen zu aggressiven Säuren und lässt das Auspuffblech von innen nach außen durchrosten. Falls das Endrohr nicht aus besonders korrosionsbeständigem Material hergestellt wurde, ist Arbeit angesagt: Ausbau des alten und Einbau eines neuen Abgasrohrs mit Schalldämpfer.

Hinweise und Regeln für Arbeiten an der Auspuffanlage

Reparaturen an durchgerosteten Auspuffanlagen, z. B. mit Auspuffkitt und Bandagen, haben nur kurzzeitig Erfolg. Das Blech bricht bald neben der Reparaturstelle. Werkstätten wechseln Auspuffanlagen meist komplett aus. Vor weiteren Arbeiten daher den Zustand der Anlage genau prüfen und dann entscheiden, ob einzelne Teile oder das ganze System erneuert werden sollen. Wird nach gründlicher Prüfung an der Abgasanlage gearbeitet, sollten folgende Grundregeln beachtet werden:

■ Bei einer Demontage darf die Abgasanlage keinesfalls herunterfallen. Dabei könnten wichtige Teile beschädigt werden.

■ Dichtungen und selbstsichernde Muttern immer ersetzen.

■ Verschraubungen der Auspuffanlage lassen sich beim nächsten Mal leichter lösen, wenn die Gewinde beim Einbau mit hochhitzefestem Kupferfett bestrichen werden.

☞ Werden Partikelfilter oder Katalysator ausgebaut und ersetzt, müssen die Altteile vorschriftsmäßig entsorgt werden. Sie dürfen nicht wie Schrott behandelt werden, weil sie wertvolles Edelmetall enthalten, das wieder in den Produktionsprozess eingebracht werden kann.

☞ Für Arbeiten an Lambdasonden gilt: Nur das Gewinde mit Heißschraubenpaste wie VW »G 052 112 A3« fetten. An die Schlitze des Sondenkörpers darf kein Fett kommen. Aus- und Einbau am besten mit Ringschlüsselsatz für Lambdasonde. Dichtring bei Undichtigkeit aufkneifen und ersetzen. Festziehen mit 45 Nm.

■ Alle Schlauchverbindungen mit Schlauchschellen sichern, die dem Serienstand entsprechen.

■ Alle Kabelbinder, die beim Ausbau gelöst werden, sind beim Einbau an der gleichen Stelle wieder anzubringen.

■ Nach Montagearbeiten an der Abgasanlage darauf achten, dass die Anlage nicht verspannt wird und ausreichend Abstand zum Aufbau hat. Gegebenenfalls Schellen lösen und Schalldämpfer und Abgasrohr so ausrichten, dass überall ausreichend Abstand zum Aufbau vorhanden ist und die Aufhängungen gleichmäßig belastet werden.

■ Nach getaner Arbeit immer einen Motorprobelauf durchführen und »Auspuffanlage auf Dichtheit prüfen« (Bild 2), ansonsten gelten für Arbeiten an Abgasanlage und Abgasrückführung hinsichtlich Sauberkeit und Sicherheit die Vorschriften, die auch für Arbeiten an Motor, Kraftstoff- oder Einspritzsystem üblich sind.

Zustand der Auspuffanlage kontrollieren

■ Fahrzeug auf einer Hebebühne anheben oder absolut rüttelsicher aufbocken. Es darf nicht kippeln, wenn heftig an den Rohren der Auspuffanlage gedreht oder gezerrt wird. Die Aufhängungen und Gummiösen dürfen keine Schäden aufweisen.

Bild 1

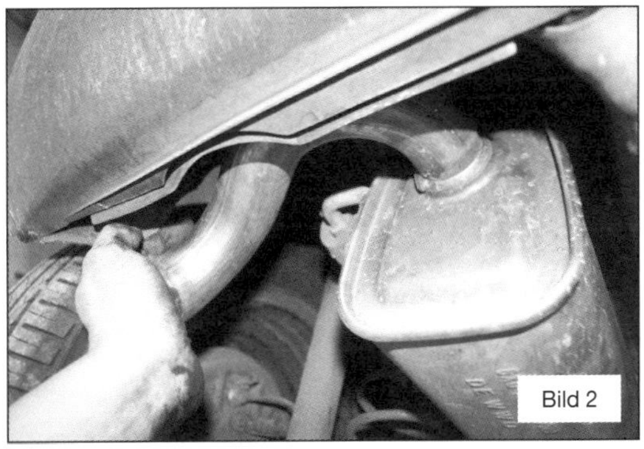
Bild 2

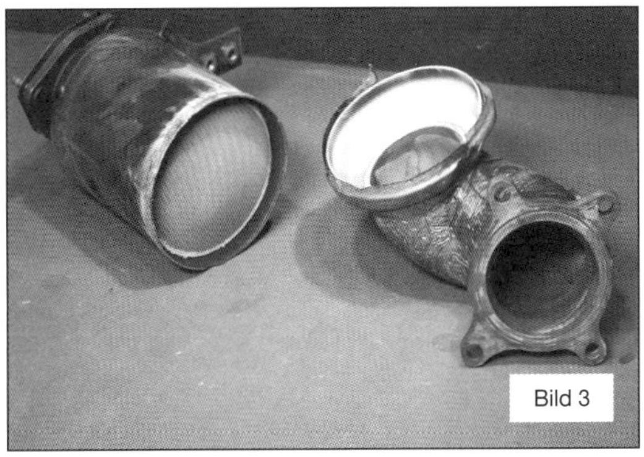
Bild 3

Bild 1
Der Zustand von Schalldämpfern, Schellen und Übergängen muss regelmäßig überprüft werden.

Bild 2
Zuhalten des Abgasrohres zur Dichtheitsprüfung.

Bild 3
Vibrationen und Verspannung: Schweißnaht rundum ausgebrochen.

■ Zur Kontrolle die Abgasanlage an den Schraubbefestigungen rütteln. Komponenten auf Brüchigkeit, Einrisse oder sonstige Schäden überprüfen, bei Bedarf ersetzen.
■ Wenn sich beim Demontieren eine Verschraubung nicht lösen lässt, mit Rost lösendem Mittel behandeln oder durch Überdrehen abreißen. Beim Festziehen von Verschraubungen z. B. am Abgaskrümmer die Reihenfolge von innen nach außen und über Kreuz einhalten.
■ Wenn Teile der Anlage schon einmal ersetzt wurden, trennt man die Steckverbindung der Rohrenden am besten in erwärmtem Zustand. Schweißbrenner oder Propangasbrenner verwenden und Feuerlöscher bereithalten.
■ Schalldämpfer mit einem Hammer rundum gründlich abklopfen, auch an den Stirnseiten (Übergang von den Töpfen zu den Rohren). Nicht zu zaghaft hämmern. Klingt es bei jedem Schlag hell, ist das Blech noch gesund. Wird das Klopfgeräusch an manchen Stellen dumpfer, ist die Außenhaut bereits geschwächt und wird bald durchbrechen.

Tipp: Ein sehr dumpfer Auspuffton und Knallen im Schiebebetrieb können auf einen durchgerosteten Auspuff hinweisen.

■ Dichtheit der Auspuffanlage prüfen (nachfolgende Anleitung).

Abgasanlage auf Dichtheit prüfen

■ Motor starten und mit Leerlaufdrehzahl laufen lassen.
■ Auspuffendrohr für die Dauer der Dichtheitsprüfung verschließen (Lappen, Stöpsel). Der Motor kann ausgehen. Grundsätzlich sollten Sie keine lauten Zischgeräusche wahrnehmen können.
■ Verbindungsstellen Zylinderkopf/Abgaskrümmer, Abgasturbolader/Abgasvorrohr usw. durch Abhören auf Dichtheit prüfen. Gibt es zischelnde Geräusche an Verbindungsstellen, ist die Anlage an der Geräuschstelle undicht.
■ Festgestellte Undichtigkeiten beseitigen.

Abgasanlage spannungsfrei einrichten

Nach jeder Montagearbeit an der Abgasanlage muss die Abgasanlage spannungsfrei montiert werden, anderenfalls können Halter, Gummis oder auch das Flexstück geschädigt werden.
■ Der Motor muss kalt sein.
■ Verschraubungen der Klemmschellen lösen.
■ Die Schraube handfest anziehen.
■ Die Abgasanlage so ausmitteln, dass diese nirgends gegenstößt und spannungsfrei sitzt.

Tipp: Die Haltegummis der Abgasanlage sollten möglichst nicht in ihre Aufsteckrichtung gezogen werden.

■ Die Verschraubungen der Schellen und Klemmhülsen sollten so ausgerichtet werden, dass sie möglichst nicht nach unten herausstehen.
■ Nach dem Anziehen der Klemmschellen

Bild 4
Unterschiedliche Abgasanlagen für den Q3.
1 Dichtung
2 Muttern
3 Lambdasonde
4 Abgasrohr mit Katalysator
5 Schrauben
6 Doppelschelle
7 Halter
8 Muttern
9 Schrauben
10 Haltegummi
11 Endschalldämpfer
12 Haltegummi
13 Endschalldämpfer
14 Tunnelbrücke
15 Muttern
16 Lagerbock
17 Schrauben
18 Vorschalldämpfer
19 Schraube
20 Schraube
21 Halter
22 Halter
23 Schraube
24 Lagerplatte
25 Flexstück

Bild 5
Trennstelle zum Endschalldämpfer.
1 Schrauben
2 Doppelschelle
3 Muttern
4 Abgasrohr
5 Entschalldämpfer
A Markierung vorne
B Markierung Mitte
C Markierung hinten

die Freigängigkeit der Auspuffanlage prüfen und gegebenenfalls korrigieren.

■ Achten Sie darauf, dass das Flexstück im Übergang zwischen Abgasanlage und Katalysator nicht verdreht montiert wurde oder unter Spannung steht.

■ Prüfen Sie abschließend die Dichtheit der Auspuffanlage.

Schalldämpfer

Die Montagearbeiten sind für die unterschiedlichen Modelle sehr ähnlich. Wir stellen Ihnen an dieser Stelle eine allgemeingültige Beschreibung zur Verfügung.

■ Lassen Sie die Abgasanlage abkühlen.

☞ Der Schalldämpfer ist meist noch werkseitig in einem Stück mit dem Vorschalldämpfer ausgeführt. Für die Demontage oder den Ersatz des Endschalldämpfers muss das Rohr an der Trennstelle (B im Bild 5) mit einem Kettenrohrschneider oder einem anderen geeigneten Werkzeug durchgeschnitten werden.

☞ Je nachdem ob der Schalldämpfer mit einer Muffe versehen ist oder nicht, wird der Endschalldämpfer mit einer Doppelschelle als Verbindungsstück montiert oder mit einer Rohrschelle befestigt.

⚠ Achten Sie darauf, dass die Verschraubungen der Schelle nicht über das Rohr hinausragen. Verdrehen Sie die Schellen so, dass die Verschraubungen hinter dem Rohr in mindestens gleicher Höhe verbaut werden.

Wechsel des Endschalldämpfers

■ Den Schalldämpfer etwas herunterziehen und etwas Rostlöser in die Bohrung der Haltegummis (10 und 12 im Bild 4) sprühen.

■ Durchtrennen Sie das Abgasrohr mit einem Kettenrohrschneider oder einem anderen geeigneten Werkzeug an der mittleren Markierung (B) auf dem Abgasrohr (4).

■ Schieben Sie die Haltegummis vom Endschalldämpfer herunter und nehmen Sie ihn heraus.

■ Für die Montage des Schalldämpfers ersetzen Sie die Lagergummis.

■ Um eine bessere Abdichtung zu erreichen, setzen Sie die Doppelschelle oder die Auspuffmuffe mit etwas Auspuffdichtmasse zusammen.

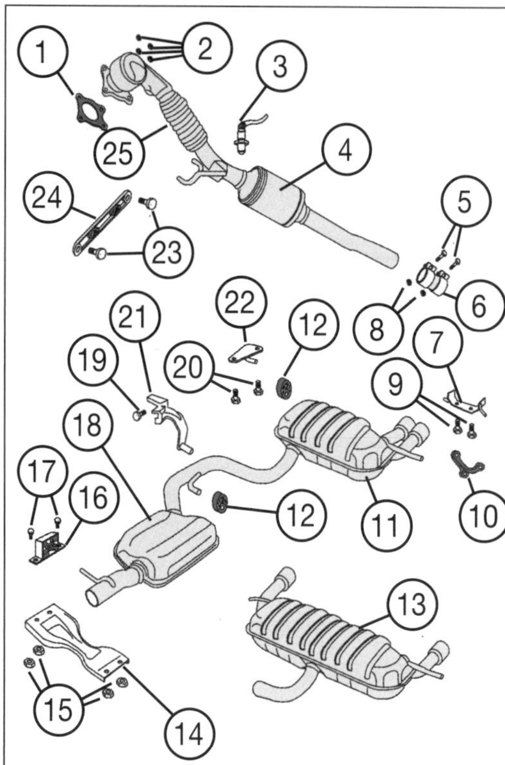

Bild 4

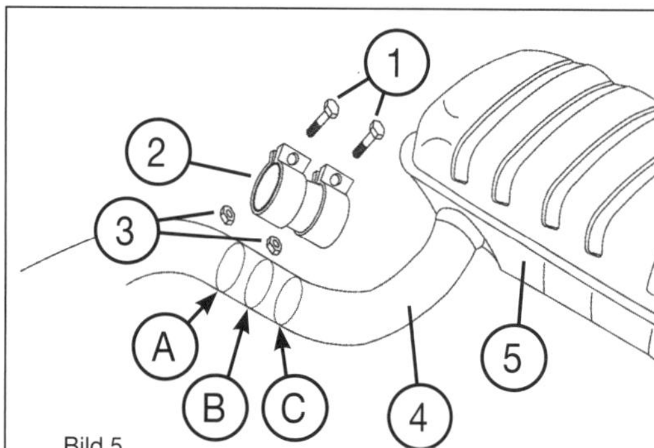

Bild 5

Wechsel des Vorschalldämpfers

■ Lösen Sie die Muttern (15 im Bild 4) der Tunnelbrücke (14).

■ Nehmen Sie die Tunnelbrücke ab.

■ Lösen Sie die Schrauben (5) der Doppelschelle (6).

■ Ziehen Sie den Schalldämpfer etwas herunter und sprühen Sie etwas Rostlöser in die Bohrung der Haltegummis (10 und 12) sowie den Lagerbock (16) ein.

■ Durchtrennen Sie das Abgasrohr mit einem Kettenrohrschneider oder einem anderen geeigneten Werkzeug an der mittleren Markierung (B) auf dem Abgasrohr (4).

■ Nehmen Sie den Vorschalldämpfer heraus.

■ Für die Montage des Schalldämpfers ersetzen Sie die Lagergummis.
■ Um eine bessere Abdichtung zu erreichen, setzen Sie die Doppelschelle oder die Auspuffmuffe mit etwas Auspuffdichtmasse zusammen.

Katalysator beim 1,4-l-TFSI

Der Katalysator wird zusammen mit dem Vorschalldämpfer und den beiden Lambdasonden ausgebaut.
■ Das Fahrzeug anheben und aufbocken.
■ Bauen Sie die Unterbodenabdeckung wie auf Seite 36 beschrieben ab.
■ Lösen Sie die elektrischen Anschlüsse zu den Lambdasonden im Bereich des Bremskraftverstärkers von der Spritzwand.
■ Entsichern Sie die Steckkontakte und ziehen Sie sie ab.
■ Lösen Sie die Anschlusskabel bis zu den Sonden von der Karosserie oder dem Motor.
■ Lösen Sie die Verschraubungen (2 und 13 im Bild 6).
■ Lösen Sie die Verschraubung der Schelle (5) und nehmen Sie sie ab.
■ Lösen Sie die Verschraubungen (8) der Doppelschelle (9) und schieben Sie sie nach hinten.
■ Drehen Sie die Schrauben (11) heraus.
■ Nehmen Sie den Katalysator vom Turbolader ab und legen Sie ihn auf der Werkbank ab.
■ Hebeln Sie den alten Dichtring (4) vom Turbolader ab.

Die Montage erfolgt sinngemäß in umgekehrter Reihenfolge.
■ Um eine bessere Abdichtung zu erreichen, setzen Sie die Doppelschelle oder die Auspuffmuffe mit etwas Auspuffdichtmasse zusammen.
■ Wenn Verschraubungen in alte Gewinde erfolgen, verwenden Sie etwas Montagepaste, um die Korrosion etwas einzuschränken.

Katalysator beim 2,0-l-TFSI

Der Katalysator wird zusammen mit dem Vorschalldämpfer und den beiden Lambdasonden ausgebaut.
■ Das Fahrzeug anheben und aufbocken.
■ Bauen Sie die Unterbodenabdeckung wie auf Seite 36 beschrieben ab.

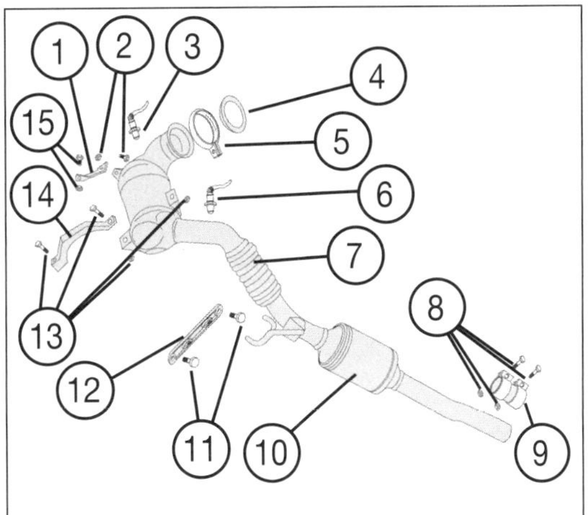

Bild 6

Bild 6
Abgasanlage vorne
1,4-l-TFSI-Motor.
1 Halter
2 Verschraubung
3 Lambdasonde vor Kat
4 Dichtring
5 Schelle
6 Lambdasonde nach Kat
7 Flexstück
8 Verschraubung
9 Doppelschelle
10 Katalysator
11 Schrauben
12 Lagerplatte
13 Verschraubung
14 Haltebügel
15 Verschraubung

TFSI-Motoren der Generation II:
■ Bauen Sie das Luftfiltergehäuse aus.
■ Bauen Sie das Luftführungsrohr über dem Turbolader ab.

Weiter für alle Fahrzeuge:
■ Lösen Sie die elektrischen Anschlüsse zu den Lambdasonden im Bereich des Bremskraftverstärkers von der Spritzwand.
■ Entsichern Sie die Steckkontakte und ziehen Sie sie ab.
■ Lösen Sie die Anschlusskabel bis zu den Sonden von der Karosserie oder dem Motor.

Bei Fahrzeugen mit Allradantrieb:
■ Bauen Sie das Wärmeschutzblech über der Hardyscheibe ab.
■ Markieren Sie die Einbauposition der Kardanwelle zum Getriebeflansch.
■ Drehen Sie die drei Schrauben zum Getriebeflansch heraus.
■ Drücken Sie den Motor mit Getriebe etwas nach vorne und ziehen Sie die Kardanwelle gerade vom Flansch ab.
⚠ In der Kardanwelle ist ein Dichtring verbaut, der nicht beschädigt werden darf. Ist das der Fall, muss nach Herstellervorgaben der Kardan ersetzt werden.
■ Legen Sie die Kardanwelle aus dem Arbeitsbereich heraus und binden Sie sie an der Karosserie an oder bauen Sie sie komplett aus.

Weiter für alle Fahrzeuge:
■ Lösen sie die Unterbodenverkleidung rechts und nehmen Sie das Anschlusskabel zur Lambdasonde heraus.

Sichtprüfung Messen

Bild 7
Abgasmodul und Vorrohr beim TDI Generation I.
1 Halter
2 Schelle AGR-Kühler
3 Dichtung
4 Schelle Turbolader
5 Dichtung
6 Schraube
7 Halter
8 Schraube
9 Schraube
10 Messrohr Differenzdruckgeber
11 Schraube
12 Abgasreinigungsmodul
13 Halter
14 Schraube
15 Lagerplatte
16 Schraube
17 Schraube
18 Flexrohr
19 Katalysator
20 Doppelschelle
21 Verschraubung
22 Abgasvorrohr
23 Abgasklappensteuereinheit
24 Schelle Abgasrohr
25 Dichtung
26 Dichtung
27 AGR-Kühler

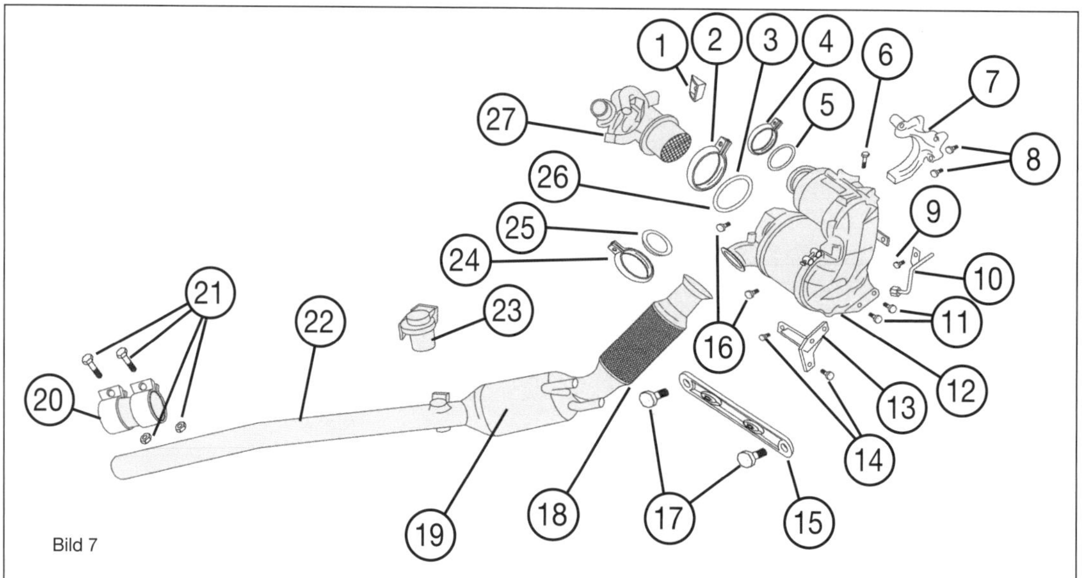

Bild 7

■ Entsichern Sie die Steckkontakte und ziehen Sie sie ab.
■ Lösen Sie die Verschraubungen (5 und 8 im Bild 4) der Doppelschelle (6) und schieben Sie sie nach hinten.
■ Drehen Sie die Schrauben (23) heraus.
■ Nehmen Sie den Katalysator vom Turbolader ab und legen Sie ihn auf der Werkbank ab.
■ Hebeln Sie die alte Dichtung (1) vom Turbolader ab. Bei Fahrzeugen der Generation III erfolgt die Abdichtung über eine Schelle (5 im Bild 6).

Die Montage erfolgt sinngemäß in umgekehrter Reihenfolge.
■ Um eine bessere Abdichtung zu erreichen, setzen Sie die Doppelschelle oder die Auspuffmuffe mit etwas Auspuffdichtmasse zusammen.
■ Wenn Verschraubungen in alte Gewinde erfolgen, verwenden Sie etwas Montagepaste, um die Korrosion etwas einzuschränken.

Abgasreinigungsmodul und Abgasvorrohr beim 2,0-l-TDI

Das Abgasreinigungsmodul ist mit einer Schelle an den Turbolader angeflanscht.

Abgasvorrohr bei Motoren der Generation I
Das Abgasvorrohr mit dem Katalysator ist bei diesen Motoren an das Abgasmodul mit einer Schelle angeflanscht.
■ Das Fahrzeug anheben und aufbocken.
■ Bauen Sie die Geräuschdämmung unter dem Motor ab.
■ Entriegeln Sie die Steckverbindung der Abgasklappensteuerung (23 im Bild 7) und ziehen Sie sie ab.
■ Drehen Sie die Schrauben 17 heraus.
■ Lösen Sie die Klemmschelle (24) und nehmen Sie sie ab.
■ Lösen Sie die Verschraubungen (21) und schieben Sie die Doppelschelle (20) nach hinten.
■ Nehmen Sie das Abgasrohr heraus.

Die Montage erfolgt sinngemäß in umgekehrter Reihenfolge.
■ Um eine bessere Abdichtung zu erreichen, setzen Sie die Doppelschelle oder die Auspuffmuffe mit etwas Auspuffdichtmasse zusammen.
■ Wenn Verschraubungen in alte Gewinde erfolgen, verwenden Sie etwas Montagepaste, um die Korrosion einzuschränken.

Abgasmodul bei Motoren der Generation I
Das Abgasmodul ist bei diesen Motoren an den Turbolader angeflanscht.

☞ Das Abgasmodul wird mit vier Ausgleichsmodulen am Motor befestigt. Die Verschraubung ist mit Linksgewinde ausgeführt. Achten Sie darauf, dass die Gewinde leichtgängig beweglich sind.
■ Bauen Sie den Aggregateträger zusammen mit der Lenkung aus.
■ Bauen Sie das Abgasvorrohr wie beschrieben aus.

■ Bauen Sie das Lufiltergehäuse aus.
■ Lassen Sie das Kühlmittel ab und demontieren Sie das Kühlmittelrohr hinter dem Motor unter dem Abgasmodul.
■ Bauen Sie das Luftführungsrohr über dem Getriebe aus.
■ Bauen Sie die Motorabdeckung oben aus.

Fahrzeuge mit Schaltgetriebe:
■ Bauen Sie den Schalt- und Wählseilzug vom Getriebe ab, schrauben Sie das Seilzugwiderlager ab und legen Sie es mit den Seilzügen seitlich aus dem Arbeitsbereich.

Fahrzeuge mit Automatikgetriebe:
■ Die beiden Schraubschellen zum Ölkühler des Automatikgetriebes öffnen und die beiden Wasserschläuche abziehen.

Tipp: Die Kühlerschläuche können auch am Kühler des Automatikgetriebes demontiert werden.

■ Bauen Sie den Getriebeölfilter aus.

Weiter für alle Fahrzeuge:
■ Lösen Sie die Schlauchschellen und ziehen Sie die Kühlschläuche vom Kühlmittelrohr ab.
■ Lösen Sie die Verschraubungen und nehmen Sie das Kühlmittelrohr über dem Getriebe heraus.
■ Lösen Sie die Schlauchschellen am Luftführungsrohr zwischen Luftmassenmesser und Turbolader und nehmen Sie es heraus.
■ Lösen Sie die Schlauchschellen am Schlauch für die Abgasrückführung und ziehen Sie ihn ab.
■ Drehen Sie die Schrauben heraus und nehmen Sie den Stellmotor für die Abgasrückführung ab.
■ Drehen Sie die Schrauben heraus und nehmen Sie das Resonanzrohr vom Turbolader ab.
■ Demontieren Sie die Kühlmittelschläuche am AGR-Kühler (27).
■ Lösen Sie die Schelle (2) und drücken Sie sie zum Partikelfilter.
■ Lösen Sie die Verschraubungen des Halters (1) und drehen Sie sie heraus.
■ Ziehen Sie den AGR-Kühler (27) heraus.
■ Nehmen Sie die elektrischen Steckverbindungen für die drei Abgastemperaturgeber und für Lambdasonde aus dem Halter an der Spritzwand.
■ Öffnen Sie die Wärmeschutzmanschette und nehmen Sie die elektrische Steckverbindung aus dem Halter heraus.
■ Entriegeln Sie die Steckverbindung der Abgastemperaturfühler am Abgasmodul und ziehen Sie sie ab.
■ Drehen Sie die beiden Schrauben der Kühlmittelleitung im Bereich der Zahnriemenabdeckung heraus.
■ Lösen Sie die Verrastung und nehmen Sie die Kühlmittelleitung heraus.
■ Lösen Sie die Schlauchschellen der Anschlüsse für die Differenzdrucksensoren und nehmen Sie sie ab.

Bei Fahrzeugen mit Allradantrieb:
■ Bauen Sie das Wärmeschutzblech über der Hardyscheibe ab.
■ Markieren Sie die Einbauposition der Kardanwelle zum Getriebeflansch.
■ Drehen Sie die drei Schrauben zum Getriebeflansch heraus.
■ Drücken Sie den Motor mit Getriebe etwas nach vorne und ziehen Sie die Kardanwelle gerade vom Flansch ab.

Achtung: In der Kardanwelle ist ein Dichtring verbaut, der nicht beschädigt werden darf. Ist das passiert, muss nach Herstellervorgaben der Kardan ersetzt werden.

■ Legen Sie die Kardanwelle aus dem Arbeitsbereich heraus, binden Sie sie an der Karosserie an oder bauen sie komplett aus.

Weiter für alle Fahrzeuge:
■ Lösen Sie die Schraube (6 im Bild 7).
■ Hängen Sie das Abgasreinigungsmodul an der Aufhängeöse oben auf. Audi empfiehlt hier die Montagehilfe »T10511«.
■ Lösen Sie die Schelle (4) und drücken Sie sie zum Partikelfilter.
■ Drehen Sie die Schrauben (11) heraus.
■ Drehen Sie die Schrauben (16) heraus. Drücken Sie den Motor mit Hilfe eines zweiten Mechanikers nach vorne.
■ Hängen Sie das Abgasmodul aus der Haltelasche aus und nehmen Sie es nach unten heraus.

Die Montage erfolgt sinngemäß in umgekehrter Reihenfolge.

Tipp: Achten Sie darauf, dass die Gewinde der vier Ausgleichsmodule am Motor leichtgängig beweglich sind.

Bild 8
Abgasmodul und Vorrohr beim TDI Generation II.
A Lambdasonde
B Abgastemperaturgeber
C Messrohr Differenzdruckgeber
D Abgastemperaturgeber
1 Muttern
2 Schelle
3 Dichtung
4 Flexstück
5 Abgasvorrohr
6 Doppelschelle
7 Verschraubung
8 Schrauben
9 Lagerplatte
10 Muttern
11 Halter unten
12 Muttern
13 Schrauben
14 Halter oben
15 Wärmeschutzblech

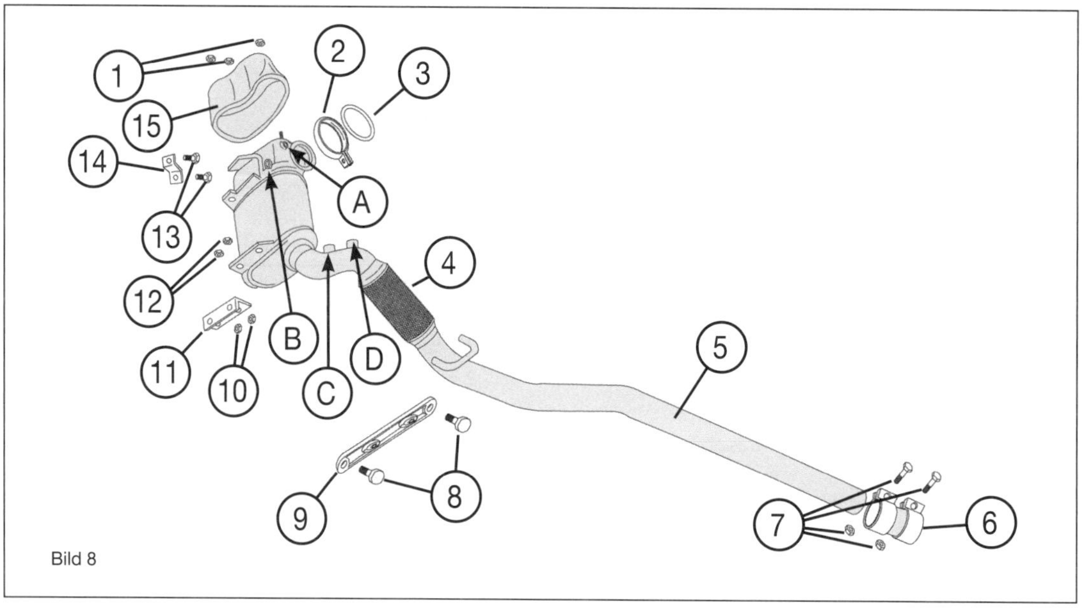

Bild 8

Partikelfilter, Katalysator und Abgasvorrohr bei Motoren der Generation II

■ Das Abgasmodul ist bei diesen Motoren an den Turbolader angeflanscht.
■ Legen Sie den Anschlussstecker der Lambdasonde (A im Bild 8) an der Spritzwand frei.
■ Entriegeln Sie die Steckverbindung der Abgastemperaturfühler (D) am Abgasmodul und ziehen Sie sie ab.
■ Bauen Sie die Lambdasonde aus dem Partikelfilter (Abgasmodul) aus.
■ Bauen Sie den Abgastemperaturfühler (D) vor dem Flexstück aus dem Abgasrohr aus.

Bei Fahrzeugen mit Allradantrieb:
■ Bauen Sie die Kardanwelle aus.
■ Demontieren Sie das Winkelgetriebe.

Weiter für alle Fahrzeuge:
■ Legen Sie den Anschlussstecker des Abgastemperaturfühlers an der Spritzwand frei.
■ Entriegeln Sie die Steckverbindung der Abgastemperaturfühler (B) oben am Abgasmodul und ziehen Sie sie ab.
■ Entriegeln Sie die Steckverbindung des Differenzdruckgebers und ziehen Sie sie ab.
■ Demontieren Sie den Differenzdruckgeber neben dem Ausgleichsbehälter für Kühlmittel.

Bei Fahrzeugen mit Frontantrieb:
■ Bauen Sie die Schelle zum Turbolader ab.
■ Drehen Sie die Schraube (10 und 12) heraus.
■ Bauen Sie den Halter unten (11) des Partikelfilters aus.
■ Bauen Sie die Tunnelbrücke (14 im Bild 4) aus.
■ Lösen Sie die Doppelschelle (6 im Bild 8) und schieben Sie sie nach hinten.
■ Drehen Sie die Schrauben der Lagerplatte (8) heraus.
■ Bauen Sie die Pendelstütze (2 im Bild 9) aus.
■ Drücken Sie den Motor nach vorne und bauen Sie das Wärmeschutzblech im Bereich der Abgasanlage am Unterboden Mitte aus.
■ Drehen Sie den Partikelfilter mit Abgasrohr um 180° um und nehmen Sie ihn vorsichtig heraus.

⚠ Das Flexstück darf weder belastet noch mehr als 10° abgeknickt werden.

Die Montage erfolgt sinngemäß in umgekehrter Reihenfolge.
■ Beginnen Sie die Montage an der Schelle des Abgasreinigungsmoduls am Turbolader

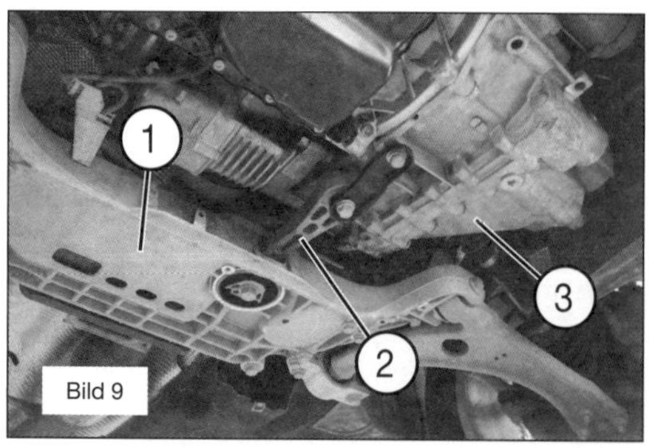

Bild 9

Bild 9
Pendelstütze (2) zwischen Getriebe (3) und Aggregateträger (1).

■ Um eine bessere Abdichtung zu erreichen, setzen Sie die Doppelschelle oder die Auspuffmuffe mit etwas Auspuffdichtmasse zusammen.

Flexstück ersetzen

Der Ersatz des Flexstückes ist seitens des Fahrzeugherstellers nicht vorgesehen. Hinsichtlich einer zeitwertgerechten Reparatur und der horrenden Kosten der Bauteile ist der Ersatz des Flexstückes durch Einschweißen durchaus rentabel.

■ Fahrzeug mit der Hebebühne anheben, Fahrzeug zwischen den Hebebühnensäulen ausrichten und die vier Aufnahmeteller an den vom Fahrzeughersteller vorgeschriebenen Hebebühnenaufnahmepunkten platzieren.

■ Bauen Sie den Schalldämpfer wie bereits beschrieben aus.

■ Beschaffen Sie sich ein passendes Flexrohr (Bild 10) im Zubehör. Als Originalteil ist es nicht lieferbar. Hier ist lediglich der Ersatz des Schalldämpfers vorgesehen.

■ Markieren Sie die Einbauposition der Auspuffrohrstücke zum Flexrohr.

■ Trennen Sie das Flexrohr entsprechend der Länge des Flexrohres aus dem Endschalldämpfer heraus.

Tipp: Führen Sie die Schnitte möglichst gerade aus.

■ Verschweißen Sie zuerst die eine Seite des Auspuffrohrs mit dem Flexrohr.

■ Richten Sie das noch lose Auspuffrohrstück entsprechend Ihrer Markierung aus.

■ Verschweißen Sie das zweite Auspuffrohrstück mit dem Flexrohr.

■ Versiegeln Sie die Schweißnähte mit etwas Zinkspray.

■ Bauen Sie die Auspuffanlage wieder ein.

■ Verwenden Sie etwas Auspuffmontagepaste für die Verbindung zwischen Endschalldämpfer und Abgasrohr.

■ Prüfen Sie die Dichtigkeit der Abgasanlage wie bereits beschrieben.

SCR-System (Adblue®)

Achtung: Das Reduktionsmittel kann Haut, Augen und Atmungsorgane reizen. Bei Hautkontakt mit dieser Flüssigkeit sofort mit viel Wasser abwaschen. Suchen Sie gegebenenfalls einen Arzt auf.

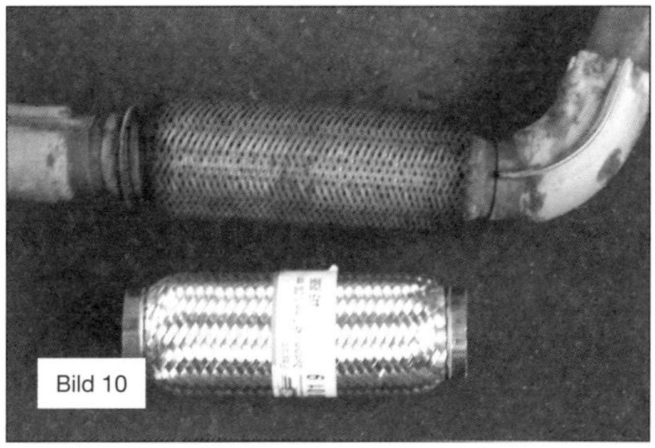
Bild 10

Bild 10
Reparatureinsatz für das Flexstück am Schalldämpfer.

Achtung: Achten Sie zu jedem Zeitpunkt darauf, dass kein Reduktionsmittel auf Verkleidungs- oder Karosserieteile gelangt. Sollte dies geschehen sein, waschen Sie das Reduktionsmittel mit klarem Wasser und einem fusselfreien Baumwolltuch wieder heraus. Falls sich das Reduktionsmittel bereits kristallisiert haben sollte, benutzen Sie warmes Wasser und einen Schwamm. Nicht entfernte Reduktionsmittelreste kristallisieren nach einiger Zeit und können die betroffene Oberfläche beschädigen. Informationen über Lagerung und Entsorgung erfragen Sie bei Ihrem Händler.

Reduktionsmitteltank entleeren und befüllen

Entleeren:

■ Den Arbeitsbereich um den AdBlue® Einfüllstutzen mit Folie und saugfähigem Papier großflächig abdecken.

■ Den Verschlussdeckel am AdBlue® Einfüllstutzen abschrauben.

■ Die Ansaugseite der Absaugpumpe mit einem Schlauch aus dem Umrüstsatz der Pumpe verlängern.

■ Die AdBlue®-Flüssigkeit über den Einfüllstutzen mit der Pumpe absaugen.

Befüllen:

■ Arbeitsbereich um den Einfüllstutzen mit Folie und saugfähigem Papier großflächig abdecken.

■ Neues AdBlue® bis zu den Füllstandsmarkierungen in den Einfüllstutzen einfüllen.

■ Die Folie und das Papier entfernen.

Achtung: Es darf kein Papier in den Einfüllstutzen und den Additiv-Behälter gelangen, da sonst Schäden an der »AdBlue®-Anlage« drohen.

■ Reste von AdBlue® entfernen.

■ Den Verschlussdeckel am Einfüllstutzen festschrauben.

Bild 11
AGR beim 2,0-l-TDI-Motor der 1. Generation.
1 Halter
2 Schraube
3 Dichtung
4 Stellmotor Abgasrückführung
5 Schrauben
6 Abgasreinigungsmodul
7 Dichtung
8 Schelle
9 Kühler für Abgasrückführung
10 Schraube

Bild 12
AGR beim 2,0-l-TDI-Motor der 2. Generation.
1 Schraube
2 Schrauben
3 Abgasrohr
4 Schelle
5 Schraube
6 AGR-Kühler
7 Dichtung
8 Elektrischer Anschluss
9 Dichtung
10 Dichtung
11 Schrauben
12 Muttern
13 Abgasrohr
14 Dichtung
15 Schrauben
16 Abgasrohr
17 Dichtung
18 Schrauben
19 ARG-Ventil
20 Unterdruckleitung

■ Nach Beenden des beschriebenen Arbeitsablaufs die Absaugpumpe sorgfältig mit Wasser spülen.

☞ Das abgesaugte Reduktionsmittel darf keinesfalls wiederverwendet werden. Informationen über Lagerung und Entsorgung erfragen Sie bei Ihrem Händler.

Arbeiten am Abgasrückführungssystem

Die Abgasrückführungssysteme unterscheiden sich für die einzelnen Motoren. Wir stellen Ihnen zum Ausbau des AGR-Ventils beispielhaft eine Vorgangsbeschreibung zu den unterschiedlichen Motoren vor.

AGR-Ventil beim 2,0-l-TDI der Generation I Das AGR-Ventil ist im AGR-Kühler verbaut, der wiederum im Abgasmodul hinter dem Motor am Turbolader angebaut ist.

■ Lassen Sie den Motor abkühlen.
■ Bauen Sie die Motorabdeckung oben ab.
■ Demontieren Sie das Luftfiltergehäuse.
■ Bauen Sie das Luftführungsrohr über dem Getriebe aus.
■ Demontieren Sie die Kühlmittelschläuche und Leitungen um das Drosselklappenstück.
■ Drehen Sie die Schraube zur Stütze am Drosselklappenstück heraus.
■ Entriegeln Sie die Steckverbindung des Ladelufttemperaturgeber vor dem Ladeluftkühler sowie der Drosselklappensteuereinheit und ziehen Sie sie ab.
■ Öffnen Sie die Schelle und ziehen Sie den Luftführungsschlauch an der Drosselklappeneinheit ab.
■ Drehen Sie die Schrauben der Drosselklappeneinheit heraus und nehmen Sie sie ab.
■ Entriegeln Sie die Steckverbindung des Stellmotors des AGR-Ventils und ziehen Sie sie ab.
■ Bauen Sie den Kühlmittelschlauch am Stellmotors des AGR-Ventils ab.
■ Drehen Sie die Schrauben (5 im Bild 11) heraus und nehmen Sie den Stellmotor des AGR-Ventils ab.

Die Montage erfolgt sinngemäß in umgekehrter Reihenfolge.
■ Erneuern Sie die Dichtung (3).

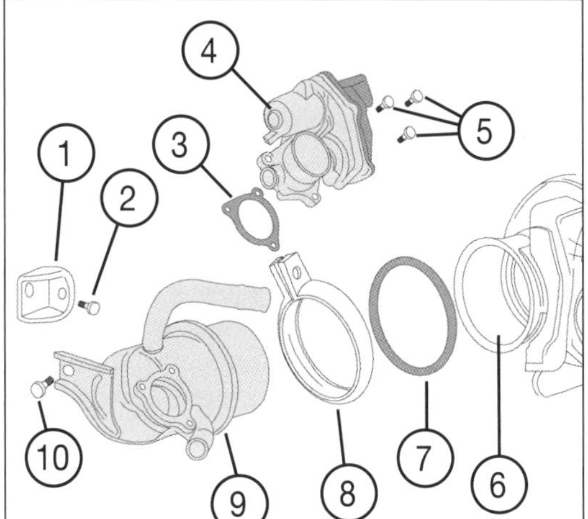

Bild 11

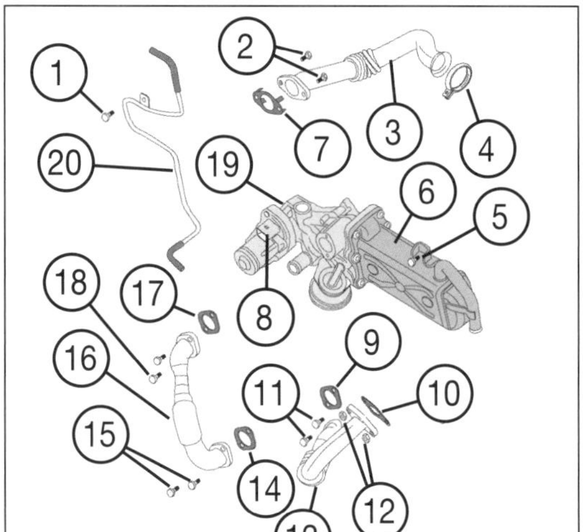

Bild 12

■ Entlüften Sie das Kühlsystem.
■ Lesen Sie den Fehlerspeicher aus.

AGR-Ventil beim 2,0-l-TDI der Generation II Das AGR-Ventil (19 im Bild 12) ist Bestandteil des AGR-Kühlers (6). Er ist unter dem Turbolader auf der Rückseite des Motors verbaut.

Fahrzeuge mit Frontantrieb:
■ Bauen Sie wie bereits beschrieben, den Partikelfilter aus.
■ Demontieren Sie die beiden Abgasrohre (13 und 16 im Bild 12).
■ Die Überwurfmutter am Turbolader abdrehen und die Halteschrauben der Öldruckleitung des Turboladers herausdrehen.
■ Die Hohlschraube und die beiden Schrauben für den Ölrücklauf des Turboladers herausdrehen.

Bei Fahrzeugen mit Allradantrieb:
- Bauen Sie die Kardanwelle aus.
- Demontieren Sie das Winkelgetriebe.

Weiter für alle Fahrzeuge:
- Stellen Sie eine geeignete Auffangwanne unter das Fahrzeug und bauen Sie die Kühlmittelschläuche am AGR-Kühler ab.
- Entriegeln Sie die Steckverbindung (8) und ziehen Sie das Anschlusskabel ab.
- Nehmen Sie die Wärmeschutzmanschette ab und ziehen Sie den Unterdruckschlauch (20) vom Stellelement ab.
- Drehen Sie die vier Befestigungsschrauben (5) heraus und nehmen Sie den AGR-Kühler komplett ab.

Die Montage erfolgt sinngemäß in umgekehrter Reihenfolge.
- Erneuern Sie die Dichtungen.
- Entlüften Sie das Kühlsystem.
- Lesen Sie den Fehlerspeicher aus.

Abgasklappen im Auspuff

Nicht bei allen Audi Q3 ist ein Klappensystem in der Abgasanlage verbaut. Das ist abhängig von der Motorisierung und dem Baustand des Fahrzeuges.

Abgasklappe beim 1,4-l-TFSI-Motor
Die Abgasklappe ist am Endrohr des Endschalldämpfers angebaut.
- Entriegeln Sie den Steckkontakt an der Abgasklappeneinheit und ziehen Sie ihn ab.
- Bauen Sie den Endschalldämpfer wie beschrieben aus.
- Drehen Sie die drei Schrauben heraus und nehmen Sie die Klappeneinheit ab.

Die Montage erfolgt sinngemäß in umgekehrter Reihenfolge.

Abgasklappen beim 2,0-l-TDI-Motor der Generation I
Die Abgasklappe ist im Vorrohr (23 im Bild 7) der Auspuffanlage verbaut.
- Entriegeln Sie den Steckkontakt an der Abgasklappeneinheit und ziehen Sie ihn ab.
- Drehen Sie die beiden Schrauben heraus und nehmen Sie die Klappeneinheit ab.

Die Montage erfolgt sinngemäß in umgekehrter Reihenfolge.

- Achten Sie darauf, dass der Mitnehmer des Klappenstellers in die Lasche an der Abgasklappe eingreift.

Aufladesysteme beim Audi Q3

Alle Modelle des Audi Q3 sind mit Aufladesystemen wie dem Turbolader ausgerüstet. Die sich ergebende Mehrleistung und das steigende Drehmoment erlauben den Einsatz von Motoren mit kleinerem Hubraum bei erstaunlichen Fahrleistungswerten. Im Laufe der Betriebszeit kann ein Schaden oder einfach normaler Verschleiß am Turbolader den Ausbau und oder Ersatz erforderlich machen. Auch wenn extrem günstige Preise mancher Händler im Netz locken, sollten Sie immer genau nachsehen und sich informieren, wie die Qualität der oftmals aufbereiteten Lader ist. Schließlich kann ein Schaden am Lader auch einen kapitalen Motorschaden zur Folge haben. Wenn es in einem solchen Fall um die Beweislasten geht, werden Sie als privater Schrauber kaum die Möglichkeit haben, nachzuweisen, dass die Reparatur sachgemäß war und die Schadensursache im Bauteil zu finden ist. Fragen Sie deshalb auch in einer Fachwerkstatt nach, was eine Reparatur mit Garantie kosten würde. Das kann durchaus auch eine freie Werkstatt oder oft auch der Lieferant des Turboladers sein.

(Tipp) Sämtliche Schlauchverbindungen sind durch Schellen gesichert. Sichern Sie alle Schlauchverbindungen mit Schlauchschellen, die dem Serienstand entsprechen. Ladeluftsystem muss dicht sein. Selbstsichernde Muttern sind zu ersetzen. Motor nach dem Einbau des Turboladers ca. 1 Minute im Leerlauf laufen lassen und nicht gleich hochdrehen, damit die Ölversorgung des Abgasturboladers sichergestellt ist.

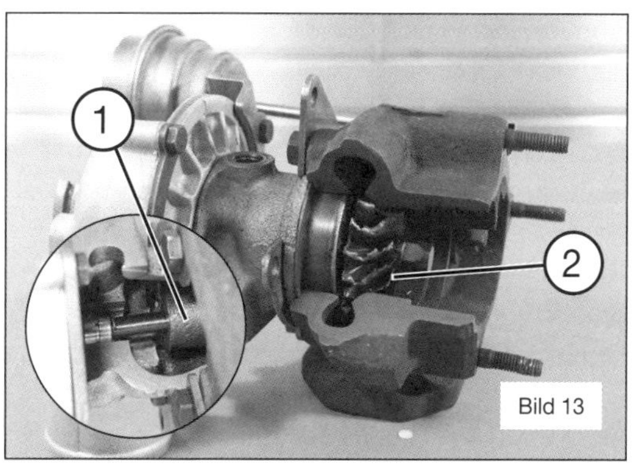

Bild 13
Klassischer Laderschaden.
1 Lagerschaden
2 Beschädigtes Turbinenrad

Sichtprüfung Messen

Bild 14
Turbolader mit Ladedrucksteller.
1 Dichtung
2 Schraube
3 Halter
4 Schraube
5 Wärmeschutzblech
6 Schraube
7 Turbolader
8 Sicherungsclip
9 Muttern
10 Schrauben
11 Regelgestänge
12 Ladedrucksteller
13 Schrauben
14 Halter
15 Schraube
16 O-Ring
17 Anschlussstutzen

Bild 15
Turbolader mit Ladedruckdose.
1 Dichtung
2 Schraube
3 Halter
4 Schraube
5 Wärmeschutzblech
6 Schraube
7 Turbolader
8 Sicherungsclip
9 Auge Regelstange
10 Muttern
11 Muttern
12 Kontermutter
13 Regelgestänge mit Druckdose
14 Schrauben
15 Halter
16 Schraube
17 O-Ring
18 Anschlussstutzen

Arbeiten am Ladeluftsystem
Wird am Abgasturbolader ein mechanischer Schaden festgestellt, z. B. ein zerstörtes Verdichterrad, genügt es nicht, nur den Turbolader zu ersetzen. Um Folgeschäden zu vermeiden müssen:
a) Luftfiltergehäuse, Luftfiltereinsatz und die Ansaugschläuche auf Verunreinigungen geprüft werden.
b) die gesamte Ladeluftstrecke und der Ladeluftkühler auf Fremdkörper überprüft werden.

⚠ Werden Fremdkörper im Ladeluftsystem festgestellt, muss die Ladeluftstrecke gereinigt und der Ladeluftkühler gegebenenfalls ersetzt werden.

☞ Verschließen Sie die Zugänge zum Ladeluftsystem sowohl beim verbleibenden Restsystem am Fahrzeug als auch bei den ausgebauten Teilen, um versehentliches Hereinfallen von Kleinteilen und Verschmutzungen zu verhindern.

Turbolader aus- und einbauen

Vorbereitung für die Montagearbeiten

■ Richten Sie das Fahrzeug zwischen den Hebebühnensäulen aus und platzieren Sie die vier Aufnahmeteller an den vom Fahrzeughersteller vorgeschriebenen Aufnahmepunkten für die Hebebühne.
■ Das Fahrzeug mit der Hebebühne anheben.
■ Bauen Sie die Motorabdeckung oben und unten ab.

Ausbau des Turboladers am 1,4-l-TFSI

☞ Im 1,4-l-TFSI wurden drei unterschiedliche Varianten des Turboladers verbaut. Zwei Varianten werden durch einen Ladedrucksteller (Bild 14) gesteuert. Die Unterschiede liegen in der Bauform der Ladedrucksteller. Die dritte Variante wird konventionell über eine Ladedruckdose (Bild 15) gesteuert.

👁 Soll der Turbolader gewechselt werden, achten Sie genau auf die Bauform von Turbolader und Ladedrucksteller beziehungsweise der Ladedruckdose.

■ Demontieren Sie das Wärmeschutzblech über der rechten Antriebswelle.
■ Nehmen Sie die Wärmeschutzmanschette über dem Öldruckschalter ab.
■ Drehen Sie die Verschraubungen heraus.

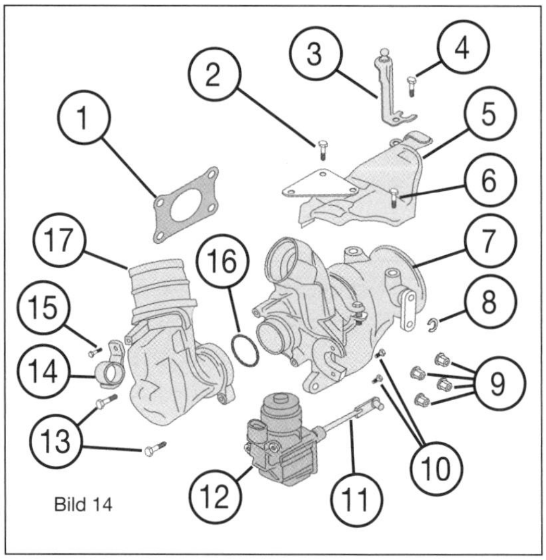

Bild 14

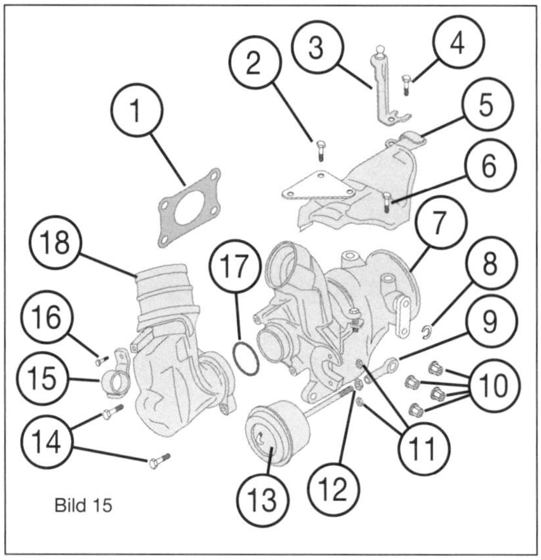

Bild 15

■ Bauen Sie Ölvorlauf- und Rücklaufleitung zwischen Turbolader und Motor aus.

☞ Verschließen Sie die Anschlüsse mit passenden Stopfen, um das Eindringen von Verschmutzungen zu verhindern.

■ Lösen Sie die Schelle (5 im Bild 6) zum Katalysator und nehmen Sie sie ab.
■ Drehen Sie die beiden Schrauben (13) zum Halter am Motorblock heraus.
■ Lösen Sie die Verschraubung (2) und binden Sie den Katalysator hoch.
■ Bauen Sie das Luftführungsrohr zwischen Turbolader und Luftfilter aus.
■ Entsichern Sie die Steckverbindung und ziehen Sie das Anschlusskabel zum Ladedrucksensor ab.
■ Bauen Sie das Luftführungsrohr zwischen Turbolader und Drosselklappenstück ab.
■ Demontieren Sie den Schlauch zur Kurbelgehäuseentlüftung. Lassen Sie den Schlauch

zum Aktivkohlebehälter am Schlauch zur Motorentlüftung angeschlossen.

■ Entsichern Sie die Steckverbindung und ziehen Sie das Anschlusskabel zum Ladedrucksteller beziehungsweise zum Magnetventil für die Ladedruckbegrenzung (je nachdem was verbaut ist) ab.

■ Bauen Sie die Kühlmittelleitungen am Turbolader ab und legen Sie sie zur Seite.

■ Drehen Sie die Verschraubungen am Wärmeschutzblech (5 im Bild 14 oder 15) heraus und nehmen Sie das Wärmeschutzblech ab.

■ Demontieren Sie die Muttern (9 im Bild 14) beziehungsweise (10 im Bild 15).

■ Nehmen Sie den Turbolader ab.

Ausbau des Turboladers am 2,0-l-TFSI

Leicht zu erkennen ist der Unterschied zwischen den Baugenerationen. In der Generation II (Bild 16) ist der Abgaskrümmer Bestandteil des Abgasturboladers. Der Turbolader der Generation III (Bild 17) ist an den Abgaskrümmer angeflanscht.

■ Bauen Sie das Abgasvorrohr wie bereits beschrieben aus.

■ Demontieren Sie das Luftführungsrohr im Bereich der Riemenscheibe zwischen Turbolader und Ladeluftkühler.

2,0-l-TFSI-Motoren der Generation II:

■ Entsichern Sie die Steckverbindung und ziehen Sie das Anschlusskabel zum Ladedruckmagnetventil und zum Bypassventil ab.

■ Demontieren Sie die Stütze zwischen Turbolader und Motorblock.

■ Drehen Sie die Hohlschraube der Kühlmittelleitung am Turbolader heraus und legen Sie die Kühlmittelleitung zur Seite.

Fangen Sie austretendes Kühlmittel mit einem geeigneten Behälter und Lappen auf.

■ Drehen Sie die Schrauben am Flansch der Rücklaufleitung am Turbolader heraus.

■ Bauen Sie die Schraube an der Halterung der Ölvorlaufleitung am Turbolader aus.

■ Lösen Sie die Schlauchschellen und ziehen Sie die Kühlmittelschläuche im Bereich des Ölfilters ab.

■ Demontieren Sie das Wärmeschutzblech über dem Turbolader.

■ Drehen Sie die Hohlschraube für die Ölvorlaufleitung am Turbolader heraus.

■ Demontieren Sie die verbliebenen Anschlussleitungen und Schläuche vom Turbolader.

■ Drehen Sie die Muttern am Zylinderkopf für den Turbolader heraus und nehmen Sie den Turbolader nach unten heraus.

2,0-l-TFSI-Motoren der Generation III:

■ Bauen Sie das Luftfiltergehäuse aus.

■ Drehen Sie die Schraube am Luftführungsrohr zum Luftfilter heraus.

■ Lösen Sie die Schelle zum Schlauch der Motorentlüftung und ziehen Sie ihn vom Luftführungsrohr ab.

■ Lösen Sie die Schlauchschelle am Turbolader und nehmen Sie das Luftführungsrohr heraus.

■ Lösen Sie die Masseverbindungen der Zündspulen.

■ Entsichern Sie die Steckverbindung und ziehen Sie das Anschlusskabel zu den Zündspulen ab.

■ Ziehen Sie den Kabelstrang mit den gelösten Steckverbindungen von den Zündspulen ab.

■ Entsichern Sie die Steckverbindung und ziehen Sie das Anschlusskabel zum Hallgeber, des Ventils für Kraftstoffdosierung, die beiden Ventile für die Nockenwellenverstellung, das Umluftventil am Turbolader und das Magnetventil für den Ladedrucksteller ab.

■ Lösen Sie den Kabelstrang aus dem Halteclip und legen Sie ihn nach vorne ab.

■ Bauen Sie die Elemente für die Nockenwellenverstellung aus.

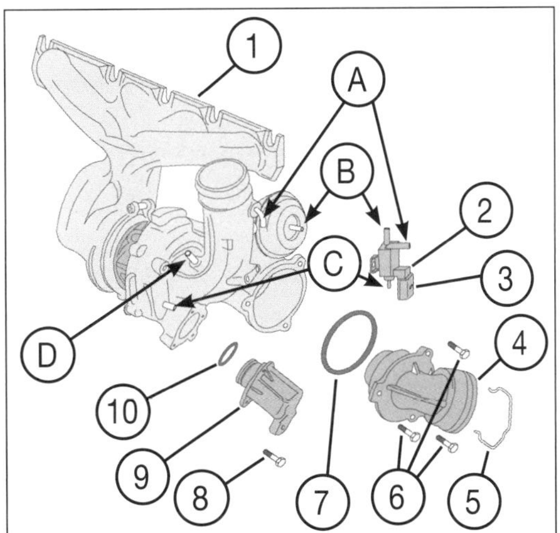

Bild 16

Bild 16
Turbolader 2,0-l-TFSI der Generation II.
1 Turbolader mit Abgaskrümmer
2 Magnetventil Ladedruckbegrenzung
3 Elektrischer Anschluss
4 Stutzen
5 Sicherungsklammer
6 Schrauben
7 O-Ring
8 Schraube
9 Umluftventil
10 O-Ring
A Anschluss Saugseite
B Anschluss Druckdose
C Anschluss Druckseite
D Anschluss Aktivkohlebehälter

Sichtprüfung Messen

Bild 17
Turbolader 2,0-l-TFSI der Generation III.
1 Umluftventil
2 Schraube
3 Wärmeschutzblech
4 Turbolader
5 Wärmeschutzblech
6 Wärmeschutzblech
7 Schrauben
8 Schrauben
9 Kühlmittelvorlauf
10 O-Ring
11 O-Ring
12 Schrauben
13 Schraube
14 Stütze
15 Klammer
16 O-Ring
17 Schrauben

Bild 18
Turbolader 2,0-l-TDI der Generation I.
1 Schraube
2 Stutzen zum Luftfilter
3 O-Ring
4 Schraube
5 Halter
6 Wärmeschutzblech
7 Elektrischer Anschluss
8 Druckdose Ladedruckverstellung
9 Turbolader
10 Muttern
11 Halter Abgasreinigungsmodul
12 Schrauben
13 O-Ring
14 Ölrücklaufleitung
15 Dichtung
16 Ölvorlaufleitung
17 Dichtringe
18 Hohlschraube
19 Schraube
20 Abgastemperaturfühler
21 Schraube
22 Schraube
23 Wärmeschutzblech
24 O-Ring
25 Pulsationsrohr
26 Schrauben

■ Bauen Sie das Wärmeschutzblech über dem Turbolader ab.
■ Lösen Sie Schraubschelle zum Katalysator (ähnlich 5 im Bild 6).
■ Lösen Sie die Schrauben (11 im Bild 6) und legen Sie das Abgasvorrohr zur Seite.
■ Bauen Sie das Wärmeschutzblech (6 im Bild 17) hinter dem Katalysator am Motor ab.
■ Bauen Sie den Kühlmittelstutzen (9) unter dem Wärmeschutzblech ab.

☞ Fangen Sie austretendes Kühlmittel mit einem geeigneten Behälter und Lappen auf.

■ Demontieren Sie die Verschraubung am Turbolader und am Motorblock und nehmen Sie die Stütze (14) zwischen Motorblock und Turbolader heraus.
■ Lösen Sie die Verschraubung der Ölrücklaufleitung und ziehen Sie die Leitung vom Turbolader ab.
■ Lösen Sie die Verschraubung der Kühlmittelleitung (12) und ziehen Sie die Leitung vom Turbolader ab.
■ Nehmen Sie die Wärmeschutzmanschette an der Spritzwand ab, entsichern Sie Kühlmittelleitungen zum Heizungskühler und ziehen Sie sie ab.
■ Lösen Sie die Verschraubung der Ölversorgungsleitung am Turbolader und ziehen Sie die Leitung vom Turbolader ab.
■ Drehen Sie die Muttern des Turboladers am Abgaskrümmer los.
■ Ziehen Sie den Turbolader nach hinten ab und nehmen Sie ihn nach oben heraus.

Ausbau des Turboladers am 2,0-l-TDI der Generation I

☞ Der Unterschied der beiden Turbolader, die je nach Baugeneration zum Einsatz kommen, ist am besten am Anschlussstutzen für die Abgasrückführung des Turboladers für die Motoren der Generation II zu erkennen.

■ Bauen Sie das Abgasvorrohr wie bereits beschrieben aus.
■ Lassen Sie das Kühlmittel ab.
■ Lösen Sie die Schlauchschellen zum Wasserrohr hinter dem Motor.
■ Drehen Sie die Schrauben heraus und nehmen Sie das Kühlmittelrohr hinten ab.
■ Bauen Sie den Luftfilterkasten ab.
■ Drehen Sie die Schrauben des Luftführungsrohres über dem Getriebe heraus.

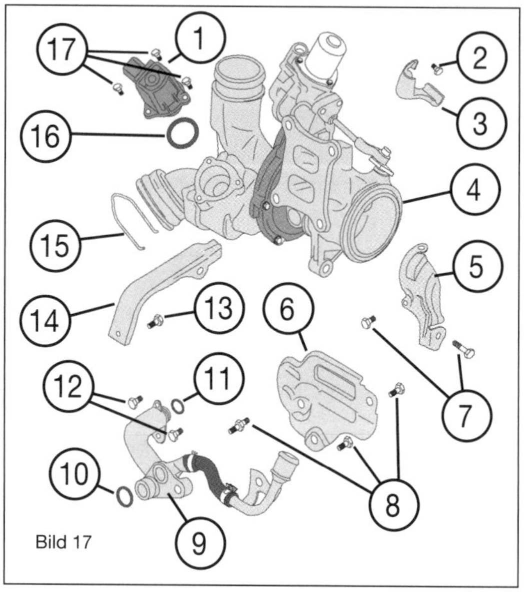

Bild 17

Fahrzeuge mit Schaltgetriebe:
■ Bauen Sie den Schalt- und Wählseilzug vom Getriebe ab, schrauben Sie das Seilzugwiderlager ab und legen Sie es mit den Seilzügen seitlich aus dem Arbeitsbereich.

Fahrzeuge mit Automatikgetriebe:
■ Die beiden Schraubschellen zum Ölkühler des Automatikgetriebes öffnen und die beiden Wasserschläuche abziehen.

☞ Die Kühlerschläuche können auch am Kühler des Automatikgetriebes demontiert werden.

■ Bauen Sie den Getriebeölfilter aus.

Weiter für alle Fahrzeuge:
■ Lösen Sie den Kabelstrang zum Generator.

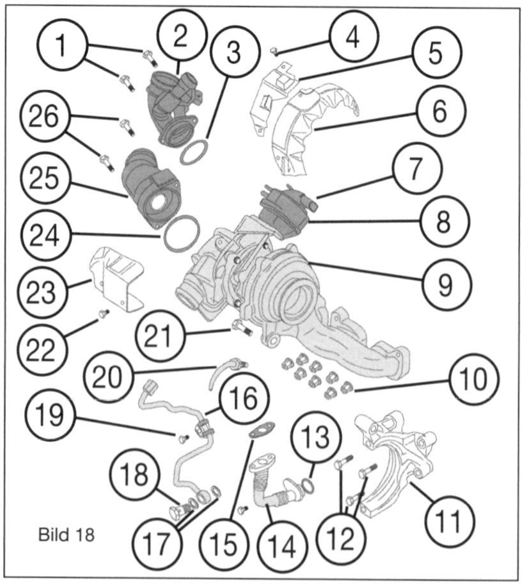

Bild 18

■ Lösen Sie die Verschraubungen und die Schlauchschellen.
■ Ziehen Sie die Kühlschläuche ab und nehmen Sie das Kühlmittelrohr über dem Getriebe ab.
■ Entriegeln Sie den Kurbelgehäuseentlüftungsschlauch und ziehen Sie ihn ab.
■ Lösen Sie die Unterdruckschläuche an der Spritzwand im Bereich des Ansaugrohrs.
■ Drehen Sie die beiden Schrauben (26 im Bild 18) des Resonators am Turbolader heraus.
■ Nehmen Sie den Resonator ab.
■ Drücken Sie die Wämeschutzmanschette zur Seite, entsichern sie und ziehen Sie den elektrischen Steckkontakt am AGR-Kühler ab.
■ Lösen Sie die Schlauchschellen und ziehen Sie den Luftführungsschlauch und den Kühlmittelschlauch ab.
■ Lösen Sie den Halter des AGR-Kühlers am Motorblock.

Fahrzeuge mit Allradantrieb:
■ Bauen Sie den AGR-Kühler aus.

Weiter für alle Fahrzeuge:
■ Öffnen Sie die Wärmeschutzmanschette, ziehen Sie die Steckkupplung aus dem Halter heraus.
■ Entsichern Sie die Steckkontakte für die Differenzdrucksensoren und ziehen Sie die Stecker zu den Differenzdrucksensoren ab.
■ Demontieren Sie den Halter mit den Differenzdrucksensoren und legen Sie ihn nach hinten.
■ Entsichern Sie die Steckkontakte für die Abgastemperaturfühler sowie die Lambasonde und ziehen Sie die Stecker zu den Differenzdrucksensoren ab.
■ Entsichern Sie die Kühlmittelleitungen im Bereich der Zahnriemenabdeckung.
■ Lösen Sie die elektrische Leitung für das Steuergerät für den NOX-Geber und drücken Sie sie zur Seite.
■ Lösen Sie die Schelle für die Leitung des Reduktionsmittels und nehmen Sie das Einspritzventil für das Reduktionsmittel ab.

Fahrzeuge mit Frontantrieb:
■ Drehen Sie die Schrauben des Wärmeschutzblechs für die Achswelle heraus und nehmen Sie es ab.
■ Drehen Sie die Schrauben des Wärmeschutzblechs am Motorblock heraus und nehmen Sie es ab.

Fahrzeuge mit Allradantrieb:
■ Lösen Sie die rechte Antriebswelle am Winkelgetriebe und binden sie nach hinten hoch.
■ Drehen Sie die Schrauben des Wärmeschutzbleches für Gelenkscheibe heraus und nehmen Sie sie ab.

Weiter für alle Fahrzeuge:
■ Öffnen Sie die Schelle des Abgasreinigungsmoduls am Turbolader.
■ Lösen Sie die untere Schraube des Kühlmittelrohrs und drücken Sie es nach hinten.
■ Drehen Sie die Befestigungsschrauben des Abgasreinigungsmoduls heraus und drücken Sie es nach hinten.
■ Lösen Sie die Überwurfmutter der Ölvorlaufleitung (16).
■ Drehen Sie die Befestigungsschrauben der Ölvorlauf- (19) und der Ölrücklaufleitung heraus.
■ Nehmen Sie die Ölrücklaufleitung (14) ab.
■ Demontieren Sie den Halter für den Partikelfilter (11) am Motorblock.
■ Bauen Sie das Hitzeschutzblech (23) am Abgaskrümmer ab.
■ Ziehen Sie den Unterdruckschlauch am Turbolader ab.
■ Drehen Sie die Muttern des Turboladers am Abgaskrümmer (10) los.
■ Ziehen Sie den Turbolader nach hinten ab und nehmen Sie ihn nach oben heraus.

Ausbau des Turboladers am 2,0-l-TDI der Generation II
In dieser Baugeneration ist ein AGR-Kühler am Motorblock verbaut.

Fahrzeuge mit Allradantrieb:
■ Bauen Sie die rechte Achswelle vom Winkelgetriebe ab und binden Sie sie nach hinten fest.
■ Entriegeln Sie den Kurbelgehäuseentlüftungsschlauch und ziehen Sie ihn ab.
■ Lösen Sie die Unterdruckschläuche an der Spritzwand im Bereich des Ansaugrohrs.
■ Drehen Sie die Befestigungsschraube heraus und schwenken Sie das Ansaugrohr zum Turbolader nach hinten.

Bild 19
Turbolader 2,0-l-TDI der Generation II.
1 Schrauben
2 Pulsationsdämpfer
3 Schrauben
4 Stutzen zum Luftfilter
5 O-Ring
6 Schraube
7 Halter
8 Druckdose
9 Hitzeschutzblech
10 Turbolader
11 Elektrischer Anschluss
12 Muttern
13 Ölrücklaufleitung
14 O-Ringe
15 Öldruckleitung
16 Dichtringe
17 Schraube
18 Hohlschraube
19 Stütze
20 Dichtringe
21 Hohlschraube
22 Schraube
23 Muttern
24 Abgasrohr AGR
25 Schrauben
26 Dichtung
27 Abgastemperaturfühler
28 Schrauben
29 Hitzeschutzblech
30 Dichtung
31 O-Ring

■ Ziehen Sie das Luftführungsrohr vom Turbolader ab.
■ Drehen Sie die Befestigungsschrauben (10 und 13 im Bild 8) heraus und binden Sie den Partikelfilter so weit wie möglich nach oben fest.
■ Demontieren Sie die Wärmeschutzmanschette und ziehen Sie den Unterdruckschlauch an der Unterdruckdose für den Turbolader ab.
■ Entsichern Sie den Steckkontakt (11 im Bild 19) für den Positionsgeber des Ladedruckstellers und ziehen Sie ihn ab.
■ Entsichern Sie den Steckkontakt für den Abgastemperaturgeber (27) an der Spritzwand und ziehen Sie ihn ab.
■ Drehen Sie die Schrauben des Pulsationsdämpfers (1) heraus.
■ Drehen Sie die Schlauchschelle am Pulsationsdämpfer (2) auf und nehmen Sie den Pulsationsdämpfer ab.
■ Drehen Sie die Schrauben (11, 12, 15 und 18 im Bild 12) heraus und nehmen Sie die Abgasrohre (13 und 16) ab.
■ Drehen Sie die Befestigungsschrauben für die Ölvor- und Ölrücklaufleitungen heraus.
■ Drehen Sie die Überwurfmutter am Turbolader los.
■ Drehen Sie die Hohlschraube (18) für die Ölrücklaufleitung unten heraus.
■ Drehen Sie die Verschraubungen der Ölrücklaufleitung (13) am Turbolader heraus.
■ Nehmen Sie die Ölrücklaufleitung heraus.

☞ Lösen Sie die Schrauben für die Ölrücklaufleitung bei allradgetriebenen Fahrzeugen von oben.

■ Drehen Sie die Schrauben des AGR-Kühlers am Motorblock heraus und legen Sie den AGR-Kühler nach hinten ab.
■ Drehen Sie die Schrauben des Wärmeschutzbleches über dem Abgaskrümmer los und nehmen Sie das Wärmeschutzblech ab.
■ Drehen Sie die Muttern (12) des Turboladers am Abgaskrümmer los.
■ Ziehen Sie den Turbolader nach hinten ab und nehmen Sie ihn nach oben heraus.

Montage der Turbolader
Die Montage erfolgt sinngemäß in umgekehrter Reihenfolge.
■ Prüfen Sie den Motorölstand mit dem Ölmessstab und füllen Sie den Ölstand soweit erforderlich auf.

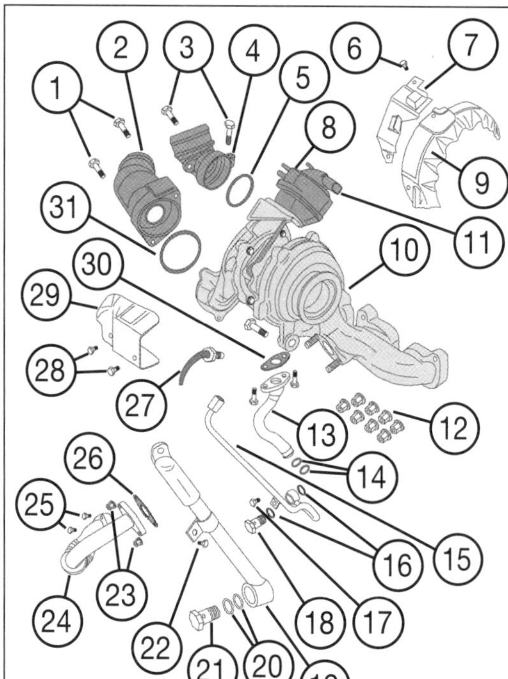

Bild 19

■ Füllen Sie etwas Öl in die Bohrung für die Hohlschraube für die Ölversorgung mit einem Ölkännchen ein.
■ Die Dichtfläche am Abgasturbolader und am Abgaskrümmer reinigen.
■ Alle selbstsichernden Muttern, die gelöst wurden, erneuern.
■ Lassen Sie den Motor zuerst einige Minuten im Leerlauf laufen, um sicherzustellen, dass die Ölversorgung zum Turbolader wieder gewährleistet ist.
■ Den Fehlerspeicher auslesen und soweit erforderlich abarbeiten und löschen.

Prüfungen am Turbolader

Moderne Turbolader wie die in Ihrem Audi Q3 können Drehzahlen von 300.000 1/min erreichen. Die Lagerung erfolgt auf sogenannten hydrodynamischen Lagern. Die Laderwelle schwimmt praktisch auf dem Ölfilm, der sich durch das unter Öldruck stehende Motoröl aufbaut. Schlechte Ölqualität, unzureichende Ölversorgung oder auch unzureichender Ölablauf führen zu frühzeitigen Laderschäden. Da auch schon ein erhöhter Gegendruck durch einen zugesetzten Partikelfilter und viele andere Möglichkeiten in Betracht kommen, muss ein Schaden am Turbolader grundsätzlich immer auf seine Ursache hin untersucht werden.

Prüfen der Ansteuerung des Ladedruckstellers (VTG-Verstellung)

Die Verstellung kann nur vom Motorsteuergerät angesteuert werden. Mit einem geeigneten Diagnosetester kann ein »Stellgliedtest« durchgeführt werden.

Die Verstellung wird über das Motorsteuergerät überwacht. Fehler werden im Fehlerspeicher abgelegt.

Prüfen der Ansteuerung an der Unterdruckdose (Klappenverstellung)

Die Verstellung wird nicht direkt überwacht. Die Auswirkung der Ansteuerung wird über Sensoren erfasst und auf Plausibilität vom Steuergerät geprüft.

■ Ziehen Sie den Unterdruckanschluss am Turbolader ab und stecken Sie einen Schlauch mit einer Handunterdruckpumpe (Minivac-Pumpe) (Bild 20) an.

■ Beaufschlagen Sie die Unterdruckdose mit Unterdruck und beobachten Sie die Bewegung des Betätigungsgestänges.

Es sollte sich ruckfrei und in Abhängigkeit vom Unterdruck von Anschlag zu Anschlag bewegen lassen.

Die Unterdruckdose muss dicht sein. Abfallender Druck bedeutet meist eine defekte Membran in der Unterdruckdose.

Vorbereitungen für die Druck- und Volumenmessungen am Turbolader

Mit dieser Prüfung wird das Fördervolumen der Schmierung des Turboladers geprüft. Die Prüfung ist aufgrund der kompakten Bauweise nur schwierig möglich, zudem sehr aufwendig.

■ Prüfen Sie den Motorölstand wie bereits ab Seite 82 beschrieben.

■ Demontieren Sie die Hohlschraube der Ölvorlaufleitung auf Durchlässigkeit und kontrollieren Sie, ob ein Sieb verbaut wurde, das sich eventuell zugesetzt hat.

■ Prüfen Sie die Ölrücklaufleitung des Turboladers auf Durchgängigkeit und eventuelle Verschmutzungen.

Öldruck am Turbolader

■ Führen Sie die Vorbereitungsarbeiten wie beschrieben durch.

■ Bauen Sie an den Versorgungsanschluss um die Druckleitung einen Adapter für den Anschluss einer Druckmessuhr bis 10 bar an.

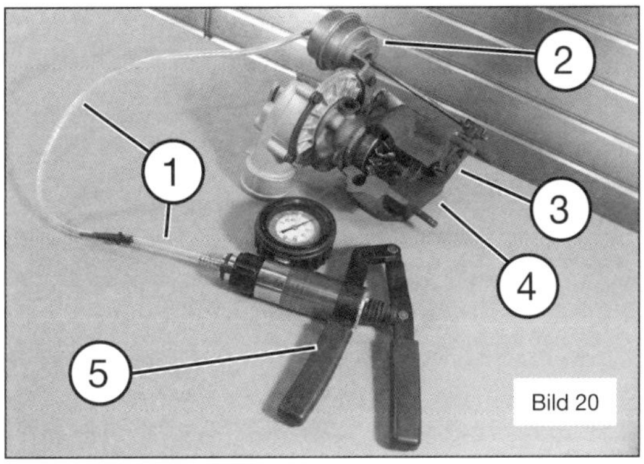

Bild 20
Prüfung der Unterdruckdose.
1 Anschlussschläuche
2 Druckdose
3 Bypassklappe
4 Turbolader
5 Handunterdruckpumpe

■ Lassen Sie den Motor bei etwa 2000 1/min laufen. Der Öldruck sollte mindesten 2,0 bar erreichen.

Führen Sie die Prüfung über einen Zeitraum von etwa 10 Minuten durch. Kontrollieren Sie den Öldruck in diesem Zeitraum ununterbrochen.

Ölvolumen am Turbolader

■ Prüfen Sie den Öldruck am Turbolader wie bereits beschrieben.

■ Bauen Sie an den Ölrücklauf des Turboladers einen Schlauch an, den Sie in einen Messbecher mit mindestens 1 Liter Fassungsvermögen leiten.

■ Verschließen Sie die Bohrung für den Rücklauf im Zylinderblock mit einem geeigneten Stopfen.

■ Lassen Sie den Motor eine Minute im Leerlauf laufen.

Der Ölfluss sollte ohne Unterbrechung erfolgen.

Nach Ablauf der Prüfzeit von einer Minute sollten mindestens 0,3 l Öl durch die (den) Turbolader in den Messbecher geflossen sein. Die Messungen sollten mehrfach durchgeführt werden, um ein gesichertes Ergebnis auswerten zu können.

Arbeiten am Ladeluftsystem

Auch die Arbeiten am Ladeluftsystem müssen mit großer Sorgfalt erfolgen. Ein Eindringen von Fremdpartikeln oder Verschmutzungen kann erhebliche Schäden zur Folge haben.

Kontrollen am Aufladungssystem

Für die Sicherung der Schlauchverbindungen mit Schlauchschellen nur solche verwenden, die dem Serienstand entsprechen.

Schlauchstutzen und Schläuche für Ladeluftsystem müssen unbeschädigt und dicht sein.

- Geringe Ölspuren können im Laufe der Betriebszeit schon auftreten, erheblichem Ölverlust muss aber nachgegangen werden.
- Achten Sie auf die korrekte Lage der Anschlusskabel und Schläuche.
- Die Ölversorgung und der Ablauf müssen dicht sein.
- Kühlmittelpumpe und die Anschlüsse am Turbolader müssen dicht sein.
- Achten Sie auf die korrekte Befestigung der Abschirmbleche und der Geräuschdämmmatten.

Kontrolle des Ladedrucks mit der Druckmessuhr

Gerade dann, wenn der Saugrohrdrucksensor in Verdacht steht, den Fehler zu verursachen, ist es erforderlich den Ladedruck über eine Druckmessuhr zur erfassen.

- Demontieren Sie das Luftführungsrohr am Ansaugkrümmer.
- Montieren Sie einen passenden Messadapter in die Ladeluftleitung und montieren Sie die Ladeluftleitung mit dem verbauten Messadapter.
- Schließen Sie eine Druckmessuhr mit einem Messbereich von 5 bar über eine Schlauchverlängerung an.
- Legen Sie die Messuhr in den Sichtbereich und führen Sie eine Probefahrt durch.
- Der Ladedruck sollte bei 1,5-1,7 bar liegen.

Kontrolle des Ladedrucks mit dem Diagnosetester

Die Kontrolle des Ladedrucks kann am einfachsten über den Diagnosetester erfolgen.

Das Ladedrucksystem Ihres Audis ist mit zwei Sensoren ausgerüstet. Abweichungen vom Sollwert werden in der Regel vom Motorsteuergerät erkannt und im Fehlerspeicher abgelegt.

Die Arbeitsschritte unterscheiden sich für die einzelnen Tester kaum.

- Stecken Sie den OBD-Tester in die OBD-Anschlussdose ein.
- Wählen Sie das Fahrzeug wie bereits ab der Seite 34 beschrieben an.
- Wählen Sie das Motorsteuergerät »Motorsteuerung« an. Der Tester baut nun die Verbindung zu dem Steuergerät auf.
- Wählen Sie die »Sensordaten« an.
- Wählen Sie aus der Liste links den »Saugrohrdrucksensor« an.
- Fahren Sie das Fahrzeug zusammen mit einem zweiten Mechaniker Probe.

Beobachten Sie den Ladedruck und werten Sie ihn aus. Er sollte etwa 0,5 - 0,7 bar über dem Atmosphärendruck erreichen. Das entspricht einem Absolutdruck von 1,5 - 1,7 bar. Im Zweifel beide Sensoren mit dem Oszilloskop prüfen.

Dichtigkeitsprüfung Bauteile und Leitungen im Ladedrucksystem

Ist der Ladedruck zu niedrig, muss nicht zwingend der Turbolader defekt sein.

Undichte oder gerissene Ladeluftleitung oder Schläuche, ein gerissener Ladeluftkühler oder ein undichtes Druckumluftventil kommen hier auch infrage. Auch die Dichtungen rund um den Ansaugkrümmer müssen in Augenschein genommen werden.

⚠ Undichtigkeiten im Ladedrucksystem können leicht auch zu hohen Turboladerdrehzahlen mit Folgeschäden an Turbolader oder sogar am Motor führen.

Akustische Kontrolle:

- Lassen Sie den Motor einige Minuten im Leerlauf laufen und beschleunigen Sie ihn mehrfach aus dem Stand heraus auf etwa 4000 1/min.
- Hören Sie die Ladeluftleitungen zwischen Turbolader und Ladeluftkühler sowie zum Ansaugkrümmer ab.

Achten Sie auf Zischgeräusche und/oder auf einen Luftstrom.

Dichtigkeitsprüfung über Luftdruck:

- Demontieren Sie den Luftfilterkasten komplett.
- Demontieren Sie das Luftführungsrohr am Ansaugkrümmer.
- Verschließen Sie das Luftführungsrohr zum Ansaugkrümmer mit einem passenden Verschlussstopfen.
- Schließen Sie einen passenden Verschlussstopfen mit Luftanschluss am Luftfilteranschluss zum Turbolader an.
- Beaufschlagen Sie das Ladeluftsystem mit etwa 2,0 bar Druckluft über einen Druckminderer.

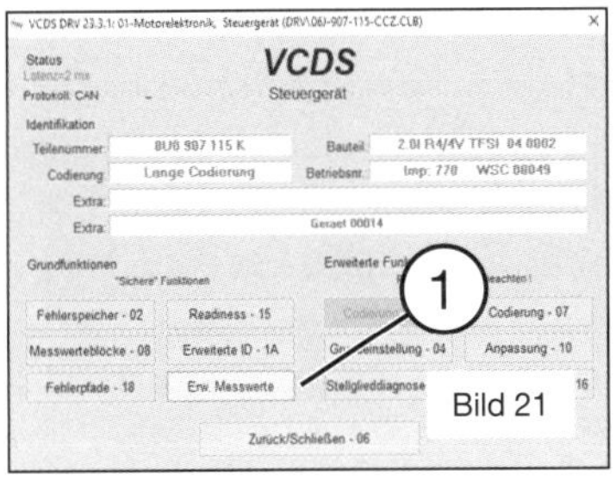

Bild 21

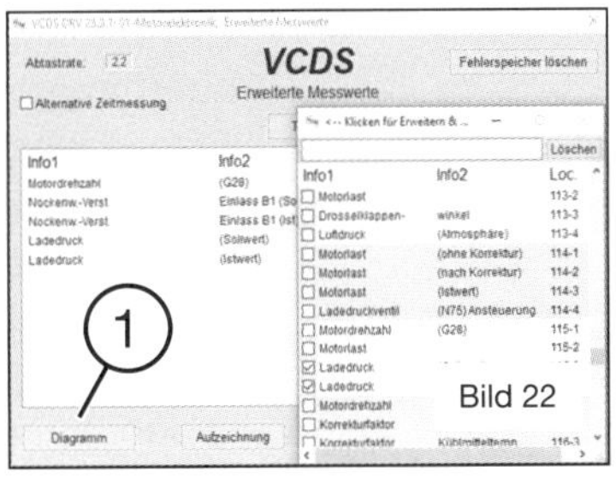

Bild 22

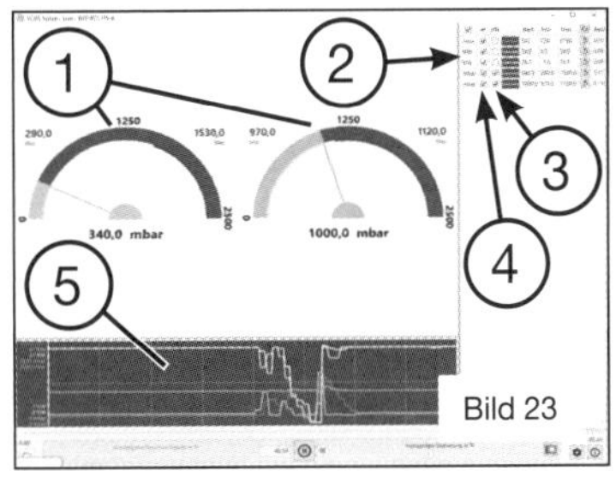

Bild 23

Bild 21
In der Maske Motorsteuergerät.
1 Anwahl zu den Messwerten

Bild 22
Liste der Messwerte zum Ankreuzen.
1 Anwahl zur grafischen Darstellung

Bild 23
Darstellung der angewählten Messwerte.
1 Analoganzeigen
2 Numerische Anzeigen
3 Anwahl Anzeige analog
4 Anwahl Anzeige Oszilloskop
5 Darstellung Oszilloskop

■ Hören Sie die Ladeluftleitungen zwischen Turbolader und Ladeluftkühler sowie zum Ansaugkrümmer ab.

Achten Sie auf Zischgeräusche und/ oder auf einen Luftstrom.

Dichtigkeitsprüfung mit einem Nebelgerät:

■ Demontieren Sie den Luftfilterkasten komplett.

■ Schließen Sie einen passenden Verschlussstopfen mit Luftanschluss am Luftfilteranschluss zum Turbolader an.

■ Schalten Sie das Nebelgerät ein und lassen Sie es einige Minuten laufen.

Beobachten Sie, ob sich Undichtigkeiten am Ansaugtrakt durch austretenden Rauch erkennbar sind.

Arbeiten an Temperaturfühlern, Lambda- und Druckmesssonden

In Ihrem Audi sind in der Abgasanlage unterschiedliche Sensoren für Druck, Temperatur und die Abgaszusammensetzung verbaut. Die Diagnose sollte ausschließlich über einen geeigneten Motortester erfolgen. Leider sind keine Messwerte für die einzelnen Sensoren seitens des Herstellers bekannt. Oft ist ein Vergleich über Sollwerte auch nicht möglich.

Messwerte über den Diagnosetester

Diese Funktion ist eine Merkmal von Diagnosetester mit sehr hoher Diagnosetiefe.

■ Wählen Sie in der Startmaske des Testers »Auswahl« an.

■ Wählen Sie im Kartenreiter »Verbaut« das Feld »01-Motorelektronik« an.

■ Wählen Sie in der Startmaske des Motorsteuergerätes das Feld »Erweiterte Messwerte« an.

■ Wählen Sie aus der Liste die gewünschten Messwerte (Bild 22) an.

■ Klicken Sie auf das Feld »Diagramm«. Die Maske zur grafischen Auswertung ermöglicht eine Auswahl für die unterschiedlichen Darstellungen.

■ Klicken Sie je nach Bedarf das Kästchen neben den Messwerten (2) für die Analoganzeige (3) und/oder die Anzeige des Messwertverlaufs im Oszilloskop an.

Optische Kontrolle

In vielen Fällen ist Korrosion oder ein Bissschaden durch Nagetiere ein Grund für einen Fehler, der einem Sensor zugeschrieben wird.

■ Kontrollieren Sie grundsätzlich vor dem Ausbau den Sitz des Steckkontaktes an dem jeweiligen Sensor.

■ Prüfen Sie den Zustand der Steckverbindung.

■ Prüfen Sie den Zustand der Anschlussleitungen.

Demontagearbeiten

Alle Verschraubungen, die im Abgassystem verbaut sind, unterliegen verstärkt der Korrosion und können oft nur schwer gelöst werden.

■ Lassen Sie den Motor und die Abgasanlage für die Montagearbeiten abkühlen.

■ Lesen Sie den Fehlerspeicher aus.

■ Entsichern Sie die Steckkontakte und ziehen Sie sie ab.

■ Drehen Sie die Messsonde mit einem genau passenden Schlüssel (am besten ein Sechskant-Rohrschlüssel) los.

■ Nehmen Sie die Messsonde heraus.

Die Montage erfolgt sinngemäß in umgekehrter Reihenfolge.

■ Die Gewinde der Messsonde vor der Montage mit Paste bestreichen.

Achten Sie darauf, lediglich das Gewinde und nicht die Messöffnungen zu bestreichen.

■ Verlegen Sie die Anschlusskabel in der Position, wie sie im Originalzustand gelegen haben.

10 Kraftübertragung

Getriebetypen beim Audi Q3

Zum System der Kraftübertragung bei Fahrzeugen mit Schaltgetriebe gehören Getriebe, Kupplung und Achsantrieb. Damit alle Akteure perfekt zusammenarbeiten und die vom Motor produzierte Leistung an die Antriebsräder übertragen, sind sie durch Gelenke, Wellen und Zahnräder miteinander verbunden. Welche Kraft tatsächlich an den Rädern benötigt wird, hängt davon ab, was dem Fahrzeug während der Fahrt abverlangt wird. Der Motor bietet jedoch nur in einem begrenzten Drehzahlbereich eine verwertbare Leistung an. Damit der Wagen beim Beschleunigen und bei Bergfahrten trotzdem genügend Zugkraft entwickelt, ist das Getriebe nötig. Mit seinen verschiedenen Gängen gewährleistet es eine jeweils passende Übersetzung. Je nach Motor werden verschiedene Getriebe verbaut. Gerade beim Ersetzen des Getriebes aus dem Gebrauchtmarkt ist es wichtig, die Getriebe unterscheiden zu können.

Position der Getriebekennung

Die Position der Kennnummer für die einzelnen Getriebe haben wir Ihnen auf der Seite 17 bereits zusammengestellt.

Besonderheiten beim Audi Q3

Zum Einsatz kommen bei den Audi Q3-Modellen in diesem Buch nicht nur ein Antriebskonzept über Vorderradantrieb, sondern ab dem 2,0-l-TFSI-Motor auch ein schon legendärer Allradantrieb. Somit finden Sie im Audi Q3 manuelle Sechsgang-Schaltgetriebe mit 6 Gängen für die frontgetriebenen und die allradgetriebenen Fahrzeuge vor.

Hinzu kommen die S-tronic-Getriebe, wie die Doppelkupplungsgetriebe bei Audi bezeichnet werden. Für die 1,4-l-Motoren mit 150 PS konnten 6-Gang »S-tronic« bestellt werden. Für die 2,0-l-TFSI und TDI-Varianten gab es ein 7-Gang S-tronic-Getriebe. Für die 170-PS- und 180-PS-Varianten in dieser Motorisierung konnte auch ein Schaltgetriebe gewählt werden. Die 180-PS-Variante gab es dann auch noch mit Frontantrieb. Gerade bei den Allradvarianten ist es sehr wichtig, nur die Getriebe zu verbauen, die auch auf die Hinterachsgetriebe passen. Unterschiedliche Übersetzungen auch im geringfügigen Bereich können hier fatale Folgen haben.

Ölwechsel am Getriebe

■ Das Fahrzeug mit der Hebebühne anheben. Das Fahrzeug muss für die Befüllung und die Kontrolle des Ölstandes gerade angehoben werden oder stehen.

Das Fahrzeug zwischen den Hebebühnensäulen ausrichten und die vier Aufnahmeteller an den vom Fahrzeughersteller vorgeschriebenen Hebebühnenaufnahmepunkten platzieren.

■ Die Umgebung der Öleinfüllschraube und der Ölablassschraube am Getriebe reinigen und die Öleinfüllschraube herausschrauben.

Das Getriebeöl grundsätzlich nur bei betriebswarmem Getriebe ablassen. Austretendes Getriebeöl in einem geeigneten Behälter auffangen.

Das Getriebeöl grundsätzlich vollständig ablaufen lassen. Abgelassenes Getriebeöl fachgerecht entsorgen und niemals wiederverwenden.

Bild 1
6-Gang-Schaltgetriebe.
1 Einfüllschraube
2 Ablassschraube

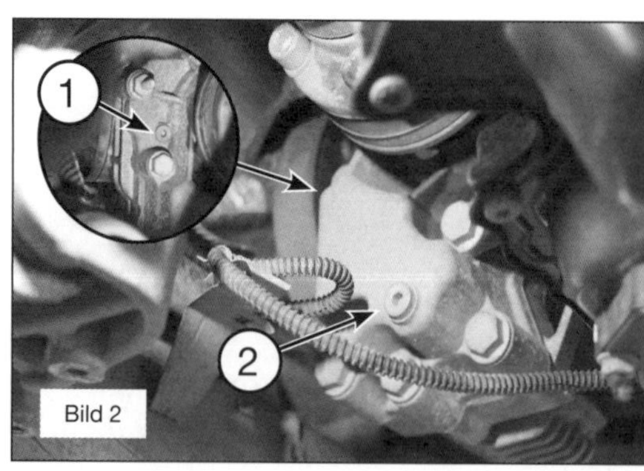

Bild 2
Winkelgetriebe bei Fahrzeugen mit Allrad.
1 Einfüllschraube
2 Ablassschraube

Öle am Schaltgetriebe

Nehmen Sie Ihr Serviceheft und Ihren Fahrzeugschein mit und lassen Sie sich nach aktueller Auflistung das passende Öl für Ihr Getriebe, Winkelgetriebe, Achsgetriebe oder den Haldexantrieb zusammenstellen. Wir haben Ihnen hier eine Vergleichsliste zur Übersicht zusammengestellt.

6-Gang-Getriebe: 0A6
für Front- und Allradantrieb:

Informationen	70W-75W (API GL4)
Neubefüllung nach Zerlegung	2,3 l - 2,4 l
Befüllung beim Ölwechsel	ca. 2,2 l

Winkelgetriebe:

Informationen	70W-90 (API GL4)
Befüllung beim Ölwechsel	ca. 0,9 l

6-Gang-Getriebe: 02Q/QBB/0FB
für Front- und Allradantrieb:

Informationen	70W-75W (API GL4)
Neubefüllung nach Zerlegung	2,3 l - 2,4 l
Befüllung beim Ölwechsel	ca. 2,2 l

Winkelgetriebe:

Informationen	70W-90 (API GL4)
Befüllung beim Ölwechsel	ca. 0,9 l

Öle am S-tronic-Getriebe

Die Doppelkupplungs-Getriebe von Audi werden mit »S-tronic« bezeichnet. Das Getriebeöl ist ein spezielles Öl für die Doppelkupplungsgetriebe. Achten Sie auf die Vorgaben der Ölhersteller für Ihr Fahrzeug. Die Befüllung werden wir im Detail beschreiben.

6-Gang-Doppelkupplungsgetriebe 02E:

Informationen	DSG Getriebeöl
Neubefüllung nach Zerlegung	ca. 7,0 l
Befüllung beim Ölwechsel	ca. 5,2 l

7-Gang-Doppelkupplungsgetriebe 0BS:

Informationen	DSG Getriebeöl
Neubefüllung nach Zerlegung	ca. 7,0 l (+0,1 l)
Befüllung beim Ölwechsel	ca. 5,5 l

Winkelgetriebe (Allradantrieb):

Informationen	70W-90 (API GL4)
Befüllung beim Ölwechsel	ca. 0,9 l

Öl am Achsgetriebe hinten (Allrad)

Achsgetriebe (Differenzial):

Informationen	75W90
Neubefüllung nach Zerlegung	0,95 l
Befüllung beim Ölwechsel	0,85 l

Haldexkupplung (Allradkupplung):

Informationen	Haldex-Öl
Befüllung beim Ölwechsel	ca. 0,7 l

Ölwechsel am Schaltgetriebe

- Bauen Sie die Motorabdeckung unten wie auf der Seite 36 beschrieben ab.
- Ölablassschraube (2 im Bild 1) herausschrauben und Getriebeöl ablassen.
- Den Magnet (soweit vorhanden) an der Ölablassschraube reinigen.
- Drehen Sie die Öleinfüllschraube (1) heraus, um das Nachströmen von Luft zu ermöglichen.
- Die Ölablassschraube (2) im Getriebe

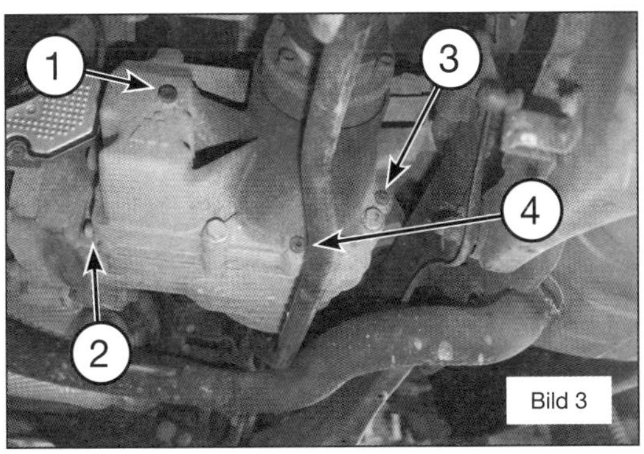

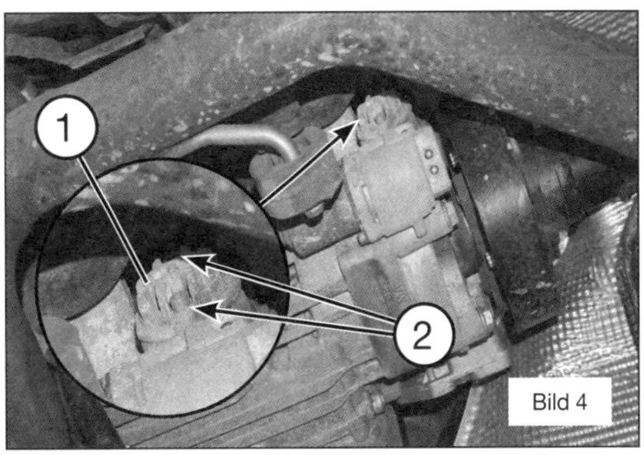

Bild 3
Hinterachsgetriebe.
1 Einfüllschraube Haldex
2 Ablassschraube Haldex
3 Einfüllschraube Achse
4 Ablassschraube Achse

Bild 4
Haldex-Filter.
1 Filtergehäuse Haldex
2 Schraube

Sichtprüfung Messen

Bild 5
Ölfüllmenge ist beim Überlauf aus der Einfüllschraube erreicht.
1 Getriebegehäuse
2 Einfüllöffnung
3 Getriebeölfüllung
4 Abtropfendes Getriebeöl bei erreichtem Füllstand

einschrauben und anziehen. Verwenden Sie, wenn überhaupt, sehr wenig Dichtmasse.
■ Beachten Sie die richtige Ölsorte und Füllmenge sowie die Freigabe für das jeweilige Getriebe.
■ Füllen Sie die in den Tabellen auf Seite 145 angegebene Menge durch die Einfüllschraube ein.
■ Lassen Sie überschüssiges Getriebeöl (4 im Bild 5) abtropfen.
■ Die Öleinfüllschraube (1 im Bild 1) im Getriebe einschrauben und anziehen. Verwenden Sie, wenn überhaupt, sehr wenig Dichtmasse.
■ Fahrzeug mit der Hebebühne absenken.

Ölwechsel am Winkelgetriebe bei allradgetriebenen Fahrzeugen
■ Bauen Sie die Motorabdeckung unten wie auf der Seite 36 beschrieben ab.
■ Ölablassschraube (2 im Bild 2) herausschrauben und Getriebeöl ablassen.
■ Den Magnet (soweit vorhanden) an der Ölablassschraube reinigen.
■ Drehen Sie die Öleinfüllschraube (1) heraus, um das Nachströmen von Luft zu ermöglichen.
■ Die Ölablassschraube (2) im Getriebe einschrauben und anziehen. Verwenden Sie einen neuen Dichtring.
■ Beachten Sie die richtige Ölsorte und Füllmenge sowie die Freigabe für das jeweilige Getriebe.
■ Füllen Sie die in den Tabellen auf Seite 145 angegebene Menge durch die Einfüllschraube (1) ein.
■ Lassen Sie überschüssiges Getriebeöl (4 im Bild 5) abtropfen.
■ Die Öleinfüllschraube (1 im Bild 2) im Getriebe einschrauben und anziehen. Verwenden Sie einen neuen Dichtring.
■ Fahrzeug mit der Hebebühne absenken.

Ölwechsel am Achsgetriebe bei allradgetriebenen Fahrzeugen
■ Ölablassschraube (4 im Bild 3) herausschrauben und Getriebeöl ablassen.
■ Den Magnet (soweit vorhanden) an der Ölablassschraube reinigen.
■ Drehen Sie die Öleinfüllschraube (3) heraus, um das Nachströmen von Luft zu ermöglichen.
■ Die Ölablassschraube (4) im Getriebe

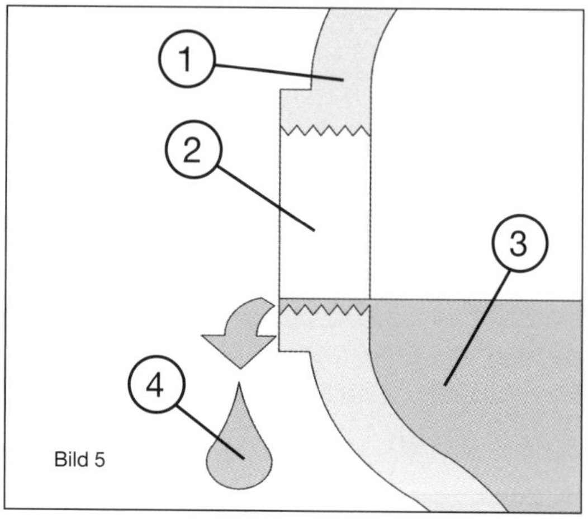

Bild 5

einschrauben und anziehen. Verwenden Sie einen neuen Dichtring.
■ Beachten Sie die richtige Ölsorte und Füllmenge sowie die Freigabe für das jeweilige Getriebe.
■ Füllen Sie die in den Tabellen auf Seite 145 angegebene Menge durch die Einfüllschraube (3) ein.
■ Lassen Sie überschüssiges Getriebeöl (4 im Bild 5) abtropfen.
■ Die Öleinfüllschraube (3 im Bild 3) im Getriebe einschrauben und anziehen. Verwenden Sie einen neuen Dichtring.
■ Fahrzeug mit der Hebebühne absenken.

Ölwechsel an der Haldex-Kupplung bei allradgetriebenen Fahrzeugen
■ Ölablassschraube (1 im Bild 3) herausschrauben und Getriebeöl ablassen.
■ Den Magnet (soweit vorhanden) an der Ölablassschraube reinigen.
■ Drehen Sie die Öleinfüllschraube (2) heraus, um das Nachströmen von Luft zu ermöglichen.
■ Die Ölablassschraube (1) im Getriebe einschrauben und anziehen. Verwenden Sie einen neuen Dichtring.
■ Drehen Sie die Schrauben (2 im Bild 4) heraus und nehmen Sie den Filtergehäusedeckel (1) ab.
■ Ziehen Sie den Haldexfilter heraus.
■ Benetzen Sie die Dichtringe am neuen Filtergehäusedeckel mit etwa Haldexöl.
■ Setzen Sie den neuen Filter ein und verschrauben Sie den neuen Filtergehäusedeckel mit neuen Schrauben.
■ Beachten Sie die richtige Ölsorte und Füllmenge sowie die Freigabe für das jeweilige Getriebe.

■ Füllen Sie die in den Tabellen auf Seite 145 angegebene Menge durch die Einfüllschraube (2) ein.
■ Lassen Sie überschüssiges Getriebeöl (4 im Bild 5) abtropfen.
■ Die Öleinfüllschraube (1 im Bild 3) im Getriebe einschrauben und anziehen. Verwenden Sie einen neuen Dichtring.
■ Fahrzeug mit der Hebebühne absenken.

Ölwechsel am Doppelkupplungsgetriebe (Audi S-tronic)

Tipp: Für den Ölwechsel oder besser das Erreichen des richtigen Füllstandes ist es erforderlich, dass das Fahrzeug absolut gerade steht.

■ Stellen Sie den Wahlhebel des Getriebes auf die Stellung »P«.
■ Ziehen Sie die Feststellbremse an (Taster betätigen).
■ Schalten Sie den Motor aus und demontieren Sie die Motorabdeckung unten wie auf Seite 36 beschrieben.

Ausbau des Ölfilters:
■ Bauen Sie das Luftfiltergehäuse aus.
■ Drehen Sie das Ölfiltergehäuse auf dem Getriebe etwa sieben Umdrehungen los und warten Sie zehn Sekunden.
■ Nehmen Sie das Filtergehäuse und den Filtereinsatz vom Getriebe ab.

Tipp: Fangen Sie austretendes Restöl mit einem saugfähigen Lappen auf.

Ablassen des Getriebeöls:
■ Bauen Sie den Ölfilter wie oben beschrieben aus.
■ Stellen Sie einen Auffangbehälter mit ausreichendem Auffangvolumen unter die Ablassschraube.
■ Drehen Sie die Ablassschraube (4 im Bild 7) heraus. Hier tritt nur wenig Getriebeöl aus.
■ Drehen Sie das Füllstandsrohr (2) heraus. Nun läuft die Füllmenge des Getriebes ab.
■ Lassen Sie das Getriebeöl ablaufen und drehen Sie das Füllstandsrohr wieder ein.

Vorbefüllung des Getriebes:
■ Montieren Sie einen neuen Ölfilter mit neuen Dichtringen.
■ Montieren Sie einen passenden Anschluss (4 im Bild 6) und pumpen Sie 5,2 l in das Getriebe ein.

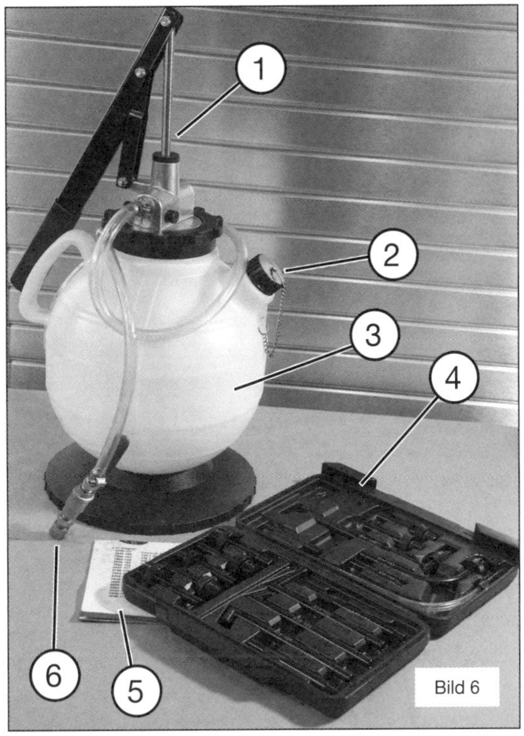

Bild 6
Ölfüllgerät für Automatikgetriebe.
1 Handpumpe
2 Einfüllöffnung
3 Behälter
4 Adapter
5 Adapterliste
6 Anschlussadapter

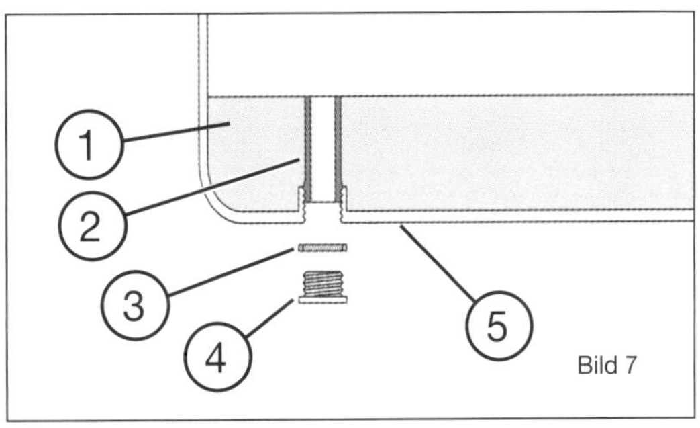

Bild 7
Ölstand im Doppelkupplungsgetriebe.
1 Getriebeöl
2 Füllstandrohr
3 Dichtring
4 Ablassschraube
5 Ölwanne

■ Schließen Sie das Kugelventil am Anschlussadapter (6).
■ Kontrollieren Sie, dass der Wahlhebel noch in der Stellung »P« steht, treten Sie die Fußbremse und starten Sie den Motor.
■ Lassen Sie den Motor im Leerlauf laufen und schalten Sie alle Schaltstufen des Getriebes für 3 bis 5 Sekunden durch.
■ Stellen Sie den Wahlhebel wieder zurück in die Stellung »P« und kontrollieren Sie den Ölstand des Getriebes.

Kontrolle des Ölstandes:
■ Kontrollieren Sie, dass der Wahlhebel noch in der Stellung »P« steht, betätigen Sie die Feststellbremse und starten Sie den Motor.

elektr. Messen: Ermitteln Sie die Getriebeöltemperatur über einen geeigneten Diagnosetester. Die Anwahl für den VCDS erfolgt über den Reiter »Antrieb« (Messwertblock 19, Getriebeöltemperaturgeber G93).

■ Nehmen Sie den Anschlussadapter ab. Überschüssiges Öl wird nun bei laufendem Motor und steigender Getriebetemperatur abtropfen.

☞ Auslaufendes Getriebeöl auffangen und fachgerecht entsorgen. Das Öl darf nicht wiederverwendet werden.

■ Überprüfen Sie, ob das Füllstandsrohr fest verschraubt ist.

■ Beobachten Sie die Getriebeöltemperatur über den Diagnosetester.

■ Sobald das Getriebeöl die Temperatur von 35 °C (35 °C bis 45 °C) erreicht hat, drehen Sie den Anschluss aus dem Getriebe heraus und die Ablassschraube mit neuer Dichtung wieder ein.

■ Soweit vorhanden, Geräuschdämpfung oder Unterfahrschutz wieder einbauen.

■ Führen Sie eine Probefahrt durch und fragen Sie den Fehlerspeicher ab.

Montagearbeiten am Getriebe

Die Demontage des Getriebes erfordert einige spezielle Werkzeuge und auch Erfahrung in der Montage. Im Rahmen dieses Buches gehen wir nur auf Arbeiten ein, die üblicherweise in privater Hand von Schraubern angegangen werden. Hinzu kommt, dass der Umfang der Arbeitsbeschreibungen für die Demontage den Rahmen dieses Buches sprengen würde.

Die Kupplung (manuelles Schaltgetriebe 6-Gang)

Der Kraftfluss vom Motor zum Achsantrieb muss nach Wunsch hergestellt und unterbrochen werden können. Das ist erforderlich, wenn Sie das Fahrzeug starten, mit laufendem Motor fahrbereit stehen oder die Gänge wechseln wollen. Dieses Ankoppeln und Trennen übernimmt bei Fahrzeugen mit Schaltgetriebe die Kupplung. Sie ermöglicht auch ruckfreies Anfahren, indem sie die unterschiedlichen Drehzahlen von Kurbelwelle und Antriebswelle des Getriebes ausgleicht. Kernstück des Systems Kupplung ist die Mitnehmerscheibe. Der Audi Q3 mit manuellem Schaltgetriebe hat eine hydraulisch betätigte Einscheiben-Trockenkupplung mit asbestfreien Belägen und Einmassenschwungrad. Kupplungen sind komplizierte Konstruktionen. Ihr Verschleißteil Mitnehmerscheibe ist nicht ohne Weiteres zugänglich. Dazu muss das Getriebe vom Motor getrennt und nach unten ausgebaut werden. Diese Arbeit erfordert Know-how und Spezialwerkzeuge. Nun ist aber auch jede Kupplung so gut wie wartungsfrei, weil das System den Verschleiß selbsttätig ausgleicht.

Die Mitnehmerscheibe ist gewöhnlich erst nach mehr als 200 - 300.000 Kilometern zu erneuern. Allerdings hängt ihr Verschleiß von Belastung (zum Beispiel Anhängerbetrieb) und sehr wesentlich von der Fahrweise ab.

Die wichtigsten Teile der Kupplung

☞ Je nach Getriebebauweise und Motorisierung weichen die Kupplungen in konstruktiven Details voneinander ab. Im Wesentlichen aber arbeitet jede Kupplung mit den gleichen Komponenten:

■ Das Schwungrad (Motorschwungscheibe) (1 im Bild 8) ist fest mit der Kurbelwelle verbunden. Es hilft, eine gleichmäßige Drehschwingung an das Getriebe weiterzugeben. Sie ist meist als »Zweimassenrad« ausgelegt und sollte grundsätzlich bei Arbeiten an der Kupplung zumindest geprüft werden.

■ Die Kupplungsscheibe (Mitnehmerscheibe) (2) sitzt axial beweglich auf der Getriebe-Eingangswelle. Auf beiden Seiten sind Beläge aufgenietet.

■ Die Druckplatte (3) ist mit dem Schwungrad fest verschraubt. Beim Tritt aufs Kupplungspedal löst sich über Kupplungshydraulik (oder Mechanik) und Ausrückplatte die Kupplungsscheibe gegen die Kraft der Tellerfeder (Membranfeder) von der Schwungscheibe.

⚠ Druckplatten sind korrosionsgeschützt und gefettet. Sie dürfen nur an der Anlauffläche gereinigt werden, sonst wird die Lebensdauer der Kupplung verringert.

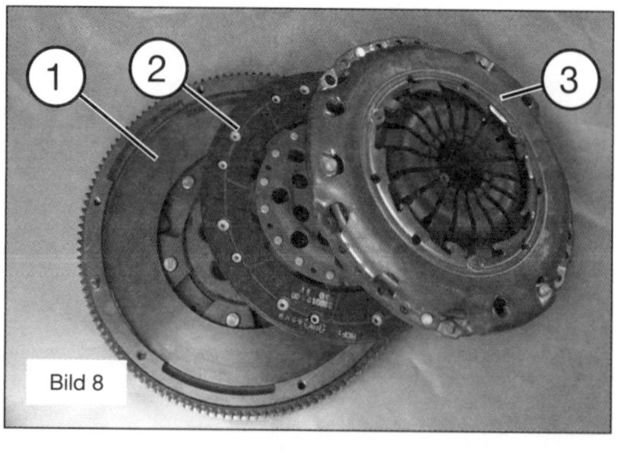

Bild 8

Bild 8
Kupplungsset.
1 Schwungscheibe
2 Mitnehmerscheibe
3 Druckplatte

Das hydraulische System

Geberzylinder am Kupplungspedal und Nehmerzylinder am Getriebe sind über eine hydraulische Leitung verbunden. In ihr befindet sich Bremsflüssigkeit, die bei Betätigung der Kupplung die Kraft zwischen Geberzylinder und Nehmerzylinder überträgt. Die Bremsflüssigkeit stammt aus dem Vorratsbehälter auf dem Hauptbremszylinder. Ein Defekt in der Kupplungsbetätigung kann daher einen sinkenden Pegel im Bremsflüssigkeitsbehälter verursachen. Ein ausreichender Flüssigkeitsrest für die Bremse ist allerdings immer garantiert. Auch hier drückt beim Einkuppeln die Tellerfeder der Druckplatte die Mitnehmerscheibe langsam gegen das Motorschwungrad, bis sie sich mit der gleichen Drehzahl dreht. So werden die Kräfte sanft übertragen. Dabei schleifen die Anlageflächen kurze Zeit aufeinander, ehe die Reibung wieder so groß ist, dass die Motorleistung vollständig auf das Getriebe übertragen wird. Wenn Sie das Kupplungspedal treten, überwindet das Ausrücklager die Kraft der Tellerfeder. Die Druckplatte wird entlastet und bei völlig durchgetretenem Pedal zurückgezogen. Die Mitnehmerscheibe kann nun im Raum dazwischen frei umlaufen. Das Kupplungsspiel sorgt dafür, dass das Ausrücklager auf dem Zentralausrücker nicht ständig unter Druck steht. Es verringert sich mit der Abnutzung der Beläge. Die Druckplatte nähert sich dem Ausrücklager. Liegt das Lager dann ohne Spiel an der Tellerfeder (Membranfeder) der Kupplung an, wird die Tellerfeder entlastet und die Kupplung rutscht durch.

Kupplung prüfen

Schleift nach Ihrem Eindruck die Kupplung, wenn Sie Ihr Fahrzeug im höchsten Gang beschleunigen, dreht der Motor also hoch, ohne dass die Fahrgeschwindigkeit zunimmt, sollten Sie einmal kurz die Funktion der Kupplung prüfen. Unternehmen Sie diese Probe allerdings wirklich nur gelegentlich!

- Ziehen Sie die Handbremse an, die natürlich in Ordnung sein muss.
- Starten Sie den Motor.
- Legen Sie den 3. Gang ein, dann langsam einkuppeln und Gas geben.
- Bei einwandfreier Kupplung wird der Motor dadurch abgewürgt.

Trennen der Kupplung prüfen

Treten kratzende oder krachende Geräusche beim Schalten auf, trennt meistens die Kupplung nicht mehr richtig. Machen Sie deshalb eine Probe, und zwar mit dem nicht synchronisierten Rückwärtsgang, damit Sie die mögliche Ursache der Geräusche durch ein defektes Getriebe ausschließen.

- Lassen Sie den Motor im Leerlauf drehen.
- Kupplungspedal voll durchtreten, etwa drei Sekunden warten, dann Rückwärtsgang einlegen. Wenn Sie jetzt das kratzende Geräusch hören, läuft die Mitnehmerscheibe nicht ganz frei. Dann trennt die Kupplung nicht sauber.
- Kontrollieren Sie die Funktion der hydraulischen Übertragungselemente. Eventuell muss die Kupplungsbetätigung entlüftet werden. Zu viel Spiel verursacht schnell ein zu hohes Arbeitsspiel und damit reicht der Betätigungsweg der Kupplungsmechanik nicht mehr aus.
- Teile der Kupplungsbetätigung auf Undichtigkeiten untersuchen.

Montage Kupplungspedal

Der Lagerbock des Kupplungspedals und das Kupplungspedal können zerlegt werden. Der Kupplungsgeberzylinder kann einzeln ersetzt werden.

- Die Zündung ausschalten, den Schlüssel abziehen und das Lenkschloss einrasten.

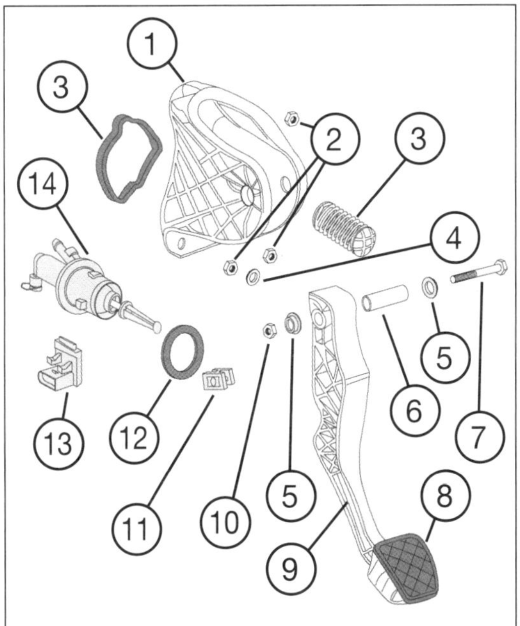

Bild 9

Bild 9
Kupplungapedalwerk.
1 Pedalbock
2 Muttern
3 Übertotpunktfeder
4 Pedalanschlagpuffer
5 Lagerbuchse
6 Lagerhülse
7 Schraube
8 Pedalgummi
9 Pedalhebel
10 Mutter
11 Clip
12 Dichtung
13 Kupplungssensor
14 Kupplungsgeberzylinder

De- und Montage des Kupplungspedals

■ Stellen Sie den Fahrersitz so weit wie möglich nach hinten.
■ Stellen Sie das Lenkrad so weit wie möglich nach oben.
■ Lösen Sie die Verschraubungen des Fußraumausströmers im Fahrerfußraum und ziehen Sie ihn vom Lüfterkasten ab.
■ Entriegeln Sie den Kabelkanal im Fahrerfußraum, ziehen ihn nach hinten ab und drücken Sie ihn etwas zur Seite.
■ Drehen Sie die Schraube heraus und nehmen Sie die Crash-Strebe im Fußraum ab.
■ Schrauben Sie den Sicherungskasten »C« im Fußraum ab und legen Sie ihn zur Seite.
■ Entriegeln Sie den Relais und Sicherungsträger »E«und legen Sie ihn zur Seite.
■ Drehen Sie die Muttern der Fußraumverkleidung hinter den Pedalen los und nehmen Sie sie heraus.
■ Drehen Sie die Schraube im Kreuzgelenk der Lenkung heraus und ziehen Sie das Kreuzgelenk von der Lenkung ab.
■ Hebeln Sie die Klemmscheiben von der Geräuschdämmung um den Kupplungsgeberzylinder ab und drücken Sie sie oberhalb des Kupplungspedals hoch.
■ Drehen Sie die Mutter (10 im Bild 9) heraus.
■ Ziehen Sie die Schraube (7) heraus.
■ Ziehen Sie das Kupplungspedal (9) etwas nach unten und nehmen Sie die Übertotpunktfeder (3) aus dem Lagerbock heraus.
■ Entsichern Sie den Clip (11) mit einem geeigneten Werkzeug (VW T10005) und ziehen Sie die Druckstange des Geberzylinders (14) aus dem Kupplungspedal (9) heraus.
■ Nehmen Sie das Kupplungspedal heraus.

Einbau erfolgt sinngemäß in umgekehrter Reihenfolge.
■ Prüfen Sie die Funktion der Kupplung.
■ Lesen Sie den Fehlerspeicher aus.

De- und Montage des Kupplungspedalschalters

Der Kupplungsschalter ist im Pedalträgermodul befestigt. Der Zugang erfolgt über den Motorraum.

■ Lesen Sie den Fehlerspeicher aus, arbeiten Sie ihn soweit erforderlich ab und löschen Sie ihn gegebenenfalls.
■ Die Zündung ausschalten und den Schlüssel abziehen.
■ Klemmen Sie die Batterie ab.
■ Bauen Sie die Batterie und den Batteriekasten aus.
■ Entsichern Sie den Steckkontakt und ziehen Sie den elektrischen Anschluss vom Kupplungssensor (13 im Bild 9) ab.
■ Die Raste oben am Kupplungssensor betätigen und den Kupplungssensor vom Geberzylinder abziehen.

Die Montage erfolgt sinngemäß in umgekehrter Reihenfolge.
■ Lesen Sie den Fehlerspeicher aus und löschen Sie ihn gegebenenfalls.

De- und Montage des Kupplungspedalgummis

■ Ziehen Sie die Gummibeläge von der Pedaltrittplatte ab.
■ Schieben Sie das neue Pedalgummi über die Ecken auf die Pedaltrittplatte auf.

Hydraulische Kupplungsbetätigung (6-Gang-Getriebe)

Fehlersuche für das hydraulische Kupplungssystem

Da der Montageaufwand für die Bauteile der hydraulischen Kupplung recht hoch ist, sollten Sie grundsätzlich die nachfolgend beschriebenen Prüfungen durchführen, um den Fehler genau bestimmen zu können.

Das Kupplungspedal ist schwergängig oder macht Geräusche:

■ Prüfen Sie die Übertotpunktfeder und die Pedallagerung auf Spiel oder Geräusche.
■ Wenn mit etwas Sprühfett Verbesserung eintritt, prüfen Sie die Lagerung.
■ Lässt sich das Geräusch auf die Übertotpunktfeder beziehen, muss diese ersetzt werden.

Das Kupplungspedal verbleibt nach der Betätigung in der unteren Stellung hängen:
■ Ziehen Sie das Kupplungspedal nach oben und prüfen Sie, ob es die obere Ruhestellung erreicht. Ist das nicht der Fall, kann es sein, dass die Entlüftungsbohrung im Geberzylinder nicht frei wird und der Zylin-

der keinen automatischen Spielausgleich durchführen kann. Ein dauerhaft auf dem Kupplungspedal abgelegter Fuß oder eine verklemmte Fußmatte können hier schon die Fehlfunktion verursachen.

Undichte Kupplungshydraulik:

Die Kupplungshydraulik kann sowohl äußere als auch innere Undichtigkeiten aufweisen. Die inneren Undichtigkeiten sind deutlich schwieriger nachzuweisen. Kontrollieren Sie die Abdichtungen des Geberzylinders in Richtung des Fußraums. Ein Hinweis sind feuchte Manschetten oder auch Spuren von Bremsflüssigkeit im Bereich der Druckstange des Geberzylinders (14 im Bild 9) oder am Pedalbock (1).

- Prüfen Sie den Anschlussschlauch zum Vorratsbehälter am Geberzylinder.
- Prüfen Sie den Druckanschluss auf festen Sitz und Dichtigkeit am Geberzylinder.
- Überprüfen Sie die Leitung zum Nehmerzylinder und die Entlüftungsschraube am Nehmerzylinder.
- Prüfen Sie, ob Rückstände von Bremsflüssigkeit um den Übergang zwischen Motor und Getriebe festzustellen sind.

Soweit Fehler festgestellt werden, müssen diese zuerst beseitigt werden. Anschließen entlüften Sie die Kupplungshydraulik und prüfen Sie erneut die Funktion.

Die Kupplung trennt nicht richtig:

Als Ursache kommen hier auch mechanische Fehler infrage, die dann schon mit deutlich mehr Aufwand nachgeprüft werden müssen:

- an der Kupplungsdruckplatte,
- dem Zweimassenrad,
- der Verzahnung der Kupplungsscheibe, auf der Getriebewelle,
- am Ausrücklager.

Demontage des Geberzylinders

Die Kupplungsbetätigung erfolgt hydraulisch über Geber- und Nehmerzylinder. Als Überträger wird Bremsflüssigkeit verwendet.

Vermeiden Sie Augen- und Hautkontakt. Tragen Sie Schutzhandschuhe und geeigneten Augenschutz.

- Demontieren Sie die Abdeckung über der Pedalanlage am Armaturenbrett im Fußraum.

Ausgetretene Bremsflüssigkeit sofort aufnehmen und mit Bremsenreiniger

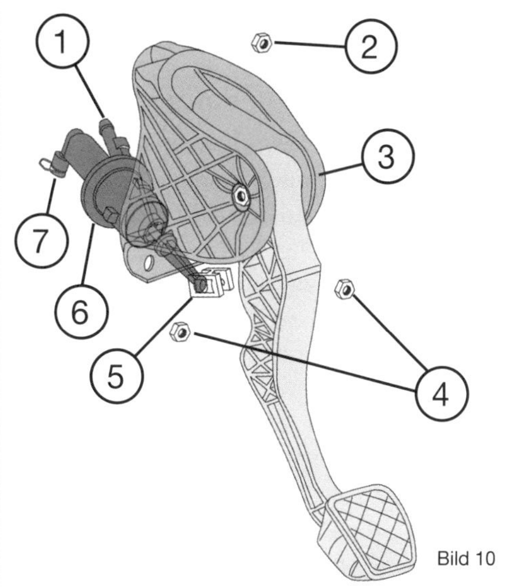

Bild 10

abspülen. Bremsflüssigkeit kann lackierte und beschichtete Flächen schädigen.

- Markieren Sie den Stand der Bremsflüssigkeit mit einem wasserfesten Stift an der Außenseite des Vorratsbehälters, um später eine Überfüllung zu vermeiden.
- Saugen Sie so viel Bremsflüssigkeit aus dem Vorratsbehälter ab, dass der Nachlauf zum Kupplungsgeberzylinder nicht mehr erfolgen kann.
- Ziehen Sie den Anschlussschlauch vom Vorratsbehälter zum Geberzylinder ab und verschließen Sie die Öffnung.

Demontage des Pedalbocks des Kupplungspedals:

- Stellen Sie den Fahrersitz so weit wie möglich nach hinten.
- Stellen Sie das Lenkrad so weit wie möglich nach oben.
- Lösen Sie die Verschraubungen des Fußraumausströmers im Fahrerfußraum und ziehen Sie ihn vom Lüfterkasten ab.
- Entriegeln Sie den Kabelkanal im Fahrerfußraum, ziehen ihn nach hinten ab und drücken Sie ihn etwas zur Seite.
- Drehen Sie die Schraube heraus und nehmen Sie die Crash-Strebe im Fußraum ab.
- Schrauben Sie den Sicherungskasten »C« im Fußraum ab und legen Sie ihn zur Seite.
- Entriegeln Sie den Relais- und Sicherungsträger »E«und legen Sie ihn zur Seite.
- Drehen Sie die Muttern der Fußraumverkleidung hinter den Pedalen los und nehmen Sie sie heraus.

Bild 10
Kupplungspedalerie.
1 Anschluss zum Vorratsbehälter
2 Druckleitungsanschluss
3 Pedalbock
4 Muttern unten
5 Clip
6 Kupplungsgeberzylinder
7 Druckanschluss

Bild 11
Kupplungshydraulik.
1 Dichtung Versorgungsleitung
2 Kupplungsschalter
3 Halteklammer
4 Kupplungsgeberzylinder
5 O-Ring
6 Volumenstromventil
7 Druckleitung
8 Halteklammer
9 Entlüfterstück
10 Ausrücker mit Lager
11 Schrauben
12 O-Ring
13 Halteklammer
14 Anschlussstück
15 O-Ring
16 Halteklammer
17 O-Ring
18 Entlüftungsnippel
19 Staubkappe

■ Drehen Sie die Mutter (2 im Bild 10) heraus. Dazu muss die Dämmung etwas nach oben gedrückt werden.
■ Legen Sie den Fußraum mit Lappen aus, um den Teppich vor eventuell austretender Bremsflüssigkeit zu schützen.
■ Drehen Sie die Muttern (4) heraus. Nehmen Sie den Lagerbock (3) zusammen mit der Dämmung darüber ab.

Demontage des Kupplungsgeberzylinders:
■ Entsichern Sie den Clip (11) mit einem geeigneten Werkzeug (VW T10005) und ziehen Sie die Druckstange des Geberzylinders (14) aus dem Kupplungspedal (9) heraus.
■ Legen Sie ein Distanzstück zwischen Lagerbock und Kupplungspedal ein. Die Position des Kupplungspedals sollte in etwa der Position bei unbetätigtem Pedal entsprechen.
■ Entsichern Sie die Raste oben am Kupplungsgeberzylinder und drehen Sie ihn gegen den Uhrzeigersinn.
■ Ziehen Sie den Kupplungsgeberzylinder aus dem Lagerbock heraus.
■ Nehmen Sie den Clip (5) von der Druckstange des Kupplungsgeberzylinders ab.

Die Montage erfolgt sinngemäß in umgekehrter Reihenfolge.
■ Tragen Sie etwas Silikonfett auf die Lagerung im Clip (5) auf.
■ Entlüften Sie das Kupplungssystem.
■ Prüfen Sie die Funktion der Kupplung.
■ Lesen Sie den Fehlerspeicher aus und löschen Sie ihn gegebenenfalls.

Demontage des Nehmerzylinders
■ Einen nicht fasernden Lappen unter den Nehmerzylinder legen, um damit die abtropfende Bremsflüssigkeit aufzufangen.
■ Den Sicherungsclip (8 im Bild 11) mit einem Schraubendreher aus der Hydraulikleitung für den Kupplungsnehmerzylinder klipsen.
■ Die Hydraulikleitung am Anschluss (3) des Anschlussstücks (14) abziehen.
☞ Um das Auslaufen von Bremsflüssigkeit zu verhindern, verschließen Sie die abgezogene Hydraulikleitung mit der Verschlusskappe des Entlüftungsventils.
■ Die anderen Hydraulikanschlüsse mit den passenden Stopfen verschließen.

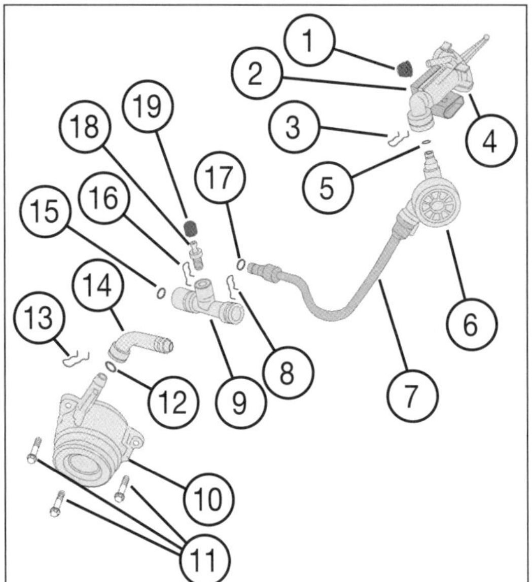

Bild 11

■ Das Getriebe ausbauen.
■ Den Sicherungsclip (13) mit einem Schraubendreher aus dem Anschlussstück ausclipsen.
■ Das Anschlussstück (14) abziehen.
■ Schrauben (11) herausdrehen.
■ Den Kupplungsnehmerzylinder (Zentralausrücker) abnehmen.

Der Einbau erfolgt sinngemäß in umgekehrter Reihenfolge.
☞ Die Verzahnung auf der Getriebewelle wird mit etwas Molybdänsulfid-Schmierfett gefettet.
■ Bauen Sie das Getriebe ein.
■ Die Staubkappe (19) des Entlüftungsnippels entfernen.
■ Entlüften Sie die Kupplungsbetätigung.

Entlüften der Kupplungshydraulik
☞ Das Entlüften der Anlage ohne ein Entlüftungsgerät ist nicht zu empfehlen. Die Leitungsführung und das geringe Fördervolumen der Zylinder machen eine Druckentlüftung oder ein Absaugen über den Entlüftungsnippel erforderlich. Beim Absaugen muss dringend darauf geachtet werden, dass der Vorratsbehälter nicht leergesaugt wird und der Geberzylinder keine Luft zieht.
■ Die Staubkappe (19 im Bild 11) von der Entlüftungsschraube abziehen.
■ Geeignetes Bremsenfüll- und Entlüftungsgerät anschließen.

■ Zum Entlüften muss ein Entlüfterschlauch auf den Entlüftungsnippel (7) aufgesteckt werden.
■ Die Staubkappe des Entlüftungsnippels (6) entfernen.
■ Den Entlüfterschlauch mit Auffangbehälter auf den Entlüftungsnippel stecken.
■ Das System mit dem Entlüftungsgerät am Vorratsbehälter mit einem Druck von etwa 1 bar beaufschlagen.
■ Die Entlüftungsschraube etwa eine halbe Umdrehung lösen.
■ Ca. 100 cm³ Bremsflüssigkeit in den Auffangbehälter ausströmen lassen und den Entlüftungsnippel wieder schließen.
■ Das Kupplungspedal 15- bis 20-mal sehr schnell von Anschlag zu Anschlag bewegen.
■ Die Entlüftungsschraube wieder etwa eine halbe Umdrehung lösen.
■ Etwa 50 cm³ Bremsflüssigkeit ausströmen lassen.
■ Die Entlüftungsschraube wieder anziehen.

Nach Beendigung des Entlüftungsvorgangs, wenn der Druck des Entlüftungsgerätes wieder abgebaut ist, das Kupplungspedal bitte noch 10-mal mit dem Fuß treten.

■ Prüfen Sie die Funktion der Kupplung.
■ Machen Sie eine Probefahrt.

Ausgetretene Bremsflüssigkeit sofort aufnehmen und mit Bremsenreiniger abspülen. Bremsflüssigkeit kann lackierte und beschichtete Flächen schädigen.

Kupplung beim manuellen 6-Gang-Getriebe

Demontage der Kupplung

■ Das Getriebe ausbauen.
■ Eine geeignete Haltesperre zum Blockieren des Motors anbauen.
■ Stecken Sie ein geeignetes Zentrierwerkzeug (3 im Bild 12) in Schwungscheibe und Kupplungsmitnehmerscheibe ein.
■ Die Schrauben (1) der Druckplatte (2) herausschrauben. Die Schrauben (1) jeweils in Schritten von 1,5 Umdrehungen diagonal lösen.
■ Die Druckplatte und die Kupplungsscheibe abnehmen.
■ Die Reibfläche der Druckplatte entfetten und mit grober Schmirgelleinwand anrauen.
■ Die Druckplatte (2) und die Kupplungsscheibe (Mitnehmerscheibe) prüfen.

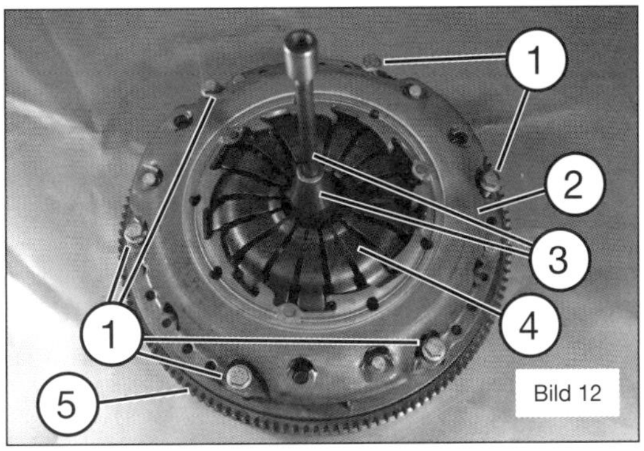

Bild 12
Kupplung und Schwungscheibe.
1 Schrauben
2 Druckplatte
3 Zentrierwerkzeug
4 Membranfeder
5 Schwungrad

■ Das Schwungrad (5) auf Verschleiß und Beschädigung prüfen.
■ Den Zentralausrücker auf Geräusche, rauen Lauf, Undichtigkeit, Verschleiß und Beschädigung prüfen.

Die Montage erfolgt sinngemäß in umgekehrter Reihenfolge.
■ Setzen Sie zur Montage das Zentrierwerkzeug (3) ein.
■ Ziehen Sie die Schrauben gleichmäßig und über Kreuz an.
■ Entlüften Sie das Kupplungssystem wie bereits beschrieben.

Wo liegt der Schaden – Kupplung, Betätigung oder Zweimassenrad?

Krachende Geräusche beim Gangeinlegen oder beim Gangwechsel, schwergängige Schaltvorgänge bei laufendem Motor?
■ Eine schlecht trennende Kupplung muss nicht zwangsläufig durch einen Schaden an der Kupplung oder der Druckplatte verursacht werden. Die Kupplungsbetätigung erfolgt bei modernen Systemen über ein hydraulisches System, das sich selbsttätig nachstellt. Die Rückstellung der Kupplung kann durch ein ausgeschlagenes Zweimassenrad größer ausfallen. Das wiederum kann den Hubweg verkürzen und die Kupplung wird nicht vollständig getrennt.
■ Auch dann, wenn die Verzahnung der Mitnehmerscheibe nicht leichtgängig auf der Getriebewelle verschoben werden kann, wird die Kupplung nicht ganz von der Druckplatte getrennt und schleift weiter an.

Druckplatte prüfen

Die Druckplatte ist auf die Schwungscheibe aufgeschraubt. Eine Wärmeabgabe ist nur sehr schlecht möglich.
■ Die Druckplatte beziehungsweise die

Sichtprüfung Messen

Reibfläche auf Risse und Riefen sowie die Membranfeder (4) auf Brüche prüfen.

Die Zungen der Membranfeder (4) auf Verschleiß und gleichmäßige Höhe prüfen.

Kupplungsscheibe prüfen

- Reibbeläge (1 im Bild 13) der Kupplungsscheibe auf Verölung, Risse, Ausbrüche und Verschleiß prüfen.
- Die Dämpferfedern (4) auf Brüche und festen Sitz prüfen.
- Das Keilwellenprofil in der Mitte (3) auf Verschleiß und Ausbrüche prüfen.

Die Kupplungsscheibe muss sich mit geringem Kraftaufwand auf der Antriebswelle des Getriebes verschieben lassen.

- Prüfen Sie den Zustand der Vernietungen (2) und den festen Sitz der Beläge auf dem Belagträger.
- Prüfen Sie den Seitenschlag. Er sollte 0,5 mm nicht überschreiten.

Schwungrad demontieren

Es wurden zwei unterschiedliche Zweimassenräder im Audi Q3 verbaut. Sie lassen sich aber bereits optisch gut unterscheiden:

Kupplungshersteller Sachs:

Die Kontur zur Kurbelwelle des Motors ist abgerundet.

Kupplungshersteller LuK:

Die Kontur in Richtung Kurbelwelle ist eckig und weist in Richtung Kurbelwelle eine umlaufende Sicke auf.

Die Arbeiten am Schwungrad unterscheiden sich für die Getriebebautypen nicht wesentlich. Wir stellen Ihnen an dieser Stelle eine allgemeingültige Beschreibung zur Verfügung.

- Die Kupplung wie bereits beschrieben demontieren.
- Die Schrauben (2 im Bild 15) am Schwungrad (1) herausdrehen.
- Eine Haltesperre in der Verzahnung des Schwungrades zum Blockieren des Motors anbauen.
- Das Schwungrad (1) von der Kurbelwelle abnehmen. Dabei auf die Einbaulage des

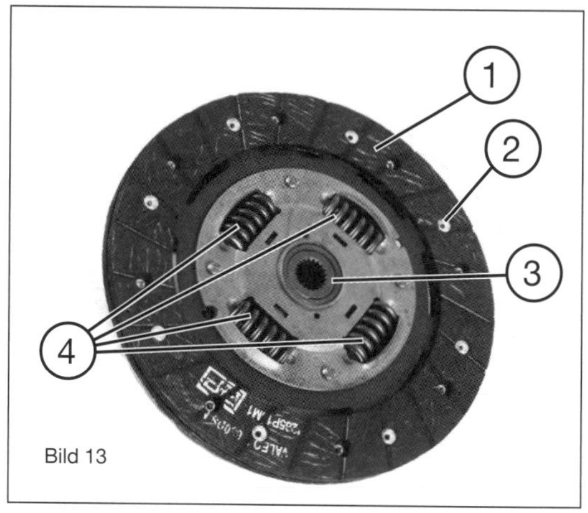

Bild 13

Mitnehmerscheibe.

1 Reibbelag

2 Belagnieten

3 Mittenverzahnung

4 Torsionsfedern

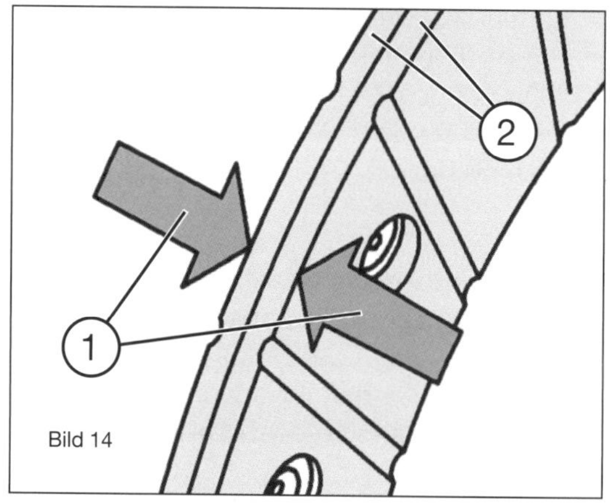

Bild 14

Kupplung und Schwungscheibe.

1 Messpunkt Belagstärke

2 Reibbeläge

Bild 15

Schwungscheibe auf der Kurbelwelle.

1 Schwungrad (Scheibe)

2 Schrauben

Schwungrades (1) achten (die Lochabstände lassen nur eine Montageposition zu).

Die Montage erfolgt sinngemäß in umgekehrter Reihenfolge.

- Achten Sie auf die Einbauposition.
- Ziehen Sie die Schrauben über Kreuz mit dem vorgegeben Anzugsdrehmoment an.

Schaltzüge und Betätigung

Die Schaltbetätigung der Getriebe erfolgt ausschließlich über Schaltzüge. Bei den Fahrzeugen mit Doppelkupplungsgetriebe ist ein Schaltzug verbaut. Bei Fahrzeugen mit manuellem Schaltgetriebe sind ein Schaltseilzug und ein Wählseilzug verbaut. Die Arbeitsschritte unterscheiden sich für die einzelnen Modelle nur unwesentlich. Wir stellen Ihnen an dieser Stelle eine allgemeingültige Beschreibung zur Verfügung.

Schaltknauf und Manschette aus- und einbauen (Schaltgetriebe)

■ Hebeln Sie den Schaltknopf mit dem Schaltsack (1 im Bild 16) im Bereich der Rastnasen (2) vorsichtig aus der Abdeckung (3) heraus.

■ Ziehen Sie den Schaltsack ganz nach oben und lösen Sie die Schelle am Schaltknopf unter dem Schaltsack.

■ Nehmen Sie den Schaltknopf zusammen mit dem Schaltsack ab.

Die Montage erfolgt sinngemäß in umgekehrter Reihenfolge.

■ Prüfen Sie den Zustand der Schelle. Sie ist in der Regel wiederverwendbar.

Schaltzüge beim 6-Gang-Getriebe aus- und einbauen

Montagearbeiten im Innenraum:

■ Das Getriebe in Neutralstellung schalten.

■ Das Fahrzeug anheben.

■ Stellen Sie den Schalthebel in die mittlere Position. Bei S-tronic-Getrieben entspricht das der Stellung »D/S«.

Tipp: Decken Sie die Oberflächen, an denen Sie einen Montagehebel ansetzen müssen, grundsätzlich mit einem festen Papierklebeband ab.

■ Bauen Sie den Schaltsack (1 im Bild 16) im Bereich der Rastnasen aus der Abdeckung (3) aus und stülpen Sie sie nach oben.

■ Greifen Sie die Abdeckung (3) vorne und hinten durch die Öffnung des Schaltsacks und ziehen Sie sie nach oben.

■ Nehmen Sie die Abdeckung nach oben über den Schaltsack heraus.

■ Entsichern Sie die elektrischen Steckverbindungen zu den Anzeigeleuchten (soweit verbaut) und ziehen Sie sie ab.

■ Ziehen Sie die Geräuschdämmung nach oben heraus.

■ Drehen Sie die Befestigungsmuttern zur Mittelkonsole heraus.

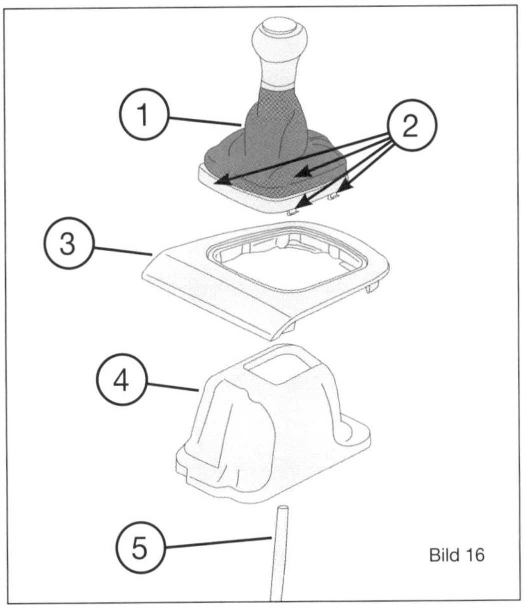

Bild 16

Bild 16
Schaltmechanik beim 6-Ganggetriebe.
1 Schaltknopf mit Schaltsack
2 Rastnasen
3 Abdeckung
4 Geräuschdämmung
5 Schalthebel

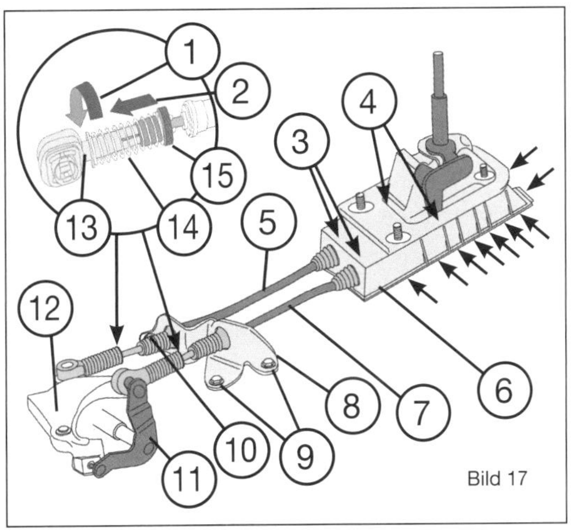

Bild 17

Bild 17
Schaltmechanik beim 6-Ganggetriebe.
1 Bewegungsrichtung zum Arretieren
2 Bewegungsrichtung zurückschieben
3 Sicherungsklammern (verdeckt im Gehäuse)
4 Seilzugösen (verdeckt im Gehäuse)
5 Schaltseilzug
6 Schaltbetätigung
7 Wahlseilzug
8 Halter
9 Schrauben
10 Mutter
11 Wahlumlenkhebel
12 Schaltumlenkhebel
13 Seilzugkopf
14 Feder
15 Sperrrad
Pfeile: Laschen am Bodenblech

Montagearbeiten im Motorraum:

■ Bauen Sie das Luftfiltergehäuse aus.

■ Drehen Sie die Schrauben (8) und die Mutter (9) heraus und legen Sie die Schaltzüge (5 und 6) mit dem Halter (7) zur Seite.

■ Ziehen Sie das Sperrrad (15) ganz nach vorne (2) und drehen Sie es nach rechts (1).

■ Ziehen Sie den Wahlumlenkhebel (11) ganz nach vorne und nehmen Sie den Schaltzug aus dem Seilzugkopf (13) heraus.

■ Nehmen Sie den Sicherungsclip vom Seilzugkopf des Schaltseilzuges (5) ab und ziehen Sie ihn von der Schaltumlenkung (12) ab.

Montagearbeiten unter dem Fahrzeug:

■ Bauen Sie die rechte und linke Unterbodenverkleidung aus.

■ Lösen Sie die Verschraubungen der Doppelschelle (21 im Bild 7) und schieben Sie sie zurück.

Sichtprüfung Messen

Bild 18
Fixierung des Schalthebels/Schaltbetätigung.
1 Absteckstift oder passendes Hilfsmittel
2 Bohrung im Schalthebel
3 Bohrung im Schaltgehäuse

Bild 19
Verriegelung des Schalt- und Wahlseilzuges.
1 Seilzugkopf
2 Bewegungsrichtung zum Arretieren
3 Bewegungsrichtung zum Zurückschieben
4 Außenzug
5 Innenzug
6 Sperrrad
7 Feder

■ Drehen Sie die Verschraubungen heraus und nehmen Sie das Wärmeschutzblech in Fahrtrichtung nach hinten heraus.

Fahrzeuge mit TFSI-Motor:
■ Den Anschlussstecker der Lambdasonde am Unterboden entsichern und abziehen.
■ Die Steckverbindung aus dem Halter nehmen und den Leitungsstrang vom Wärmeschutzblech lösen.

Weiter für alle Fahrzeuge:
■ Bauen Sie das Wärmeschutzblech für die Kardanwelle aus.
■ Drehen Sie die Schrauben heraus und bauen Sie die Querstrebe im Kardantunnel aus.
■ Bauen Sie die Kardanwelle aus oder lösen Sie sie am Achsantrieb hinten und befestigen Sie sie am Aufbau.
■ Nehmen Sie das Wärmeschutzblech über dem Kardan nach hinten links heraus.
■ Drücken Sie die Schaltbetätigung nach unten vom Getriebetunnel ab und nehmen Sie die Schaltzüge mit dem Halter und dem Schaltgehäuse nach unten heraus.

Montagearbeiten auf der Werkbank:
■ Biegen Sie die Laschen rund um das Schaltgehäuse auf (Pfeile im Bild 17) und nehmen Sie die Bodenplatte vom Schaltgehäuse (6) ab.
■ Hebeln Sie den Gelenkkopf des zu wechselnden Zuges vom Betätigungshebel ab.
■ Ziehen Sie die Sicherungsklammern (3) von dem zu ersetzenden Zug ab und ziehen Sie ihn aus dem Schaltgehäuse heraus.
■ Ziehen Sie die Sicherungsklammern von dem zu ersetzenden Zug am Halter (8) ab und ziehen Sie ihn heraus.

Die Montage erfolgt sinngemäß in umgekehrter Reihenfolge.
■ Schaltzüge, Schaltzugmanschette und Kugelpfannen auf Verschleiß und Beschädigungen prüfen.
■ Achten Sie auf die korrekte Einbaulage der Züge. Sie müssen parallel liegen und an der vorgesehenen Position der Wärmeschutzbleche liegen.

☞ Die Schaltzüge dürfen nicht verdreht verbaut werden.

■ Stellen Sie die Schaltzüge nach der Montage wie im Anschluss beschrieben ein.

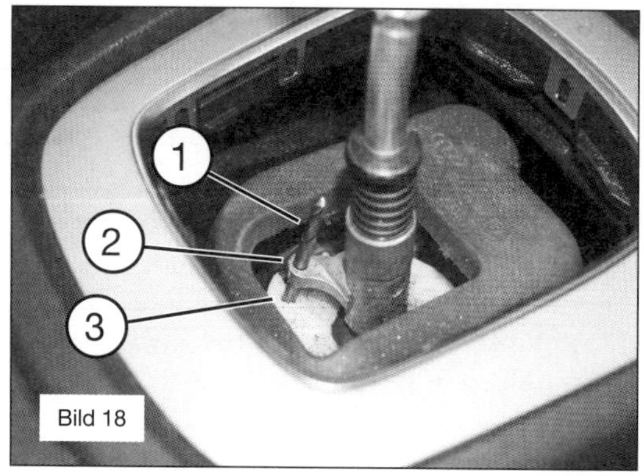

Bild 18

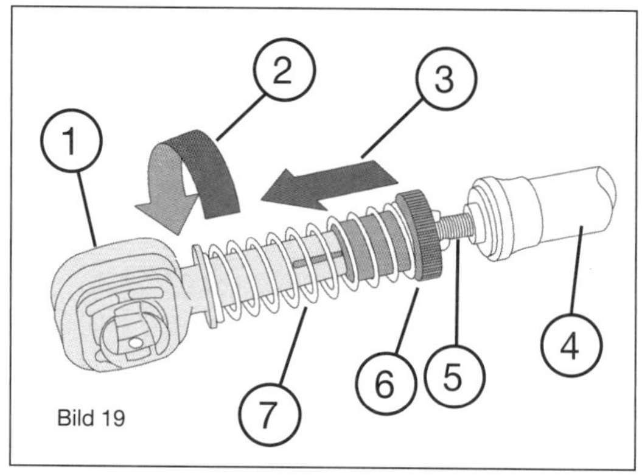

Bild 19

Schaltzüge am 6-Gang-Getriebe einstellen

⚠ Die Voraussetzung für die korrekte Einstellung sind unbeschädigte Schaltzüge und Lagerungen sowie eine spielfreie Mechanik der Schalthebelkonsole. Die Aufnahmen der Schaltzüge müssen schadfrei sein.

☞ Für die Grundeinstellung der Schaltzüge werden der Schalthebel im Innenraum und die Schaltbetätigung am Getriebe fixiert. Die Schaltzüge werden dann spannungsfrei ausgerichtet.

Fixierung im Innenraum:
■ Bauen Sie den Schaltsack (1 im Bild 16) im Bereich der Rastnasen aus der Abdeckung (3) aus und stülpen Sie sie nach oben.
■ Schieben Sie die Geräuschdämmung etwas zur Seite und stecken Sie den Absteckstift (VW T10027A) durch die Bohrung im Schalthebel (2 im Bild 18) in die Bohrung (3) der Schaltbetätigung ein.

Fixierung im Motorraum:
■ Bauen Sie das Luftfiltergehäuse aus.
■ Ziehen Sie das Sperrrad (6 im Bild 19) des Schaltseilzuges und des Wahlseilzuges gegen die Feder (7) ganz nach vorne (2) und fixieren Sie es mit einer Drehung nach rechts (1).

Beide Seilzüge (5) müssen sich nun im Seilzugkopf (1) verschieben lassen.

■ Drücken Sie den Schaltumlenkhebel (1 im Bild 20) nach unten und sichern Sie ihn durch Hineinschieben (leichte Drehbewegungen erforderlich) des getriebeseitig verbauten Sicherungshebels (2).

Der Getriebeschalthebel kann nun nicht mehr bewegt werden.

■ Kontrollieren Sie, ob beide Schaltzüge spannungsfrei in den Seilzugköpfen einliegen.

■ Lösen Sie die Fixierung des Sperrrades der beiden Schaltzüge nacheinander und kontrollieren Sie, dass die Sperrräder bis zum Anschlag gleiten.

■ Kontrollieren Sie, ob beide Schaltzüge in den Seilzugköpfen eingerastet sind.

■ Ziehen Sie den getriebeseitig verbauten Sicherungshebel (2) so weit heraus, dass der Getriebeschalthebel wieder freigängig ist.

Fixierung im Innenraum:

■ Ziehen Sie den Absteckstift (VW T10027A) wieder heraus.

■ Montieren Sie den Schaltsack wieder.

Kontrolle der Schaltzugeinstellung:

■ Kontrollieren Sie, dass der Schalthebel sich in Ruhestellung in der Schaltgasse des 3. und 4. Ganges befindet.

■ Lassen Sie den Motor laufen und schalten Sie bei getretener Kupplung alle Gänge mehrfach durch.

Achten Sie auf die Funktion der Rückwärtsgangsperre.

Schaltknauf und Manschette aus- und einbauen (S-tronic-Getriebe)

Hier sind zwei unterschiedliche Bauweisen verbaut. Für die 6-Gangvarianten ist der Schaltknopf vorne, für die 7-Gangvarianten seitlich.

Variante Grifftaste vorne (A im Bild 21):

■ Stellen Sie den Schalthebel auf die Position »N und ziehen Sie die Handbremse an.

■ Hebeln Sie den Schaltknopf mit dem Schaltsack wie beim Schaltgetriebe (2 im Bild 16) im Bereich der Rastnasen (2) vorsichtig aus der Abdeckung (3) heraus.

Die Taste (1) darf bei der weiteren Montage nicht berührt werden. Es können leicht mechanische Schäden entstehen.

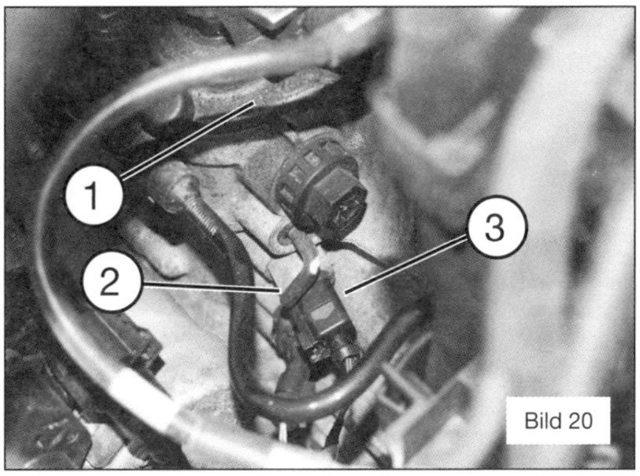

Bild 20
Fixierung des Getriebeschalthebels.
1 Getriebeschalthebel
2 Sicherungshebel
3 Rückwärtsgangschalter

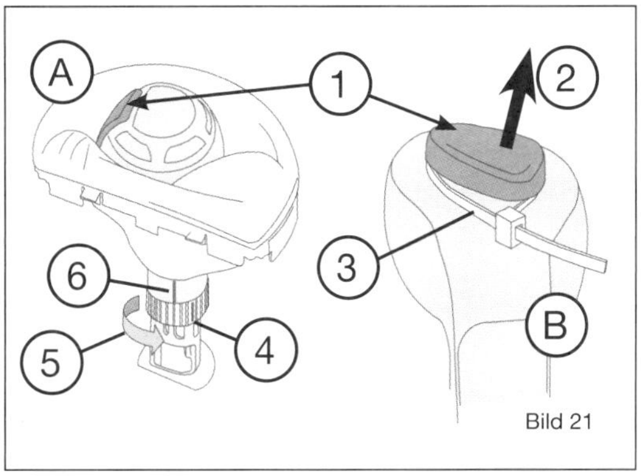

Bild 21
Taste im Schalthebel.
A Variante »vorne«
B Variante «seitlich«
1 Entriegelungstaste
2 Herausziehen
3 Kabelbinder
4 Markierung auf dem Rastenring
5 Bewegungsrichtung zum Entriegeln
6 Markierung auf dem Schalthebel

Variante Grifftaste Seite (B im Bild 21):

■ Ziehen Sie die Entriegelungstaste (1) etwas aus dem Schalthebel heraus (2).

■ Sichern Sie die herausstehende Taste mit einem Kabelbinder (3).

Weiter für beide Varianten:

■ Verdrehen Sie den Rastenring auf dem Schalthebel bis Anschlag.

Die Markierung (4) auf dem Rastenring und die Markierung auf dem Schalthebel (6) stehen nun nicht mehr übereinander.

■ Ziehen Sie den Schalthebel nach oben ab, ohne die Taste zu berühren.

Die Taste wird beim Abziehen weiter nach außen geschoben und verrastet. Sie darf nicht gedrückt werden.

Die Montage erfolgt sinngemäß in umgekehrter Reihenfolge.

■ Prüfen Sie nach der Montage die Funktion und die Verrastung des Schalthebels.

Schaltzüge beim S-tronic-Getriebe (Doppelkupplung) aus- und einbauen

Der Schaltzug der Doppelkupplungsgetriebe kann nur zusammen mit der Schaltbetätigung ersetzt werden. Der wechsel des Schaltzuges ist nicht vorgesehen.

Sichtprüfung Messen

Bild 22
Fixierung des Getriebeschalthebels.
1 Außenzug
2 Innenzug
3 Gelenkschuh
4 Schraube
5 Getriebeschalthebel

Schaltzüge am S-tronic-Getriebe (Doppelkupplung) einstellen

Die Voraussetzung für die korrekte Einstellung sind ein unbeschädigter Schaltzug und Lagerung sowie eine spielfreie Mechanik der Schalthebelkonsole. Die Aufnahme des Schaltzuges muss unbeschädigt sein.

Für die Grundeinstellung des Schaltzuges wird der Schalthebel in die Position »P« gestellt. Der Getriebeschalthebel wird bis Anschlag nach hinten geschoben. Die Parksperre der Räder muss nun eingerastet sein.

Einstellung des Schaltzuges:

- Bauen Sie das Luftfiltergehäuse aus.
- Stellen Sie den Wahlhebel im Innenraum auf die Stellung »P«.
- Lösen Sie die Schraube (4 im Bild 22).
- Drücken Sie den Getriebeschalthebel (5) entgegen der Fahrtrichtung ganz nach hinten.

Prüfen Sie, dass die Parksperre eingerastete ist.

- Bewegen Sie den Schaltzug (2) etwas nach vorne und hinten, um sicherzustellen, dass der Zug spannungsfrei aufliegt. Achten Sie darauf die Schaltstufe nicht zu verlassen.
- Ziehen Sie die Schraube (4) vorsichtig wieder an, ohne die Zugeinstellung zu verschieben.

Prüfen der Schaltzugeinstellung:

- Stellen Sie den Wahlhebel im Innenraum auf die Stellung »P«.
- Drücken Sie die Taste im Schalthebel und ziehen Sie den Schalthebel etwa 5 mm zurück, ohne in den Rückwärtsgang zu schalten.
- Lassen Sie den Wahlhebel los. Der Wahlhebel muss nun selbstständig wieder in die Position »P« fallen.
- Stellen Sie den Wahlhebel im Innenraum auf die Stellung »N«.
- Drücken Sie die Taste im Schalthebel und ziehen Sie den Schalthebel etwa 5 mm zurück, ohne in die Stellung »D« zu schalten.
- Lassen Sie den Wahlhebel los. Der Wahlhebel muss nun selbstständig wieder in die Position »N« fallen.
- Stellen Sie den Wahlhebel im Innenraum auf die Stellung »N«.

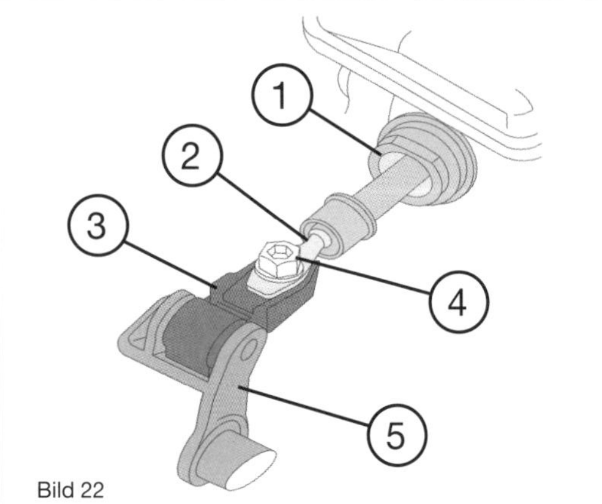

Bild 22

- Drücken Sie die Taste im Schalthebel und ziehen Sie den Schalthebel etwa 5 mm zurück, ohne in die Stellung »R« zu schalten.
- Lassen Sie den Wahlhebel los. Der Wahlhebel muss nun selbstständig wieder in die Position »N« fallen.

Achsgelenkwellen

De- und Montage der Achsgelenkwellen der Vorderachse unterscheiden sich nur unwesentlich. Die beschriebenen Montagearbeiten sind sowohl für die rechte als auch für die linke Seite anwendbar.

- Fahrzeug anheben und verzurren.

Wenn das Fahrzeug nicht verzurrt wird, besteht die Gefahr, dass es von der Hebebühne abrutscht.

- Demontieren Sie die Motorabdeckung und/oder Getriebeabdeckung unten (soweit verbaut).

Prüfen der Gelenkwellen

Gelenkwellen unterliegen zwar Verschleiß, aber es gibt eigentlich nur drei Gründe, eine Achsgelenkwelle zu zerlegen. Zuerst einmal möchten wir den Hintergrund für diese Arbeiten genauer beleuchten.

- *Spiel an den Gelenken (Bild 23):*

Halten Sie den Lageraußenring mit der Hand fest und verdrehen Sie die Achswelle. Sie sollte möglichst kurze schnelle Bewegungen machen (einfach schnell hin- und herdrehen). So bemerken Sie ein mögliches Lagerspiel in den Achswellen sehr schnell. Spiel an den Gelenken sollte immer nachgegangen werden.

Denken Sie daran, dass Ihr Fahrzeug beim Anheben einen anderen Winkel der Achswelle bewirkt. Die Prüfungen sollten immer am Boden stattfinden. Eine Grube in der Garage oder eine Mutterbühne ist hier sehr hilfreich. Stellen Sie übermäßiges Spiel fest, sollte die Gelenkwelle erneuert oder zerlegt und repariert werden. Zumeist zeigen sich bei der Demontage erhebliche Schäden an Lagerflächen oder Kugeln.

Wird das Spiel zu groß (mehr als 2 mm Spiel in der Verdrehung), kann die Antriebswelle »auseinanderfliegen« und sorgt dann im günstigsten Fall für eine Panne. Im schlimmsten Fall kann die Achswelle weitere Schäden verursachen, wenn sie aus den Führungen herausrutscht.

■ *Geräusche:*
Die Prüfung der Achsgelenkwellen auf diese Schäden erfolgt in der Regel bei einer Probefahrt. Es sollten hier enge Radien gefahren werden können (Supermarktparkplatz) und auch der Lastwechsel vom Beschleunigen zum Schiebebetrieb simuliert werden.

Gefahren vermeiden! Auf den Verkehr achten! Geräusche an den Achswellen lassen sich leider nur für das radseitige Gelenk sicher orten.

Die Getriebeseite wird oftmals als »Getriebeschaden« wahrgenommen. Sollten also Geräusche beim Lastwechsel entstehen, nehmen Sie auch die Antriebswellen einmal genauer unter die Lupe. Ein deutliches »Klackern« oder durchaus schon »Schläge« gerade beim Kurvenfahren in engen Radien weisen auf einen Achswellenschaden hin.

Je lauter diese Geräusche werden, umso dringender besteht Handlungsbedarf. Auch hier sind oft an den zerlegten Wellen sehr gut sichtbare Schäden vorhanden.

■ *Manschette beschädigt (Bild 24):*
Das Ende der Lagerungen einer Achswelle wird natürlich schneller erreicht, wenn Schmutz, Wasser und Straßendreck durch eine defekte Manschette eindringen können.

Kontrollieren Sie die Lenkmanschetten und die Gelenkmanschette regelmäßig. Bei Schäden führt an einer Reinigung des Gelenkes und dem Ersatz der Manschette kein Weg vorbei.

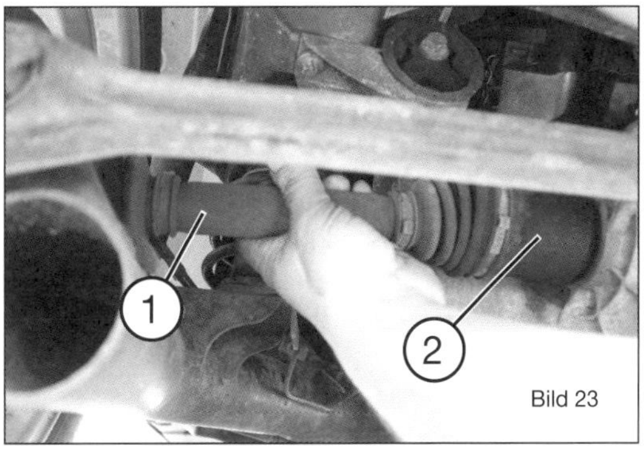

Bild 23
Spiel an den Gelenken der Achswellen prüfen.
1 Gelenkwelle
2 Gelenkwellentopf (Lageraußenring)

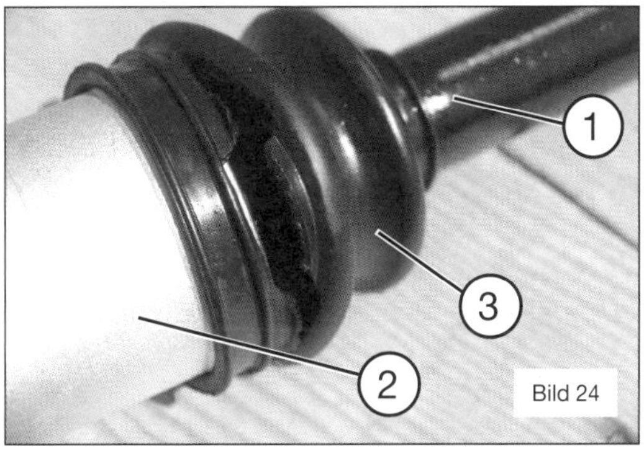

Bild 24
Beschädigte Achswellenmanschette.
1 Gelenkwelle
2 Gelenkwellentopf
3 Achswellenmanschette

Achten Sie auch auf kleine Fettspritzer im Radlaufbereich oder an den Bremsteilen. Oftmals zeichnen schon kleinste Schäden an der Manschette deutliche Spuren. Durch die hohe Drehzahl wird das Fett im Gelenk sehr schnell in der Landschaft verteilt. Daraufhin läuft das Gelenk trocken und wird mit der Unterstützung des eindringenden Schmutzes ein erhebliches Verschleißverhalten entwickeln.

Achsgelenkwellen (vorne)

De- und Montage der Achsgelenkwelle der Vorderachse unterscheiden sich nur unwesentlich. Die beschriebenen Montagearbeiten sind sowohl für die rechte als auch für die linke Seite anwendbar.

■ Lassen Sie eine zweite Person fest auf die Bremse treten und lösen Sie die Zentralschraube (1 im Bild 25) des Radlagers.

Das Fahrzeug darf nun weder auf den Rädern abgestellt noch bewegt werden. Durch die Belastung werden die Radlager beschädigt.

■ Drehen Sie die Zentralschraube heraus.
■ Fahrzeug mit der Hebebühne anheben.
■ Bauen Sie das entsprechende Rad ab.
■ Drehen Sie die Schrauben (1 im Bild 26) am Getriebeflansch der Achswelle heraus.

Sichtprüfung

Messen

Bild 25
Zentralschraube der Achswelle vorne.
1 Zwölfkant Zentralschraube
2 Drehmomentschlüssel mit passender Stecknuss

Bild 26
Verschraubungen am Getriebeflansch vorne.
1 Schrauben am Getriebeflansch
2 Achswelle
3 Getriebeflansch

Bild 27
Verschraubungen an Querlenker und Achsschenkel.
1 Verschraubung des Niveausensors vorne
2 Querlenker
3 Achsschenkel
4 Schrauben Traggelenkbolzen

Bild 28
Verschraubungen am Getriebeflansch hinten.
1 Schrauben Achswelle
2 Verschraubung Spurstange
3 Verschraubung Querlenker
4 Getriebeflansch
5 Achswelle
6 Verschraubungen des Fahrzeugniveausensors

■ Bauen Sie (soweit verbaut) die Mutter (1 im Bild 27) des Halters für den Fahrzeugniveausensor am Querlenker ab.

■ Drehen Sie die Muttern (4) des Traggelenkbolzens am Querlenker ab.

■ Ziehen Sie das Federbein nach außen und drücken Sie hierbei die Achsgelenkwelle aus der Radnabe heraus.

■ Nehmen Sie die Antriebswelle heraus.

Die Montage erfolgt sinngemäß in umgekehrter Reihenfolge.

■ Tragen Sie etwas Montagepaste auf die Zahnung der Antriebswelle und des Radlagers auf, bevor Sie die Achswelle in das Radlager einschieben.

Nach der Demontage der Verschraubung des Fahrzeugniveausensors muss die Grundeinstellung der Scheinwerfer mit einem geeigneten Diagnosetester durchgeführt werden.

Bei Fahrzeugen, die mit einer elektronischen Dämpferregelung ausgestattet sind, muss nach der Demontage der Verschraubung des Fahrzeugniveausensors die Regelanlage mit einem geeigneten Diagnosetester angelernt werden.

Achsgelenkwellen (hinten)

Die De- und Montage der Achsgelenkwellen der Hinterachse (Allrad-Fahrzeuge) unterscheiden sich nur unwesentlich. Die beschriebenen Montagearbeiten sind sowohl für die rechte als auch für die linke Seite anwendbar.

■ Messen Sie die Leergewichtslage (siehe Kapitel 11).

■ Lassen Sie eine zweite Person fest auf die Bremse treten und lösen Sie die Zentralschraube (1 im Bild 25) des Radlagers.

⚠ Das Fahrzeug darf nun weder auf den Rädern abgestellt noch bewegt werden. Durch die Belastung werden die Radlager beschädigt.

■ Drehen Sie die Zentralschraube heraus.

■ Fahrzeug mit der Hebebühne anheben.

■ Bauen Sie das entsprechende Rad ab.

■ Bauen Sie die Fahrwerksfeder aus.

■ Demontieren Sie die Verschraubungen des Fahrzeugniveausensors (6 im Bild 28) am Querlenker.

Bild 25

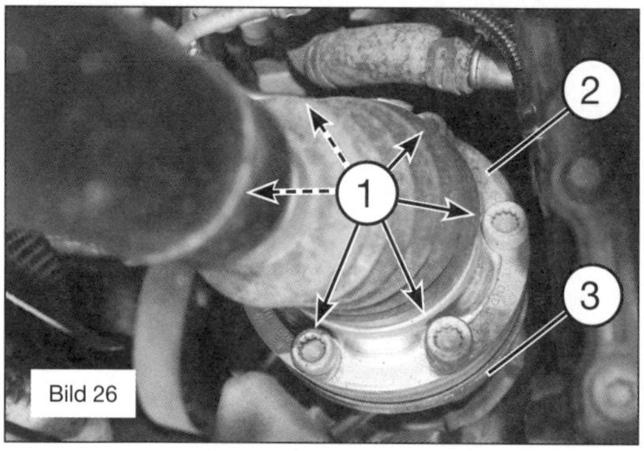

Bild 26

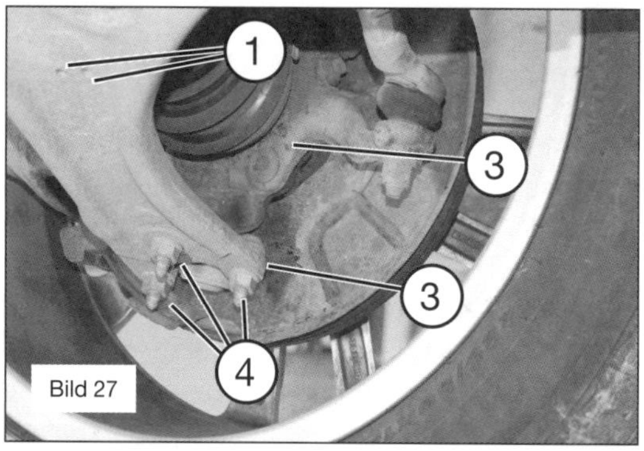

Bild 27

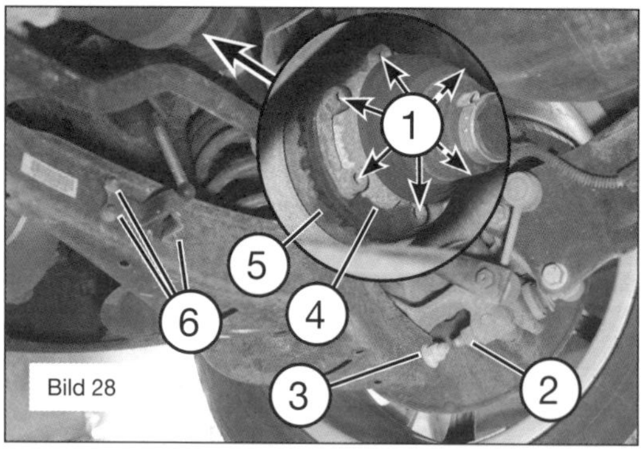

Bild 28

■ Bauen Sie die Schrauben des Querlenkers am Achsschenkel (3) und an der Spurstange (2) aus.

■ Drehen Sie die Schraube des Stoßdämpfers am Achsschenkel heraus.

■ Drehen Sie die Schrauben (1) am Getriebeflansch der Achswelle heraus.

■ Ziehen Sie das Radlagergehäuse nach außen und drücken Sie hierbei die Achsgelenkwelle aus der Radnabe heraus.
■ Nehmen Sie die Antriebswelle heraus.

Die Montage erfolgt sinngemäß in umgekehrter Reihenfolge.
■ Tragen Sie etwas Montagepaste auf die Zahnung der Antriebswelle und des Radlagers auf, bevor Sie die Achswelle in das Radlager einschieben.

Achtung: Die Verschraubungen am Radlagergehäuse (Achsschenkel) dürfen nur in Leergewichtslage verschraubt werden. Die Gummibuchsen werden sonst verspannt und reißen schnell aus.

elektr. Messen: Nach der Demontage der Verschraubung des Fahrzeugniveausensors muss die Grundeinstellung der Scheinwerfer mit einem geeigneten Diagnosetester durchgeführt werden.

elektr. Messen: Bei Fahrzeugen, die mit einer elektronischen Dämpferregelung ausgestattet sind, muss nach der Demontage der Verschraubung des Fahrzeugniveausensors die Regelanlage mit einem geeigneten Diagnosetester angelernt werden.

Gelenkwellen zerlegen

Achsmanschette außen (radseitig) wechseln:

Tipp: Es gibt zwei unterschiedliche Bauweisen des Gelenktopfes auf der Welle. Unterscheiden kann man die Bauweisen über den Durchmesser des Topfgelenks.

■ Die entsprechende Antriebswelle wie bereits beschrieben ausbauen.
■ Die Gelenkwelle mit Schutzbacken im Schraubstock einspannen.
■ Die Antriebswellenmanschette (1 im Bild 29) aufschneiden und abziehen.
■ Fett über dem Gelenktopf abwischen.
■ Das Gleichlaufgelenk (1 im Bild 31) mit einem Kunststoffhammer (3) von der Antriebswelle (2) treiben.
■ Den Sicherungsring ausbauen.
■ Das Gleichlaufgelenk reinigen.
■ Die kleine Klemmschelle auf die Antriebswelle aufschieben.
■ Die neue Antriebswellenmanschette auf die Antriebswelle aufschieben.
■ Den neuen Sicherungsring einbauen.

Bild 29

Bild 29
Gelenkmanschette anheben.
1 Manschette
2 Innenring des Gelenks
3 Gelenktopf

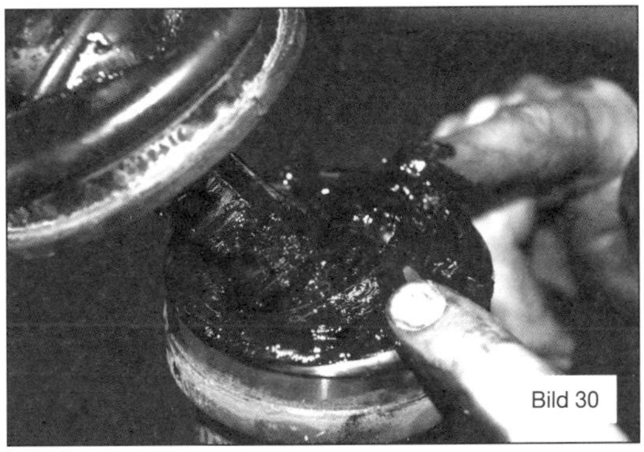
Bild 30

Bild 30
Gelenk abwischen, um es besser erkennen zu können.

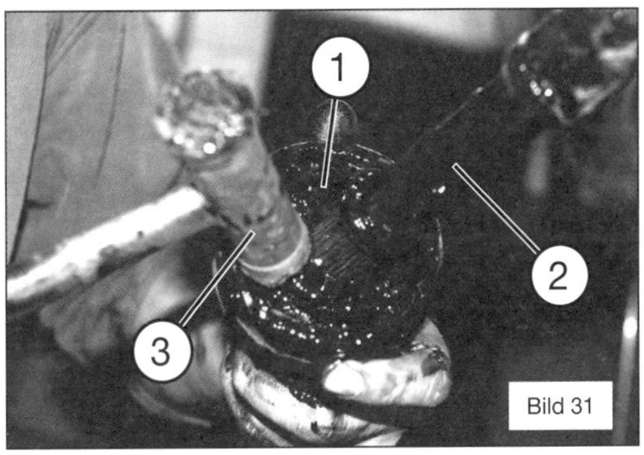

Bild 31

Bild 31
Bauweise mit Rastring auf der vorderen Wellenspitze.
1 Gleichlaufgelenk
2 Welle
3 Kunststoffhammer

■ Das Gleichlaufgelenk bis zur Oberkante des Innensterns mit im Lieferumfang enthaltenem Fett befüllen.
■ Das Gleichlaufgelenk mit einem Plastikhammer auf die Antriebswelle auftreiben, bis der Sicherungsring einrastet.
■ Die Manschette und Gleichlaufgelenk mit der Restmenge Fett befüllen.
■ Die Antriebswellenmanschette auf das Gleichlaufgelenk aufschieben.

Tipp: Der Wulst der Manschette muss in der Nut am Gleichlaufgelenk liegen.

■ Die Klemmschellen (2 im Bild 33) auf der Antriebswellenmanschette (3) positionieren und befestigen.
■ Antriebswelle aus dem Schraubstock lösen und abnehmen.
■ Antriebswelle wieder einbauen.

Sichtprüfung Messen

Bild 32
Radseitiges Gelenk der Achswelle.
1 Gelenktopf
2 Kugelkäfig
3 Kugeln
4 Innenring

Bild 33
1 Zange
2 Federbandschelle
3 Achswellenmanschette

Bild 34
Kugelkäfig hochkant in den Gelenktopf einsetzen.

Bild 35
Im Detail.
Gelenkinnenring in den Kugelkäfig einfädeln.

Topfgelenk (radseitig) zerlegen
Die Antriebswellen beim Audi Q3 für den Radantrieb unterliegen dem Verschleiß und die Manschetten können durch Steinschlag oder Alterung beschädigt werden.

⚠ Grundsätzlich sollten Sie beim Zerlegen von Achsgelenken die Übertragungsteile wie die Kugeln oder Lager wieder in die gleiche Position einbauen, in der sie vor der Demontage gewesen sind. Sie können die Bauteile mit einem Lackstift oder wasserfesten Filzstift markieren.

☞ Hilfreich ist, aber auch eine Ablage aus Pappe zur Ablage der Einzelteile vorzubereiten.

Zerlegen des radseitigen Gelenks:
Die beiden radseitigen Gelenke sind Kugelgelenkwellen. Die Montagearbeit ist identisch.

- Bauen Sie die entsprechende Antriebswelle wie bereits beschrieben aus.
- Entfernen Sie die beiden Klemmbänder auf der entsprechenden Manschette.
- Die Achsmanschette mit einem Cuttermesser aufschneiden und abnehmen.
- Wischen Sie das Fett am Rand des Gelenktopfes (1 im Bild 30) ab, damit Sie den Innenring (2) des Gelenks erkennen können.
- Bauen Sie das Gelenk von der Achswelle wie beschrieben ab.
- Kippen Sie den Innenring zur Seite und nehmen Sie eine Kugel nach der anderen wie im Bild 37 gezeigt heraus.
- Verdrehen Sie den Gelenkinnenring so weit, dass Sie ihn wie im Bild 35 gezeigt herausnehmen können.
- Verdrehen Sie den Kugelkäfig so weit, dass Sie ihn über die Aussparungen (Bild 34) vom Gelenkwellenkopf abnehmen können.
- Achten Sie darauf, dass die Kugeln nicht auf den Boden fallen.
- Reinigen Sie alle Bauteile gründlich und untersuchen Sie sie nach Schäden oder Verschleißspuren.
- Sind Schäden oder Verschleiß erkennbar, muss das Gelenk erneuert werden. Es sind beide Gelenke als Ersatzteil lieferbar.

Die Montage erfolgt sinngemäß in umgekehrter Reihenfolge.

- Stecken Sie die kleine Schelle auf die Manschette auf.

Bild 32

Bild 33

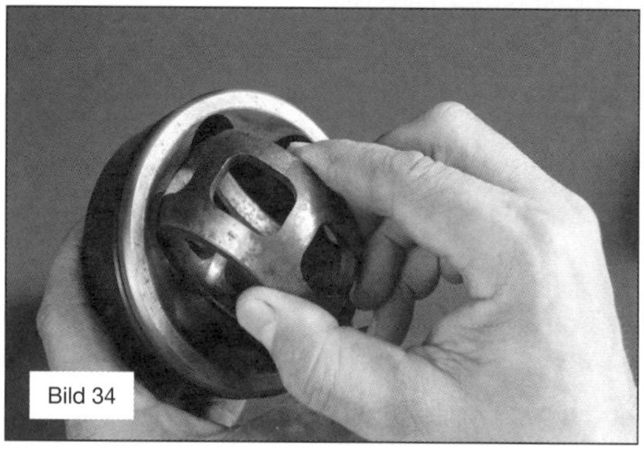
Bild 34

Bild 35

- Stecken Sie die neue Manschette auf die Achswelle auf.
- Tragen Sie etwas Fett auf die Laufbahnen der Kugeln und auf die Kugeln auf.
- Montieren Sie das Kugelgelenk.
- Geben Sie den Rest des Fettes in das Kugelgelenk hinein.

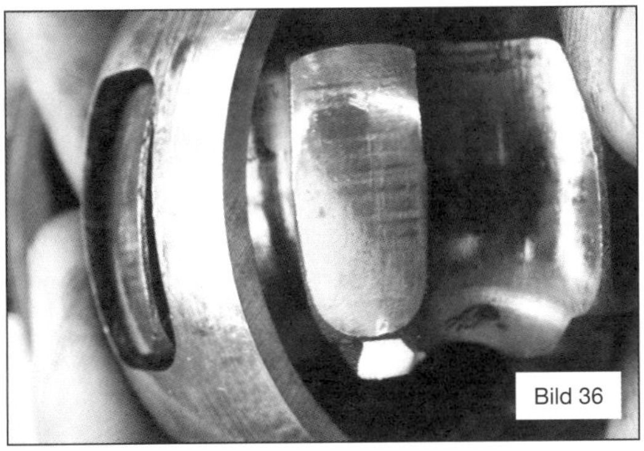

Bild 36

■ Stecken Sie die Achswelle in das Innengelenk ein.
■ Schlagen Sie das Gelenk mit einem Kunststoffhammer auf die Welle auf.

Positionieren Sie die Achswellenmanschette so, dass sie beim Bewegen des Gelenkes nicht zu straff gespannt wird. Sie könnte sonst vom Gelenktopf rutschen.

■ Montieren Sie die beiden neuen Klemmbänder (Schellen) auf der entsprechenden Manschette.
■ Die Klemmbänder werden mit einer speziellen Zange zugebogen. Mit etwas Geschick gelingt das auch mit einer Beißzange (1 im Bild 33).
■ Biegen Sie die Klemmbänder (2 im Bild 39) über einer Spraydose (1) vor. So lassen sie sich leichter montieren.
■ Reinigen Sie die Achsgelenkwelle und bauen Sie sie wieder ein.

Achsmanschette innen (getriebeseitig) wechseln:
■ Die entsprechende Antriebswelle ausbauen.
■ Die Federbandschelle der Manschette öffnen.
■ Ziehen Sie die Schrauben aus der Achswelle heraus und nehmen Sie sie mit den Anlageplatten ab.
■ Lösen Sie den Ring der Manschette vom Gelenk mit vorsichtigen Hammerschlägen vom Lagerring.
■ Die Antriebswellenmanschette getriebeseitig auf die Achswelle zurückschieben.
■ Den Sicherungsring öffnen und Innen- und Außenring abnehmen.
■ Schwenken Sie den Innenring so weit in den Außenring ein, dass Sie ähnlich wie im Bild 37 die Kugeln nacheinander herausnehmen können.
■ Der Gelenkinnenring lässt sich ähnlich wie im Bild 35 gezeigt herausnehmen.
■ Der Kugelkäfig lässt sich wie im Bild 34

Bild 37

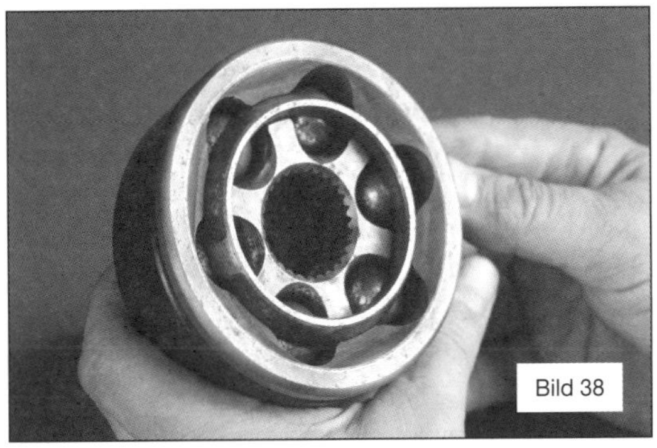

Bild 38

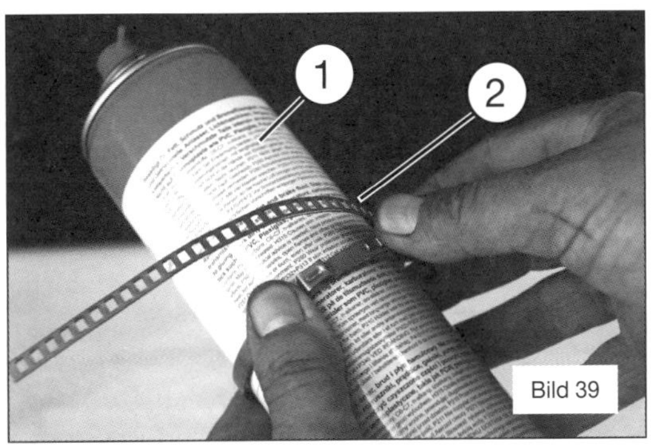

Bild 39

gezeigt in einer Position herausschwenken.
■ Legen Sie die Bauteile vertauschungssicher auf einem Lappen ab.
■ Reinigen Sie alle Bauteile gründlich und untersuchen Sie sie nach Schäden oder Verschleißspuren.
■ Sind Schäden oder Verschleiß erkennbar, muss das Gelenk erneuert werden.
■ Die Antriebswelle aus dem Schraubstock lösen und abnehmen.
■ Die neue Antriebswellenmanschette auf die Antriebswelle aufschieben.
■ Die Klemmschelle auf die Antriebswelle aufschieben.
■ Die Antriebswelle mit Schutzbacken in den Schraubstock einspannen.
■ Die Gelenknabe mit dem im Lieferumfang enthaltenem Fett befüllen.
■ Das Achswellengelenk entgegen der Demontagereihenfolge wieder montieren.

Bild 36
Oftmals gibt es für das Einsetzen in den Kugelkäfig eine Position mit Flachstellen seitlich.

Bild 37
Einsetzen der Kugeln in den Kugelkäfig.

Bild 38
Einbaulage der Achswellenbauteile im Gelenktopf.

Bild 39
Klemmband vorbiegen.
1 Spraydose
2 Klemmband

Sichtprüfung Messen

Bild 40
Kardan beim Allrad.
1 Schrauben Kardan
2 Gelenkscheibe vorne
3 Schrauben Getriebeflansch
4 Kardanwelle
5 Schrauben
6 Mittelgelenk
7 Zwischenlager
8 Schrauben Achsgetriebe
9 Gelenkscheibe mit Schwingungsdämpfer
10 Schrauben Kardan

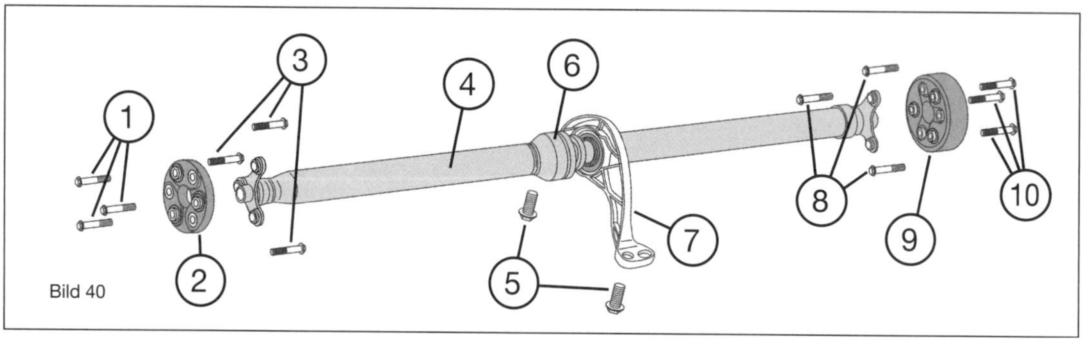

Die Laufbahnen vor der Montage der Kugel mit etwas Fett bestreichen

■ Antriebswellenmanschette und die Gelenknabe mit der Restmenge Fett befüllen.
■ Die Antriebswellenmanschette auf die Gelenknabe aufschieben.
■ Die Klemmschellen auf der Antriebswellenmanschette positionieren, verschließen und befestigen.
■ Antriebswelle aus dem Schraubstock lösen und abnehmen.
■ Die Antriebswelle wieder einbauen.

Kardanwellen De- und Montage

De- und Montage der Kardanwelle

Die Kardanwelle grundsätzlich mit einem zweiten Monteur aus- und einbauen. Vor dem Ausbauen die Position aller Teile zueinander kennzeichnen. Alle Teile in gleicher Stellung zusammenbauen, andernfalls können Unwuchten entstehen, die Schäden an der Lagerung und Brummgeräusche verursachen.

Die Kardanwelle nicht knicken, sondern grundsätzlich nur gestreckt lagern und transportieren.

An der Kardanwelle werden seitens Audi keine Reparaturen durchgeführt, bei Schäden wird diese komplett ersetzt.

■ Führen Sie die Arbeiten an der Kardanwelle auf einer Zwei-Säulen-Hebebühne durch.
■ Markieren Sie alle Bauteile der Kardanwelle zueinander (Gelenkscheiben zum Getriebeflansch bzw. zum Flansch des Achsgetriebes und zum Kardanflansch).

Sonst kann eine Unwucht entstehen, die wiederum Schäden an der Lagerung oder am Kardan oder auch schwer zu ortende Geräusche verursachen kann.

■ Bauen Sie die Geräuschdämmung unten aus.
■ Drehen Sie die Schrauben (2 und 4 im Bild 41) heraus.
■ Nehmen Sie das Blech (3) ab.
■ Drücken Sie die Antriebseinheit nach vorne und legen Sie zwischen Getriebe und Fahrschemel einen geeigneten Holzblock ein.
■ Trennen Sie die Auspuffanlage an der mittleren Doppelschelle.
■ Schieben Sie die Doppelschelle nach hinten.
■ Bauen Sie den hinteren Teil der Abgasanlage aus.
■ Demontieren Sie die Tunnelquerstrebe am Unterboden.
■ Bauen sie das Wärmeschutzblech Mitte für die Auspuffanlage aus.

Kontrollieren Sie, dass die Markierungen der Kardanteile gut sichtbar sind.

■ Soweit vorhanden, bauen Sie das Wärmeschutzblech über dem Kardan vorne ab.
■ Lösen Sie die Verschraubungen der Kardanwelle vorne (3 im Bild 40) und hinten (8), drehen aber die Schrauben noch nicht heraus.
■ Unterstützen Sie die Kardanwelle in der Mitte mit einem Getriebeheber.
■ Drehen Sie die beiden Schrauben (5) heraus.
■ Die Verschraubungen der Kardanwelle mit einem zweiten Mechaniker zuerst hinten lösen und die Kardanwelle gerade vom Zapfen des Achsantriebflansches abziehen.

Bild 41
Pendelstütze zwischen Getriebe und Fahrschemel.
1 Fahrschemel
2 Schraube
3 Blech
4 Schraube
5 Getriebe

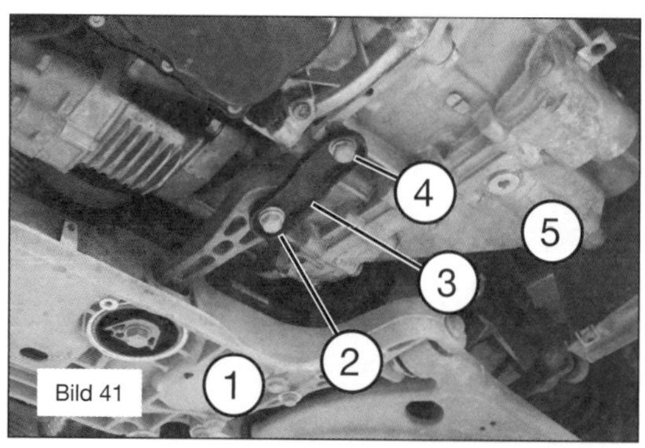

■ Die Verschraubungen der Kardanwelle mit einem zweiten Mechaniker vorne lösen und die Kardanwelle gerade vom Zapfen des Getriebeflansches abziehen.
■ Die Kardanwelle mit einem zweiten Mechaniker ab- und herausnehmen.

Der Einbau erfolgt sinngemäß in umgekehrter Reihenfolge.
■ Das beziehungsweise die Zwischenlager spannungsfrei ausrichten.

Getriebe aus- und einbauen

Die Getriebe werden nach unten ausgebaut. Benötigt werden Abfangvorrichtung, Motor- und Getriebeheber, Getriebeaufnahme und diverse Adapter und Zusatzhaken für die Anhängevorrichtung. Reparaturen an ausgebauten Getrieben gehören allerdings in die darauf spezialisierte Fachwerkstatt.

Die meisten Arbeitsschritte haben wir ab Seite 80 beim Ausbau der Antriebseinheit bereits beschrieben. Dort ging es darum, die komplette Antriebseinheit auszubauen. An dieser Stelle wird lediglich das Getriebe ausgebaut.

Montagearbeiten von oben
■ Demontieren Sie die Motorabdeckung oben.
■ Bauen Sie die Batterie mit dem Batterieträger aus.
■ Bauen Sie den Luftfilterkasten komplett mit den Luftführungsrohren aus.
■ Demontieren Sie den Starter und die Anschlusskabel.
■ Bauen Sie die Schaltbetätigungszüge mit den Halterungen wie beschrieben vom Getriebe ab.
■ Bei Schaltfahrzeugen demontieren Sie die Anschlussleitung zum Kupplungsnehmerzylinder.
■ Demontieren Sie die Kühlmittelleitung und Luftführungen über dem Getriebe.
■ Demontieren Sie die beiden Verkleidungen vor den Haubenscharnieren und setzen Sie die Motorbrücke (Bild 23 auf Seite 40) ein.
■ Hängen Sie den Motor an der Aufhängeöse in der Mitte und rechts auf.
■ Beim 2,0-l-TFSI muss für eine korrekte Aufhängung auf der rechten Seite hinten eine Ringöse eingeschraubt werden, an der dann die Hubsprindel eingehängt wird.
■ Bauen Sie das linke Aggregatelager aus und senken Sie das Antriebsaggregat mit Hilfe der Spindel der Motorbrücke um etwa 6 cm ab.
■ Demontieren Sie die von oben erreichbaren Verschraubungen des Getriebes am Motor.
■ Bauen Sie die Masseleitung zum Getriebe ab.
■ Entsichern Sie den Steckkontakt am Rückwärtsgangschalter und ziehen Sie ihn ab.

Fahrzeuge mit Doppelkupplungsgetriebe:
■ Entladen Sie sich statisch, indem Sie mit der bloßen Hand das Getriebe anfassen.
■ Entsichern Sie den Steckkontakt zum Getriebe und ziehen Sie das Anschlusskabel ab.
■ Bauen Sie die Kühlmittelschläuche vom Getriebeölkühler ab und verschließen Sie die Anschlüsse.
■ Drehen Sie die beiden Muttern ab und nehmen Sie den Halter von der Ölwanne des Getriebes ab.

Montagearbeiten von unten
■ Demontieren Sie die Motorabdeckung unten und die linke Radhausschale sowie den Radspoiler.
■ Bauen Sie die linke Antriebswelle aus.
■ Lösen Sie die rechte Antriebswelle und binden Sie sie hoch.

Fahrzeuge mit Allradantrieb:
■ Bauen Sie die Kardanwelle wie beschrieben aus.
■ Bauen Sie das Winkelgetriebe aus.

Weiter für alle Fahrzeuge:
■ Befestigen Sie das Getriebe auf einem geeigneten Getriebeheber.
■ Drehen Sie die verbliebenen Schrauben in der Verbindung zum Motor heraus.
■ Kontrollieren Sie, dass alle Verbindungen zum Getriebe gelöst sind und die Leitungen frei liegen.
■ Drücken Sie das Getriebe von den Passhülsen zum Motor ab.
■ Senken Sie das Getriebe vorsichtig mit dem Getriebeheber ab.

Soweit erforderlich kann der Motor mit dem Getriebe etwas nach vorne gedrückt werden.

Der Einbau erfolgt sinngemäß in umgekehrter Reihenfolge.

Winkelgetriebe beim Allrad aus- und einbauen

Das Winkelgetriebe sitzt straff auf dem Getriebeblock und muss mit einem Zughammer gelöst werden.

- Bauen Sie die Kardanwelle wie bereits beschrieben aus.
- Bauen Sie die rechte Achswelle wie beschrieben aus.
- Drehen Sie die Schrauben am Halter oben des Winkelgetriebes heraus und nehmen Sie den Halter ab.
- Drehen Sie die Schrauben am Halter seitlich des Winkelgetriebes heraus und nehmen Sie den Halter ab.
- Drehen Sie die Schrauben des Winkelgetriebes zum Getriebe oben heraus.
- Drehen Sie die unteren Schrauben des Winkelgetriebes los, aber drehen Sie nur die vordere Schraube ganz heraus.

Die hintere Schraube darf nur etwa 15 mm herausgedreht werden. Sie soll beim Abziehen des Winkelgetriebes mit dem Zughammer das Herunterfallen des Getriebes verhindern.

- Ziehen Sie das Winkelgetriebe mit dem Zughammer ab.
- Drehen Sie die verbliebene Schraube heraus und nehmen Sie das Winkelgetriebe ab.

Der Einbau erfolgt sinngemäß in umgekehrter Reihenfolge.

Achsgetriebe beim Allrad aus- und einbauen

Das Achsgetriebe kann ohne Demontage der Achsträger ausgebaut werden.

- Nehmen Sie das Reserverad oder die Notfallausrüstung aus der Reserveradwanne heraus.
- Ziehen Sie die beiden außermittig angeordneten Stopfen aus dem Blech in der Reserveradwanne heraus.
- Drehen Sie die Schrauben, die durch die Bohrungen zugänglich sind, los.
- Demontieren Sie den Stabilisator hinten.
- Bauen Sie die Geräuschdämmung vorne unter dem Motor aus.
- Lösen Sie die Verschraubungen (5 im Bild 40) des Kardanmittellagers, drehen Sie sie aber nicht heraus.
- Drehen Sie die Schrauben (2 und 4 im Bild 41) heraus.
- Nehmen Sie das Blech (3) ab.
- Drücken Sie die Antriebseinheit nach vorne und legen Sie zwischen Getriebe und Fahrschemel einen geeigneten Holzblock ein.
- Entsichern Sie den Steckkontakt und ziehen Sie den Stecker des Fahrzeugniveausensors.
- Demontieren Sie die Verschraubungen des Fahrzeugniveausensors am Querlenker.
- Ziehen Sie den Stecker am Allradsteuergerät ab.

Kontrollieren Sie, dass die Markierungen der Kardanteile gut sichtbar sind. Ist das nicht der Fall, markieren Sie die Einbauposition des hinteren Kardanflansches zur Gelenkscheibe (9 im Bild 40) und zum Achsgetriebeflansch.

- Lösen Sie die Verschraubungen zum Kardanflansch hinten, aber noch nicht herausdrehen.
- Drehen Sie die Verschraubungen zum Achsgetriebeflansch hinten heraus.
- Die Kardanwelle gerade vom Achsgetriebe abziehen, nach oben drücken und unter dem Tank befestigen. Sie kann hierfür beispielsweise mit einem Holzklotz über die Querstebe nach oben gedrückt werden.
- Lösen Sie die vordere Schraube des Gummilagers des Achsgetriebes.
- Drehen Sie die Verschraubungen der Antriebswellen los und drücken Sie das Getriebe von der Antriebswelle weg.
- Nehmen Sie die Antriebswelle vom Getriebeflansch ab.
- Sichern Sie das Achsgetriebe auf dem Getriebeheber und drehen Sie die Verschraubung des vorderen Gummilagers heraus.
- Lassen Sie das Achsgetriebe vorsichtig mit dem Getriebeheber nach unten ab.

Der Einbau erfolgt sinngemäß in umgekehrter Reihenfolge.

11 Fahrwerk

Arbeiten am Fahrwerk

Bei der Instandsetzung von tragenden und radführenden Bauteilen, zum Beispiel an Unfallfahrzeugen, können Schäden am Fahrwerk unentdeckt bleiben. Diese unentdeckten Schäden führen unter Umständen im späteren Fahrbetrieb zu schweren Folgeschäden. Bei Unfallfahrzeugen müssen deshalb die im Folgenden aufgeführten Bauteile auf jeden Fall in der beschriebenen Weise und Reihenfolge kontrolliert werden. Wichtig ist immer auch eine Vermessung des Fahrwerks. Werden dabei keine Abweichungen von den Sollwerten festgestellt, liegen auch keine Verformungen am Fahrwerk vor.

Sicht- und Funktionsprüfung für das Lenksystem

- Sichtprüfung auf Verformung und Risse.
- Spielprüfung der Spurstangengelenke und des Lenkgetriebes.
- Sichtprüfung auf defekte Falten- und Fettbälge.
- Elektrische Leitungen auf Scheuer-, Schnitt- und Knickstellen untersuchen.
- Verschraubungen und Lenkgetriebe auf Dichtheit kontrollieren.
- Lenkgetriebe und Leitungen auf festen Sitz überprüfen.
- Einwandfreie Funktion über den gesamten Lenkeinschlag prüfen, indem die Lenkung von Anschlag zu Anschlag betätigt wird. Dabei muss das Lenkrad mit gleichbleibender Betätigungskraft, ohne zu haken, drehbar sein.

Sicht- und Funktionsprüfung für das Fahrwerk

- Alle in den Montageübersichten dargestellten Bauteile auf Verformung, Risse und sonstige Beschädigungen überprüfen.
- Beschädigte Teile ersetzen.
- Fahrzeug auf einem Computer-Achsmessstand vermessen lassen.
- Räder und Reifen auf Rundlauf und Unwucht untersuchen.
- Reifen auf Einschnitte und Stoßverletzungen im Profil und an den Flanken überprüfen.
- Bereifung auf Fülldruck (Angaben in der Tankklappe), Zustand, Reifenlaufbild und Profiltiefe prüfen.
- Bei Beschädigungen am Scheibenrad und/oder am Reifen ist der Reifen oder auch das ganze Rad zu ersetzen. Dies gilt auch, wenn ein Unfallhergang und Schäden am Fahrzeug auf eine mögliche, wenngleich nicht sichtbare Beschädigung schließen lassen.
- Reifen sollten nicht älter als 6 Jahre sein.

Elektronische Fahrzeugsysteme

Sicherheitsrelevante Systeme wie zum Beispiel: ABS/EDS, Airbag, elektronisch geregelte Fahrwerksysteme, elektromechanische Lenk- und sonstige Fahrerassistenzsysteme müssen mit einem Fahrzeugdiagnose-, Mess- und Informationssystem auf eventuell gespeicherte Fehlermeldungen abgefragt werden. Wurden in den Fehlerspeichern der genannten Systeme Fehler gespeichert, sind diese entsprechend den Vorgaben von Audi zu beseitigen. Nach erfolgter Reparatur sind die jeweils betroffenen Systeme nochmals auf Fehlerspeichereinträge zu prüfen, um sicher zu sein, dass die Funktion wieder gewährleistet ist.

Hinweise und Vorschriften

- Schweiß- und Richtarbeiten an tragenden und radführenden Bauteilen der Radaufhängung sind nicht zulässig.
- Selbstsichernde Muttern sowie korrodierte Schrauben und Muttern müssen immer ersetzt werden.
- Gummimetalllager haben einen begrenzten Verdrehbereich. Ziehen Sie deshalb die Schraubverbindungen an den Bauteilen mit Gummimetalllagern erst dann fest, wenn das Radlagergehäuse angehoben ist (siehe »Radlagerung in Leergewichtslage heben«).

Prüfungen an der Achslagerung

Achsgelenke und Achslager: Sichtprüfung

- Bitte prüfen Sie die Dichtungsbälge der Achsgelenke auf Undichtigkeiten und Beschädigungen.
- Weiterhin prüfen Sie die Achslager: Es

Sichtprüfung Messen

Bild 1
Axialspiel prüfen.

Bild 2
Radialspiel prüfen.

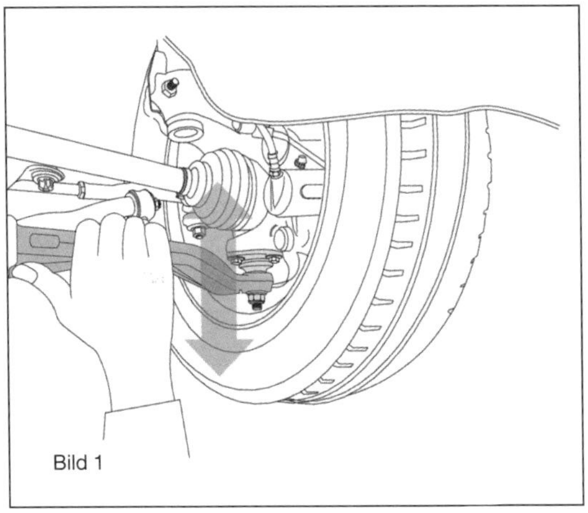

Bild 1

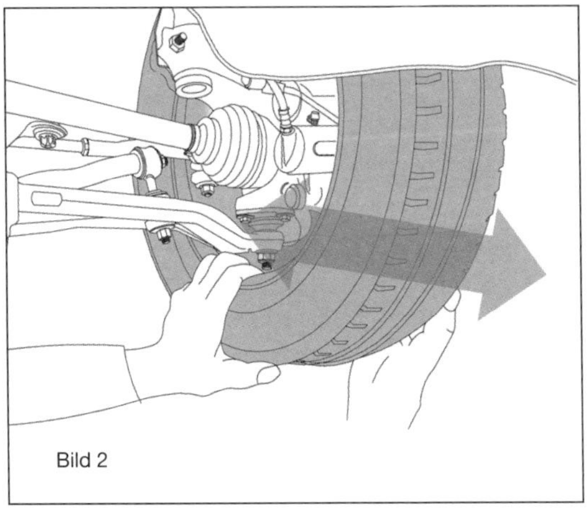

Bild 2

Bild 3
Leergewichtslage herstellen.
1 Abstand von Radmitte zum Radlauf als Ruhemaß
2 Adapter auf einem Getriebeheber

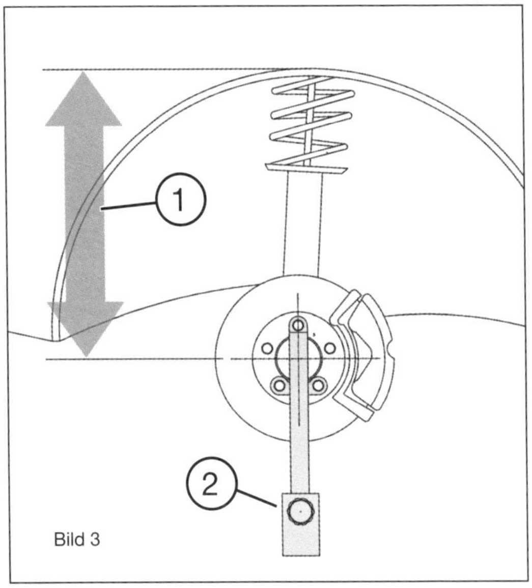

Bild 3

darf kein Spiel vorhanden sein, das vulkanisierte Gummilager darf keine Risse und poröse Stellen aufweisen.

Achsgelenk prüfen (Bilder 1 und 2)

Es darf bei beiden Prüfungen kein fühl- oder sichtbares »Spiel« vorhanden sein. Während der Prüfungen das Achsgelenk beobachten. Eventuell vorhandenes Radlagerspiel oder »Spiel« im Federbeinlager oben berücksichtigen. Gummibalg auf Beschädigung prüfen ggf. Achsgelenk ersetzen.

Axialspiel prüfen:

- Achslenker kräftig in Pfeilrichtung (Bild 1) nach unten ziehen und wieder hochdrücken.

Radialspiel prüfen:

- Rad unten kräftig in Pfeilrichtung nach innen und außen drücken (Bild 2).
- Auf beschädigungsfreien und nicht verdrillten Dichtbalg achten.

Radlagerung in Leergewichtslage (Bild 3)

Alle Schrauben an Fahrwerksteilen mit Gummimetalllagern müssen grundsätzlich in Leergewichtslage (unbeladenem Zustand) festgezogen werden. Gummimetalllager haben einen begrenzten Verdrehbereich. Achsbauteile mit Gummimetalllagern müssen deshalb vor dem Festziehen in eine Position gebracht werden, die der Position im Fahrbetrieb entspricht (Leergewichtslage). Anderenfalls wird das Gummimetalllager verspannt, eine geringere Lebensdauer wäre dann die Folge. Durch Anheben der entsprechenden Radaufhängung mit dem Motor- und Getriebeheber und der Aufnahme kann diese Position auf der Hebebühne simuliert werden. Bevor die entsprechende Radaufhängung angehoben wird, muss das Fahrzeug auf beiden Fahrzeugseiten an den Tragarmen der Hebebühne mit den Spanngurten verzurrt werden.

⚠ Wird das Fahrzeug nicht verzurrt, besteht die Gefahr, dass das Fahrzeug von der Hebebühne abrutschen kann!

- Radnabe so weit drehen, bis eine der Bohrungen für Radschrauben oben steht.
- Aufnahme mit einer Radschraube an die Radnabe anbauen.
- Das Festziehen der betroffenen Schrauben/Muttern darf nur dann erfolgen, wenn das Maß (1) zwischen der Radnabenmitte und der Unterkante Radhaus erreicht ist.
- Das Maß (1) ist abhängig von der Standhöhe des eingebauten Fahrwerks und wird im Stand bei unbeladenen Zustand in neutraler Federlage ermittelt.

Achsgelenk aus- und einbauen

Traggelenkbolzen (Achsgelenkbolzen) wechseln
Das Achsgelenk kann einzeln ersetzt werden. Der Preis im Zubehörhandel liegt bei unter 50 Euro.

- Lösen Sie die Zentralschraube der Antriebswelle.
- Das Fahrzeug mit der Hebebühne anheben und das entsprechende Rad abbauen.
- Demontieren Sie den Halter des Fahrzeughöhensensors (7 im Bild 5) (soweit verbaut).
- Bauen Sie die Muttern (3 im Bild 4) ab.
- Nehmen Sie die Bolzen aus dem Querlenker heraus.
- Ziehen Sie die Antriebswelle aus der Radnabe heraus und befestigen Sie sie am Ausbau.
- Lösen Sie die Mutter (4 im Bild), lassen sie aber noch auf dem Gewinde aufgedreht.
- Drücken Sie den Traggelenkbolzen mit einem Kugelgelenkabdrücker aus dem Achschenkel heraus.
- Drehen Sie die Mutter (4) ab.
- Nehmen Sie den Traggelenkbolzen heraus.

Der Einbau erfolgt sinngemäß in umgekehrter Reihenfolge.

Ersetzen Sie alle selbstsichernde Muttern.

Querlenker wechseln
Die Montagearbeiten unterscheiden sich für die allradgetriebenen Modelle nur unwesentlich. Wir stellen Ihnen eine allgemeingültige Beschreibung zur Verfügung.

- Erfassen Sie die Höhenlage der Vorderachse im eingefederten Zustand.

Die Messung erfolgt am besten zwischen Radlaufkante und Radmitte. Notieren Sie sich den Messwert.

- Das Fahrzeug mit der Hebebühne anheben und das entsprechende Rad abbauen.
- Die Geräuschdämpfung oder Unterfahrschutz (soweit verbaut) ausbauen.
- Demontieren Sie den Halter des Fahrzeughöhensensors (7 im Bild 5) (soweit verbaut).
- Bauen Sie die Muttern (6) ab.
- Nehmen Sie die Bolzen aus dem Querlenker heraus.

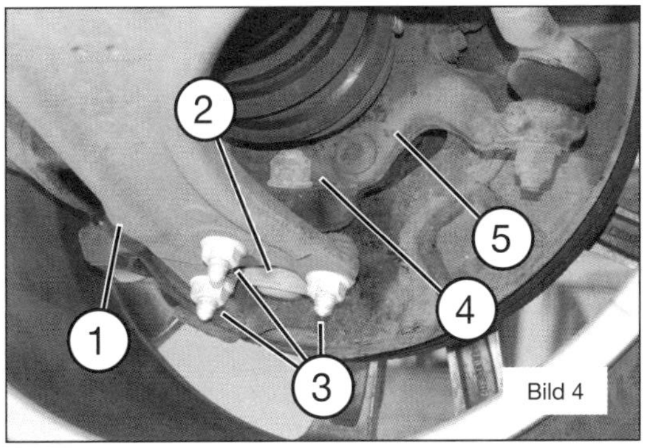

Bild 4
Traggelenkbolzen vorne.
1 Querlenker
2 Traggelenkbolzen
3 Verschraubung
4 Mutter
5 Achsschenkel

Bild 5
Querlenker vorne.
1 Schrauben
2 Achsträger
3 Schraube
4 Querlenker
5 Traggelenkbolzen
6 Verschraubung
7 Montageposition Fahrzeughöhensensor
8 Einbauposition Fixierbolzen

Achten Sie darauf, dass der Dichtbalg des Traggelenkbolzens nicht beschädigt wird.

- Montieren Sie einen Fixierbolzen (VW T10096) anstatt der Schraube (8) und ziehen Sie ihn mit 20 Nm an.
- Drehen Sie die Schrauben (1) heraus.
- Drehen Sie die Schraube (3) heraus.

Lässt sich die Schraube (3) nicht ausbauen, muss der Aggregateträger abgesenkt werden.

Der Einbau erfolgt sinngemäß in umgekehrter Reihenfolge.

- Montieren Sie statt des Fixierbolzens (VW T10096) wieder eine Schraube (8) und ziehen Sie sie an.

Querlenkerlager (Gummimetalllager) im Querlenker wechseln

Auch hier sollten Sie überlegen, ob der Neuteilersatz des Querlenkers nicht die bessere Wahl ist. Die Gummilager müssen aus dem Querlenker ausgepresst werden.

Ersetzen Sie grundsätzlich alle Gummilager in den Querlenkern gleichzeitig. Unterschiedliche Härtegrade können merklichen Einfluss auf die Radführung haben.

Bild 6
Radlager mit Gehäuse und Nabe im Achsschenkel.
1 Radlager mit Gehäuse
2 Achsschenkel
3 Schraube
4 ABS-Sensor
5 Schrauben
6 Mutter
7 Muttern
8 Traggelenkbolzen

Bild 7
Vor dem Einbau. Kontrolle der Magnetspur des Radlagers mit einer Prüfkarte.
1 Radlager
2 Kontrollkarte
3 Kontrollfeld für Magnetfelder am Sensorring
4 Sensorring

■ Bauen Sie den Querlenker wie schon beschrieben aus.
■ Markieren Sie die Einbaurichtung der Lager.

Gummimetalllager (5 im Bild 4) haben einen begrenzten Verdrehbereich. Deshalb die Schraubverbindungen an den Bauteilen mit Gummimetalllagern erst dann festziehen, wenn das Radlagergehäuse in Leergewichtslage (Bild 3) angehoben ist.

■ Drücken Sie die Querlenkerlager mit einem Presswerkzeug für Gummimetalllager (Silentlager) oder einer Gewindestange und passenden Hülsen heraus.

⚠ Achten Sie darauf, dass sich das Lager nicht verkantet und gerade hineinrutscht.

■ Reinigen Sie die Sitzfläche gründlich.
■ Fetten Sie die Sitzfläche leicht ein.
■ Drücken Sie die Querlenkerlager mit einem Presswerkzeug für Gummimetalllager (Silentlager) oder einer Gewindestange und passenden Hülsen hinein.

Radlagereinheit vorne aus- und einbauen

⚠ Das Fahrzeug darf ohne montierte Antriebswellen und den Radlagern weder auf den Rädern abgestellt noch bewegt werden. Durch die Belastung werden die Radlager beschädigt.

■ Lösen Sie die Zentralschraube der Antriebswelle.
■ Das Fahrzeug mit der Hebebühne anheben und das entsprechende Rad abbauen.
■ Demontieren Sie den Halter des Fahrzeughöhensensors (7 im Bild 5) (soweit verbaut).
■ Drehen Sie die Schraube (3 im Bild 6) heraus und ziehen den ABS-Sensor (4) heraus.
■ Demontieren Sie den Bremssattel und befestigen Sie ihn mit einem Kabelbinder am Fahrzeugaufbau.
■ Bauen Sie die Bremsscheibe ab.
■ Lösen Sie die Verschraubung der Koppelstange am Stabilisator und schwenken Sie die Koppelstange zur Seite.
■ Drehen Sie die Muttern (7) ab und nehmen Sie die Bolzen des Traggelenkbolzens (8) aus dem Querlenker heraus.
■ Schwenken Sie das Federbein nach außen und nehmen Sie die Antriebswelle

Bild 6

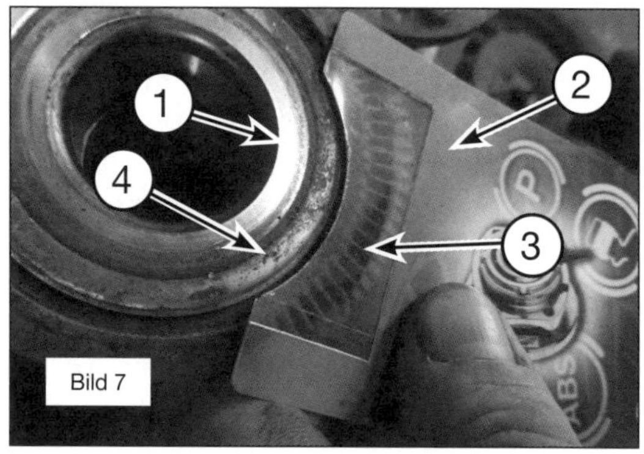

Bild 7

aus dem Radlager heraus.
■ Befestigen Sie die Antriebswelle am Fahrzeugaufbau.
■ Lösen Sie die Schrauben (5) und drehen Sie sie etwa 5 mm heraus.
■ Schlagen Sie mit einem Kunststoffhammer auf die Schraubenköpfe und lösen Sie die Radlagereinheit so aus ihrem Sitz.
■ Drehen Sie die Schrauben (5) heraus und nehmen Sie die Radlagereinheit ab.

Der Einbau erfolgt sinngemäß in umgekehrter Reihenfolge.

⚠ Das Radlager ist zur Innenseite mit einem Magnetspurring ausgestattet. Das Radlager darf keinen Kontakt zu magnetischen Materialien bekommen. Der Magnetspurring kann unbrauchbar werden und das Radlager muss erneut ersetzt werden. Prüfen Sie die Magnetspur (Bild 7) des Radlagers unbedingt vor der endgültigen Montage der Achsbauteile.

Reinigen Sie die Sitzflächen der Radlagereinheit im Achsschenkel (Radlagergehäuse) mit Schleifpapier.

⚠ Achten Sie darauf, dass sich das Lager nicht verkantet und gerade hineinrutscht.

Radlagereinheit hinten aus- und einbauen

Radlagereinheit Hinterachse für Fahrzeuge mit Frontantrieb ausbauen
Bei Fahrzeugen mit Frontantrieb ist das Radlager in die Radnabe eingepresst. Die Lagereinheit beinhaltet das Radlager. Es wird kein Presswerkzeug benötigt.

- Das Fahrzeug mit der Hebebühne anheben und das entsprechende Rad abbauen.
- Hebeln Sie den Nabendeckel (4 im Bild 8) ab.
- Bauen Sie den Bremssattel zusammen mit dem Bremssattelträger ab.
- Demontieren Sie die Bremsscheibe.
- Lösen Sie die Schraube (3) und ziehen Sie die Radnabe mit Radlager (2) vom Achsschenkel hinten (8) ab.

Radlagereinheit Hinterachse für Fahrzeuge mit Allradantrieb ausbauen
Die Radlagereinheit ist ähnlich wie an der Vorderachse im Achsschenkel verschraubt.

⚠ Das Fahrzeug darf ohne montierte Antriebswellen und den Radlagern weder auf den Rädern abgestellt noch bewegt werden. Durch die Belastung werden die Radlager beschädigt.

- Lösen Sie die Zentralschraube (3 im Bild 9) der Antriebswelle.
- Erfassen Sie die Höhenlage der Vorderachse im eingefederten Zustand.

Die Messung erfolgt am besten zwischen Radlaufkante und Radmitte.

- Notieren Sie sich den Messwert.
- Drehen Sie die Zentralschraube des Radlagers (3) heraus.
- Das Fahrzeug mit der Hebebühne anheben und das entsprechende Rad abbauen.
- Bauen Sie die Schraubenfeder aus.
- Bauen Sie die entsprechende Gelenkwelle aus.
- Bauen Sie den Bremssattel zusammen mit dem Bremssattelträger ab.
- Demontieren Sie die Bremsscheibe.
- Befestigen Sie den Bremssattel mit einigen Kabelbindern am Aufbau.
- Lösen Sie die Schrauben (6) und drehen Sie sie etwa 5 mm heraus.
- Schlagen Sie mit einem Kunststoffhammer auf die Schraubenköpfe und lösen Sie die Radlagereinheit (2) so aus ihrem Sitz.

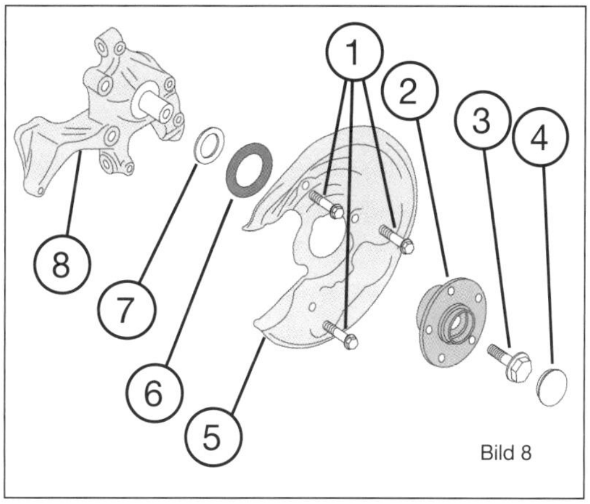

Bild 8
Radlager hinten bei frontgetriebenen Fahrzeugen.
1 Schrauben
2 Radnabe mit Lager
3 Zentralschraube
4 Nabendeckel
5 Abschirmblech
6 Vordichtung
7 Scheibe
8 Achsschenkel hinten

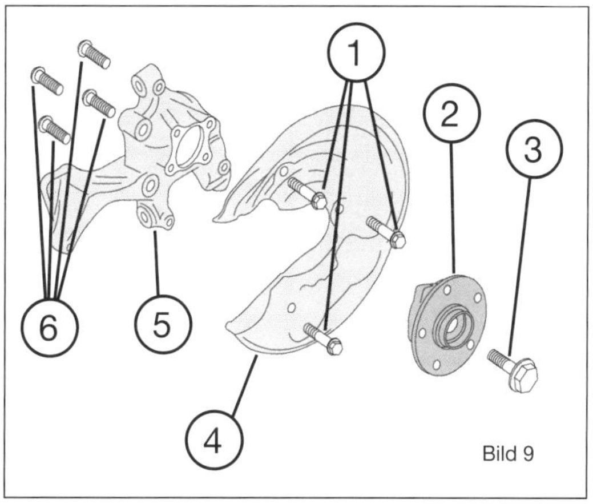

Bild 9
Radlager hinten bei allradgetriebenen Fahrzeugen.
1 Schrauben
2 Radnabe mit Lager
3 Zentralschraube
4 Abschirmblech
5 Achsschenkel hinten
6 Schrauben

- Drehen Sie die Schrauben (6) heraus und nehmen Sie die Radlagereinheit (2) ab.

Radlagermontage
Der Einbau erfolgt sinngemäß in umgekehrter Reihenfolge.

⚠ Das Radlager ist zur Innenseite mit einem Magnetspurring ausgestattet. Das Radlager darf keinen Kontakt zu magnetischen Materialien bekommen. Der Magnetspurring kann unbrauchbar werden und das Radlager muss erneut ersetzt werden.

Prüfen Sie die Magnetspur (Bild 7) des Radlagers unbedingt vor der endgültigen Montage der Achsbauteile.

⚠ Achten Sie darauf, dass sich das Lager nicht verkantet und gerade hineinrutscht.

Bei Fahrzeugen mit Allradantrieb:

- Reinigen Sie die Sitzflächen der Radlagereinheit im Achsschenkel (Radlagergehäuse) mit Schleifpapier.
- Fetten Sie die Sitzflächen und die Zahnung des Lagers leicht ein.

Stoßdämpfer Vorderachse aus- und einbauen

⚠ Stoßdämpfereinheiten sollten grundsätzlich nur achsweise ersetzt werden!

⚠ Der Stoßdämpfer hat auch Radführungsaufgaben. Es ist sehr wichtig, auf seinen Zustand zu achten.

■ Demontieren Sie die Scheibenwischer und die Wasserkastenabdeckung.
■ Lösen Sie die Zentralschraube der Antriebswelle.
■ Das Fahrzeug mit der Hebebühne anheben und das entsprechende Rad abbauen.
■ Demontieren Sie den Halter des Fahrzeughöhensensors (7 im Bild 5) (soweit verbaut).
■ Bauen Sie die Koppelstange des Stabilisators vom Stoßdämpfer ab.
■ Bauen Sie die Muttern des Traggelenkbolzens ab.
■ Nehmen Sie die Bolzen aus dem Querlenker heraus.

⚠ Achten Sie darauf, dass der Dichtbalg des Traggelenkbolzens nicht beschädigt wird.

■ Ziehen Sie das Außengelenk der Antriebswelle vorsichtig aus dem Radlager heraus und binden Sie die Gelenkwelle am Aufbau fest.
■ Stecken Sie die Gewindebolzen des Traggelenkes wieder in den Querlenker ein und verschrauben Sie das Traggelenk wieder.
■ Unterbauen Sie den Querlenker im Bereich des Traggelenkbolzens mit einem Getriebeheber.

Fahrzeuge mit elektronischer Dämpferverstellung:
■ Entsichern Sie die Steckverbindung und ziehen Sie die Anschlussstecker vom Steuerventil des Stoßdämpfers ab.

Weiter für alle Fahrzeuge:
■ Lösen Sie die Verschraubung des Achsschenkels am Federbein.
■ Setzen Sie einen Spreizer (VW 6931) in den Spalt im Achsschenkel ein und verdrehen Sie ihn um 90°.
■ Drücken Sie den Achsschenkel nach innen und senken Sie den Getriebeheber so weit ab, bis der Stoßdämpfer frei hängt.

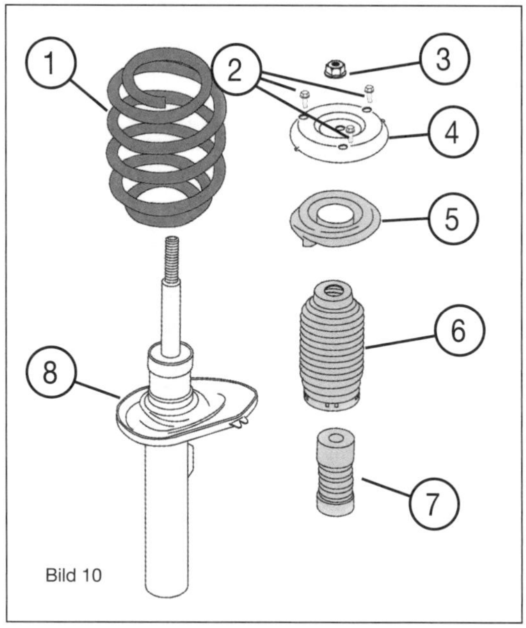

Bild 10
Stoßdämpfer vorne.
1 Feder
2 Schrauben
3 Mutter
4 Domlager
5 Axiallager
6 Faltenbalg
7 Anschlagpuffer
8 Federbein

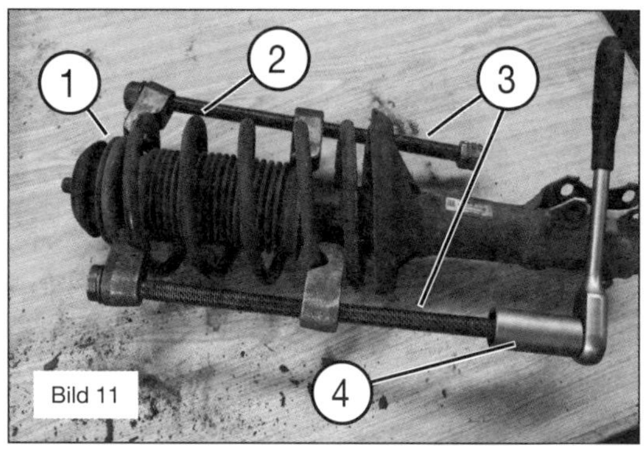

Bild 11
Feder spannen.
1 Domlager
2 Feder
3 Federspanner
4 Ratsche mit passender Stecknuss

■ Befestigen Sie den Achschenkel am Aufbau, damit er nicht nach außen klappen kann.
■ Drehen Sie die Schrauben (2 im Bild 10) heraus und nehmen Sie das Federbein (8) heraus.

Der Einbau erfolgt sinngemäß in umgekehrter Reihenfolge.

(Sichtprüfung) Achten Sie auf die Einbaulage des Domlagers (4). Einer der beiden Pfeile, die auf dem Domlager abgebildet sind, muss in Fahrtrichtung zeigen.
■ Lassen Sie eine Fahrwerksvermessung durchführen.

Feder vorne aus- und einbauen

■ Bauen Sie das Federbein wie beschrieben aus.
■ Spannen Sie die Feder mit einem Federspanner (3 im Bild 11) vor, bis das Domlager (1) spannungslos ist.

■ Lösen Sie die Mutter (3 im Bild 10) mit einer passenden Stecknuss (4) und einer Ratsche mit Zentralbohrung.

Ersatzweise kann auch ein verkröpfter Ringschlüssel und ein passender Innensechskanteinsatz für die Kolbenstange zum Einsatz kommen.

■ Nehmen Sie die Mutter (3), das Axiallager (5), den Faltenbalg (6) und den Anschlagpuffer (7) vom Federbein (8) ab.

Der Einbau erfolgt sinngemäß in umgekehrter Reihenfolge.

Achten Sie auf die Einbaulage des Domlagers (4). Einer der beiden Pfeile, die auf dem Domlager abgebildet sind, muss in Fahrtrichtung zeigen.

■ Lassen Sie eine Fahrwerksvermessung durchführen.

Stoßdämpfer Hinterachse aus- und einbauen

■ Erfassen Sie die Höhenlage der Hinterachse im eingefederten Zustand (Bild 3 auf Seite 168).

Die Messung erfolgt am besten zwischen Radlaufkante und Radmitte.

■ Notieren Sie sich den Messwert.

■ Das Fahrzeug mit der Hebebühne anheben und das entsprechende Rad abbauen.

■ Bauen Sie die Radhausschale auf der entsprechenden Seite aus.

Fahrzeuge mit elektronischer Dämpferverstellung:

■ Entsichern Sie die Steckverbindung und ziehen Sie die Anschlussstecker vom Steuerventil des Stoßdämpfers ab.

■ Lösen Sie die Anschlusskabel.

■ Soweit verbaut, den Karosseriebeschleunigungssensor am Stoßdämpferlager oben abziehen.

Weiter für alle Fahrzeuge:

■ Unterbauen Sie den Querlenker mit einem Getriebeheber.

■ Heben Sie den Getriebeheber so weit an, dass die anfangs gemessene Höhenlage (Radmitte zum Radlauf) erreicht wird.

■ Lösen Sie die Schraube (5 im Bild 13) und drehen Sie sie heraus.

■ Drehen Sie die beiden Schrauben (1) heraus.

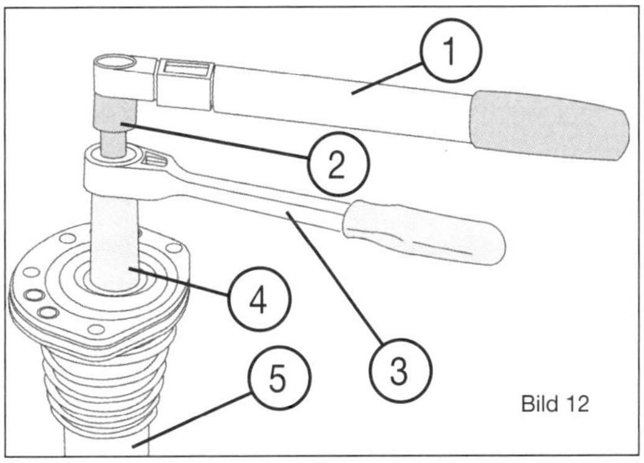

Bild 12
Demontage Stoßdämpfer vorne.
1 Drehmomentschlüssel
2 Stecknusseinsatz
3 Ratsche mit Zentralbohrung
4 Stecknuss
5 Stoßdämpfer

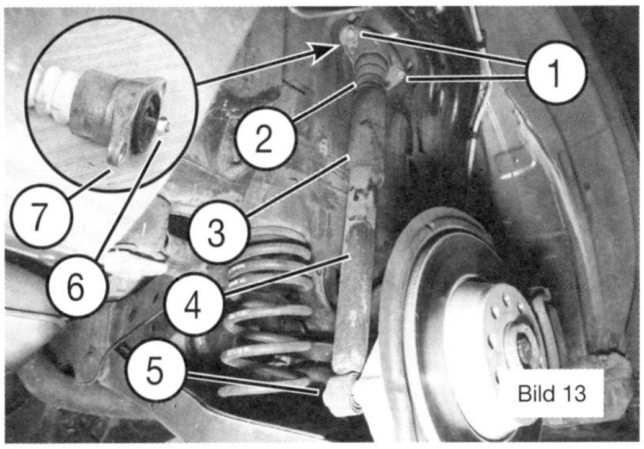

Bild 13
Stoßdämpfer hinten.
1 Schrauben
2 Anschlagpuffer
3 Schutzrohr
4 Stoßdämpfer
5 Schraube
6 Mutter
7 Lagerung

■ Nehmen Sie den Stoßdämpfer heraus.

■ Ziehen Sie die Abdeckung herunter und schrauben die Mutter (6) ab.

Der Einbau erfolgt sinngemäß in umgekehrter Reihenfolge.

■ Achten Sie auf die Höhenlage des Fahrwerks beim Anziehen der Schraube (5).

Gummimetalllager haben einen begrenzten Verdrehbereich. Achsbauteile mit Gummimetalllagern müssen deshalb vor dem Festziehen in die Position gebracht werden, die dem Fahrbetrieb entspricht (Leergewichtslage).

■ Achten Sie darauf, dass der Halter des Beschleunigungssensors (soweit verbaut) mit seinen Haltenasen im Halter des Stoßfängers einsitzt.

Feder hinten aus- und einbauen

■ Erfassen Sie die Höhenlage der Hinterachse im eingefederten Zustand (Bild 3 auf Seite 168).

Die Messung erfolgt am besten zwischen Radlaufkante und Radmitte.

■ Notieren Sie sich den Messwert.

■ Das Fahrzeug mit der Hebebühne anheben und das entsprechende Rad abbauen.

■ Unterbauen Sie den Querlenker mit einem Getriebeheber.

Sichtprüfung Messen

Bild 14
Einbaulage des Federlagers hinten.
1 Feder
2 Federlager
3 Anschlag
4 Nase

■ Heben Sie den Getriebeheber etwas an, damit der Stoßdämpfer entlastet ist.
■ Lösen Sie die Schraube (5 im Bild 13) und drehen Sie sie heraus.
■ Spannen Sie die Feder mit einem Federspanner so weit, dass Sie sie herausnehmen können.

Der Einbau erfolgt sinngemäß in umgekehrter Reihenfolge.
■ Achten Sie auf den richtigen Sitz der Feder (1 im Bild 14) am Anschlag (3) des Federlagers (2) und den Sitz der Nase (4) im Querlenker.
■ Achten Sie auf die Höhenlage des Fahrwerks beim Anziehen der Schraube (5 im Bild 13).

⚠ Gummimetalllager haben einen begrenzten Verdrehbereich. Achsbauteile mit Gummimetalllagern müssen deshalb vor dem Festziehen in eine Position gebracht werden, die der Position im Fahrbetrieb entspricht (Leergewichtslage). Anderenfalls wird das Gummimetalllager verspannt.

Stabilisatoren und Koppelstangen vorne und hinten

Koppelstangen am Stabilisator

■ Bauen Sie das entsprechende Rad ab.
■ Drehen Sie Muttern der Koppelstange am Stabilisator und am Federbein (Vorderachse) beziehungsweise am Längslenker (Hinterachse) ab.

☞ Im Gewinde der Gelenkköpfe ist ein Vielzahn zum Gegenhalten verbaut.

■ Nehmen Sie die Koppelstange ab.

Der Einbau erfolgt sinngemäß in umgekehrter Reihenfolge.
■ Achten Sie auf die Höhenlage des Fahrwerks beim Anziehen der Schraube am Stabilisator der Hinterachse.

⚠ Gummimetalllager haben einen begrenzten Verdrehbereich. Achsbauteile mit Gummimetalllagern müssen deshalb vor dem Festziehen in die Position gebracht werden, die dem Fahrbetrieb entspricht (Leergewichtslage).

Stabilisator an der Vorderachse

Der Ausbau des Stabilisators an der Vorderachse ist sehr aufwendig.

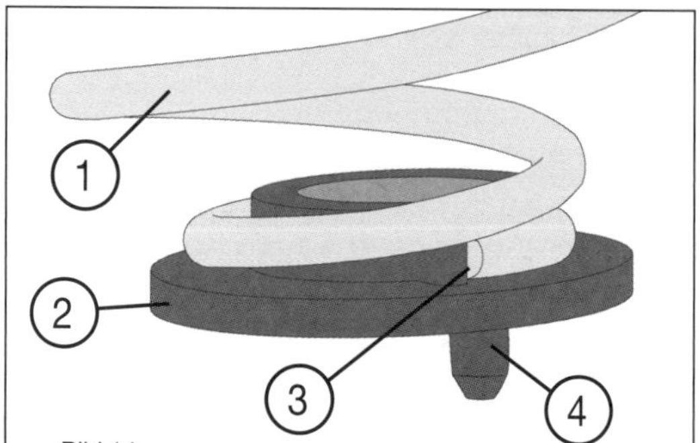

Bild 14

■ Um den Stabilisator der Vorderachse auszubauen, muss das Kreuzgelenk der Lenkung vom Innenraum aus gelöst werden.
■ Die Unterbodenverkleidung muss ausgebaut werden.
■ Das Gestänge des Niveausensors an der Vorderachse (soweit vorhanden) abbauen.
■ Die Koppelstangen vom Stabilisator abbauen.
■ Die Spurstangen und die Traggelenkbolzen müssen beide aus den Achsschenkeln ausgebaut werden.
■ Die Abgasanlage, die Pendelstütze zum Getriebe und der Stabilisator müssen vom Aggregateträger (Achsträger) gelöst werden.
■ Der Aggregateträger muss gelöst und mit einem Getriebeheber etwas angesenkt werden.
■ Kabelführungen müssen gelöst und das Hitzeschutzblech ausgebaut werden.
■ Der Stabilisator kann dann vom Aggregateträger abgeschraubt nach rechts herausgenommen werden.

Der Einbau erfolgt sinngemäß in umgekehrter Reihenfolge.

Stabilisator an der Hinterachse

■ Bauen Sie das entsprechende Rad ab.
■ Die Koppelstange am Stabilisator lösen.
■ Drehen Sie die Schrauben der Schellen des Stabilisators heraus.

☞ Wenn die obere Schraube bei Allradfahrzeugen durch die Achswelle verdeckt wird, muss das Fahrzeug an der Bühne verzurrt werden und die jeweilige Radseite mit einem Getriebeheber eingefedert werden.

■ Nehmen Sie den Stabilisator heraus.

Der Einbau erfolgt sinngemäß in umgekehrter Reihenfolge.

12 Servolenkung

Die elektrisch unterstützte Zahnstangenlenkung Ihres Audi Q3 zeichnet sich durch besonders geringe Bedienungskräfte bei hoher Lenkpräzision aus. Servolenkungen erleichtern durch Hilfskraft die Lenkarbeit erheblich. Sie sorgen für größtmöglichen Komfort beim Rangieren und für präzises Lenkgefühl bei schnellen Autobahnfahrten.

Die Möglichkeit, mit geringem Kraftaufwand am Lenkrad eine relativ direkte Lenkung zu erreichen, dennoch den Fahrer relativ unbehelligt von den Fahrbahnstößen zu lassen, wird mit Hilfe des elektrischen Servomotors realisiert. Lenkwinkel, Fahrgeschwindigkeit und Stromaufnahme des Motors sind Messgrößen, die die Ansteuerung der Lenkung beeinflussen.

Prüfungen an der Lenkung

Die Lenkung ist eine Baugruppe, von der die Fahrsicherheit besonders stark abhängt. Defekte, falsche Einstellungen und fehlerhafte Reparaturarbeiten können fatale Auswirkungen haben. Nach einem Unfall und bei Beschädigung der Vorderachse können verschiedene Lenkungsteile ersetzt werden. Als Instandsetzung an der Servolenkung ist aber nur das Ersetzen der Faltenbälge sowie der Spurstangen und Spurstangenköpfe üblich. Für bestimmte Arbeiten kann es nötig sein, die Lenkzwischenwelle aus- und einzubauen, die das Kreuzgelenk unten an der Lenksäule mit dem Kreuzgelenk des Lenkritzels am Lenkgetriebe verbindet.

Lenkungsspiel prüfen

■ Die Räder geradeaus stellen. Von außen durchs geöffnete Fenster greifen und das Lenkrad kurz hin- und herdrehen.

Auf die Felge achten: Bewegt sich das Vorderrad wie erforderlich sofort mit? Eine Hilfsperson kann die Spurstangenköpfe umfassen und das Lagerspiel bei Lenkbewegung fühlen oder in Extremfällen sogar beobachten.

■ Falls Spiel bemerkt wird, muss das Nachstellen in der Werkstatt erfolgen oder das Lenkgetriebe ersetzt werden.

Wenn die Lenkung um die Geradeausstellung kein Spiel hat, aber bei stärkerem Einschlag spürbar klemmt, ist die Zahnstange verschlissen. Das dürfte zwar erst nach einer gehörigen Fahrstrecke der Fall sein, aber dann muss das Lenkgetriebe ausgetauscht werden!

Manschetten der Lenkzahnstange prüfen

Mit einer Taschenlampe die Gummimanschetten ableuchten, mit denen die aus ihrem Gehäuse austretende Zahnstange links und rechts geschützt wird.

■ Gründlich auch auf kleinste Verschleißspuren prüfen.

Dringen durch einen rissigen oder beschädigten Faltenbalg Schmutz und Feuchtigkeit ein, verbinden sie sich mit dem Fett des Lenkgetriebes zu einer zerstörerischen Schleifpaste.

■ Das Fahrzeug mit der Hebebühne anheben und gegen Abrutschen oder Kippen sichern.

■ Die Lenkung voll nach rechts oder links einschlagen. Um Risse in den Falten zu erkennen, muss der Faltenbalg Stück um Stück auseinandergezogen werden. Eine verschlissene Manschette sollte man sofort austauschen. Sie kann bei eingebautem Lenkgetriebe ersetzt werden.

■ Klemmschellen müssen fest auf der Manschette sitzen. Zum Wechseln des Faltenbalgs wird daher eine spezielle Schlauchbinderzange empfohlen.

Lenksäule überprüfen

Wenn an der Lenksäule gearbeitet wurde, muss danach auf sichtbare Schäden und Funktion geprüft werden.

■ Lässt sich die Säule ohne zu haken und ohne Schwergängigkeit drehen?

■ Lässt sie sich (soweit in der Ausstattung vorgesehen) in Längsrichtung und in der Höhe leicht verstellen?

■ Lässt sich das Rohr der Säule deutlich nach vorn und hinten oder seitlich bewegen? Dann ist etwas faul, die Lenksäule muss ausgetauscht werden.

Lenksäule richtig tragen

■ Den Aus- und Einbau der Lenksäule empfehlen wir hier nicht, weil diese Arbeiten mit dem Aus- und Einbau von Airbags ver-

Sichtprüfung Messen

Bild 1
Spurstange in Teilen.
1 Faltenbalg
2 Spurstange
3 Kugelgelenkkopf (Spurstangenkopf)
4 Kontermutter

Bild 2
Spurstange ausgebaut.
1 Abflachung oder Sechskant für einen Schraubenschlüssel
2 Gelenkpfanne
3 Spurstangengewinde
4 Spurstange
5 Gewinde zur Befestigung in der Zahnstange der Lenkung

Bild 3
Nachfetten der Zahnstange der Lenkung.
1 Spur Lagerfett
2 Zahnstange der Lenkung unter der Manschette
3 Lenkgetriebe

bunden sind, die ganz klar in die Fachwerkstatt gehört. Wenn Sie aber eine ausgebaute oder eine einzubauende Lenksäule zu transportieren haben, müssen Sie beachten, dass die falsche Behandlung der Lenksäule schon ein Sicherheitsrisiko darstellt.

⚠ Eine mechanische Beschädigung kann sich auf die Funktion der Servotronic (Steuergerät) des Lenksystems auswirken, die für die Gestaltung verschiedener Lenkparameter sorgt.

■ Die Lenksäule immer mit beiden Händen tragen. Fassen Sie dazu die Säule fest am Mantelrohr oben und im Bereich des oberen Kreuzgelenkes an der Gelenkwelle an.
■ Wird die Lenksäule am Deformationselement, am Klemmhebel oder an den beiden Gewichtsausgleichsfedern gehalten, können schon Vorschädigungen entstehen.
■ Die Kreuzgelenke dürfen niemals überstreckt oder belastet werden. Legen Sie das Lenkgetriebe grundsätzlich sicher auf einer Ebene ab.

Arbeiten an der Lenkung

Spurstangenkopf aus- und einbauen

■ Fahrzeug mit der Hebebühne anheben und gegen Abrutschen oder Kippen sichern.
■ Das entsprechende Rad abbauen.
■ Mutter von Spurstangenkopf lösen, aber noch nicht abschrauben. Die Mutter zum Schutz des Gewindes einige Umdrehungen auf dem Zapfen lassen.
■ Den Spurstangenkopf vom Radlagergehäuse mit einem Kugelgelenkabzieher abdrücken.
■ Die Mutter nach dem Abdrücken des Spurstangenkopfes abschrauben.

⚠ Beim Abdrücken die Gummitülle und das Gewinde nicht beschädigen.

■ Die Kontermutter (4 im Bild 1) lösen.
■ Die Position vom Spurstangenkopf (3) auf der Spurstange (2) kennzeichnen.
■ Den Spurstangenkopf von der Spurstange abdrehen. Hierzu die Schlüsselflächen am Spurstangenkopf (3) und an der Spurstange (2) nutzen.

Der Einbau erfolgt sinngemäß in umgekehrter Reihenfolge.
■ Den Spurstangenkopf bis zur angebrachten Markierung auf die Spurstange drehen.
■ Den Spurstangenkopf mit der Kontermutter sichern.
■ Den Spurstangenkopf mit neuer Mutter verschrauben.
■ Das Rad anbauen und mit Anzugsdrehmoment festziehen.
■ Die Fahrzeugvermessung durchführen (lassen).

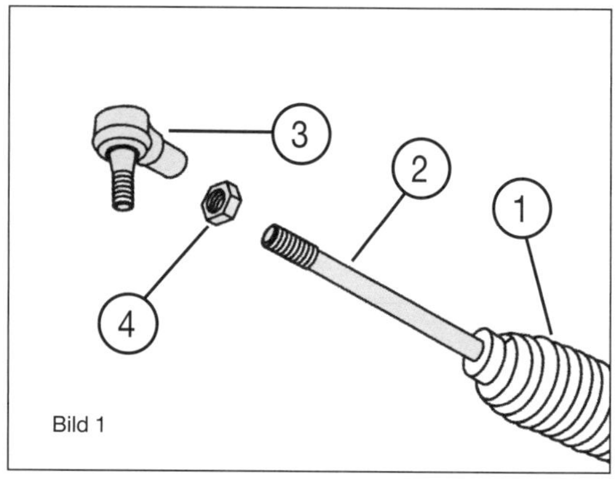

Bild 1

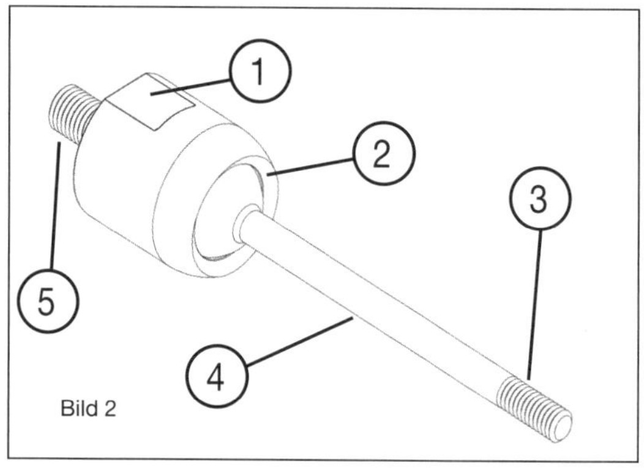

Bild 2

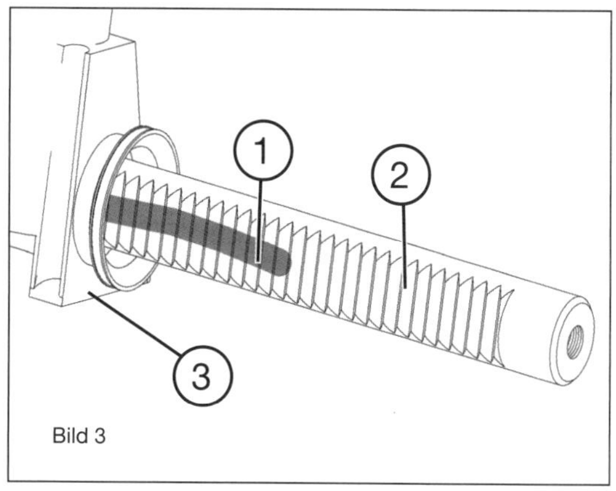

Bild 3

Lenkmanschette wechseln

■ Fahrzeug mit der Hebebühne anheben.
■ Rad an der betreffenden Seite abbauen.
■ Bauen Sie an der betroffenen Seite den Spurstangenkopf wie beschrieben ab.
■ Drehen Sie die Kontermutter (4 im Bild 1) von der Spurstange ab.
■ Die Schellen am Faltenbalg (Lenkman-

schette) lösen und abnehmen.

■ Ziehen Sie die Lenkmanschette (1) über die Spurstange ab.

Reinigen Sie die Lenkstange im Lenkgetriebe, die Spurstange und die Auflageflächen der Manschetten gründlich und fetten (1 im Bild 3) Sie sie leicht ein.

Verschmutzungen können das Lenkgetriebe schädigen.

■ Schieben Sie die Schellen auf die neue Manschette und diese dann auf die Zahnstange und die Lenkung auf.

Die weitere Montage erfolgt sinngemäß in umgekehrter Reihenfolge.

Die Laschen und Klemmstellen an den Schellen müssen so ausgerichtet werden, dass sie nirgendwo anliegen oder schleifen können. Sie können beim Hängenbleiben leicht die Manschette herunterschieben oder beschädigen.

Elektrisch unterstützte Lenkung aus- und einbauen

Die elektrische Lenkung basiert auf einem konventionellen Zahnstangenlenkgetriebe, das vom Lenkhilfemotor unterstützt wird. Die Lenkkraftunterstützung erfolgt stufenlos und geschwindigkeitsabhängig. Eine Instandsetzung des Lenkgetriebes ist nicht vorgesehen. Es muss bei Beanstandungen komplett ausgetauscht werden.

Das Lenkgetriebe wird zusammen mit dem Aggregateträger nach unten ausgebaut.

Folgende Hinweise sind bei Arbeiten am Lenkgetriebe zu beachten

■ Bei Arbeiten an der Servolenkung ist größte Sauberkeit erforderlich. Korrosion an den Anschlusssteckern und Kabeln müssen frühzeitig erkannt werden, da die Anschlussstellen durch einen Übergangswiderstand überhitzen können.

■ Achten Sie auf die originalgetreue Kabelführung und befestigen Sie die Anschlusskabel mit Befestigungsmaterial, das dem Serienstand entspricht.

De- und Montage

■ Das Fahrzeug mit der Hebebühne anheben und Unterbodenverkleidungen ausbauen.

■ Schalten Sie die Zündung aus und ziehen Sie den Zündschlüssel ab.

■ Lassen Sie das Lenkradschloss einrasten.

■ Prüfen Sie, ob ein Radiocode erforderlich ist und ob der Ihnen vorliegt.

■ Klemmen Sie die Batterie ab.

■ Demontieren Sie die Fußraumverkleidung hinter den Pedalen.

■ Drehen Sie die Schraube im Kreuzgelenk zum Lenkgetriebe heraus.

■ Bauen Sie die Vorderräder ab.

■ Unterbauen Sie den Aggregateräger mit einem Getriebeheber und ersetzen Sie die vorderen Schrauben (4) durch Fixierbolzen »VW T10096«.

■ Ersetzen Sie die äußeren Schrauben der Querlenkerlager (2) rechts und links durch Fixierbolzen »VW T10096«.

■ Entsichern Sie die Steckverbindung (9) zum Ölstands- und Temperaturgeber und ziehen Sie sie ab.

Bild 4
Aggregateträger von unten.
1 Mutter Spurstange
2 Schrauben (Position der Fixierbolzen)
3 Schrauben
4 Schrauben (Position der Fixierbolzen)
5 Schrauben Lenkung
6 Schrauben Stabilisatorlager
7 Schrauben Pendelstütze
8 Muttern Stabilisator
9 Steckkontakt Ölsensor
10 Muttern am Traggelenkbolzen

■ Demontieren Sie den Halter des Fahrzeughöhensensors am Querlenker (soweit verbaut).
■ Drehen Sie die Schrauben der Abgasanlage am Aggregateträger (17 im Bild auf Seite 130) heraus.
■ Lösen Sie Verschraubungen der Traggelenkbolzen zum Querlenker und ziehen Sie die Gewinde aus dem Querlenker heraus.
■ Drehen Sie die Muttern der Koppelstangen am Stabilisator vorne ab und ziehen Sie die Koppelstangen aus dem Stabilisator heraus.
■ Mutter von Spurstangenkopf lösen, aber noch nicht abschrauben. Die Mutter zum Schutz des Gewindes einige Umdrehungen auf dem Zapfen lassen.
■ Den Spurstangenkopf vom Radlagergehäuse mit einem Kugelgelenkabzieher abdrücken.
■ Die Mutter nach dem Abdrücken des Spurstangenkopfes abschrauben.
■ Drehen Sie die Schrauben (7 im Bild 4) heraus und lösen Sie die Pendelstütze vom Getriebe.
■ Drehen Sie die Schrauben (3) heraus.
■ Lassen Sie den Aggregateträger mit dem Getriebeheber etwas ab.
■ Clipsen Sie die Leitungen am Aggregateträger ab.
■ Bauen Sie das Hitzeschutzblech über dem Lenkgetriebe ab.
■ Entsichern Sie die Steckverbindung zum Lenkgetriebe und ziehen Sie sie ab.
■ Lassen Sie den Aggregateträger nach unten ab.
■ Demontieren Sie die Verschraubungen des Stabilisators und nehmen Sie ihn ab.
■ Demontieren Sie die Verschraubungen des Lenkgetriebes und nehmen Sie es ab.

Der Einbau erfolgt sinngemäß in umgekehrter Reihenfolge.
■ Achten Sie auf den Sitz des Kreuzgelenkes zur Lenksäule.
■ Reinigen Sie die Anlageflächen des Lenkgetriebes auf der Dichtmanschette. Die Dichtmanschette muss knickfrei auf dem Montageflansch anliegen.
■ Die Fahrzeugvermessung durchführen (lassen).

Wurde ein neues Lenkgetriebe verbaut, muss die Lenkung mit einem geeigneten Diagnosetester neu angelernt werden.

Nach der Demontage der Verschraubung des Fahrzeugniveausensors muss die Grundeinstellung der Scheinwerfer mit einem geeigneten Diagnosetester durchgeführt werden.

Bei Fahrzeugen, die mit einer elektronischen Dämpferregelung ausgestattet sind, muss nach der Demontage der Verschraubung des Fahrzeugniveausensors die Regelanlage mit einem geeigneten Diagnosetester angelernt werden.

Fehlerspeicherabfrage und Istwerte mit dem OBD-Tester

Die Fehlerspeicherabfrage sowie die Abfrage der Istwerte erfolgt über einen geeigneten Diagnosetester.
■ Wählen Sie im Kartenreiter »Verbaut« (1 im Bild 5) der Bildschirmmaske den Button »44-Lenkhilfe« (2) an.

Abfrage des Fehlerspeichers:
■ Wählen Sie in der Steuergerätemaske der Lenkhilfe den Button »Fehlerspeicher-02« (1 im Bild 6) an. Soweit Fehler im Steuergerät abgelegt sind, werden diese dann in der nächsten Maske dargestellt.

Darstellung der Istwerte:
Die Messwerte können wie bei anderen Steuergeräten als Messwertblock oder aber auch grafisch dargestellt werden.
■ Wählen Sie den Button »Messwertblöcke-08« (2 im Bild 6) an. Die Messwerte können in unterschiedlichen Blöcken (Bild 7) (auch grafisch) dargestellt werden.

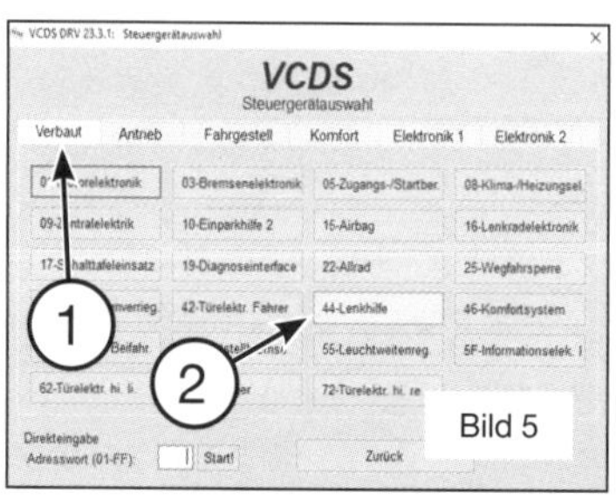

Bild 5
Anwahl des Lenkungssteuergerätes.
1 Kartenreiter »Verbaut«
2 Button »44-Lenkhilfe«

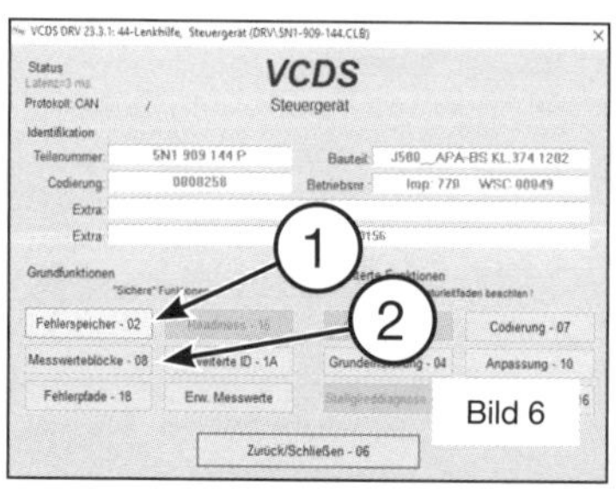

Bild 6
In der Maske Lenkungssteuergerät.
1 Anwahl zur Fehlerspeicherabfrage
2 Anwahl zur Darstellung der erfassten Messwerte

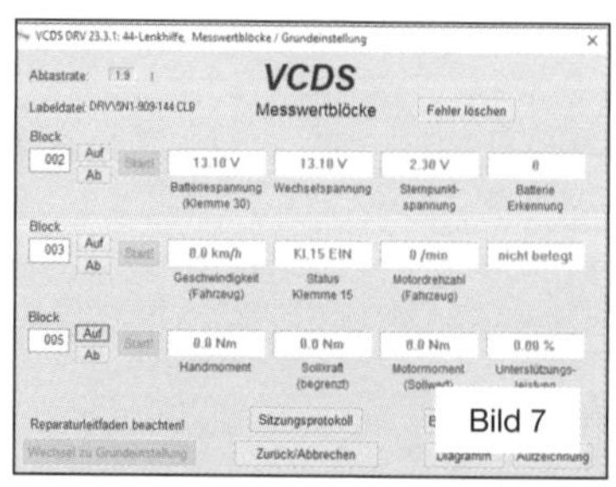

Bild 7
Messwerte in der Darstellung als Messwertblock.

13 Bremsanlage

Die Bremsen des Audi Q3

Der Audi Q3 wird kraftvoll und sicher über ein Hydraulik-Zweikreis-Bremssystem mit rundum Scheibenbremsen verzögert. Die vorderen Scheibenbremsen sind innenbelüftet, die Bremsscheiben hinten sind derzeit durchweg für alle Motorisierungen massiv. Die elektromechanische Feststellbremse wirkt auf die Hinterräder. Die Bremsunterstützung erfolgt pneumatisch durch Vakuumbremskraftverstärker. In ihnen wird der hydraulische Druck, der dann an den Bremsen wirkt, mehr als verdoppelt. Auf diese Weise werden etwa 60 % der wirkenden Bremskraft aufgebracht. Das Vakuum für den Unterdruck im Bremskraftverstärker wird dem Saugrohr entnommen oder mit einer Vakuumpumpe erzeugt. Je nach Motorisierung werden unterschiedliche Bremsenmodelle eingesetzt. Welche Bremsen in einem bestimmten Fahrzeug verbaut sind, wird unter anderem in der Ausstattungsliste durch Codenummern dokumentiert. Die Ausstattungscodierung können Sie sich bei Ihrem Audi-Händler ausdrucken lassen. Die Codierungen sind für die Kombinationen Bremssattel/Bremsscheibe/Bremstrommel und Bremsbelag wichtig.

Antiblockiersystem (ABS)

Der Audi Q3 verfügt serienmäßig über ein Antiblockiersystem. Die Bremsanlage des ABS ist diagonal aufgeteilt. Die Bremskraftverstärkung erfolgt pneumatisch durch den Vakuumbremskraftverstärker. Fahrzeuge mit ABS haben keinen mechanischen Bremskraftregler. Eine speziell abgestimmte Software im Steuergerät übernimmt die Bremskraftverteilung für die Hinterachse.

⚠ Störungen am ABS haben Einfluss auf die Bremsanlage und die Verstärkung. Es muss mit einem veränderten Bremsverhalten gerechnet werden. Nach Aufleuchten der Kontrollleuchte für ABS und Kontrollleuchte für Bremsanlage können die Hinterräder beim Bremsen frühzeitig blockieren! Die recht unauffälligen, aber sehr wichtigen Funktionen für beispielsweise die Gespannstabilisierung fallen aus. Grundsätzlich ist es möglich, ein ABS-Steuergerät zu reparieren. Einige Firmen haben sich auf die Instandsetzung spezialisiert und liefern eine kostengünstige Alternative zum Neuteilersatz. Hydraulikeinheit und Steuergerät bilden eine Einheit. Eine Trennung ist nur im ausgebauten Zustand möglich.

■ Neue Steuergeräte aus dem Ersatzteilbereich sind nicht codiert. Sie sind nach dem Einbau mit einem geeigneten Diagnosetester zu codieren. In der Regel muss das beim VW-Audi-Vertragshändler erfolgen. Die Kontrollleuchte für ABS und die Kontrollleuchte für ESP und ASR blinken, solange das Steuergerät für ABS nicht codiert ist.

■ Wenn ein Steuergerät instandgesetzt worden ist, wird die Reparaturfirma die vorhandene Codierung sichern und das instandgesetzte Steuergerät betriebsbereit ausliefern.

ABS und ESP

Im Audi Q3 kommt ein ABS/ESP-System zum Einsatz. Es besteht neben dem Eingriff auf die Bremsanlage die Möglichkeit, mit dem Bordnetzsystem und der Motorsteuerung einige Neuerungen umzusetzen. Es sind nun folgende Funktionen realisiert worden: ABS (Blockierverhinderer beim Bremsen), ASR (verhindert durchdrehende Räder), EBV (regelt den Bremsdruck an der Hinterachse), ESP (Stabilitätsprogramm, um Schleudern einzudämmen) und das MSR (reduziert das Motormoment zum Anfahren auf glatter Straße über den Eingriff in das System E-Gas).

Eigenschaft der Bremsflüssigkeit

☞ Die im Hydrauliksystem zirkulierende Flüssigkeit ist Bremsflüssigkeit nach dem Standard »FMVSS 116 DOT 4«, wovon auch die Weiterentwicklung »DOT 4 plus« erhältlich ist.

⚠ Bremsflüssigkeit auf keinen Fall mit mineralölhaltigen Flüssigkeiten (Öl, Benzin, Reinigungsmittel) in Verbindung bringen. Mineralöle beschädigen die Dichtungen und Gummitüllen der Bremsanlage!

⚠ Bremsflüssigkeit ist giftig, sie darf wegen ihrer ätzenden Wirkung auch nicht mit Lack in Berührung kommen. Eventuell ausgetretene Bremsflüssigkeit mit viel Wasser abspülen!

Sichtprüfung Messen

Bild 1
Ausgleichsbehälter im Motorraum.
1 Ausgleichsbehälter
2 Deckel
3 Stecker Warnkontakt
4 Minimal-Markierung
5 Maximal-Markierung

Bild 2
Durchgerostete Bremsleitungen sind durchaus auch bei modernen Fahrzeugen noch zu finden.

Bremsflüssigkeit ist hygroskopisch, das heißt, sie nimmt aus der umgebenden Luft Feuchtigkeit auf und ist darum stets in luftdicht verschlossenen Behältern aufzubewahren.

Bremsflüssigkeitsstand (abhängig vom Belagverschleiß) prüfen

Der Stand der Bremsflüssigkeit ist an den Markierungen des Bremsflüssigkeitsbehälters abzulesen.

- Der Bremsflüssigkeitsstand (Menge) ist stets in Abhängigkeit vom Bremsbelagverschleiß zu beurteilen. Im Fahrbetrieb sinkt durch Abnutzung und automatische Nachstellung der Bremsbeläge der Flüssigkeitsstand geringfügig ab.
- Bei einem Flüssigkeitsstand an der »MIN«-Markierung und etwas darüber ist kein Nachfüllen erforderlich, wenn die Bremsbelagverschleißgrenze nahezu erreicht ist.
- Sind die Bremsbeläge neu bzw. weit von der Belagverschleißgrenze entfernt, muss der Flüssigkeitsstand zwischen der »MIN«- und der »MAX«-Markierung liegen.
- Die »MAX«-Markierung darf jedoch nicht überschritten werden, damit die Flüssigkeit nicht aus dem Bremsflüssigkeitsbehälter austritt.
- Ist der Flüssigkeitsstand unter die »MIN«-Markierung abgesunken, muss bevor Bremsflüssigkeit ergänzt wird, das ganze Bremssystem überprüft werden, ggf. sind Reparaturen einzuleiten.

Bremsanlage auf Undichtigkeiten und Beschädigung prüfen

Sichtprüfung
Folgende Bauteile müssen auf Undichtigkeiten und Beschädigungen überprüft werden:

- Hauptbremszylinder
- Bremskraftverstärker
- Hydraulikeinheit
- Bremssättel

Weiterhin sind zu prüfen:

- Vorhandensein der Staubkappen an den Entlüftungsventilen für Bremsflüssigkeit.
- Dass die Bremsschläuche nicht verdreht

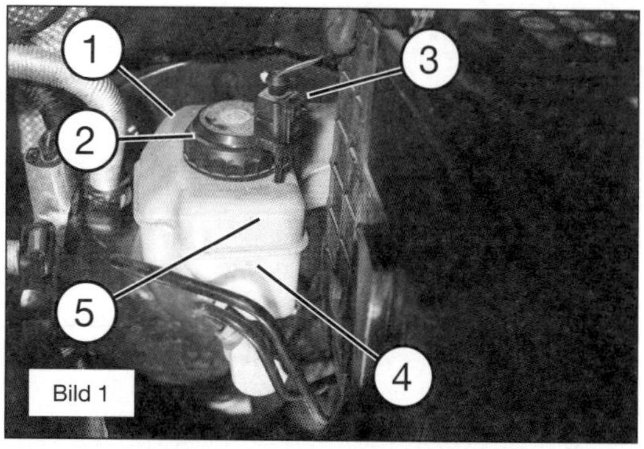

Bild 1

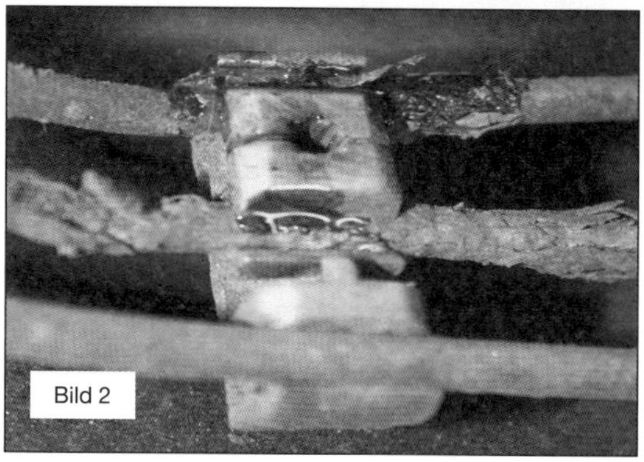
Bild 2

sind und dass sie beim maximalen Lenkeinschlag keine Fahrzeugbauteile berühren.
- Dass Bremsschläuche nicht porös und brüchig sind.
- Dass Bremsschläuche und Bremsleitungen keine Scheuerstellen aufweisen.
- Dass Bremsanschlüsse und Befestigungen richtig sitzen, nicht undicht und frei von Korrosion sind.

Festgestellte Mängel sind durch entsprechende Reparaturmaßnahmen zu beseitigen.

Dichtigkeitsprüfung unter Druck
Diese Prüfung erfordert ein Prüfgerät für Bremssysteme mit Adapter. Prüfvoraussetzung ist, dass Funktion und Dichtheit der Bremsanlage gegeben sind.

- Entlüftungsventil an einem der vorderen Bremssättel herausschrauben. Das Prüfgerät für Bremssysteme anschließen und entlüften.
- Bremspedal mit einem Feststeller belasten, bis das Druckmanometer 50 bar Überdruck anzeigt.

Während der Prüfdauer von 45 Sekunden darf der Druckabfall nicht mehr als 4 bar betragen. Bei größerem Druckabfall Bremssystem prüfen, wenn erforderlich Hauptbremszylinder ersetzen.

Technische Daten Bremsanlage

Zur Übersicht die wichtigsten technischen Daten der Bremsanlage:

Scheibenbremse vorne
Abmessungen an der Bremsscheibe:

PR Nummer	1LJ, 1ZD	1LA, 1ZT
Bremssattel	FN3 (16´´)	Brembo M8 Wavedesign (18´´)
Durchmesser innenbelüftete Scheibe	312 mm	365 mm
Dicke	25 mm	34 mm
Verschleiß-grenze	23 mm	32 mm
Seitenschlag	0,06 mm	
Verschleiß-grenze Bremsbelag	9 mm mit Belagrückenplatte (Messung Radaußenseite)	

Scheibenbremse hinten
Abmessungen an der Bremsscheibe:

PR Nummer	1KU	2EA, 2EJ, GP1
Bremssattel	TRW CII (16´´)	TRW CII41 (17´´)
Durchmesser »Voll« Scheibe	282 mm	-
Durchmesser innenbelüftete Scheibe	-	310 mm
Dicke	12 mm	22 mm
Verschleiß-grenze	10 mm	20 mm
Seitenschlag	0,06 mm	
Verschleiß-grenze Bremsbelag	9 mm mit Belagrückenplatte (Messung Radaußenseite)	

Bremsanlage mit Gerät entlüften

Normale Entlüftung
Den Arbeitsablauf zum Entlüften der Bremsanlage sollten Sie grundsätzlich genau einhalten.

■ Bremsenfüll- und Entlüftungsgerät anschließen, das bedeutet den Adapter statt Verschlussdeckel auf Bremsflüssigkeitsbehälter aufschrauben, den Druck am Entlüftungsgerät einstellen und Befüllschlauch

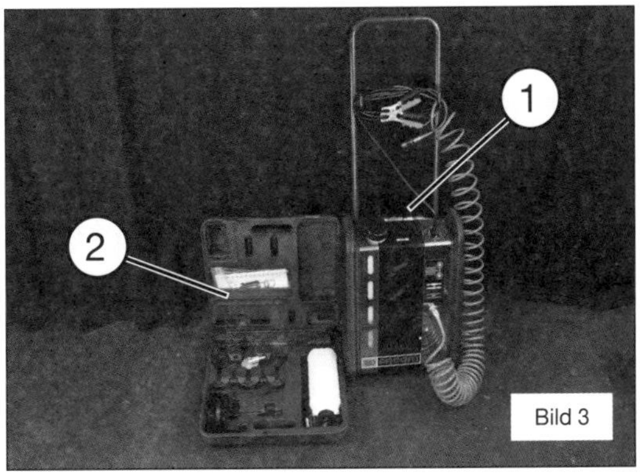

des Gerätes an den Adapter anschließen.
■ Abdeckkappen von den Entlüftungsventilen abziehen, Schlauch der Entlüfterflasche aufstecken und dann Entlüftungsventile mit einem passenden Schlüssel in folgender Reihenfolge öffnen und jeweiligen Radbremszylinder/Bremssattel entlüften:

1. Bremssattel hinten links
2. Bremssattel vorn links
3. Bremssattel vorn rechts
4. Bremssattel hinten rechts

■ Entlüftungsventil bei aufgestecktem Schlauch der Entlüfterflasche so lange geöffnet lassen, bis blasenfreie Bremsflüssigkeit ausströmt.

Tipp: Geeigneten Entlüfterschlauch verwenden. Er muss straff auf dem Entlüftungsventil sitzen, damit keine Luft in die Bremsanlage gelangen kann!

Vorentlüftung
Wenn bei Fahrzeugen mit EDS, EDS/ASR oder EDS/ASR/ESP eine Kammer des Bremsflüssigkeitsbehälters komplett leergelaufen ist (z. B. bei Undichtigkeiten der Bremsanlage), muss zuerst eine Vorentlüftung erfolgen.

■ Bremssattel vorn links und vorn rechts gleichzeitig zusammen entlüften.
■ Bremssattel hinten links und hinten rechts gleichzeitig zusammen entlüften.
■ Entlüftungsventile bei aufgesteckten Schläuchen der Entlüfterflasche so lange geöffnet lassen, bis blasenfreie Bremsflüssigkeit ausströmt.
■ Anschließend kann über eine Funktion mit dem Diagnosetester die Hydraulikeinheit nochmals entlüftet werden. Hierbei werden die einzelnen Steuerventile angesteuert und auch die geringe Restmenge im Hydraulikaggregat in die Entlüftung mit einbezogen.

Bild 3
Automatisches Entlüftungsgerät.
1 Entlüftungsgerät mit Batterieanschlüssen und Vorratstank
2 Adapterset für unterschiedliche Vorratsbehälter am Fahrzeug

Zum Entlüften der Hydraulikeinheit ist ein Vordruck von 2 bar nötig.

■ Danach die Bremsanlage normal entlüften.

Bremsanlage ohne Gerät entlüften

Steht kein Bremsenfüll- und Entlüftungsgerät zur Verfügung, muss die Bremsanlage mit einfachen Mitteln entlüftet werden. Nötig dafür sind neue Bremsflüssigkeit und ein geeigneter, möglichst durchsichtiger Kunststoffschlauch, wie ihn Baumärkte im Sortiment haben. Er muss straff auf der Entlüfterschraube Radbremszylinder/Bremssattel sitzen, damit keine Luft in die Bremsanlage gelangen kann.

■ Wenn erforderlich, die Entlüftungsventile einige Stunden vor der Arbeit mit Rostlöser einsprühen. Das mindert das Risiko, dass die Ventile beim Lösen abgerissen werden.

■ Entlüftungsreihenfolge wie bei »Entlüftung normal«.

■ Staubkappe vom Entlüftungsventil abziehen, Ventilnippel säubern, den Kunststoffschlauch auf den Nippel schieben und das freie Schlauchende in einen teilweise mit Bremsflüssigkeit gefüllten Auffangbehälter stecken.

■ Entlüftungsschraube mit einem Ringschlüssel maximal eine Umdrehung lösen.

■ Ein Helfer tritt das Bremspedal langsam bis zum Boden, damit die Bremsflüssigkeit und die darin eingeschlossene Luft herausgepumpt werden.

☞ Auf Schlauch und Auffangbehälter achten: die Luftbläschen müssen zu sehen sein.

■ Das Bremspedal am Boden halten.

■ Nun die Entlüftungsschraube schließen, erst dann das Bremspedal zurücknehmen.

■ Diesen Vorgang so lange wiederholen, bis keine Luftbläschen mehr aufsteigen, es ist dann keine Luft mehr im System. Dabei aber ständig den Stand der Bremsflüssigkeit im Ausgleichsbehälter beobachten. Bei Bedarf nachfüllen, aber nur so viel, dass der vorherige Stand im Bremsflüssigkeitsbehälter nicht überschritten wird. Dadurch wird verhindert, dass bei einem späteren Wechsel der Bremsbeläge zu viel Bremsflüssigkeit im System ist und der Behälter beim Zurückdrücken der Bremskolben überläuft.

Bild 4
Entlüftungsventil am Bremssattel vorne.
1 Entlüftungsventil
2 Bremssattel

Bild 5
Entlüftungsventil am Bremssattel hinten.
1 Entlüftungsventil
2 Bremssattel

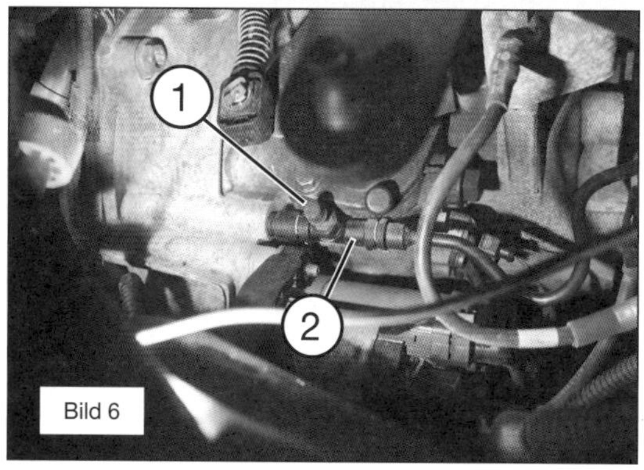

Bild 6
Entlüftungsventil am Kupplungszylinder.
1 Entlüftungsventil
2 Anschlussstück zwischen Druckleitung und Kupplungsnehmerzylinder

■ Nach dem letzten Durchgang muss der Helfer das Bremspedal wieder am Boden halten, bis das Entlüftungsventil endgültig geschlossen ist (Schraube nicht anknallen).

■ Die Arbeit an den anderen Entlüftungsventilen wiederholen.

■ Lässt sich die Bremse nach vorgenannter Methode nicht vollständig entlüften, alle Entlüftungsventile schließen, den Motor starten und mehrfach die Bremse betätigen. Dann nochmals einen Entlüftungsdurchgang vornehmen.

■ Zum Schluss noch einmal alle Bremsleitungen, Entlüftungsventile (angezogen?), den Stand im Bremsflüssigkeitsbehälter und die Funktion der Bremsen bei einer (vorsichtigen) Probefahrt prüfen. Dabei einmal so stark bremsen, dass die ABS-Regelung greift.

Bremsflüssigkeit wechseln

Bremsflüssigkeit ist giftig! Sie darf wegen ihrer ätzenden Wirkung auch nicht mit Lack in Berührung kommen. Eventuell ausgetretene Bremsflüssigkeit mit viel Wasser abspülen!

Ausfließende Bremsflüssigkeitsmengen

Reihenfolge Entlüftungsventile	Bremsflüssigkeit
Bremssattel vorn links	0,20 Liter
Bremssattel vorn rechts	0,20 Liter
Bremssattel hinten links	0,30 Liter
Bremssattel hinten rechts	0,30 Liter
Kupplungsnehmerzylinder	0,15 Liter

■ Verschlussdeckel vom Bremsflüssigkeits-Vorratsbehälter abschrauben. Das Sieb darf nicht aus dem Behälter entfernt werden!
■ Mit dem Saugschlauch vom Bremsenfüll- und Entlüftungsgerät so viel Bremsflüssigkeit wie möglich absaugen. Abgesaugte Bremsflüssigkeit darf nicht wieder verwendet werden.
■ Adapter (aus dem Bremsenentlüftungswerkzeug) auf den Bremsflüssigkeits-Vorratsbehälter schrauben, den richtigen Druck am Bremsenfüll- und Entlüftungsgerät einstellen (Bedienungsanleitung des Gerätes beachten) und den Befüllschlauch des Geräts an den Adapter anschließen.

■ Abdeckkappe des Entlüftungsventils am Bremssattel vorn links abziehen und Entlüfterschlauch der Auffangflasche auf das Ventil stecken, Entlüftungsventil öffnen und die entsprechende Bremsflüssigkeitsmenge (siehe obige Tabelle) ausfließen lassen. Entlüftungsventil mit 10 Nm schließen. Abdeckkappe am Entlüftungsventil des Bremssattels vorn links wieder aufstecken.
■ Diesen Arbeitsablauf an der rechten Fahrzeugseite vorn wiederholen.
■ Schrauben Sie ggf. beide Räder an der Hinterachse ab, um nun dort an die Entlüftungsventile zu gelangen. Abdeckkappe am Entlüftungsventil des Bremssattels hinten links abziehen und Entlüfterschlauch der Auffangflasche auf das Entlüftungsventil hinten links stecken, Entlüftungsventil öffnen und die entsprechende Bremsflüssigkeitsmenge (siehe Tabelle) ausfließen lassen. Entlüftungsventil mit 10 Nm schließen. Abdeckkappe am Entlüftungsventil des Bremssattels hinten links wieder aufstecken.
■ Diesen Arbeitsablauf an der rechten Fahrzeugseite hinten wiederholen.

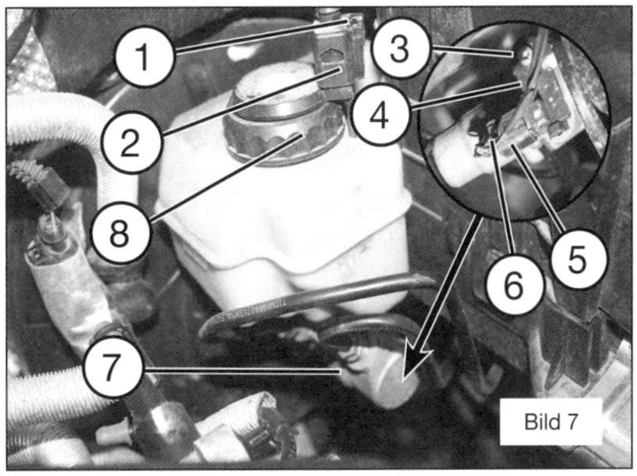

Bild 7
Bremslichtschalter am Hauptbremszylinder.
1 Sicherung Steckkontakt für den Füllstandssensor
2 Steckkontakt für den Füllstandssensor
3 Schraube
4 Bremslichtschalter
5 Steckkontakt für den Bremslichtschalter
6 Sicherung Steckkontakt des Bremslichtschalters
7 Hauptbremszylinder
8 Deckel mit Füllstandssensor

Bremslichtschalter aus- und einbauen

Der Bremslichtschalter ist unter dem Hauptbremszylinder im Motorraum befestigt.

■ Entsichern Sie den Steckkontakt (6 im Bild 7) und ziehen Sie ihn ab.
■ Drehen Sie die Schraube (3) des Bremslichtschalters heraus und nehmen Sie den Bremslichtschalter (4) heraus.

Die Montage erfolgt sinngemäß in umgekehrter Reihenfolge.
Prüfen Sie die Funktion des Bremslichtschalters.
■ Lesen Sie den Fehlerspeicher aus und löschen Sie ihn gegebenenfalls.

Hauptbremszylinder aus- und einbauen

■ Radio-Codierung beachten, Batterie abklemmen, Batterieverkleidung ausbauen.
■ Bauen Sie die Batterie und den Batterieträger aus.
■ Ausreichend mit nicht fasernden Lappen im Bereich des Motors und des Getriebes auslegen und so viel Bremsflüssigkeit wie möglich mit dem Bremsenfüll- und Entlüftungsgerät oder mit einer Absaugvorrichtung aus dem Bremsflüssigkeitsbehälter absaugen.

Sichtprüfung Messen

Bild 8

Bild 8
Hauptbremszylinder am Bremskraftverstärker.
1 Mutter
2 Steckkontakt Bremslichtschalter
3 Hauptbremszylinder
4 Bremsleitungen
5 Abdeckung

■ Bei Fahrzeugen mit Schaltgetriebe den Nachlaufschlauch für den Kupplungsgeberzylinder abziehen und hochbinden oder mit einem handelsüblichen Werkzeug (Hazet 4590) abklemmen und dann abziehen.
■ Stecker (2 im Bild 7) des Sensors für Bremsflüssigkeitsstand entsichern und abziehen.
■ Den Vorratsbehälter am Hauptbremszylinder abclipsen und nach oben aus dem Dichtstopfen ziehen.

☞ Der Vorratsbehälter der »RS-Modelle« ist mit einer Stiftschraube gesichert.

■ Den Stecker (2 im Bild 8) vom Bremslichtschalter entsichern und abziehen.
■ Die Bremsleitungen (4 im Bild 8) am Hauptbremszylinder (3) abschrauben.
■ Die Bremsleitungen mit geeigneten Verschlussstopfen verschließen.
■ Die Muttern (1) vom Hauptbremszylinder (3) abschrauben.
■ Das Abdeckblech (5) abnehmen.
■ Den Hauptbremszylinder (3) vorsichtig aus dem Bremskraftverstärker herausnehmen.

Der Einbau erfolgt sinngemäß in umgekehrter Reihenfolge.

⚠ Beim Zusammensetzen des Hauptbremszylinders mit dem Bremskraftverstärker auf richtigen Sitz der Druckstange im Hauptbremszylinder achten.

⚠ Darauf achten, dass der Dichtring zwischen Hauptbremszylinder und Bremskraftverstärker ordnungsgemäß eingebaut ist.

■ Füllen Sie die Bremsflüssigkeit wieder auf den alten Stand.
■ Bremsanlage entlüften. Eventuell auch den Kupplungsgeberzylinder entlüften.
■ Betätigen Sie Bremse und Kupplung mehrfach und kontrollieren Sie den Flüssigkeitsstand erneut.

Funktion des Bremskraftverstärkers prüfen

■ Bremspedal bei stehendem Motor mehrere Male kräftig durchtreten (dadurch wird der im Gerät vorhandene Unterdruck abgebaut).
■ Bremspedal jetzt mit mittlerer Fußkraft in Bremsstellung halten und Motor starten.

☞ Bei einem einwandfrei funktionierenden Bremskraftverstärker gibt das Bremspedal dabei unter dem Fuß spürbar nach (Verstärkung wird wirksam).
Senkt sich das Pedal nicht, liegt eine Störung vor.

👁 Diese kann in der Unterdruckversorgung (Leitung, Pumpe, Anschluss) oder am Bremskraftverstärker selbst zu finden sein. In diesem Fall muss er ersetzt werden. Reparaturen an diesem Bauteil sind nicht vorgesehen.

Bremsscheiben und Beläge prüfen

Bremsbeläge prüfen

👁 Mit einer Taschenlampe durch einen Durchbruch in der Felge leuchten. Die Dicke des äußeren Belages durch Sichtprüfung ermitteln. Den inneren Belag anleuchten und einen Spiegel anhalten. Dann die Dicke des inneren Belages durch Sichtprüfung ermitteln.

■ Zur besseren Beurteilung der Restbelagdicke einen Prüfspiegel benutzen oder das Rad abnehmen.
■ Die Anbauposition des Rades kennzeichnen (RV = rechts vorne, LV = links vorne, RH = rechts hinten, LH = links hinten).
■ Die Dicke des äußeren und inneren Belages messen oder abschätzen. Bei der Be-

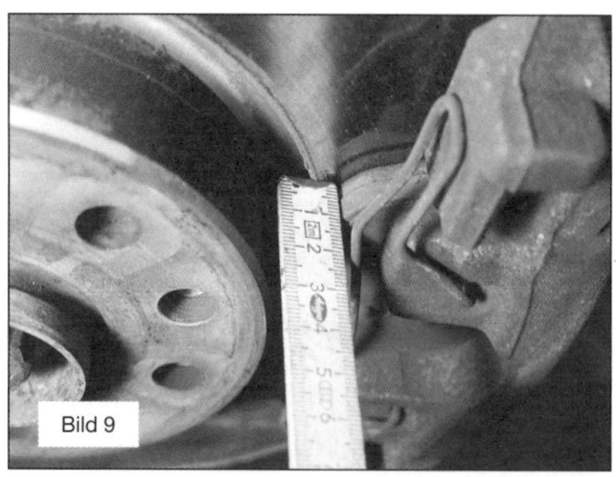
Bild 9

Bild 9
Belagstärke mit Rückenplatte feststellen.

lagdicke (9,0 mm mit Rückenplatte) haben die Bremsbeläge ihre Verschleißgrenze erreicht und sind zu ersetzen.

■ Das entsprechende Rad in der gekennzeichneten Position wieder anschrauben. Radbefestigungsschrauben über Kreuz mit dem entsprechenden Drehmoment anziehen ggf. Radschraubenkappen aufstecken.

Bremsscheiben prüfen

Wenn die Scheibenbremsbeläge ersetzt werden müssen, sind unbedingt auch die Bremsscheiben auf Verschleiß zu prüfen. Typische Fehlerbilder, die für eine Erneuerung sprechen sind:

- Risse,
- Riefen,
- Rost und
- Grat am Bremsscheibenrand.

Ggf. Bremsscheiben ersetzen (grundsätzlich achsweise).

Bremsscheiben und Beläge vorne

Bremsbeläge wechseln

Weiter zu verwendende Bremsbeläge beim Ausbau kennzeichnen. Die Beläge an gleicher Stelle wieder einbauen, sonst kann eine ungleichmäßige Bremswirkung entstehen!

■ Radschrauben lösen, aber noch nicht herausdrehen.

■ Das Fahrzeug mit der Hebebühne anheben.

■ Bauen Sie die vorderen Räder ab.

■ Steckverbindung (12 im Bild 11) für Bremsbelagverschleißanzeige trennen.

■ Mit einem Schraubendreher die Klammer (3) aus dem Sattel heraushebeln.

■ Bremsbeläge (11) mit geeignetem Werkzeug etwas zurückdrücken.

■ Staubschutzkappe (1) abnehmen und Führungsbolzen (2) für die Bremssattelbefestigung herausschrauben.

■ Mit einem Schraubendreher die Führungsbuchse (1) im Bremssattel etwas zurückdrücken.

■ Den Bremssattel (14) nach oben klappen.

■ Den Bremssattel (14) mit Draht am Aufbau befestigen.

■ Die Bremsbeläge (11) und die Spreizfedern herausnehmen, dabei die Leitung für Bremsbelagverschleißanzeige durch die Öffnung im Bremssattel führen.

■ Bremssattelgehäuse reinigen.

Für das Reinigen des Bremssattelgehäuses ist ausschließlich Spiritus zu verwenden.

Der Einbau erfolgt sinngemäß in umgekehrter Reihenfolge.

Vor dem Zurückdrücken mit einer Entlüfterflasche Bremsflüssigkeit aus dem Bremsflüssigkeitsbehälter absaugen, sonst kann, wenn zwischenzeitlich Bremsflüssigkeit nachgefüllt wurde, Bremsflüssigkeit auslaufen und zu Schäden führen.

Bild 10
Eine Bremsscheibe mit tiefen Riefen muss ersetzt werden.

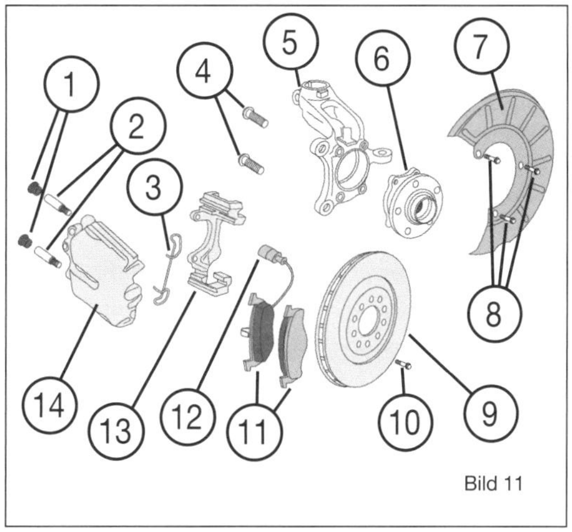

Bild 11
Bremse vorne in Teilen.
1 Kappen
2 Führungsbolzen
3 Klammer
4 Schrauben
5 Achsschenkel
6 Radlagereinheit
7 Abschirmblech
8 Schrauben
9 Bremsscheibe
10 Schraube
11 Bremsbeläge
12 Warnkontakt
13 Sattelträger
14 Bremssattel

Bild 12
Bremskolben im Bremssattel zurückstellen.
1 Bremssattel
2 Adapter auf dem Bremskolben
3 Bremskolbenrücksteller

■ Vor dem Einsetzen neuer Bremsbeläge müssen die Kolben mit der Kolbenrücksetzvorrichtung (1 im Bild 12) in den Zylinder gedrückt werden.
■ Die Bremsbeläge (11 im Bild 11) in den Sattelträger (13) einsetzen.

Darauf achten, dass die Bremsbeläge (11) in den Belaghalteblechen oder Spreizfedern sitzen.

■ Den Bremssattel wieder herunterklappen.

Achten Sie darauf, dass Führungsbolzen (2) im Bremsträger sitzen.

■ Befestigungsschrauben mit vorgeschriebenem Anzugsdrehmoment festziehen.
■ Die Staubschutzkappe (1) einsetzen.
■ Die Steckverbindung (12) für die Bremsbelagverschleißanzeige verbinden.
■ Räder wieder anbauen.

Nach dem Ersetzen von Bremsbelägen Bremspedal im Stand mehrmals kräftig durchtreten, damit die Bremsbeläge ihren dem Betriebszustand entsprechenden Sitz einnehmen.

Nach dem Bremsbelagwechsel den Bremsflüssigkeitsstand prüfen.

Bremsscheiben vorne wechseln

Wenn Sie die Bremsscheiben erneuern, müssen Sie auch neue Bremsbeläge verwenden.

Werden Beläge und Scheiben wiederverwendet, markieren Sie die Einbauposition der Bremsscheiben und Beläge.

■ Radschrauben lösen, aber noch nicht herausdrehen.
■ Das Fahrzeug mit der Hebebühne anheben.
■ Die elektrische Steckverbindung für Belagverschleißanzeige trennen und eventuell den Bremsschlauch aus dem Halter nehmen.
■ Mit einem Schraubendreher die Klammer (3) aus dem Sattel heraushebeln.
■ Staubschutzkappe (1) abnehmen und Führungsbolzen (2) für die Bremssattelbefestigung herausschrauben.
■ Mit einem Schraubendreher die Führungsbuchse (1) im Bremssattel etwas zurückdrücken.
■ Den Bremssattel (14) nach oben klappen und abnehmen.
■ Den Bremssattel (14) mit Draht am Aufbau befestigen.
■ Die Bremsbeläge (11) und die Spreizfedern herausnehmen, dabei die Leitung für Bremsbelagverschleißanzeige durch die Öffnung im Bremssattel führen.
■ Die Bremsbeläge herausnehmen.
■ Drehen Sie die beiden Schrauben (4) heraus und nehmen Sie den Bremssattelträger (13) ab.
■ Drehen Sie die Schraube (10 im Bild 11) in der Bremsscheibe heraus. Verwenden Sie unbedingt einen passenden Schlüssel.

Lösen Sie die Schrauben durch einige Hammerschläge. Sie sind recht oft festgerostet.

■ Nehmen Sie die Bremsscheibe (9) von der Radnabe ab.

Auch hier kann Rostbildung dafür sorgen, dass die Bremsscheibe sehr fest sitzt. Im Extremfall helfen nur gezielte Hammerschläge von hinten auf die Bremsscheibe, um sie zu lösen. Der Ersatz ist dann nicht mehr abzuwenden.

Die Montage erfolgt sinngemäß in umgekehrter Reihenfolge.
■ Reinigen Sie die Auflagefläche der Bremsscheibe auf der Radnabe sehr gründlich.

Sehr gut und einfach gelingt das mit einer Topfbürste auf dem Winkelschleifer oder der Bohrmaschine.

Geringe Korrosionsreste können das saubere Aufliegen der Bremsscheibe verhindern. Daraus resultiert eine ungleichmäßige Wärmeableitung, die schnell einen Verzug der Scheibe nach sich ziehen kann.

■ Tragen Sie im Bereich der Auflage der Bremsscheibe auf der Radnabe etwas (sehr wenig!) Montagepaste oder Kupferpaste auf, so wird das Festkorrodieren etwas hinausgezögert.
■ Ersetzen Sie die Befestigungsschraube (10) in der Bremsscheibe (9) in jedem Fall.

Die Scheibenbremse hinten

Die Scheibenbremse hinten ist mit einer elektrischen Handbremse ausgerüstet. Ein Stellmotor betätigt über eine Spindel die Bremsbeläge und presst Sie an die Bremsscheibe. Der Stellmotor muss mit einem geeigneten Diagnosetester zurückgestellt werden.

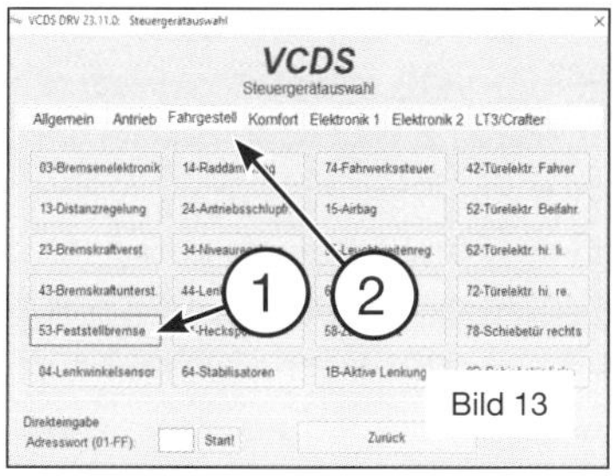

Bild 13

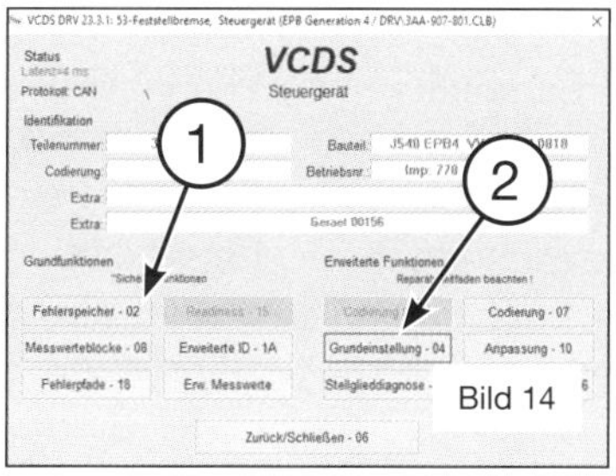

Bild 14

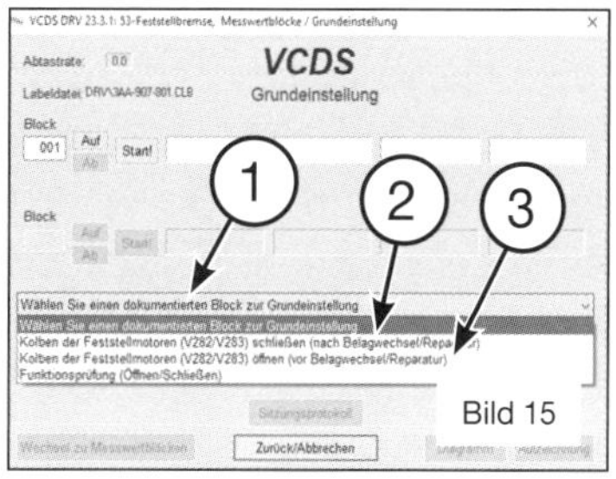

Bild 15

Bild 13
Steuergeräte Anwahl.
1 Button » 53-Feststellbremse«
2 Kartenreiter »Fahrgestell«

Bild 14
Startmaske Feststellbremse.
1 Fehlerspeicher Abfrage
2 Button » Grundeinstellung-04«

Bild 15
Maske Grundeinstellung.
1 Aufgelistete Funktionen und Messwertblocks
2 Bremskolben spannen
3 Bremskolben lösen

Bremsbeläge wechseln

Werden Beläge und Scheiben wiederverwendet, markieren Sie die Einbauposition der Bremsscheiben und Beläge.

Wenn die Bremsbeläge erneuert werden, müssen die Bremssättel über einen geeigneten Diagnosetester zurückgestellt werden.

Vorbereitung:

- Die Radschrauben lösen, aber noch nicht herausdrehen.
- Das Fahrzeug mit der Hebebühne anheben.
- Bauen Sie die hinteren Räder ab.
- Die Steckverbindung für Bremsbelagverschleißanzeige (soweit verbaut) trennen.

Bremssattel zurückstellen:

Vor dem Zurückstellen mit einer Entlüfterflasche Bremsflüssigkeit aus dem Bremsflüssigkeitsbehälter absaugen. Es kann sonst, wenn zwischenzeitlich Bremsflüssigkeit nachgefüllt wurde, Bremsflüssigkeit auslaufen und zu Schäden führen.

- Schließen Sie einen geeigneten Diagnosetester an.
- Wählen Sie über die Steuergeräteauswahl mit dem Button »Auswahl« den Button »53-Feststellbremse« (1 im Bild 13) an.
- Wählen Sie den Button »Grundeinstellung-04« (2 im Bild 14) an.
- Wählen Sie aus den »aufgelisteten Funktionen« (1 im Bild 15) »Kolben der Feststellbremse öffnen« an. Die Spindeln der Handbremse, die auf die Bremskoben der beiden hinteren Bremssättel drücken, werden nun zurückgefahren.

Beläge ausbauen:

- Vor Einsetzen neuer Bremsbeläge müssen die Kolben mit der Kolbenrücksetzvorrichtung (Bild 12) in den Zylinder gedrückt werden.
- Drehen Sie die Schrauben (5 im Bild 16) heraus. Halten Sie hierbei die Sattellager im Sattelträger (6) gegen.
- Den Bremssattel (3) abnehmen.
- Den Bremssattel (3) mit Draht am Aufbau befestigen. Er darf nicht am Schlauch herunterhängen.
- Die Bremsbeläge (4) und die Spreizfedern (9) herausnehmen. Dabei die Leitung für Bremsbelagverschleißanzeige (soweit verbaut) freilegen.
- Bremssattelgehäuse reinigen.

Für das Reinigen des Bremssattels ausschließlich Spiritus verwenden.

Der Einbau erfolgt sinngemäß in umgekehrter Reihenfolge.

- Vor Einsetzen neuer Bremsbeläge müssen die Kolben mit der Kolbenrücksetzvorrichtung (Bild 12) in den Zylinder gedrückt werden. Hierzu muss der elektrische Bremssattel über den Diagnosetester zurückgestellt worden sein.
- Die Bremsbeläge (4 im Bild 16) in den Sattelträger (6) einsetzen.

Darauf achten, dass die Bremsbeläge (4) in den Belaghalteblechen oder Spreizfedern (9) sitzen.

- Den Bremssattel wieder aufsetzen.
- Neue Befestigungsschrauben auf das vorgeschriebene Drehmoment festziehen.
- Steckverbindung für die Bremsbelagverschleißanzeige (soweit verbaut) verbinden.

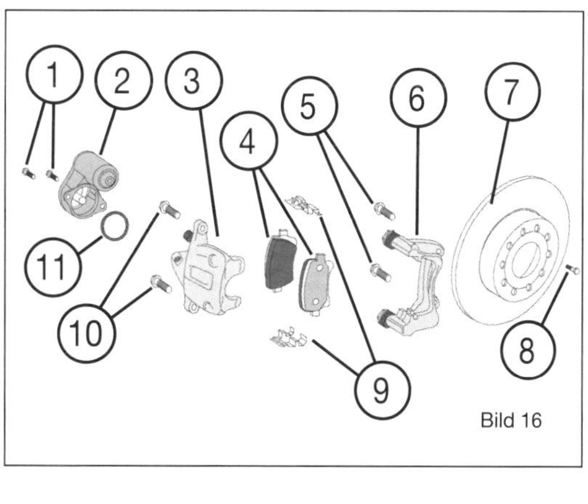

Bild 16

Bild 16
Bremse vorne in Teilen.
1 Schrauben
2 Stellmotor Handbremse
3 Bremssattel
4 Bremsbeläge
5 Schrauben
6 Sattelträger
7 Bremsscheibe
8 Schraube
9 Spreizfedern
10 Schrauben
11 O-Ring

■ Räder wieder anbauen.

Nach dem Ersetzen von Bremsbelägen Bremspedal im Stand mehrmals kräftig durchtreten, damit die Bremsbeläge ihren dem Betriebszustand entsprechenden Sitz einnehmen.

Bei neuen Bremsbelägen die Stellmotoren über einen geeigneten Diagnosetester wieder spannen (3 im Bild 15).

Nach dem Bremsbelagwechsel den Bremsflüssigkeitsstand prüfen und gegebenenfalls auffüllen.

Bremsscheiben hinten wechseln

Wenn Sie die Bremsscheiben erneuern, müssen Sie auch neue Bremsbeläge verwenden. Sollen Beläge und Scheiben wiederverwendet werden, markieren Sie die Einbauposition von Bremsscheiben und Belägen.

■ Die Radschrauben beider Räder lösen, aber noch nicht herausdrehen.
■ Das Fahrzeug mit der Hebebühne anheben.
■ Die elektrische Steckverbindung für Belagverschleißanzeige trennen und eventuell den Bremsschlauch aus dem Halter nehmen.
■ Die Bremsbeläge wie bereits beschrieben ausbauen.
■ Drehen Sie die Schraube (8 im Bild 16) in der Bremsscheibe (7) heraus. Verwenden Sie unbedingt einen passenden Schlüssel.

Lösen Sie die Schraube durch einige Hammerschläge. Sie sind recht oft festgerostet.

■ Drehen Sie die beiden Schrauben (10) am Sattelträger (6) heraus und nehmen Sie den Bremssattelträger ab.
■ Nehmen Sie die Bremsscheibe (7) von der Radnabe ab.

Auch hier kann Rostbildung dafür sorgen, dass die Bremsscheibe sehr fest sitzt. Im Extremfall helfen nur gezielte Hammerschläge von hinten auf die Bremsscheibe, um sie zu lösen. Der Ersatz ist dann nicht mehr abzuwenden.

■ Reinigen Sie die Auflagefläche der Bremsscheibe auf der Radnabe sehr gründlich.

Sehr gut und einfach gelingt das mit einer Topfbürste auf dem Winkelschleifer oder der Bohrmaschine.

⚠ Geringe Korrosionsreste können das saubere Aufliegen der Bremsscheibe verhindern. Daraus resultiert eine ungleichmäßige Wärmeableitung, die schnell einen Verzug der Scheibe nach sich ziehen kann.

■ Tragen Sie im Bereich der Auflage der Bremsscheibe auf der Radnabe etwas Montagepaste oder Kupferpaste auf. So wird das Festkorrodieren etwas hinausgezögert.
■ Ersetzen Sie die Befestigungsschraube (8) in der Bremsscheibe (7) in jedem Fall.

Die weitere Montage erfolgt sinngemäß in umgekehrter Reihenfolge.

■ Führen Sie eine Grundeinstellung der Bremsbeläge mit dem Diagnosetester durch.

Handbremshebel notentriegeln

Durch einen mechanischen oder elektrischen Defekt kann es notwendig werden, die Handbremse manuell zu lösen.

⚠ Sichern Sie das Fahrzeug gegen Wegrollen. Bei vielen Fahrzeugen finden Sie klappbare Hemmschuhe im Bordwerkzeug.

■ Lösen Sie die Feststellbremse über den Schalter in der Mittelkonsole.
■ Schalten Sie die Zündung aus.

Die Zündung muss bis zum Abziehen des Anschlusssteckers mindestens 30 Sekunden ausgeschaltet sein.

■ Heben Sie das Fahrzeug an.
■ Bauen Sie das Rad ab.
■ Lösen Sie das Anschlusskabel für die Verschleißanzeige am Bremssattel und am Stellmotor.
■ Ziehen Sie das Anschlusskabel am Stellmotor ab.
■ Drehen Sie die beiden Schrauben (1 im Bild 16) des Stellmotors heraus und nehmen Sie den Stellmotor vom Bremssattel ab.
■ Nehmen Sie den Dichtring (11) heraus.
■ Drehen Sie die Spindel mit einer passenden Stecknuss zurück, bis die Bremse freigängig ist.

Die Montage erfolgt sinngemäß in umgekehrter Reihenfolge.

■ Drehen Sie die Spindel so weit zurück, dass Sie den Stellmotor passend zu den Befestigungsbohrungen aufsetzen können.
■ Drücken Sie den Stellmotor auf den Bremssattel zum Verschrauben bündig auf.
■ Den Bremssattel mit dem Diagnosetester spannen (2 im Bild 15).

14 Elektrische Anlage

Schon im Stand, aber erst recht während der Fahrt benötigt der Audi Q3 elektrischen Strom. Motorsteuerung, Lenkung und Kraftstoffeinspritzung müssen mit Elektroenergie versorgt werden. Alle weiteren unbedingt erforderlichen oder für die Sicherheit und Bequemlichkeit eingebauten automatischen Systeme sowie natürlich die gesamte Lichtanlage sind ohne elektrische Energie arbeitsunfähig.
Viele Störungen und Funktionsprüfungen gerade in diesem Bereich gehören, ähnlich wie bei anderen Baugruppen, in die Fachwerkstatt. Denn zum genauen Erkennen und Beseitigen der Mängel muss häufig das auch in anderen Kapiteln schon mehrfach erwähnte Fahrzeugdiagnosegerät angeschlossen und der Fehlerspeicher abgefragt werden.
Der Diagnoseanschluss im Fahrzeug (Steckkontakt für das Werkstattsystem) befindet sich, wie inzwischen international festgelegt, im Fußraum Fahrerseite neben der A-Säule. Nun sind die meisten Innovationen im Kraftfahrzeug heute zwar von immer komplizierterer Elektronik geprägt, Reparaturen an der elektrischen Anlage sind aber durchaus nicht in jedem Fall von ihr verursacht. Oft sitzt nur ein Kabel lose, sind Sicherungen durchgebrannt oder Kontakte korrodiert oder messtechnisch zu ermittelnde Bauteile sind defekt. Nicht wenige Störungen an der Elektrik lassen sich mit einfachen Mitteln beheben. Natürlich muss man sich etwas auskennen und die Grundbegriffe verstehen.

Arbeiten an der Spannungsversorgung

Zu allererst haben wir es im Audi Q3 noch immer mit elektrischen Bauteilen zu tun, die schon die gesamte Entwicklungsgeschichte des Automobils begleiten: Batterie, Anlasser (Starter) und Lichtmaschine (Drehstromgenerator). Sie sind zusammen für die Arbeitsaufnahme des Motors verantwortlich. Um seine Aufgabe zu erfüllen, ist jedes dieser drei Bauteile auf das andere angewiesen. Wir wenden uns hauptsächlich ihnen zu.

Einbaulage der Relais und Sicherungen
Die Sicherungen für das Bordnetz finden Sie im Fahrerfußraum unter der Armaturentafel und an der Batterie unterhalb des Fahrerfußraums. Die Belegung des Sicherungsträgers ist in Ihrem Bordbuch unter dem Begriff »Sicherung« für Ihren Modelltyp genau beschrieben. Ersetzen Sie niemals eine Sicherung gegen eine stärkere. Das kann erhebliche Schäden auch im Bordnetzsteuergerät verursachen.

Batterie

Batterie an- und abklemmen

Tipp: Auf das Prüfen (Sichtprüfung, Batterietester) und Laden sowie auf Warnhinweise und allgemeine Sicherheitsregeln bei Arbeiten an der Batterie (Kennzeichnungen auf der Batterie selbst) gehen wir in diesem Ratgeber nur begrenzt ein. Sie sind ausführlich in der Bedienungsanleitung des Fahrzeugs behandelt.

Achtung: Um Beschädigungen der Batteriepolklemmen und der Batteriepole zu vermeiden, schreibt der Hersteller vor:
- Die Batteriepolklemmen dürfen nur gewaltfrei von Hand aufgesteckt werden.
- Die Batteriepole dürfen nicht gefettet werden.
- Die Batteriepolklemmen sind so zu montieren, dass der Batteriepol bündig mit der Klemme abschließt oder aus ihr herausragt.
- Nach dem Anziehen der Batteriepolklemmen mit dem vorgeschriebenen Anzugsdrehmoment von 6 Nm dürfen die Verschraubungen nicht nochmals nachgezogen werden.
- Durch das Abschrauben der Batterie-Minuspolklemme (Stromunterbrechung) wird das sichere Arbeiten an der elektrischen Anlage gewährleistet. Das Abschrauben der Batterie-Pluspolklemme ist nur für den Ausbau der Batterie erforderlich. In jedem Fall müssen die Hinweise zum Anklemmen der Batterie beachtet werden.

Abklemmen:
- Zündung und alle elektrischen Verbraucher ausschalten, Zündschlüssel abziehen.
- Bei Fahrzeugen mit Batteriekasten die

Sichtprüfung Messen

Verriegelung an der vorderen Kastenseite öffnen und den Deckel abnehmen.

- Bei Fahrzeugen mit Batterieschutzhülle die Abdecklasche der Schutzhülle öffnen.
- Die Befestigungsmutter Batteriepolklemme Masseleitung lösen und die Minuspolklemme von der Batterie abnehmen.

⚠ Falls wie beim Batterieausbau die Pluspolklemme auch abgenommen wird: Immer zuerst die Minusklemme abnehmen!

- Die Batterie-Masseleitung sollte an der Karosserie nicht gelöst werden.

Anklemmen:

- Die Batteriepolklemme Masseleitung in der richtigen Stellung auf den Minuspol der Batterie stecken und die Befestigungsmutter mit 6 Nm anziehen. Dabei auf festen Sitz der Batterieklemme achten.

⚠ Falls wie beim Batterieausbau die Pluspolklemme auch abgenommen wird: Immer zuerst die Pluspolklemme wieder anklemmen! Erst danach die Masseleitung wie beschrieben anklemmen.

👁 Nach Anklemmen der Batterie und Einschalten der Zündung leuchtet die Kontrollleuchte für ESP und ASR dauerhaft. Die Kontrollleuchte erlischt automatisch, wenn mit 15 bis 20 km/h eine Wegstrecke geradeaus gefahren wird. Dadurch wird der Geber für Lenkwinkel wieder aktiviert.

Arbeitsschritte nach Anklemmen der Batterie:

- Zündung mit dem Zündschlüssel einschalten und wieder ausschalten.
- Fehlerspeicher auslesen: »Geführte Fehlersuche« mit dem Fahrzeugdiagnosegerät.
- Uhrzeiteinstellung prüfen ggf. nach Bedienungsanleitung neu einstellen.
- Zündung einschalten und mit Fensterheberschalter alle Fenster bis Endanschlag öffnen und wieder vollständig schließen.
- Die Taster für die Fensterheber nach oben ziehen und mindestens eine Sekunde lang in dieser Stellung halten.
- Anschließend bei geschlossenen Fenstern den Fensterheberschalter ziehen, bis das Relais hörbar schaltet.
- Die Komfortschaltung der Fensterheber prüfen: Die Fenster müssen ohne Halten des Schalters schließen.
- Alle elektrischen Verbraucher auf Funktion prüfen.

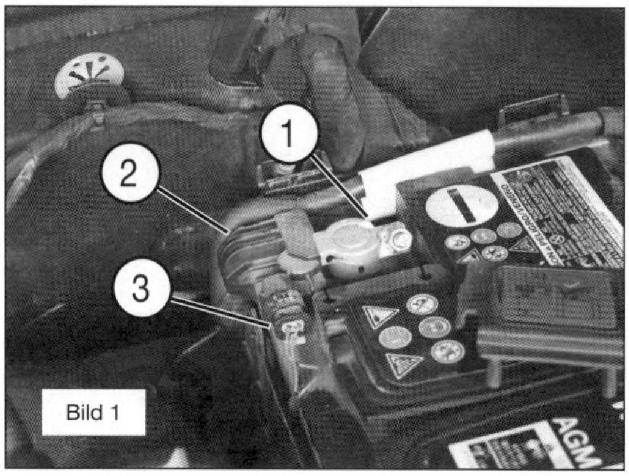

Bild 1

Bild 1
Batterie mit Sensor am Massepol.
1 Batterieminuspol
2 Sensor Batterieüberwachung
3 Steckkontakt Batteriesensor (Batterieüberwachung)

Batteriepol mit Sensor ausbauen

- Schalten Sie die Zündung aus.
- Bauen Sie die Batterieabdeckung ab.
- Klemmen Sie den Minuspol (1 im Bild 1) der Batterie wie bereits beschrieben ab.
- Ziehen Sie den Steckkontakt (3) am Batteriesensor (2) ab.
- Lösen Sie die Klemmschraube.
- Nehmen Sie den Batteriepol ab.

Die Montage erfolgt sinngemäß in umgekehrter Reihenfolge.

- Befolgen Sie die Anweisungen zum Anklemmen der Batterie.

Batterie aus- und einbauen

- Batterie wie beschrieben abklemmen.
- Befestigungsschraube seitlich abbauen.
- Die Griffe nach oben klappen und die Batterie herausnehmen.

Die Montage erfolgt sinngemäß in umgekehrter Reihenfolge.

Batterie anklemmen:

- Die Schraubverbindungen mit den geforderten Anzugsdrehmomenten anziehen: Muttern an den Polklemmen 6 Nm, M8-Schraube am Klemmbügel 35 Nm.
- Die Fehlerspeicher abfragen und mögliche Einträge mit Unterspannung löschen.
- Batterie nach dem Einbau auf festen Sitz prüfen.

⚠ Bei einer lose montierten Batterie bestehen folgende Gefahren: verkürzte Lebensdauer durch Rüttelschäden (Explosionsgefahr!), Schädigung der Gitterplatten, Beschädigung des Batteriegehäuses durch den Befestigungsbügel (möglicher Säureaustritt, hohe Folgekosten) und mangelhafte Crash-Sicherheit.

Anlasser (Starter) aus- und einbauen

Die Starterbatterie befindet sich im Motorraum des Fahrzeugs. Zum Aus- und Einbau des Anlassers muss die Starterbatterie abgeklemmt werden.

Aufgrund der höheren Anforderung an den Anlasser bei aktivem Start-Stopp-System, z. B. im Stadtverkehr, wurde die Zyklenfestigkeit erhöht und der Anlasserzahnkranz verstärkt. Beim Ersatz des Anlassers ist auf die korrekten Ersatzteilbezeichnungen zu achten. Die für das Start-Stopp-System angepassten Bauteile sind nicht extra gekennzeichnet und unterscheiden sich äußerlich nicht oder kaum von herkömmlichen Bauteilen.

Die nachfolgende Arbeitsbeschreibung beschreibt den Aus- und Einbau des Anlassers für Fahrzeuge mit Schaltgetriebe. Der Aufbau bei Fahrzeugen mit dem automatischen Getriebe ist aber technisch gleich.

Nicht alle Fahrzeuge verwenden den gleichen Starter. Für viele Motorentypen werden spezielle Bauweisen verwendet. Wenn Sie sich beim Zubehörhändler einen Anlassermotor besorgen, achten Sie darauf, dass er dem Original entspricht. Weiterhin können Sie Ihren alten Starter in den meisten Fällen als Altteil zurückgeben. Heben Sie sich die Quittung auf, um das Altteilepfand bei der Rückgabe Ihres alten Starters auslösen zu können.

Korrosionskontrolle

Wenn Sie Korrosionsspuren erkennen können, reinigen Sie die Anschlüsse (3 und 4 im Bild 2) gründlich, und wenn erforderlich erneuern Sie die Anschlussklemmen. Ein Übergangswiderstand durch Korrosion bedeutet immer einen Leistungsverlust des Starters und somit auch eine geringere Starterdrehzahl.

De- und Montage des Starters

■ Die Masseleitung der Batterie abklemmen.

Fahrzeuge mit 2,0-l-TFSI und TDI-Motoren:

■ Bauen Sie das Luftfiltergehäuse aus.

■ Die Geräuschdämmung unten abbauen.

■ Drehen Sie die Muttern (8) ab und nehmen sie den Kabelhalter von den Doppelschrauben (2) ab.

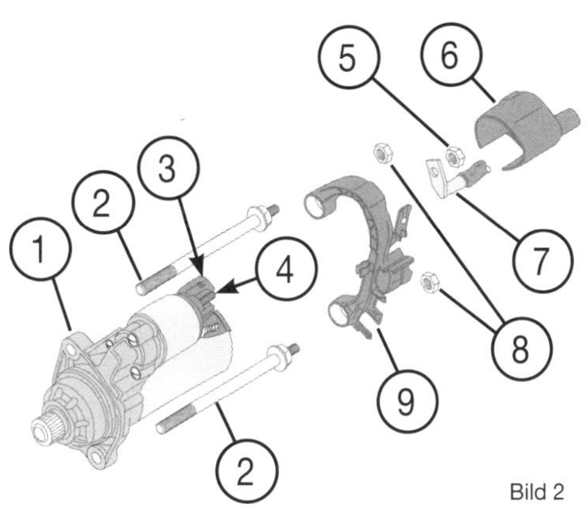

Bild 2

Bild 2
Startermotor.
1 Starter
2 Doppelschraube
3 Anschluss (KL50)
4 Anschluss (KL30)
5 Mutter
6 Abdeckkappe
7 Anschlusskabel (KL30)
8 Muttern
9 Kabelhalter

Fahrzeuge mit Automatikgetriebe:

■ Bauen Sie das Luftfiltergehäuse aus.

■ Demontieren Sie die Batterie und den Batterieträger.

■ Verschließen Sie die Kühlmittelanschlüsse mit passenden Schlauchklemmen.

■ Drehen Sie die Verschraubungen des Halters für den Getriebeölkühler los und legen Sie ihn aus dem Arbeitsbereich heraus.

Weiter für alle Fahrzeuge:

■ Entsichern Sie den Steckkontakt (3) und ziehen Sie ihn ab.

■ Ziehen Sie die Abdeckkappe (6) vom Plusanschluss des Starters ab.

■ Drehen Sie die Mutter (5) ab und nehmen Sie das Anschlusskabel (7) ab.

■ Die Schrauben (2) herausschrauben.

■ Den Starter nach oben herausnehmen.

Der Einbau erfolgt sinngemäß in umgekehrter Reihenfolge.

■ Den Zahnkranz auf Verschleiß und Beschädigung prüfen.

■ Prüfen Sie die Funktion des Starters.

Generator (Lichtmaschine) aus- und einbauen

Beim Einbau bereits gelaufener Keilrippenriemen beachten Sie die beim Ausbau gekennzeichnete Laufrichtung!

■ Achten Sie vor dem Einbau des Keilrippenriemens darauf, dass alle Aggregate (Generator, Klimakompressor) fest montiert sind.

■ Beim Auflegen des Riemens auf korrekten Sitz des Keilrippenriemens in den Riemenscheiben achten!

Sichtprüfung Messen

De- und Montage des Generators

■ Zündung und alle elektrischen Verbraucher ausschalten und den Zündschlüssel abziehen.

■ Die Masseanschlussleitung der Batterie abklemmen.

■ Den Keilrippenriemen wie ab Seite 37 beschrieben entspannen und von der Riemenscheibe des Generators abnehmen.

Fahrzeuge mit 1,4-l-TFSI-Motoren:

■ Ziehen Sie das Magnetventil für den Aktivkohlefilter vom Saugrohr ab.

■ Lösen Sie die Schlauchschelle des Kühlmittelschlauchs über dem Generator, lassen aber den Kühlmittelschlauch aufgesteckt.

☞ Um Lackschäden am rechten Längsträger zu vermeiden, kleben Sie ihn im Bereich des Generators mit Klebeband ab.

■ Drehen Sie die Schrauben (1 im Bild 4) heraus und nehmen Sie den Generator heraus.

☞ Ist der Generator am Halter verklemmt können Sie die Buchsen (4) mit den einige Gewindegänge eingedrehten Schrauben (1) vorsichtig durch Schlagen auf den Schraubenkopf lösen.

■ Nehmen Sie den Generator mit den angeschlossenen Leitungen von seinem Halter ab.

■ Entsichern Sie den Steckkontakt am Generatoranschluss und ziehen Sie ihn ab.

■ Lösen Sie die Anschlussklemme 30 und bauen Sie das Anschlusskabel ab.

■ Drehen Sie den Generator um 180° um seine Achse und nehmen Sie ihn heraus.

Fahrzeuge mit 2,0-l-TFSI-Motoren:

■ Ziehen Sie das Magnetventil für den Aktivkohlefilter vom Kühlmittelrohr ab.

■ Lösen Sie das Kühlmittelrohr vom Saugrohr.

■ Bauen Sie den Öldruckschalter vom Ölfiltergehäuse ab.

■ Drehen Sie die Schrauben (3 im Bild 3) heraus.

■ Nehmen Sie den Generator mit den angeschlossenen Leitungen ab.

■ Entsichern Sie den Steckkontakt am Generatoranschluss und ziehen Sie ihn ab.

■ Lösen Sie die Anschlussklemme 30 und bauen Sie das Anschlusskabel ab.

■ Kleben Sie den Längsträger rechts im Bereich des Motorlagers mit Klebeband ab, um Lackschäden zu vermeiden.

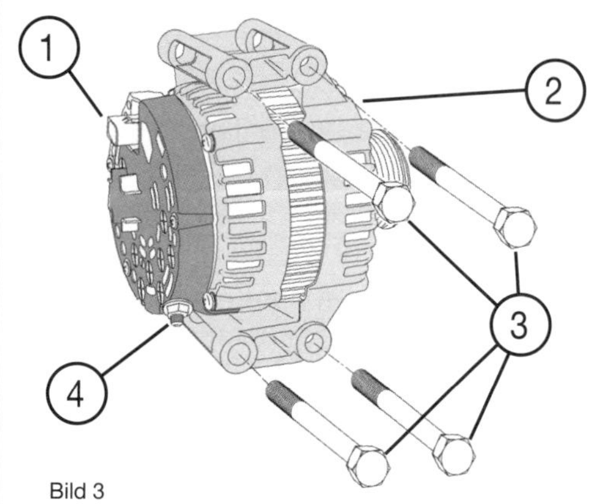

Bild 3

Bild 3
Generator ohne Schiebebuchsen.
1 Steckverbindung
2 Generator
3 Schrauben
4 KL30 Dauerplusanschluss

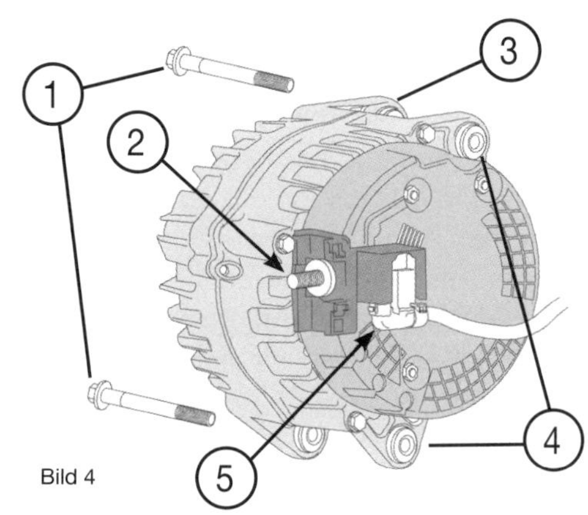

Bild 4

Bild 4
Generator mit Schiebebuchsen.
1 Schrauben
2 Anschluss KL30 (Dauerplus)
3 Generator
4 Bewegliche Buchsen
5 Steckkontakt

■ Nehmen Sie den Generator zwischen dem Ölfiltergehäuse und der Kältemittelleitung der Klimaanlage nach rechts oben heraus.

Fahrzeuge mit 2,0-l-TDI-Motoren:

■ Demontieren Sie die Motorabdeckung oben.

■ Bauen Sie die Halterung des Kraftstofffilters ab und legen Sie ihn mit angeschlossenen Leitungen aus dem Arbeitsbereich heraus.

■ Drehen Sie die obere Schraube (1 im Bild 4) heraus.

■ Entsichern Sie den Steckkontakt am Klimakompressor und ziehen Sie ihn ab.

2,0-l-TDI (mit PR Nr.TL4):

■ Drehen Sie die Verschraubungen des Klimakompressors am Halter heraus und nehmen Sie den Klimakompressor mit angeschlossenen Leitungen ab.

■ Lösen Sie den Kühlmittelschlauch unten unter dem Klimakompressor aus seinen Halterungen.

■ Entsichern Sie den Steckkontakt am Ladedruck- und Ansauglufttemperaturgeber und ziehen Sie ihn ab.
■ Lösen Sie die Schlauchschelle am Drosselklappenmodul und ziehen Sie das Luftführungsrohr ab.

2,0-l-TDI (mit PR Nr.TL4):
■ Drehen Sie die Verschraubungen der Verstrebung zur Fahrzeugfront heraus.
■ Nehmen Sie die Querstrebe heraus und lassen Sie die Kühlmittelleitung lose hängen.

Weiter für beide TDI-Motorbauweisen:
■ Entsichern Sie den Steckkontakt am Generatoranschluss und ziehen Sie ihn ab.
■ Lösen Sie die Anschlussklemme 30 und bauen Sie das Anschlusskabel ab.
■ Drehen Sie die untere Schraube (1 im Bild 4) heraus und schwenken Sie den Generator nach vorne.

Ist der Generator am Halter verklemmt können Sie die Buchsen (4) mit den einige Gewindegänge eingedrehten Schrauben (1) vorsichtig durch Schlagen auf den Schraubenkopf lösen.

■ Nehmen Sie den Generator nach unten rechts heraus.

Der Einbau erfolgt sinngemäß in umgekehrter Reihenfolge.

Lauffläche und Freilauf der Riemenscheibe auf Beschädigung prüfen.
■ Schraubverbindungen mit den angegebenen Anzugsdrehmomenten anziehen.
■ Die Batterie wieder anklemmen.
■ Den Motor starten und den Riemenlauf kontrollieren.
■ Motor abstellen.

Freilaufriemenscheibe für Generator aus- und einbauen (Bild 6)
■ Den Generator wie bereits beschrieben ausbauen.
■ Die Abdeckkappe des Freilaufs abbauen.
■ Riemenscheibe (1) mit einem Gabelschlüssel (2) lösen. Die Generatorwelle mit Ratsche (3) und Vielzahn (4) gegenhalten.

Der Einbau erfolgt sinngemäß in umgekehrter Reihenfolge.
■ Lauffläche und Freilauf der Riemenscheibe auf Beschädigung prüfen.

Bild 5
Generatorfreilauf als Schnittmodell.
1 Riemenscheibe (Außenrotor)
2 Sperrlager (drehrichtungsgebunden)
3 Freilaufnabe

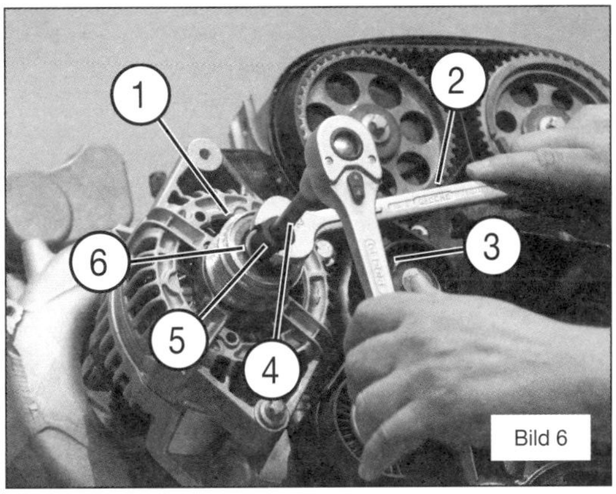

Bild 6
Ausbau des Generatorfreilaufs.
1 Riemenscheibe
2 Schlüssel
3 Ratsche
4 Passender Vielzahn für die Generatorwelle
5 Einsatz für die Freilaufnabe
6 Freilaufnabe

■ Den Motor starten und den Riemenlauf kontrollieren.
■ Den Fehlerspeicher abfragen.

Scheinwerfer vorne ausbauen

Die vorderen Scheinwerfer sind mit vier Schrauben befestigt und können nach vorne herausgezogen werden.
Die folgende Beschreibung kann auf beide Scheinwerfer angewendet werden.

Wird ein LED-Scheinwerfer ersetzt, muss dieser über ein geeignetes Diagnosesystem codiert und in Betrieb genommen werden.

Lebensgefahr durch Hochspannung
Die Xenon- oder Gasentladungslampen arbeiten mit Hochspannung. Es besteht Lebensgefahr bei einem Stromschlag.
■ Schalten Sie die Zündung und alle elektrischen Verbraucher aus.
■ Ziehen Sie den Zündschlüssel ab und legen Sie ihn außerhalb der Reichweite (über 2 m) entfernt ab.
■ Die elektrische Steckverbindung am Scheinwerfer vom Motorraum aus entsichern und abziehen.

Demontage des Scheinwerfers

Die Montagearbeit unterscheidet sich für die beiden Einbauseiten und für die Scheinwerferbauart unwesentlich.

■ Stellen Sie den Lichtschalter auf die Stellung »0«.

■ Schalten Sie die Zündung aus und ziehen Sie den Zündschlüssel ab.

■ Betätigen Sie nicht die Lichthupe.

■ Entsichern Sie den Steckkontakt und ziehen Sie den Anschlussstecker vom Scheinwerfer ab.

■ Drehen Sie die Schrauben (2 im Bild 7) heraus.

■ Ziehen Sie den Scheinwerfer vorsichtig nach vorne von den Haltern unter dem Scheinwerfer ab und schwenken (3) Sie ihn aus der Karosserie heraus.

☞ Achten Sie darauf, weder den Scheinwerfer noch den Kotflügel zu beschädigen. Führen Sie den Scheinwerfer um die Kotflügelecke herum.

Der Einbau erfolgt sinngemäß in umgekehrter Reihenfolge.

■ Prüfen Sie die Ausrichtung des demontierten Scheinwerfers in der Karosserie.

■ Prüfen Sie die Einstellung und die Funktionen des Scheinwerfers.

■ Fragen Sie den Fehlerspeicher ab und prüfen Sie die Scheinwercodierung.

Leuchtmittel im Bi-Xenon-Scheinwerfer wechseln

☞ Im Audi Q3 wurden unterschiedliche Scheinwerfersysteme verbaut.

Leuchtmittel der Fahrzeuge mit Bi-Xenonscheinwerfer bis Baujahr 2014

☞ Tagfahrlicht und Standlicht im Scheinwerfer realisiert das LED-Modul. Hier sind keine einzelnen Leuchtmittel verbaut. Im Schadensfall wird das LED-Modul ersetzt.

Funktion	Leuchtmittel
Fernlicht/Abblendlicht	42 V, 35 W (D3S)
Blinklicht	12 V, 21 W (H21W)

Blinklicht im Scheinwerfer:

■ Ziehen Sie die Abdeckung der Blinklampe (2) ab.

■ Drehen Sie die Fassung gegen den Uhrzeigersinn nach links und nehmen Sie die Blinklampe mit der Fassung heraus.

■ Ziehen Sie die Glühlampe gerade aus der Fassung heraus.

Xenonlampe im Scheinwerfer:

■ Bauen Sie den Scheinwerfer wie bereits beschrieben aus.

■ Drehen Sie (soweit verbaut) die Schrauben (3 im Bild 9) der Abdeckung (2) heraus.

■ Entsichern Sie den Drahtbügel (3 im Bild 8) und klappen Sie ihn herunter.

■ Entsichern Sie den elektrischen Anschluss der Gasentladungslampe (Xenonlampe) (7) und ziehen Sie ihn ab.

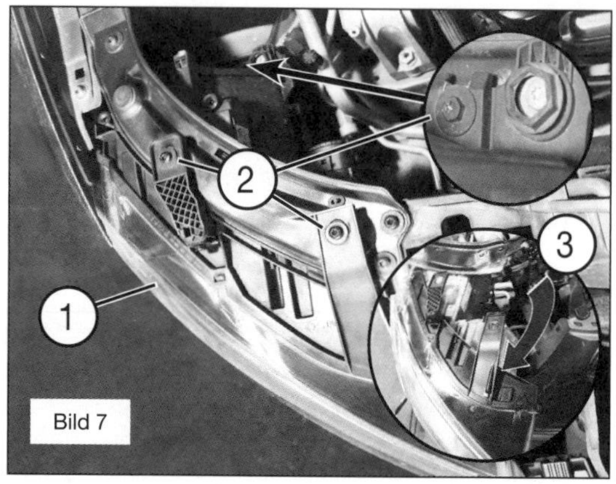

Bild 7

Bild 7
Scheinwerfer vorne.
1 Scheinwerfer (links)
2 Schrauben (3 Stück)
3 Scheinwerfer nach außen schwenken

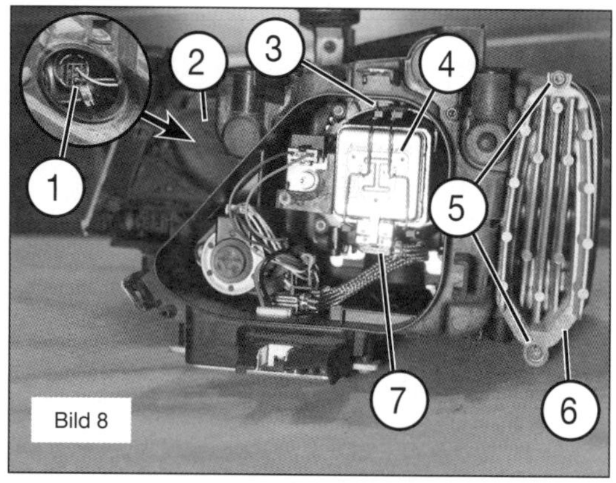

Bild 8

Bild 8
Bi-Xenon Scheinwerfer bis 2014.
1 Blinklampe
2 Abdeckung Blinklampe
3 Drahtbügel
4 Xenonlampe
5 Schrauben
6 LED-Modul
7 Elektrischer Anschluss

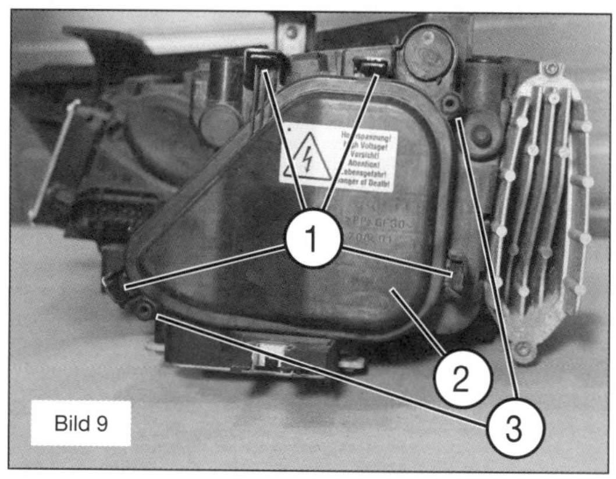

Bild 9

Bild 9
Bi-Xenon Scheinwerfer bis 2014.
1 Halteklammern
2 Abdeckung
3 Position Schrauben

■ Nehmen Sie die Gasentladungslampe aus dem Scheinwerfer heraus.

Der Einbau erfolgt sinngemäß in umgekehrter Reihenfolge.

Beim Einbau einer Lampe nicht den Glaskolben berühren. Die Finger hinterlassen Fettspuren auf dem Glaskolben, die beim Einschalten der Lampe verdampfen und den Glaskolben trüben.

■ Prüfen Sie die Funktionen und Einstellung des Scheinwerfers.

Leuchtmittel der Fahrzeuge mit Bi-Xenonscheinwerfer ab Baujahr 2014

Tagfahrlicht und Standlicht im Scheinwerfer realisiert das LED-Modul. Hier sind keine einzelnen Leuchtmittel verbaut. Im Schadensfall wird das LED-Modul ersetzt.

Funktion	Leuchtmittel
Fernlicht/Abblendlicht	12 V, 25 W (D5S)
Blinklicht	12 V, 21 W (H21W)
Lampe für Allwetterlicht	12 V, 35 W (H8)

Blinklicht im Scheinwerfer und Lampe für Allwetterlicht:

Um den Zugang zu erleichtern, ist es erforderlich, für die linke Blinklampe den Luftfilterkasten auszubauen.

■ Verdrehen Sie die seitliche Abdeckung (3 im Bild 10) gegen den Uhrzeigersinn und nehmen Sie sie ab.

■ Clipsen Sie die Fassung aus dem Scheinwerfergehäuse ab und nehmen Sie sie heraus.

■ Ziehen Sie die Glühlampe gerade aus der Fassung heraus.

Xenonlampe im Scheinwerfer:

■ Bauen Sie den Scheinwerfer wie bereits beschrieben aus.

■ Drehen Sie die Schrauben (1 im Bild 10) heraus und nehmen Sie die Gehäuseabdeckung hinten (2) ab.

■ Verdrehen Sie die Gasentladungslampe (Xenonlampe) gegen den Uhrzeigersinn und nehmen Sie sie mit angeschlossenem Anschlusskabel aus dem Scheinwerfer heraus.

■ Entsichern Sie den Anschlussstecker und ziehen Sie ihn ab.

■ Nehmen Sie die Gasentladungslampe heraus.

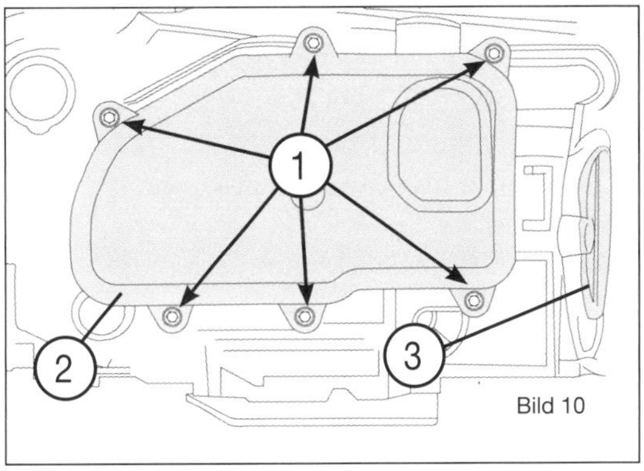

Bild 10
Bi-Xenon Scheinwerfer ab 2015.
1 Schrauben
2 Abdeckung hinten
3 Abdeckung seitlich

Montage der Leuchtmittel

Der Einbau erfolgt sinngemäß in umgekehrter Reihenfolge.

In Einbaulage muss der elektrische Anschluss der Lampe nach unten zeigen.

Beim Einbau einer Lampe nicht den Glaskolben berühren. Die Finger hinterlassen Fettspuren auf dem Glaskolben, die beim Einschalten der Lampe verdampfen und den Glaskolben trüben.

■ Prüfen Sie die Funktionen und Einstellung des Scheinwerfers.

Leuchtmittel im Halogen-Scheinwerfer wechseln

Verwenden Sie ausschließlich zugelassene Leuchtmittel (Verlust der Betriebserlaubnis) in der angegebenen Leistung.

Funktion	Leuchtmittel
Fernlicht	12 V, 55 W (H7)
Abblendlicht	12 V, 55 W (H7)
Blinklicht	12 V, 24 W (PY24W)
Standlicht/Tagfahrlicht	12 V, 21 W (W21W)

Blinklicht im Scheinwerfer:

■ Bauen Sie den Scheinwerfer wie bereits beschrieben aus.

■ Ziehen Sie die Abdeckung unten (5 im Bild 11) ab.

■ Clipsen Sie die Fassung aus dem Scheinwerfergehäuse ab und nehmen Sie sie heraus.

■ Ziehen Sie die Glühlampe gerade aus der Fassung heraus.

Abblendlicht im Scheinwerfer:

■ Bauen Sie den Scheinwerfer wie bereits beschrieben aus.

Bild 11
Halogen-Scheinwerfer.
1 Abdeckung innen
2 Abdeckung außen
3 Halterungen
4 Position der Schrauben
5 Abdeckung unten
6 Elektrischer Anschluss

■ Drehen Sie (soweit verbaut) die Schrauben (4 im Bild 11) der Abdeckung (2) heraus.
■ Ziehen Sie die Glühlampe aus den Federklammern heraus.
■ Ziehen Sie den Steckkontakt von der Glühlampe ab.
■ Nehmen Sie die Glühlampe aus dem Scheinwerfer heraus.

Fernlicht im Scheinwerfer:
■ Ziehen Sie die Abdeckung innen (1 im Bild 11) ab.
■ Ziehen Sie die Glühlampe aus den Federklammern heraus.
■ Ziehen Sie den Steckkontakt von der Glühlampe ab.
■ Nehmen Sie die Glühlampe aus dem Scheinwerfer heraus.

Standlicht und Tagfahrlicht im Scheinwerfer:
■ Ziehen Sie die Abdeckung innen (1 im Bild 11) ab.
■ Bauen Sie den Scheinwerfer wie bereits beschrieben aus.
■ Drehen Sie (soweit verbaut) die Schrauben (4 im Bild 11) der Abdeckung (2) heraus.
■ Ziehen Sie die Lampenfassung aus den Scheinwerfer heraus.
■ Ziehen Sie die Glühlampe gerade aus der Fassung heraus.

Montage der Leuchtmittel
Der Einbau erfolgt sinngemäß in umgekehrter Reihenfolge.

⚠ Beim Einbau einer Lampe nicht den Glaskolben berühren. Die Finger hinterlassen Fettspuren auf dem Glaskolben, die beim Einschalten der Lampe verdampfen und den Glaskolben trüben.

■ Prüfen Sie die Funktionen und Einstellung des Scheinwerfers.

Leuchtmittel im LED-Scheinwerfer wechseln

Die Leuchtmittel sind fest im Scheinwerfer integriert und können nicht einzeln ersetzt werden.

Die verbauten Steuergeräte können über ein geeignetes Diagnosesystem überprüft werden. Fragen Sie bei Ausfall einer Lichtfunktion des Scheinwerfers vor der Demontage den Fehlerspeicher ab.

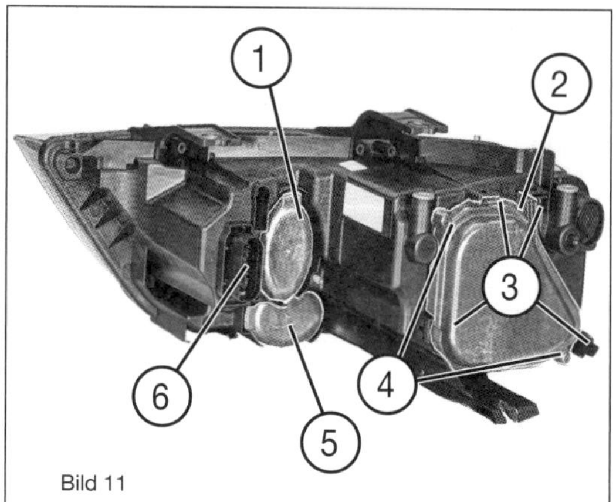

Bild 11

Am Scheinwerfer sind Steuergeräte verbaut:

Funktion	Einbauposition
Steuergerät für Tagfahrlicht und Standlicht	seitlich, Innenseite des Scheinwerfers
LED-Modul Tagfahrlicht und Standlicht	seitlich, Außenseite des Scheinwerfers
LED-Leistungsmodul Abblendlicht (groß)	Unterseite des Scheinwerfers
LED-Leistungsmodul Abblendlicht (klein)	Unterseite des Scheinwerfers

Nebelscheinwerfer vorne

Nebelscheinwerfer aus- und einbauen
■ Zündung und alle elektrischen Verbraucher ausschalten und den Zündschlüssel abziehen.
■ Abdeckung mit einem geeigneten Schraubendreher oder Hebelwerkzeug aus der Stoßfängerabdeckung herausziehen (siehe Bild 16 auf Seite 9).
■ Befestigungsschraube (3 im Bild 12) herausschrauben.
■ Den Nebelscheinwerfer herausnehmen.
■ Das Nebelscheinwerfergehäuse, unter Berücksichtigung der angeschlossenen Leitungslängen, aus dem Stoßfänger herausziehen.

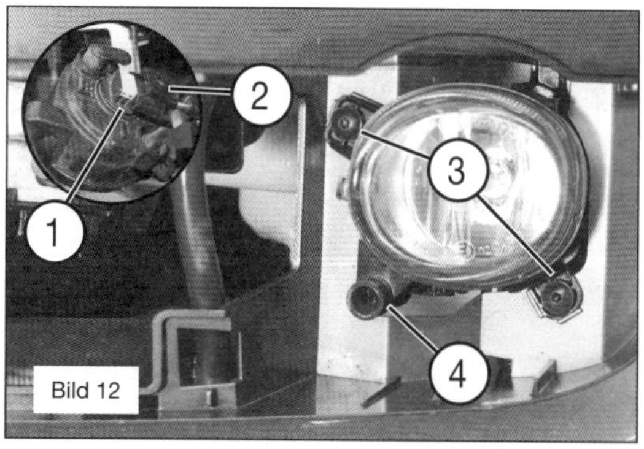

Bild 12

Bild 12
Nebelscheinwerfer im Stoßfänger.
1 Lampenfassung
2 Steckkontakt
3 Verschraubung
4 Einstellschraube

■ Die elektrische Steckverbindung (1) in der Fassung entriegeln und trennen.

Glühlampe für Nebelscheinwerfer aus- und einbauen (12 V, 55 W - H11)
■ Zündung und alle elektrischen Verbraucher ausschalten und den Zündschlüssel abziehen.
■ Den Nebelscheinwerfer (Bild 12) wie beschrieben ausbauen.
■ Die Lampenfassung mit der Glühlampe gegen den Uhrzeigersinn verdrehen und aus dem Nebelscheinwerfergehäuse herausnehmen.

Die Lampe für Nebelscheinwerfer ist mit der Lampenfassung fest verbunden und nicht einzeln zu ersetzen. Der Lampentyp H11 beinhaltet die Fassung.

■ Nebelscheinwerfer einbauen.
■ Funktionen der Nebelscheinwerfer prüfen.
■ Nebelscheinwerfereinstellung prüfen und wenn erforderlich einstellen.

Der Einbau erfolgt sinngemäß in umgekehrter Reihenfolge.
■ Funktionen der Nebelscheinwerfer prüfen.
■ Nebelscheinwerfereinstellung prüfen und wenn erforderlich einstellen.

Blinkleuchten im Rückspiegel

Die Blinkleuchte ist eine LED-Lampe und kann nur als komplette Leuchte ersetzt werden.
■ Setzen Sie einen Saugheber für die Scheibenmontage auf dem Spiegelglas auf und ziehen Sie das Spiegelglas gerade vom Spiegel ab.
■ Ziehen Sie die elektrischen Anschlüsse für die Spiegelheizung ab.
■ Soweit vorhanden, lösen Sie die Steckverbindung vom Halter am Spiegelglas.
■ Drehen Sie die Schrauben (6 im Bild 13) heraus.
■ Entriegeln Sie die Halteklammer (7) und clipsen Sie das Spiegelgehäuse unten am Spiegelträger aus.
■ Nehmen Sie das Spiegelgehäuse vom Spiegelträger ab.

Bei Fahrzeugen mit Spurwechselassistent muss an der Vorderseite des Spiegelträgers die Steckverbindung für die Warnleuchte abgezogen werden.

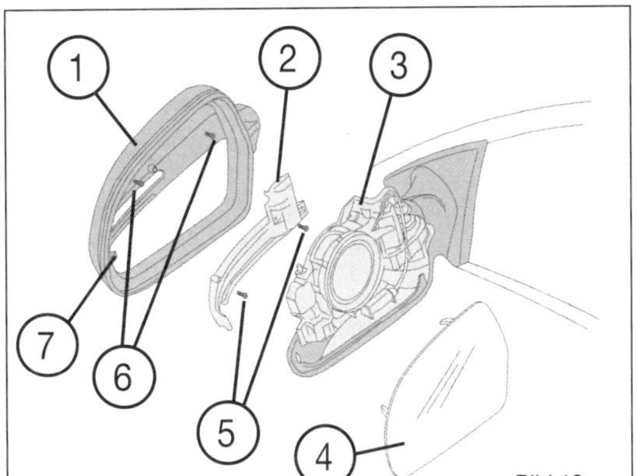

Bild 13

Bild 13
Blinkleuchte im Rückspiegel.
1 Spiegelgehäuse
2 LED-Blinkleuchte
3 Spiegelträger mit Stelleinheit
4 Spiegelglas
5 Schrauben
6 Schrauben
7 Halteklammer

■ Nehmen Sie das Spiegelgehäuse (1) nach oben vom Spiegelträger (3) ab.
■ Drehen Sie die Schrauben (5) heraus.
■ Lösen Sie die Lampe für die Blinkleuchte (2) mit einem kleinen Schraubendreher aus dem Spiegelgehäuse (1) und schwenken Sie sie von innen heraus.

Der Einbau erfolgt sinngemäß in umgekehrter Reihenfolge.
■ Funktionen der Blinkleuchte prüfen.

Wenn erforderlich, den Fehlerspeicher abfragen und abgelegte Fehler zur Blinkleuchte löschen.

Scheinwerfer einstellen

Voraussetzungen
■ Der Reifendruck muss in Ordnung sein.

Die Scheinwerferscheiben dürfen weder beschädigt noch verschmutzt sein.
■ Reflektoren und Glühlampen sind intakt.
■ Die Fahrzeugbelastung muss hergestellt sein.

Das Fahrzeug muss einige Meter gerollt bzw. vorn und hinten mehrmals durchgefedert werden, damit sich die Federn setzen.

Das Fahrzeug und Scheinwerfer-Einstellgerät müssen auf einer ebenen Fläche stehen, eingestellt und ausgerichtet sein.
■ Scheinwerferhöhenverstellung prüfen, indem die maximale Stufe eingestellt und dabei das Licht der Scheinwerfer beobachtet wird.
■ Anschließend das Rändelrad für die Leuchtweitenregelung falls vorhanden in Position »0« stellen.

Bild 14
Rückleuchte in der Heckklappe.
1 Kunststoffmuttern
2 Verkleidung Heckklappe
3 Abdeckung Heckklappe
4 Heckklappe
5 Stopfen Heckklappe

Bild 15
Lampenträger der Rückleuchte (kein LED).
1 Brems- u. Schlusslicht
2 Lampenträger
3 Brems- u. Schlusslicht
4 Blinklicht

Einstellung Scheinwerfer (Abblendlicht)

Das Fahrzeug muss sich im fahrbereiten Zustand befinden (Leermasse, Kraftstoffbehälter voll oder entsprechendes Zusatzgewicht).

- Die Vorderräder müssen in Geradeausstellung stehen.
- Reifendruck prüfen und richtigstellen.
- Fahrersitz mit 75 kg oder einer Person belasten und Leuchtweitenregulierung auf »0« stellen (manuelle Einstellung innen).
- Motorhaube öffnen.
- Scheinwerfer-Einstellgerät zum Fahrzeug ausrichten und Höheneinstellung nach Mitte der Scheinwerfer vornehmen.
- Fernlicht und Abblendlicht einschalten, dann die Lichteinstellung der beiden Leuchten prüfen und soweit erforderlich die Einstellung korrigieren.

Einstellung Nebelscheinwerfer

Der Zugang zu der Einstellschraube ist über eine Bohrung in der Stoßfängerverkleidung möglich. Für die Verstellung ist meistens ein Kreuzschraubendreher erforderlich.

Das Neigungsmaß für Nebelscheinwerfer beträgt 2,0 %.

- Drehen Sie zum Verstellen der Leuchtweite die Einstellschraube (4 im Bild 12).
- Eine Seitenverstellung ist nicht vorgesehen.

Heckleuchten

Es sind unterschiedliche Rückleuchten lieferbar. Bei den LED-Rückleuchten können keine einzelnen Leuchtmittel ersetzt werden. Bei einem Defekt muss die komplette Rückleuchte erneuert werden.

Rückleuchte ausbauen

Die Montagearbeiten unterscheiden sich für die unterschiedlichen Rückleuchten nicht.

- Zündung und alle elektrischen Verbraucher ausschalten und den Zündschlüssel abziehen.
- Den Lichtschalter auf die Stellung »0« stellen.
- Ziehen Sie die Stopfen (5 im Bild 14) und die Abdeckung (3) heraus.
- Drehen Sie die Kunststoffmuttern (1) ab und nehmen Sie die Rückleuchte aus der Heckklappe heraus.

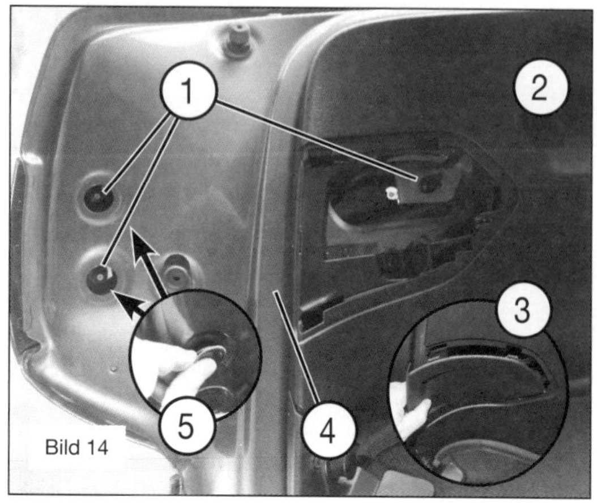

Bild 14

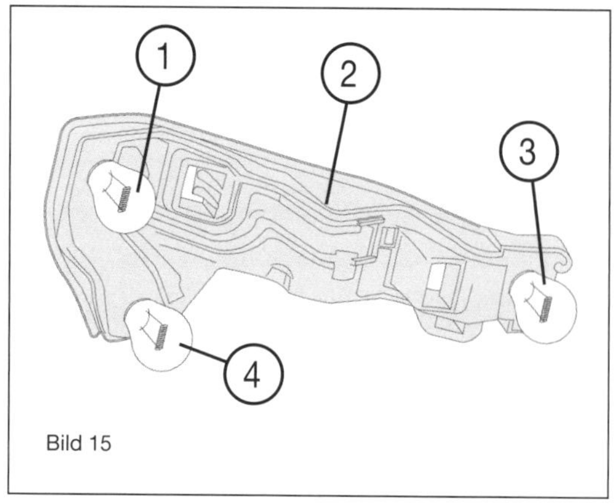

Bild 15

Glühlampen der Rückleuchten in der Heckklappe

Funktion	Leuchtmittel
Schluss- und Bremslicht (1)	12V 21W
Blinklicht	12V 21W
Schluss- und Bremslicht (2)	P 21 W

- Bauen Sie die Rückleuchte wie bereits beschrieben aus.
- Entriegeln Sie die Haltelaschen und nehmen Sie den Lampenträger heraus.
- Drücken Sie die Glühlampe etwas in die Fassung und verdrehen Sie sie gegen den Uhrzeigersinn.
- Nehmen Sie die Glühlampe heraus.

Die Montage erfolgt sinngemäß in umgekehrter Reihenfolge.

- Prüfen Sie die Funktion der Lampe nach der Montage.

Glühlampen der Rückleuchten im Stoßfänger ausbauen

- Zündung sowie alle elektrischen Verbraucher ausschalten und den Zündschlüssel abziehen.

■ Den Lichtschalter auf die Stellung »0« stellen.
■ Ziehen Sie den Deckel für die Abschleppöse im Stoßfänger (1 im Bild 16) heraus.
■ Drehen Sie die Schraube (3) heraus.
■ Schieben Sie die Lampe im Stoßfänger mit einem Finger durch die Öffnung im Stoßfänger heraus.
■ Ziehen Sie den Steckkontakt (3 im Bild 17) ab und nehmen Sie die Lampe (1) ab.
■ Drehen Sie die entsprechende Lampenfassung (4 - 7) entgegen dem Uhrzeigersinn und nehmen Sie die Fassung heraus.
■ Ziehen Sie die entsprechende Lampe gerade aus der Fassung heraus.

Die Montage erfolgt sinngemäß in umgekehrter Reihenfolge.
■ Prüfen Sie die Funktion der Lampe nach der Montage.

Kennzeichenleuchte

Die Kennzeichenleuchten im Audi Q3 sind werkseitig bereits als LED-Lampe ausgelegt. Ist eine Kennzeichenleuchte defekt, muss sie ersetzt werden.

Lampe Kennzeichenleuchte ausbauen
■ Zündung und alle elektrischen Verbraucher ausschalten und den Zündschlüssel abziehen.
■ Stecken Sie in den Schlitz der Kennzeichenleuchte (1 im Bild 18) einen Schraubendreher ein und schieben Sie die Kennzeichenleuchte (2) in die Pfeilrichtung (3).
■ Nehmen Sie die Kennzeichenleuchte heraus.

Die Montage erfolgt sinngemäß in umgekehrter Reihenfolge.
■ Prüfen Sie die Funktion der Lampe nach der Montage
■ Achten Sie darauf, dass die Leuchte hörbar einrastet.

3. Bremsleuchte aus- und einbauen

Tipp: Die hochgesetzte Bremsleuchte ist im Dachkantenspoiler eingebaut. Die Beleuchtung der hochgesetzten Bremsleuchte wird von LED´s (Licht emittierende Dioden) erzeugt. Die hochgesetzte Bremsleuchte ist nicht zerlegbar. Im Schadensfall muss die gesamte Bremsleuchte ersetzt werden.
■ Zündung und alle elektrischen Verbraucher ausschalten und den Zündschlüssel abziehen und aus dem Sendebereich entfernen.
■ Ziehen Sie die Abdeckungen in der Heckklappenverkleidung (3 im Bild 14) wie gezeigt ab und ziehen Sie die beiden Spreizclipse heraus.
■ Nehmen Sie das Warndreieck heraus und ziehen Sie die beiden Spreitzclipse heraus.
■ Ziehen Sie die untere Heckklappenverkleidung ab.
■ Soweit verbaut ziehen Sie den Steckkontakt für die elektrische Heckklappenbetätigung ab.
■ Nehmen Sie die untere Heckklappenverkleidung ab.
■ Ziehen Sie die beiden Spreizclips rechts und links heraus.

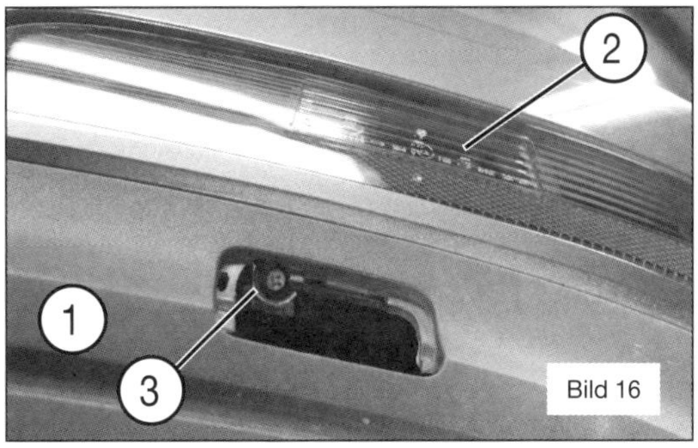

Bild 16
Lampen im Stoßfänger.
1 Stoßfänger hinten
2 Lampen Stoßfänger
3 Halteschraube

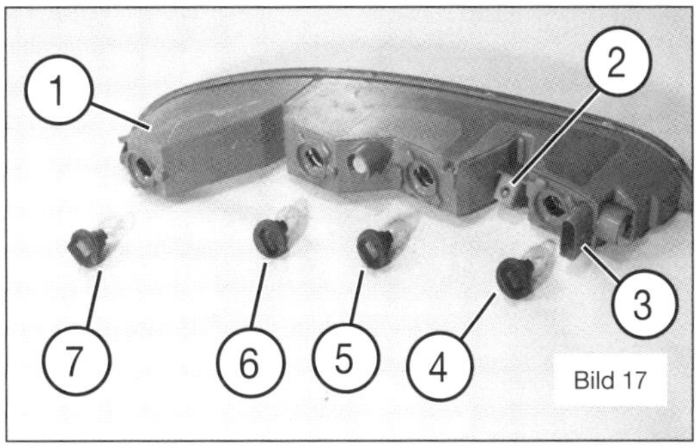

Bild 17
Lampen im Stoßfänger.
1 Lampe im Stoßfänger
2 Halte-Schraube
3 Elektrischer Anschluss
4 Nebelschlussleuchte 12V 36W (W16W)
5 Rückfahrleuchte 12V 36W (W16W)
6 Bremslicht und Schlusslicht 12V 36W (W16W)
7 Blinkerlampe 12V 21W

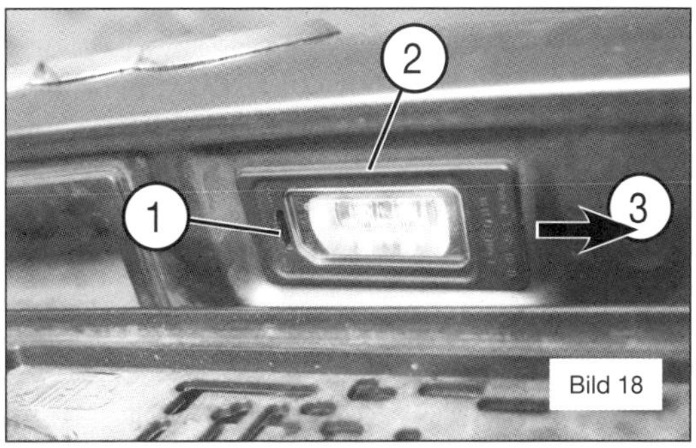

Bild 18
Kennzeichenleuchten in der Heckklappe.
1 Schlitz
2 Kennzeichenleuchte
3 Bewegungsrichtung zum Ausbau

Bild 19
Wischerblatt vorne.
1 Bewegungsrichtung zum Abziehen
2 Sicherungstaste
3 Wischerarm
4 Wischerblattaufnahme

Bild 20
Wischerblatt hinten.
1 Wischerblatt
2 Rasten im Wischerarm
3 Wischerarm
4 Bewegungsrichtung zum Abziehen
5 Wischerachse

■ Entsichern Sie die Steckverbindungen zum Heckspoiler und ziehen Sie sie ab.
■ Drehen Sie die beiden Schrauben im mittleren Bereich des Heckspoilers und die beiden Schrauben an den Außenkanten heraus.
■ Erwärmen Sie den Dachkantenspoiler im vorderen Bereich vorsichtig mit einem Heißluftföhn und hebeln Sie den Dachspoiler vorsichtig von der Heckklappe ab.
■ Hebeln Sie die Dichttüllen aus der Heckklappe heraus und fädeln Sie die elektrischen Anschlusskabel heraus.
■ Nehmen Sie den Dachkantenspoiler ab.
■ Drehen Sie die beiden Schrauben zur Unterseite der dritten Bremsleuchte heraus und schwenken Sie sie heraus.
■ Fädeln Sie das Anschlusskabel heraus und nehmen Sie die dritte Bremsleuchte ab.

Der Einbau erfolgt sinngemäß in umgekehrter Reihenfolge.
■ Funktionen der hochgesetzten Bremsleuchte prüfen.

Scheibenwischer vorne und hinten

Servicestellung der Wischerblätter

■ Schalten Sie die Zündung kurz ein und wieder aus.
■ Ziehen Sie den Wischerschalter innerhalb der nächsten 10 Sekunden (Tippwischen). Die Scheibenwischer laufen nun in die Servicestellung.

Bewegen Sie das Fahrzeug nicht oder schalten Sie die Zündung mit abgeklappten Wischer ein. Die Wischerarme können die Motorhaube beschädigen.

Wischerblattwechsel vorne (Bild 19)

Beachten Sie die unterschiedlichen Längen der beiden Wischerblätter. Auf der Fahrerseite wird das lange Wischerblatt und auf der Beifahrerseite das kurze Wischerblatt verbaut.
■ Die Wischerarme müssen wie beschrieben in der Servicestellung stehen.
■ Schalten Sie die Zündung aus und ziehen Sie den Zündschlüssel ab.
■ Bewahren Sie den Senderschlüssel außerhalb der Senderreichweite (mindestens 2 m) auf.

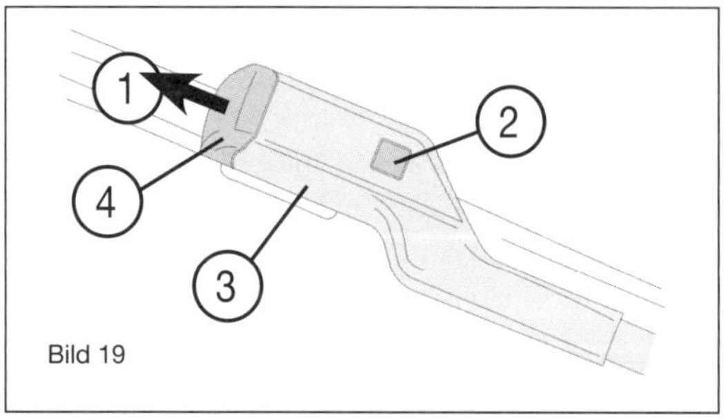

Bild 19

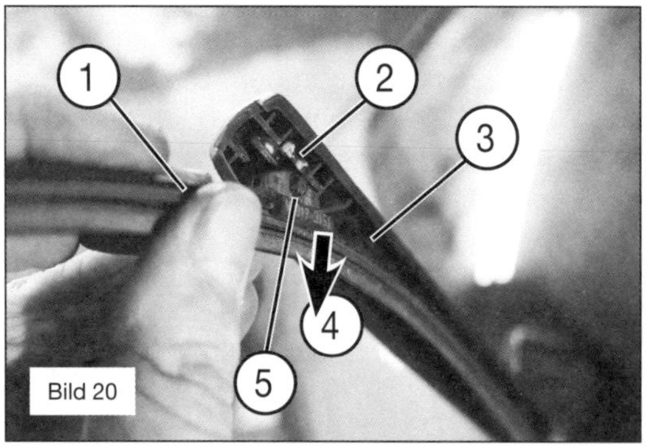

Bild 20

■ Öffnen Sie die Motorhaube und stellen Sie den entsprechenden Wischerarm auf.

⚠ Den Wischerarm nicht unkontrolliert zurückklappen lassen, ansonsten kann es zu Beschädigungen an der Frontscheibe oder am Wischerblatt kommen.

■ Die Sicherungstaste (2 im Bild 19) entriegeln und den Wischer (1) vom Wischerarm (3) abziehen.
■ Wischerblatt vom Wischerarm abnehmen.

Der Einbau erfolgt sinngemäß in umgekehrter Reihenfolge.
■ Funktionen der Scheibenwischer vorne und deren Endlage prüfen.

Wischerblattwechsel hinten (Bild 19)

■ Der Wischerarm muss in der unteren Endstellung liegen.
■ Schalten Sie die Zündung aus und ziehen Sie den Zündschlüssel ab.
■ Bewahren Sie den Senderschlüssel außerhalb der Senderreichweite (mindestens 2 m) auf.
■ Den entsprechenden Wischerarm von der Scheibe abklappen.
■ Hebeln Sie den Scheibenwischer (1 im Bild 19) vorsichtig vom Wischerarm ab.

⚠ Den Wischerarm (3) nicht unkontrolliert zurückklappen lassen, ansonsten kann es zu Beschädigungen an der Frontscheibe oder am Wischerblatt kommen.

■ Das Wischerblatt (1) in Pfeilrichtung vom Wischerarm (3) abnehmen.

Der Einbau erfolgt sinngemäß in umgekehrter Reihenfolge.
■ Achten Sie auf korrektes Einrasten der Wischerachse (5) in den Rasten (2).
■ Funktionen der Scheibenwischer hinten und deren Endlage auf der Heckscheibe prüfen.

Wischerarme vorne (Bild 21)

Bevor die Scheibenwischerarme ausgebaut werden, sicherstellen, dass sich der Scheibenwischermotor in Endstellung befindet. Nur so lässt sich beim Einbau die Endablage der Scheibenwischerarme korrekt einstellen.
■ Zündung und alle elektrischen Verbraucher ausschalten und den Zündschlüssel abziehen.
■ Falls vorhanden, Abdeckkappe mit einem Schraubendreher abhebeln.
■ Sechskantmutter (4 im Bild 21) lösen ohne sie ganz abzuschrauben.
■ Den Scheibenwischerarm (1) mit dem Abzieher wie im Bild 21 dargestellt abziehen.
■ Befestigungsmutter (4) ganz abschrauben und den Scheibenwischerarm (1) herunternehmen.

Der Einbau erfolgt sinngemäß in umgekehrter Reihenfolge.
■ Die Scheibenwischerarme der Fahrer- und Beifahrerseite in der ungefähren Endablage auf ihre Wellen aufstecken.
■ Die Befestigungsmuttern locker auf die Scheibenwischerarmwellen aufschrauben.
■ Die Scheibenwischerblätter-Endablage, wie im Folgenden beschrieben, einstellen.
■ Befestigungsmuttern festziehen.
■ Kontrollieren Sie, dass die Wischerblätter nicht über die Frontscheibe hinaus wischen.

Wischerarme hinten (Bild 22)

Bevor die Scheibenwischerarme ausgebaut werden, sicherstellen, dass sich der Scheibenwischermotor in Endstellung befindet. Nur so lässt sich beim Einbau die Endablage der Scheibenwischerarme korrekt einstellen.
■ Zündung und alle elektrischen Verbraucher ausschalten und den Zündschlüssel abziehen.

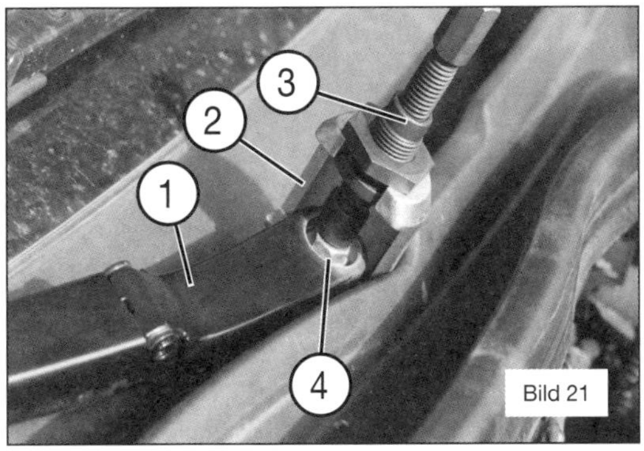

Bild 21
Wischerarm abziehen.
1 Scheibenwischerarm
2 Abzieherhülse
3 Abzieherspindel
4 Sicherungsmutter

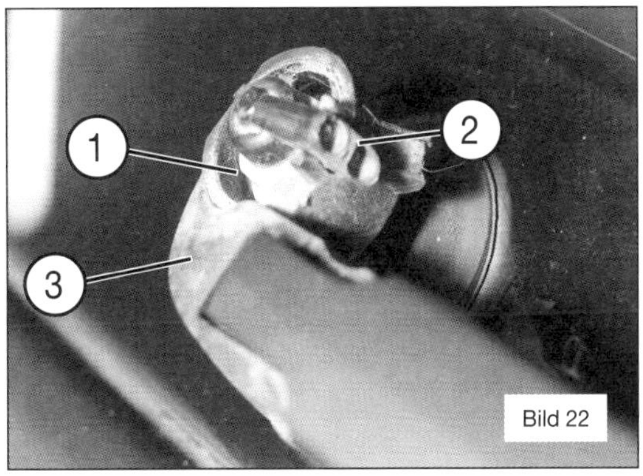

Bild 22
Wischerarm hinten.
1 Sicherungsmutter
2 Spritzdüse
3 Scheibenwischerarm

■ Abdeckkappe abziehen.
■ Sechskantmutter (1 im Bild 22) lösen, ohne sie ganz abzuschrauben.
■ Den Scheibenwischerarm (1) mit dem Abzieher wie im Bild 21 dargestellt abziehen.
■ Befestigungsmutter (1) ganz abschrauben und den Scheibenwischerarm herunternehmen.

Der Wischerarm besteht aus Kunststoff und kann recht leicht beschädigt werden. Vermeiden Sie seitliche Bewegungen, die zum Verbiegen des Wischerarms und oftmals dann auch zum Bruch führen.

Der Einbau erfolgt sinngemäß in umgekehrter Reihenfolge.
■ Die Scheibenwischerarme in der ungefähren Endablage auf ihre Wellen aufstecken.
■ Befestigungsmuttern (1) locker auf die Scheibenwischerarmwelle aufschrauben.
■ Scheibenwischerblätter-Endablage, wie im Folgenden beschrieben einstellen.
■ Befestigungsmuttern festziehen.

Endlage der Wischerarme vorne

■ Der Abstand (2 und 4 im Bild 23) zwischen Scheibenwischergummi und Scheibenrahmenkante muss, wie im Bild 23 gezeigt (2) zwischen 21 und 31 mm und (4) zwischen 14 und 24 mm betragen.

Bild 23
Wischerendlage auf der Windschutzscheibe.
1 Auftreffpunkte
2 Abstand 21-31mm
3 Waschdüsen
4 Abstand 14-24mm

Bild 24
Wischerendlage auf der Heckscheibe.
1 Spritzdüsen in der Waschdüse
2 Auftreffpunkte
3 Abstand zur Scheibenkante 19-24 mm

■ Gegebenenfalls Endablage durch Versetzen des Scheibenwischerarms einstellen.
■ Die Befestigungsmuttern der Scheibenwischerarme mit 22 Nm festziehen.

Endlage der Wischerarme hinten
■ Den Heckscheibenwischer in seine Endablage laufen lassen.
■ Der Abstand zwischen Scheibenwischergummi und Scheibenseitenkante muss zwischen 19 und 24 mm betragen.
■ Gegebenenfalls Heckscheibenwischer-Endablage durch Versetzen des Scheibenwischerarms einstellen.
■ Befestigungsmutter des Scheibenwischerarms mit 12 Nm festziehen.

Waschdüsen vorne und hinten

Waschdüsen vorne de- und montieren
■ Schalten Sie die Zündung aus und ziehen Sie den Zündschlüssel ab.
■ Bewahren Sie den Senderschlüssel außerhalb der Senderreichweite (mindestens 2 m) auf.
■ Öffnen Sie die Motorhaube und schwenken Sie die Spritzdüse am Wasseraustritt nach zum Motorraum.
■ Nehmen Sie die Waschdüse heraus.
■ Entsichern Sie die Sicherungsklammer am Waschschlauch und ziehen Sie ihn ab.
■ Entsichern Sie den Steckkontakt an der Waschdüsenheizung und ziehen Sie in ab.
■ Nehmen Sie die Waschdüse heraus.

Der Einbau erfolgt sinngemäß in umgekehrter Reihenfolge.
■ Stecken Sie die Schlauchverbindung und den elektrischen Anschluss auf.
■ Spritzdüse in der Motorhaube einrasten.
■ Spritzbild und Einstellung der Spritzdüsen bei geschlossener Haube prüfen.
■ Den Fehlerspeicher auf Einträge zur Waschdüse prüfen und diese löschen.

Waschdüsen vorne einstellen
Die Waschdüse vorne ist voreingestellt. Eine Veränderung der Einstellung ist nicht vorgesehen. Es können aber kleine Höhenunterschiede ausgeglichen werden.
■ Schließen Sie die Motorhaube.
■ Richten Sie die einzelnen Waschdüsen im gleichmäßigen Abstand auf die im Bild 23 gekennzeichneten Punkte aus.

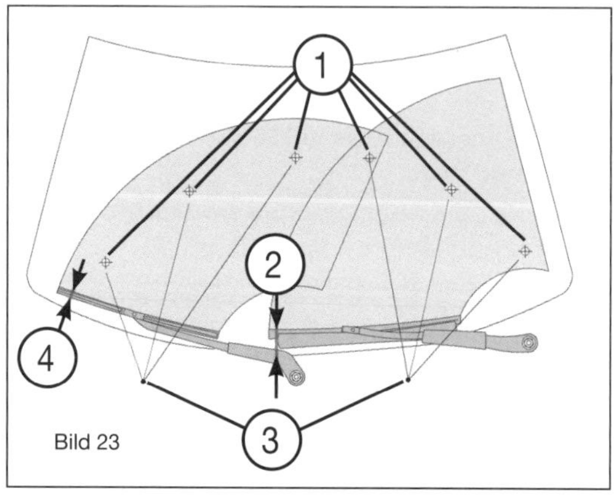

Bild 23

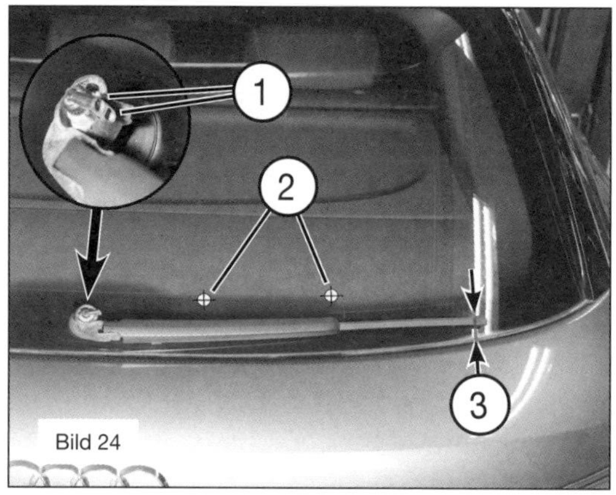

Bild 24

Waschdüsen hinten de- und montieren
■ Schalten Sie die Zündung aus und ziehen Sie den Zündschlüssel ab.
Bewahren Sie den Senderschlüssel außerhalb der Senderreichweite (mindestens 2 m) auf.
■ Ziehen Sie die Abdeckkappe des Wischerarms ab.
■ Ziehen Sie die Waschdüse vorsichtig aus der Wischermotorachse heraus.

Der Einbau erfolgt sinngemäß in umgekehrter Reihenfolge.
■ Setzen Sie die Spritzdüse in die Aussparung am Wischerarm ein.
■ Stellen Sie die Spritzdüse für Heckscheibenwaschanlage ein.
■ Drücken Sie die Abdeckkappe wieder auf.

Waschdüsen hinten einstellen
■ Markieren Sie mit einem wasserlöslichen Stift die im Bild 22 angegebenen Auftreffpunkte auf der Scheibe.
■ Spritzdüse mit Nadel-Einstellwerkzeug so einstellen, dass die Wasserstrahlen an den gezeigten Stellen (2 im Bild 24) auf die Heckscheibe spritzen.

15 Stromlaufpläne

Sicherungen und Sicherungshalter

Damit Sie die Elektrik Ihres Autos einfach, zuverlässig und sicher nutzen können, gibt es Schaltstellen, Leitungsstränge und Sicherheitsvorkehrungen.

Prüfen Sie vor jeder Fehlersuche immer die verbauten Sicherungen. Überprüfen Sie auch, ob die Sicherungsbelegung bei Ihrem Fahrzeug identisch ist (siehe Fahrerhandbuch). Herstellerbedingt werden zwar bestimmte Belegungen ausgewählt, diese aber müssen nicht unbedingt Ihrer Variante entsprechen. Schließlich werden oft genug Ausstattungsvarianten ergänzt und erweitert. In den meisten Fällen erkennen Sie schon an der verbauten Sicherungsstärke, um welche Anschlussvariante es sich handelt. Einige wenige Sicherungen sind neben dem Sicherungskasten verbaut. Auch diese werden je nach Belegung in der Fahrzeugbedienungsanleitung beschrieben. Vergessen Sie nicht, dass viele »Kleinsicherungen« durchaus im Sicherungskasten zusätzlich abgesichert sein können! Solche Sicherungen werden auch »Vorsicherung« genannt. Die freien Sicherungsplätze und ihre Schaltfunktionen können sehr hilfreich bei der Erweiterung der Ausrüstung Ihres Audi Q3 sein.

Die E-Box im Motorraum (SA und SB)
Ganz links neben der Batterie. Hier sind die Sicherungsträger »SA« und »SB« verbaut. »SA« bezeichnet die Plätze für die Vorsicherungen und gegebenfalls auch die Position für einige Relaissteckplätze.

Der Sicherungsträger im Fußraum (SC)
In der Schalttafel links (Fahrerseite) ist der Sicherungsträger »SC« verbaut. Er ist für die erste Überprüfung bei Störungen der elektrischen Anlage besonders wichtig, weil er die meisten Stecksicherungen enthält, die schnell zugänglich sein müssen.
Dieser Sicherungsträger ist nach dem Öffnen und Herunterklappen des Klappfachs links neben der Lenksäule zugänglich.
Die genaue Sicherungsbelegung ist von der Fahrzeugausstattung abhängig. Eine Listung der verbauten Sicherungen mit der dazugehörigen Stromstärke finden Sie im Bordbuch des Fahrzeugs. Alternativ dazu können Sie sich eine Auflistung vom Audipartner ausdrucken lassen.

Sicherungsbox bei Heckbatterie (D)
Soweit die Batterie im Kofferraum verbaut worden ist, befinden sich die Vorsicherun-

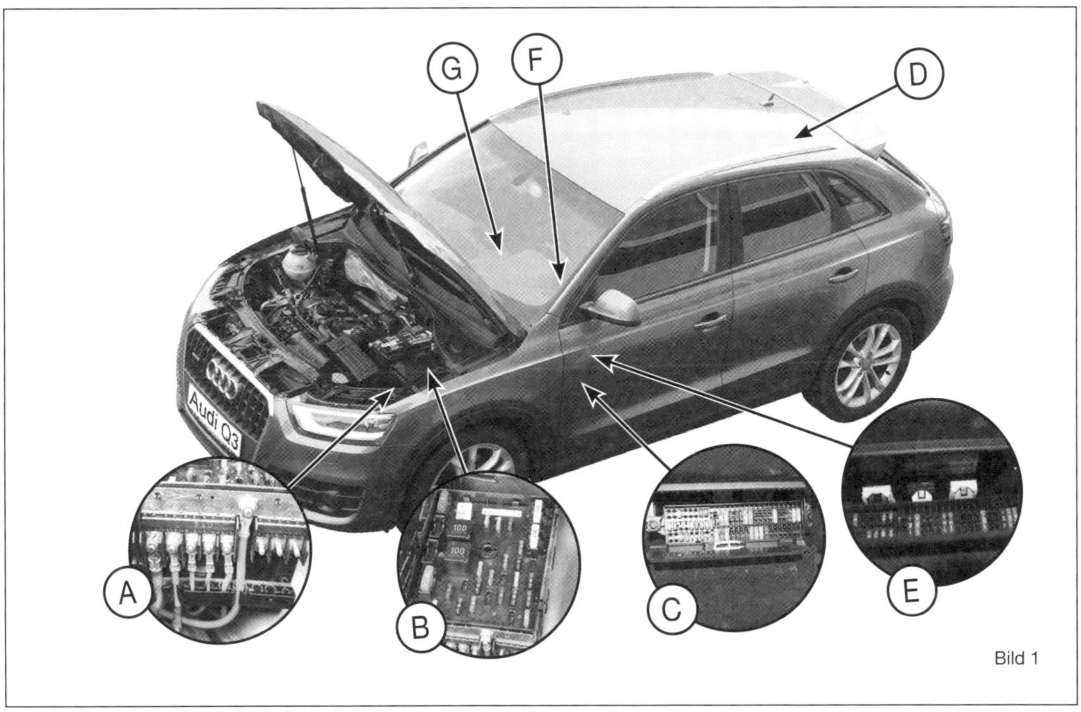

Bild 1

Bild 1
Einbauposition der Sicherungskästen.
A Sicherungshalter »SA«
B Sicherungshalter »SB«
C Sicherungshalter »SC«
D Position des Sicherungshalters soweit die Batterie im Kofferraum verbaut worden ist.
E Relaisträger
F Links neben der Lenksäule
G Rechts neben der Lenksäule

gen an der Batterie im Kofferraum auf der rechten Seite unter der Kofferraumbodenabdeckung.

Relaisträger am Bordnetzsteuergerät (E)
Die Belegung des Relaisträgers am Bordnetzsteuergerät und unter der E-Box (B) fragen Sie mit der Fahrgestellnummer bei Ihrem Audi-Partner ab.

Zusatzsicherungen rechts und links der Lenksäule (F und G)
Fahrzeuge für den amerikanischen Markt weisen eine Besonderheit auf. Die Sicherungen für die Fahrer- und Beifahrersitzverstellung befinden sich unter der Verkleidung links beziehungsweise rechts neben der Lenksäule.

Sicherungen wechseln

⚠ Durchgebrannte Sicherungen müssen durch gleichwertige Sicherungen (erkennbar an Farbe und Ampere-Zahl) ersetzt werden, die auch in der Sicherungsbelegung für Ihr Fahrzeug durch den Hersteller empfohlen werden.

☞ Wechseln Sie Sicherungen nur im geparkten Fahrzeug.

- Schalten Sie alle Stromverbraucher und die Zündung aus.
- Anhand der Sicherungsbelegung feststellen, welche Sicherung zu dem ausgefallenen Verbraucher gehört.
- Die entsprechende Sicherung herausziehen.
- Die defekte Sicherung durch eine neue mit der gleichen Amperezahl ersetzen.

☞ Die Vorsicherungen im Halter »A«können nicht einzeln ersetzt werden. Sie sind lediglich als Sicherungseinheit erhältlich.

Kabelfarben und Kabelquerschnitt

Kabelfarbe
Im Schaltplan werden die Informationen über die Kabelfarbe und die Kabelstärke angegeben. Die Farben werden als Kürzel dargestellt. Die Farbangaben, die in Kombination mehrerer Farben bezeichnet werden, stellen Kabelkennzeichnungen mit einer Farblinie dar. Die Kabelbezeichnung sw/ws ist beispielsweise die Bezeichnung für ein schwarzes Kabel mit einer weißen Linie. Die Grundfarbe des Kabels wird immer zuerst genannt. Wir stellen Ihnen in der nachstehenden Tabelle die gängigsten Farben und Abkürzungen im Schaltplan vor.

Kürzel	Farbe
sw	Schwarz
br	Braun
bl	Blau
gn	Grün
gr	Grau
or	Orange
rs	Rosa
ro	Rot
li	Violett (Lila)
ws	Weiß
ge	Gelb

Kabelquerschnitt

☞ Auch der Kabel-(Leitungs)Querschnitt ist im Schaltplan angegeben. Er wird durch eine Zahl über der Angabe der Kabelfarbe dargestellt. Beim Suchen der entsprechenden Anschlusskabel kann das die Arbeit sehr erleichtern.
Beispiel: 1,5 YE/BK = 1,5 mm², gelbes Kabel, mit schwarzer Kennlinie.

Kabelinstandsetzungsarbeiten

Reparatur von Airbag- und Gurtstrafferleitungen
Das Airbag- und Gurtstraffersystem kann ausfallen. Fehlerhafte Reparaturen am Airbag- und Gurtstrafferleitungsstrang können zur Fehlfunktion des Insassenschutzes führen. Bei Reparaturen am Airbag- und Gurtstrafferleitungsstrang dürfen nur die dafür vorgesehenen Kontakte, Stecker und Leitungen verwendet werden. Leitungen des Airbag- und Gurtstrafferleitungsstrangs dürfen nur mit dem Leitungsstrang-Reparaturset und den Vorgängern repariert werden.

⚠ Bei Reparaturen an Leitungen des Airbag- und Gurtstraffersystems dürfen maximal zwei Reparaturstellen ausgeführt werden. Reparaturstellen erhöhen den elektrischen Widerstand in der

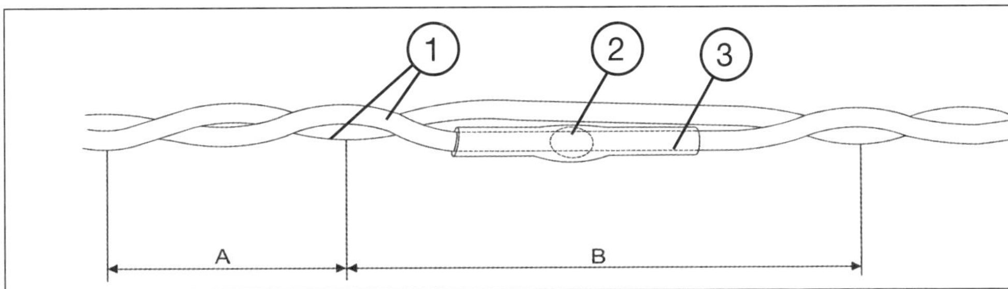

Bild 2

Bild 2
Reparatur CAN-Bus.
1 Leitungen verdrillt
2 Lötstelle (oder Lötverbinder)
3 Isolierung (oder Schrumpfschlauch)
A Verdrillungslänge 20 mm
B Maximale Gerade 50 mm

Leitung und können Fehler in der Eigendiagnose des Systems auslösen. Bei Reparaturen am Airbag- oder Gurtstrafferleitungsstrang müssen die Quetschverbinder grundsätzlich geschrumpft werden, um Korrosion zu verhindern (Bild 2).

Wickeln Sie die Reparaturstelle nicht wieder in den fahrzeugeigenen Leitungsstrang ein und kennzeichnen Sie die Reparaturstelle gut sichtbar mit gelbem Isolierband. Reparaturen im Bereich von Airbag oder Gurtstraffer sollten maximal 30 cm vom nächsten Kontaktgehäuse entfernt ausgeführt werden. Zusammen mit der Kennzeichnung durch das gelbe Isolierband ermöglicht diese Vorgehensweise einen schnellen Überblick über vorangegangene Reparaturen. Die Leitungen zu den Auslöseeinheiten (Airbags) haben in der Serie die Verdrillung mit der Schlaglänge 20 mm ±5. Diese Schlaglänge ist für die Serienfertigung über Normteilnummern für die Leitungspaare sichergestellt und muss bei den Reparaturlängen der verdrillten Leitungen zwingend eingehalten werden. Bei Reparaturarbeiten müssen die Leitungen zu den Auslöseeinheiten (Airbags) die gleiche Länge aufweisen. Beim Verdrillen der Leitungen (1) und (2) muss die Schlaglänge von A = 20 mm ±5 zwingend eingehalten werden. Es darf dabei kein Leitungsstück, zum Beispiel im Bereich von Quetschverbindern, größer als B = 50 mm ohne Verdrillung der Leitungen entstehen (Bild 3).

Reparaturmöglichkeiten CAN-Bus

Als CAN-Busleitung wird eine ungeschirmte Zweidrahtleitung (1) und (2) mit einem Querschnitt von 0,35 mm² oder 0,5 mm² verwendet. Die Leitungen sind zur Vermeidung von Störeinflüssen grundsätzlich verdrillt.

Die Farbcodierungen der CAN-Busleitungen entnehmen Sie der folgenden Tabelle:

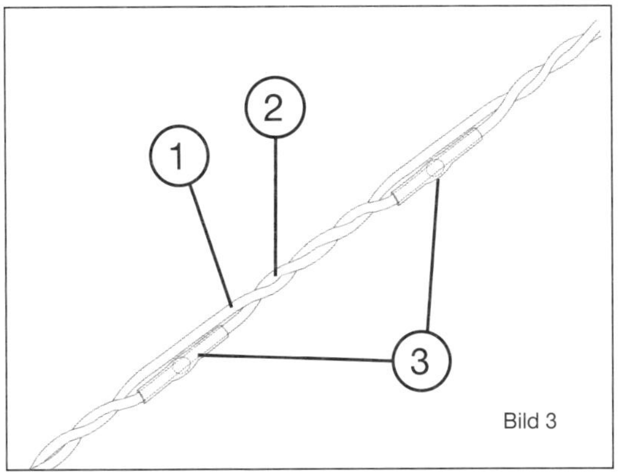

Bild 3

Bild 3
Es dürfen maximal zwei Reparaturstellen ausgeführt werden.
1 CAN-High
2 CAN-Low
3 Reparaturstelle

CAN Datenbus	Kabelfarbe
CAN-High Antrieb	or/sw
CAN-Low Antrieb	or/br
CAN-High Komfort	or/gn
CAN-Low Komfort	or/br
CAN-High Infotainment	or/vi
CAN-Low Infotainment	or/br

Die Reparatur von CAN-Busleitungen kann sowohl mit Reparaturleitung in passendem Querschnitt als auch mit den gedrillten Leitungen »grün/braun« bzw. »weiß/blau« aus dem Zubehörhandel ausgeführt werden.
Bei Reparaturarbeiten (wie im Bild 1) müssen beide Busleitungen die gleiche Länge aufweisen.
■ Beim Verdrillen der Leitungen (1) und (2) muss die Schlaglänge von A = 20 mm eingehalten werden. Es darf dabei kein Leitungsstück, zum Beispiel im Bereich von Quetschverbindern (Pfeil), größer als B = 50 mm ohne Verdrillung der Leitungen entstehen.
■ Versehen Sie die Reparaturstelle mit gelbem Klebeband, um eine vorangegangene Reparatur zu kennzeichnen.

Sichtprüfung Messen

Bild 4
Massepunkte am Audi Q3.
1 Scheinwerfer rechts
2 Zylinderkopf
3 Zündspule 1
4 Zündspule 2
5 Zündspule 3
6 Zündspule 4
7 A-Säule rechts
8 Motorraum links
9 Mitteltunnel (1)
10 Kofferraum rechts (1)
11 Heckklappe rechts
12 Kofferraum rechts (2)
13 Kofferraum rechts (3)
14 D-Säule links
15 Kofferraum links
16 C-Säule links
17 Mitteltunnel (2)
18 Unterholm links
19 Fußraum vorne links
20 A-Säule links (1)
21 A-Säule links (2)
22 Lenksäule oben
23 Scheinwerfer rechts
24 Getriebe
25 Längsträger links

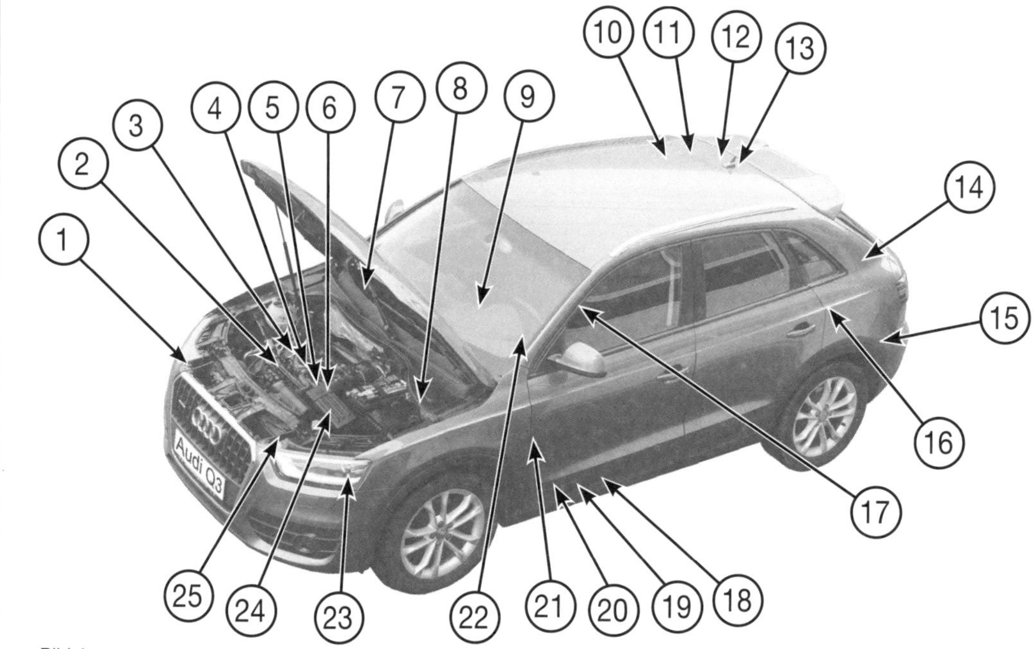

Bild 4

Massepunkte am Audi Q3

Die Einbaulage der Massepunkte ist in der Übersicht im Bild 3 recht gut zu erkennen. Prüfen Sie die Anschlüsse auf Korrosion und festen Sitz der Anschlusskabel zur Karosserie. Hier entstehen leicht Fehler, die nicht über das Diagnosesystem direkt erfasst werden können.

Massepunkte im Motorraum

Die genaue Positionierung stellen wir Ihnen in der folgenden Tabelle für den Motorraum im Detail vor. Die »Kürzel Audi«-Bezeichnung finden Sie in den Schaltplänen wieder.

Massepunkt (Kürzel Audi)	Nummer im Bild 3
Massepunkt Scheinwerfer rechts (656)	1
Massepunkt Zylinderkopf (15)	2
Massepunkt Zündspule 1 (846)	3
Massepunkt Zündspule 2 (847)	4
Massepunkt Zündspule 3 (848)	5
Massepunkt Zündspule 4 (849)	6
Massepunkt Motorraum links (12)	8
Massepunkt Scheinwerfer rechts (655)	23
Massepunkt Getriebe (14)	24
Massepunkt Längsträger links (671)	25

Massepunkte Karosserie Mitte

Die genaue Positionierung stellen wir Ihnen in der folgenden Tabelle für die Massepunkte an der Karosserie im mittleren Bereich vor. Die »Kürzel Audi«-Bezeichnung in der Tabelle finden Sie in den Schaltplänen wieder.

Massepunkt (Kürzel Audi)	Nummer im Bild 3
Massepunkt an der A-Säule rechts (638)	7
Massepunkt 1 auf dem Mitteltunnel (687)	9
Massepunkt 2 auf dem Mitteltunnel (688)	17
Massepunkt am Unterholm links (684)	18
Massepunkt Fußraum vorne links (602)	19
Massepunkt 1 A-Säule links (639)	20
Massepunkt 2 A-Säule links (670)	21
Massepunkt Lenksäule oben (605)	22

Massepunkte Karosserie hinten

Die Batterie kann je nach Ausstattung auch im Heckbereich zu finden sein. Die Positionierung stellen wir Ihnen in der folgenden Tabelle für die Massepunkte an der Karosserie im hinteren Bereich vor. Die »Kürzel Audi«-Bezeichnung finden Sie in den Originalschaltplänen wieder.

Massepunkt (Kürzel Audi)	Nummer im Bild 3
Massepunkt 1 im Kofferraum rechts (51)	10
Massepunkt Heckklappe rechts (53)	11
Massepunkt 2 im Kofferraum rechts (675)	12
Massepunkt 3 im Kofferraum rechts (775)	13
Massepunkt D-Säule links (57)	14
Massepunkt im Kofferraum links (50)	15
Massepunkt C-Säule links (61)	16

Messgeräte und Diagnosetester

Geeignete Messmittel in der Elektrik

Verwenden Sie nur geeignete Messmittel wie Multimeter und Mess- und Prüfsysteme. Prüflampen mit Glühlampe können Schäden in der Elektronik verursachen und können zudem keine Messwerte ausgeben.

Vorgaben zur Diagnose am Fahrzeug

Vor unseren Hinweisen zum Umgang mit den Stromlauf- oder Schaltplänen möchten wir, weil dazu ein enger Zusammenhang besteht, nochmals kurz auf das Fahrzeugdiagnose-, Mess- und Informationssystem eingehen.

Wird das Diagnose- und Informationssystem während einer Prüf- oder Messfahrt im Aktionsbereich eines Airbags deponiert, besteht im Falle einer Airbag-Auslösung das Risiko von schweren bis tödliche Verletzungen! Deshalb zu Prüf- oder Messfahrten stets einen Helfer mitnehmen, der auf einem Rücksitz das System bedient.

Zum Anschließen des Diagnose- und Testsystems schreibt Audi wie die meisten Hersteller folgendes Vorgehen vor:

- Die Handbremse anziehen.
- Das Fahrzeug mit einem Erhaltungsladegerät versehen (Batterie laden).
- Den Wählhebel bei Automatikfahrzeugen in die Stellung »P« oder »N« bringen.
- Den Fahrzeugdiagnosetester bei ausgeschalteter Zündung mit der Diagnoseleitung am Diagnoseanschluss des Fahrzeugs anschließen.
- Die Zündung einschalten.
- Alle elektrischen Verbraucher ausschalten.

Info zu den Schaltplänen

Die Bordelektrik wird in Aufbau und Vernetzung durch Stromlaufpläne (auch Schaltpläne genannt) dargestellt, die für Ihren Audi Q3 in gedruckter Form schon in der Grundausführung mehrere Hundert Seiten umfassen, also einen Ordner von ganz beträchtlichem Umfang füllen.
Das Schaltplanangebot enthält neben den einzelnen Stromlaufplänen für die Basisausstattung, die Elektrik für jeden der einzelnen Motoren bis hin zu Sonderausstattungen (z. B. für Klimaanlage, Einparkhilfe, Rückfahrkamera) auch zeitliche Überarbeitungen.
Die Volkswagengruppe verwendet sehr übersichtlich gestaltete Schaltpläne, in denen Details bis zur Kabelfarbe und -stärke angegeben sind. Es macht sachlich wenig Sinn und der begrenzte Umfang dieses Buches lässt das auch nicht zu, einzelne Stromlaufpläne aus der Fülle herauszugreifen und in diesem Ratgeber darzustellen.
Hinzu kommt noch, dass in den wenigsten Fällen tatsächlich der Fehler in der Verkabelung zu finden sein wird. Die Schaltfunktionen erfolgen heute überwiegend lastfrei. Zumindest nicht über die Tasten und Schalter, die der Fahrer bedient. Das Bordnetzsteuergerät übernimmt die Schaltfunktion.

Die Beschaffung der Schaltpläne

Am sinnvollsten ist es die Schaltpläne über die Plattform »https://erwin.audi.com« zu erwerben.

- Wählen Sie in der oberen Leiste »Produkte und Dienstleistungen« an.
- Über den Button »Fahrzeugreparatur« gelangen Sie in die nächste Maske. Hier wählen Sie »Reparatur und Wartungsinformationen Flatrate erwerben« an.
- Um die Schaltpläne herunterzuladen, reicht in der Regel eine Flatrate über eine Stunde mit Druckrecht.

Die Schaltpläne sind in der Volkswagengruppe mit »Grundausstattung« benannt. Die Unterlagen laden Sie als PDF herunter und können Sie dann auch, soweit im Schaltplan vorgesehen, auch in Farbe auf dem PC betrachten. Auch hier macht das Ausdrucken des kompletten Dokuments (in diesem Fall 1234 Seiten) aufgrund des Umfangs keinen Sinn.

Zum Gebrauch der Stromlaufpläne
Damit Sie sich besser zurechtfinden, stellen wir Ihnen wichtige Merkmale der Pläne vor.

Aufbau des Schaltpläne:
Der für Fahrzeuge der Volkswagengruppe typische Aufbau der Schaltpläne birgt die wichtigsten Informationen, die zur Fehlersuche in einem Teilsystem des Fahrzeugs gebraucht werden Am Schaltplanauszug (Bild 5) werden wir Ihnen die wichtigsten Informationen näher auch im Schaltplan und anschließend eine Fehlersuche in dem System Starteransteuerung vorstellen.

■ *Kennzahl Kapitel und Seitenzahl (1 im Bild 5):*
Die Schaltpläne sind in unterschiedlichen Kapiteln eingeordnet. Diese werden mit einer dreistelligen Nummer bezeichnet. Die Nummer nach dem Schrägstrich bezeichnet dann die Seitenzahl zu diesem Schaltplanteil.

■ *Teildarstellung von Bauteilen (2 im Bild 5):*
Das Motorsteuergerät hat neben der Ansteuerung des Startrelais natürlich noch viele andere Funktionen. Für die Fehlersuche an der Starteransteuerung sind die aber nicht relevant und werden dann hier nicht dargestellt. Der Pfeil informiert aber darüber, dass eine weitere Information auf der nächsten Seite zu finden ist.

■ *Bauteilbezeichnung (3 im Bild 5):*
Die Bezeichnung wird entweder im Bauteil (meist bei Steuergeräten) oder neben dem Bauteil platziert. In der Schaltplanlegende wird das Kürzel dann benannt.

■ *Der Strompfadverweis (4 im Bild 5):*
Die Zahl in dem Kästchen verweist darauf, dass die Leitung im Strompfad (6) weitergeführt wird. So kann ohne verwirrende Linien der Anschluss an einer anderen Stelle des Schaltplans dargestellt werden.

■ *Kabelfarbe und Querschnitt (5 im Bild 5):*
Die Kürzel erleichtern die Identifizierung der Anschlüsse an einem Stecker erheblich. Die Buchstaben bezeichnen die Farbe (siehe Seite 204). Die Zahlen stellen den Kabelquerschnitt dar.

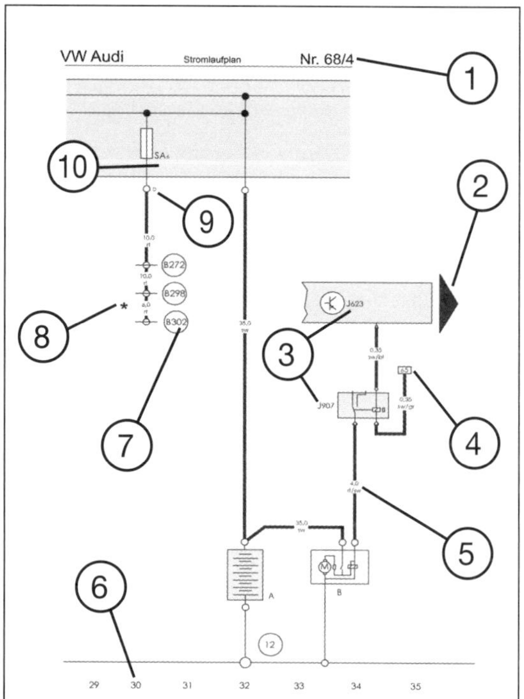

Bild 5

Bild 5
Bezeichnungen im Schaltplan.
1 Kapitel u. Seitenzahl
2 Hinweis auf die Fortführung des Bauteils
3 Bauteilbezeichnung
4 Pfadverweis
5 Kabelstärke und Kabelfarbe
6 Pfadnummer
7 Bezeichnung des Anschlusses
8 Hinweis auf unterschiedliche Varianten
9 Klemmenbezeichnung
10 Bauteilbezeichnung und Positionskennzahl

■ *Der Strompfad (6 im Bild 5):*
Über alle Strompfade eines Kapitels wird in der untersten Zeile eine fortlaufende Zahlenfolge dargestellt. Die jeweilige Zahl beschreibt die Leitungen, die senkrecht über der Zahl eingezeichnet worden sind. Die Suche über die Strompfadverweise (4) ist so sehr einfach.

■ *Die Funktionsleitungen (7 im Bild 5):*
Einige Funktionen liegen an mehreren Bauteilen an und werden von mehreren Systemen benötigt. Oftmals handelt es sich um Plusverbindungen oder Masseverbindungen, die einen bestimmten Bereich abdecken.

■ *Die Anmerkung zur Variante (8 im Bild 5):*
Wenn es ausstattungsbedingt mehrere Varianten gibt, sind diese meist alle parallel dargestellt und mit einem Sternchen und einer Kennzahl versehen. In der Schaltplanlegende wird beides dann benannt.

■ *Anschlussbezeichnung (9 im Bild 5):*
Über die Anschlussbezeichnung kann der Anschluss am Bauteil identifiziert werden. Üblich sind auch Steckerbezeichnungen. Die Bezeichnung »T9/5« bezeichnet ein Steckergehäuse mit neun Anschlusspins. Die Zahl hinter dem Schrägstrich bedeutet, dass das Anschlusskabel am »PIN 5« des Steckergehäuse angeschlossen ist.

■ *Komponentenbezeichnung (10 im Bild 5):* Die Komponentenbezeichnung stellt immer Komponenten dar, die ausgewechselt werden können. In den meisten Fällen handelt es sich um Sicherungen. In diesem Fall wird der Sicherungsträger benannt (SB = Sicherungträger »B« (siehe Bild 1). Die Zahl beschreibt die Einbaupositionsnummer.

Beispiel zu Fehlersuche

Gehen wir davon aus, dass der Starter des Fahrzeugs nicht funktioniert. Wir prüfen hier beispielhaft den Starter und das Startrelais über die Anschlüsse im Schaltplan.

Messablauf für den Starter

Abfrage der Steuergeräte (Motorsteuergerät, Bordnetzsteuergerät):

■ Fragen Sie die Fehlerspeicher ab und sichern Sie die Einträge so weit vorhanden.

Spannungsversorgung des Starters (V1 im Bild 6):

■ Schließen Sie das rote Messkabel des Multimeters an die Klemme 30 des Starters an.
■ Schließen Sie das schwarze Messkabel des Multimeters an die Motormasse an.
■ Stellen Sie das Multimeter auf einen Messbereich von 20 V DC und lassen Sie den Starter von einem Helfer betätigen. Sie sollten eine Spannung von etwa 11 - 12 V messen.

Ansteuerspannung des Starter (KL 50) (V2 im Bild 6)

■ Schließen Sie das rote Messkabel des Multimeters an die Klemme 50 des Starters an.
■ Schließen Sie das schwarze Messkabel des Multimeters an die Motormasse an.
■ Stellen Sie das Multimeter auf einen Messbereich von 20 V DC und lassen Sie den Starter von einem Helfer betätigen. Sie sollten eine Spannung von etwa 11 - 12 V messen.

Messablauf für das Startrelais

Das Startrelais ist ein Minirelais und auf dem Relaisplatz 9 auf dem Relaishalter neben der Lenksäule rechts verbaut.

Spannungsversorgung Startrelais (V3 im Bild 6):

■ Schließen Sie das rote Messkabel des Multimeters an dien die Klemme 5B des Relais (J907) an.

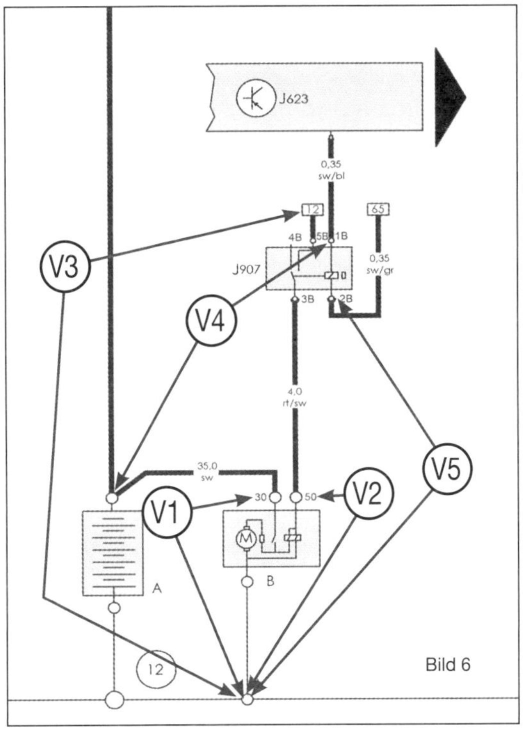

Bild 6

Bild 6
Messungen zur Fehlersuche am Starter.
V1 Spannungsversorgung des Starters (KL 30)
V2 Steuerspannung Starterauslösung (KL 50)
V3 Spannungsversorgung Startrelais (J907) (KL 15)
V4 Ansteuerung (Masse) über das Motorsteuergerät
V5 Spannungsversorgung über das Entlastungsrelais (KL 15 Motorraum)

■ Schließen Sie das schwarze Messkabel des Multimeters an die Motormasse an.
■ Stellen Sie das Multimeter auf einen Messbereich von 20 V DC und lassen Sie den Starter von einem Helfer betätigen. Sie sollten eine Spannung von etwa 11-12 V messen.

Ansteuerung Startrelais J907 über das Motorsteuergerät (V4 im Bild 6):

■ Schließen Sie das rote Messkabel des Multimeters an Batterieplus an.
■ Schließen Sie das schwarze Messkabel des Multimeters an die Klemme 1B des Relais an.
■ Stellen Sie das Multimeter auf einen Messbereich von 20 V DC und lassen Sie den Starter von einem Helfer betätigen. Sie sollten eine Spannung von etwa 11-12 V messen.

Ansteurung (Plusversorgung) Startrelais J907 (V5 im Bild 6):

■ Schließen Sie das rote Messkabel des Multimeters an Batterieplus an.
■ Schließen Sie das schwarze Messkabel des Multimeters an die Klemme 2B des Relais an.
■ Stellen Sie das Multimeter auf einen Messbereich von 20 V DC und schalten Sie die Zündung ein. Sie sollten eine Spannung von etwa 11 - 12 V messen.

Sichtprüfung Messen

Klemmenbezeichnungen nach Norm

Klemmenbezeichnungen der Spannungsversorgung

Die wichtigsten Normkurzzeichen für die Funktionen im Bereich der Spannungsversorgung im Bordnetz Ihres Audi Q3.

DIN-Norm	Beschreibung
15	Geschaltetes Plus hinter Batterie (Ausgangskontakt vom Zündanlassschalter)
15a	Geschaltetes Plus vom Zündanlassschalter (hinter der Sicherung)
30	Ausgang direkt von Batterie-Plus
30a	Ausgang direkt von Batterie-Plus (hinter der Sicherung)
30al	Ausgeschaltetes Plus von Steuergerät für Bordnetz für Innenleuchte
31	Batterie-Minus oder Fahrzeugmasse
50	Ausgangskontakt vom Zündanlassschalter für Anlasser
75	Ausgangskontakt vom Zündanlassschalter für das Ausschalten von Verbrauchern zur Entlastung der Batterie beim Anlassen
75a	Ausgeschaltetes Plus hinter dem Relais für die Entlastung der Batterie beim Anlassen (hinter der Sicherung)
86s	Ausgeschaltetes Plus durch Zündanlassschalter beim vollständigen Herausziehen des Schlüssels aus dem Zündanlassschalter
87	Ausgangskontakt vom Kraftstoffpumpenrelais oder vom Relais für Dieseldirekteinspritzanlage
87a	Ausgangskontakt vom Kraftstoffpumpenrelais oder vom Relais für Dieseldirekteinspritzanlage hinter der Sicherung

Klemmenbezeichnungen für Signale und Beleuchtung

Die wichtigsten Normkurzzeichen für die Beleuchtung im Bordnetz. Die Klemmenbezeichnung finden Sie auf externen Bauteilen wie beispielsweise der Anhängekupplung.

DIN-Norm	Beschreibung
54	Bremsleuchten
56	Ausgang von Lichtschalter für Abblendlicht und Fernlicht
56a	Fernlicht
56aL	Fernlicht links
56aR	Fernlicht rechts
56b	Abblendlicht
56bL	Abblendlicht links
56bR	Abblendlicht rechts
58	Stand- und Schlusslicht, Kennzeichenleuchte
58d	Beleuchtung von Schaltern und Schalttafeleinsatz
58L	Standlicht, Schlusslicht und Parklicht links
58R	Standlicht, Schlusslicht und Parklicht rechts
49L	Blinker links
48R	Blinker rechts

16 Technische Daten

Im Audi Q3 finden sich durchaus noch bewährte Antriebs- und Motorenkonzepte, die aber stetig überarbeitet wurden. Verschleißwerte sind wichtig, um eine Schadensursache genau untersuchen zu können. So kann dann die Entscheidung zur Revision oder zum Austauschmotor leichter getroffen werden.

Bezeichnung	1,4-l-TFSI	2,0-l-TFSI	2,0-l-TDI
Kraftstoff (Einspritzsystem)	MED-Benzin-Direkteinspritzug		Diesel (Common Rail)
Hubraum	1395 cm^3	1984 cm^3	1968 cm^3
Zylinderzahl (Ventile pro Zylinder)	4 (4)		
Bohrung Ø mm (maximale Abweichung)	74,505 - 74,515 mm (0,08 mm)	82,51 mm	81,01 mm (0,10 mm)
Hub mm	80,0 mm		95,5 mm
Kompressionsdruck Verschleißgrenze Druckunterschied	10,0 - 15,0 bar 7 bar 3,0 bar	11,0 - 14,0 bar 7 bar 3,0 bar	25,0 - 31,0 bar 19 bar 5,0 bar
Kolbendurchmesser (+Beschichtung) Beschichtung FM-Kolben Beschichtung Mahle-Kolben	74,42 mm (+0,036 mm) (+0,030 mm)	82,42 mm (+0,02 mm)	80,96 mm
Kolbenüberstand/Kopfdichtung Kopfdichtung mit einem Lochmarker Kopfdichtung mit zwei Lochmarkern Kopfdichtung mit drei Lochmarkern	keine Angabe		0,91 - 1,0 mm 1,01 - 1,10 mm 1,11 - 1,20 mm
Laufspiel	0,06 - 0,15 mm		0,04 - 0,12 mm
Stoßspiel 1. Ring Verschleißgrenze	0,20 - 0,35 mm 1,0 mm	0,30 - 0,40 mm 0,80 mm	0,30 - 0,40 mm 0,55 mm
Stoßspiel 2. Ring Verschleißgrenze	0,20 - 0,40 mm 3,0 mm	0,40 - 0,50 mm 0,80 mm	0,20 - 0,45 mm 0,95 mm
Höhenspiel 1. Ring FM-Kolben (Mahle-Kolben) Verschleißgrenze	0,05 - 0,09 mm (0,035 - 0,085 mm)	0,06 - 0,09 mm 0,20 mm	0,03 - 0,40 mm 0,55 mm
Höhenspiel 2. Ring Verschleißgrenze	0,03 - 0,07 mm	0,03 - 0,06 mm 0,15 mm	0,25 - 0,50 mm 0,95 mm
Höhenspiel Ölabstreifring (2-teilig) (3-teilig) Verschleißgrenze	0,04 - 0,08 mm nicht messbar keine Angabe	nicht messbar	0,06 - 0,09 mm 0,75 mm
Aufladesystem	Abgasturbolader		VTG-Lader
Nockenwellenantrieb	Zahnriemen	Steuerkette	Zahnriemen
Ölfilter	Filterpatrone		Filtereinsatz
Ölmenge mit Filter (Filter)	4,0 l (0,5 l)	4,6 l (0,5 l)	4,0 l (0,5 l)
Kühlmittelmenge (ca. 8 l)	G13	G12++	
Kühlerdeckel Öffnungsdruck	1,4 - 1,6 bar		
Getriebeöl 6-Gang-Schaltgetriebe	2,3 l		
Doppelkupplungsgetriebe 7 Gang Neubefüllung/Wechsel	6,9 l / 5,2 - 5,5 l	7,0 l / 5,5 l	
Winkelgetriebe vorne (Allrad)	nicht verbaut	0,9 l	
Getriebeöl Hinterachsgetriebe (Allrad) (Haldex Öl)	nicht verbaut	1,0 l	0,95 l - 1,0 l
Bremsflüssigkeit	DOT 4		
Klimaanlage Klimamittel (Füllmenge)	R134a (520± 20 g)		

17 Anzugsdrehmomente

In diesem Kapitel stellen wir Ihnen die Anzugsmomente für die wichtigsten Verschraubungen am Fahrzeug zur Verfügung. Diese sind zum einen alphabetisch und zum anderen nach den Motorentypen sortiert. Sie sind zur Orientierung gedacht. Natürlich konnten wir nur jene Motoren und Daten darstellen, die bis zum Redaktionsschluss bekannt waren. Anzugsdrehmomente können durch Veränderungen der Bauteile durch den Hersteller verändert worden sein. Alle Daten sollten Sie im Zweifel bei der Teilebestellung hinterfragen und wenn erforderlich korrigieren. Selbiges gilt auch für neue Motortypen. Übernehmen Sie niemals einfach Werte oder Daten eines anderen Motors ohne diese zu überprüfen. Hier können leicht Schäden entstehen, die vermeidbar wären und oft recht teuer sind.

Motor

Audi Q3 Motorbezeichnung	**1,4-l-TFSI**	**2,0-l-TFSI**	**2,0-l-TDI**
Abgaskrümmer Stufe 1 / Stufe 2	10 Nm /14 Nm	3 Nm / 12 Nm	24 Nm
Abgaskrümmer Stufe 3 / Stufe 4	-	16 Nm / 25 Nm	-
Anlasser am Getriebe		40 Nm	
Anlasser Klemme 30		15 Nm	
Ansaugkrümmer Stufe 1	Handfest	3 Nm	8 Nm
Ansaugkrümmer Stufe 2	8 Nm	10 Nm	-
Auspuffrohr am Krümmer/Turbo Stufe Flansch	-	40 Nm	9 Nm
Auspuffrohr am Krümmer/Turbo Schelle	15 Nm	15 Nm	7 Nm
Abgaskrümmer (Turbolader am Zylinderkopf)	15 Nm	15 Nm	-
Abgaskrümmer (von innen nach außen) Stufe 1	-	-	11 Nm
Abgaskrümmer (von innen nach außen) Stufe 2	-	-	22 Nm
Abgaskrümmer (von außen nach innen) Stufe 3	-	-	22 Nm
Einspritzdüse (Düsenhalter) Stufe 1	Handfest	9 Nm (M6) 20 Nm (M8)	2 Nm + ausrichten
Einspritzdüse (Düsenhalter) Stufe 2	8 Nm	+90° (M8)	8 Nm
Einspritzdüse (Düsenhalter) Stufe 3	-	-	270°
Einspritzleitung Überwurfmutter Stufe 1 (am Injektor)	16 Nm	27 Nm	25 Nm
Einspritzleitung Überwurfmutter Stufe 2	45°	-	-
Hauptlagerdeckel Stufe 1	keine Angabe	Handfest	65 Nm
Hauptlagerdeckel Stufe 2	keine Angabe	65 Nm	90°
Hauptlagerdeckel Stufe 3	keine Angabe	90°	-
Hallgeber Nockenwelle	8 Nm	9 Nm	10 Nm
Hochdruckpumpe (Halter)	Handfest/20Nm/90°	M6: 8 Nm / 90° M8: 20 Nm	kurz: 20 Nm + 45° lang: 20 Nm + 180°
Hochdruckpumpe Pumpenrad	-	-	95 Nm
Kurbelwinkelsensor		5 Nm	
Kupplungsdruckplatte (7-mm-Schrauben)		13 Nm (20 Nm)	
Kraftstoffverteilerrohr	Handfest / 8 Nm	5 Nm	20 Nm
Klopfsensor	20 Nm		-

Audi Q3 Motorbezeichnung	1,4-l-TFSI	2,0-l-TFSI	2,0-l-TDI
Lambdasonde NOx-Sensor	55 Nm		50 Nm
Abgastemperatursonde 1 (vor Turbolader)	-	-	45 Nm
Abgastemperatursonde 3 (vor Partikelfilter)	-	-	60 Nm
Abgastemperatursonde 4 (nach Partikelfilter)	-	-	60 Nm
Differenzdruckgeber Leitung	-	-	45 Nm
Nockenwellenlagergehäuse Stufe 1	10 Nm	Handfest / 8 Nm	Handfest
Nockenwellenlagergehäuse Stufe 2	180 Nm	90°	10 Nm
Nockenwellenrad ohne Versteller	50 Nm /90°	-	-
Nockenwellenrad Einlass (Versteller)	50 Nm / 135°	-	-
Nockenwellenrad Einlass (Versteller-Deckel)	20 Nm	-	-
Nockenwellenrad Auslass (Versteller)	50 Nm / 135	-	-
Nockenwellenrad Auslass (Versteller-Deckel)	8 Nm	-	-
Nockenwellenrad Zentralschraube Nabe	-	-	100 Nm
Nockenwellenrad Rad auf Nabe	-	-	20 Nm + 45°
Ölablassschraube		30 Nm	
Ölfilter	22 Nm		25 Nm
Öldruckschalter (Sensor)		20 Nm	
Ölwannenschrauben 6 mm	10 Nm +90°	-	5 Nm / 13 Nm
Ölwannenschrauben 8 mm	20 Nm	-	Getriebe 40 Nm
Ölwannenschrauben Ölwannenoberteil Stufe 1	Handfest / 8 Nm	Handfest/ 15 Nm	Handfest
Ölwannenschrauben Ölwannenoberteil Stufe 2	90°	90°	12 Nm
Ölwannenschrauben Ölwannenunterteil Stufe 1	Handfest	Handfest / 8 Nm	5 Nm
Ölwannenschrauben Ölwannenunterteil Stufe 2	12 Nm	90° (Aluwanne) 45° (Blechwanne)	13 Nm
Pleuellager Stufe 1	30 Nm	45 Nm	30 Nm
Pleuellager Stufe 2	90°	90°	90°
Schwungrad Stufe 1		60 Nm	
Schwungrad Stufe 2		90°	
Steuerventile Nockenwelle (Linksgewinde)	-	35 Nm (LG)	50 Nm
Lagerdeckel in der Nockenwelle (ein Versteller)	-	8 Nm / 90°	-
Lagerdeckel Nockenwellen	-	Handfest / 9 Nm	Handfest / 10 Nm
Ventildeckel (Zylinderkopfhaube) Stufe 1	10 Nm	-	9 Nm
Ventildeckel (Zylinderkopfhaube) Stufe 2	180°	-	-
Ventildeckel (Zylinderkopfhaube) Stufe 3	-	-	-
Wasserpumpe		9 Nm	15 Nm
Zentral-Riemenscheibe Stufe 1	150 Nm		180 Nm
Zentral-Riemenscheibe Stufe 2	180°	90°	90°
Zentral-Riemenscheibe Stufe 3	-	-	45°
Riemenscheibendämpfer	-		10 Nm + 90°
Zündkerzen/Glühkerzen	30 Nm		17 Nm
Zylinderkopf (im Steuerkasten)	-	10 Nm / 90°	-
Zylinderkopf Stufe 1	40 Nm	Handfest	30 Nm

Sichtprüfung Messen

Audi Q3 Motorbezeichnung	1,4-l-TFSI	2,0-l-TFSI	2,0-l-TDI
Zylinderkopf Stufe 2	90°	40 Nm (ohne Bund) 50 Nm (mit Bund)	50 Nm
Zylinderkopf Stufe 3	90°	90°	90°
Zylinderkopf Stufe 4	90°	90°	90°

Antrieb

Verschraubung	Anzugsdrehmoment
Abschirmblech Gelenkscheibe	9 Nm
Abschirmblech Gelenkwelle 8 mm	20 Nm
ABS-Sensor	8 Nm
Achsgetriebe hinten (Allrad) Stufe 1 (Stufe 2)	60 Nm (90°)
Aggregateträger am Aufbau Stufe 1 (Stufe 2)	90 Nm (90°)
Antriebswelle getriebeseitig Stufe 1 (Stufe 2)	10 Nm (70 Nm)
Antriebswelle radseitig mit Verrippung Stufe 1 (Stufe 2)	70 Nm (90°)
Antriebswelle radseitig ohne Verrippung Stufe 1 (Stufe 2)	200 Nm (180°)
Ausrücker am Getriebe (mit Sicherungsmittel)	12 Nm (15 Nm)
Bremssattel hinten Schraube M10 Stufe 1 (Stufe 2)	90 Nm (90°)
Bremssattel hinten Schraube M8 Stufe 1	35 Nm
Bremssattel vorne Führungsbolzen	30 Nm
Bremssattel vorne Rippschraube	200 Nm
Bremsscheibe an Radnabe	4 Nm
Domlager vorne Stufe 1 (Stufe 2)	15 Nm (90°)
Domlager Stoßdämpfer vorne	60 Nm
Fahrschemel hinten Stufe 1 (Stufe 2)	90 Nm (90°)
Fahrschemel (Aggregateträger) vorne Stufe 1 (Stufe 2)	70 Nm (180°)
Getriebe am Motor M10	40 Nm
Getriebe am Motor M12 (M12 x 65)	80 Nm (40 Nm)
Kardan M10 x 30 Stufe 1 (Stufe 2)	50 Nm (90°)
Kegelschraube Antriebswelle (Steckwelle)	35 Nm
Koppelstange	60 Nm
Lagerbock Hinterachse Stufe 1 (Stufe 2)	50 Nm (45°)
Lenkgetriebe am Fahrschemel Stufe 1 (Stufe 2)	50 Nm (90°)
Lenkrad	50 Nm
Motorlager am Getriebe Stufe 1 (Stufe 2)	40 Nm (90°)
Motorlager am Rahmen links Stufe 1 (Stufe 2)	60 Nm (90°)
Motorlager am Motor rechts Stufe 1 (Stufe 2)	40 Nm (90°)
Motorlager am Rahmen rechts Stufe 1 (Stufe 2)	60 Nm (90°)
Neutralstellung Sensor am Getriebe	5 Nm
Pendelstütze am Getriebe M10 (M12) Stufe 1	50 Nm (60 Nm)
Pendelstütze am Getriebe M10 (M12) Stufe 2	90° (90°)

Verschraubung	Anzugsdrehmoment
Querlenker vorne Stufe 1 (Stufe 2)	70 Nm (180°)
Querlenker hinten Stufe 1 (Stufe 2)	130 Nm (90°)
Radlagergehäuse vorne u. hinten Stufe 1 (Stufe 2)	70 Nm (90°)
Radschraube Stahlfelge	140 Nm
Schaltbetätigung M8	20 Nm
Spurstangenkopf Stufe 1	50 Nm
Spurstange hinten Stufe 1 (Stufe 2)	130 Nm (90°)
Spurstange Exzenterschrauben	95 Nm
Stabilisator vorne Stufe 1 (Stufe 2)	20 Nm (90°)
Stoßdämpfer am Achsschenkel Stufe 1 (Stufe 2)	70 Nm (90°)
Stoßdämpfer hinten oben Stufe 1 (Stufe 2)	50 Nm (45°)
Stoßdämpfer hinten unten	180 Nm
Stützlager Kardanwelle	25 Nm
Winkelgetriebe Allrad am Getriebe Stufe 1 (Stufe 2)	40 Nm (90°)

Karosserie

Verschraubung	Anzugsdrehmoment
Anhängekupplung am Rahmen Stufe 1 (Stufe 2)	50 Nm (90°)
Geräuschdämmung von unten Schnellverschluss	Handfest
Geräuschdämmung Unterfahrschutz	2 Nm
Haubenscharnier an der Karosserie	21 Nm
Kunststoffschrauben	8 Nm
Radhausschalen	2 Nm

Elektrische Anlage

Verschraubung	Anzugsdrehmoment
Batteriepol (M6)	6 Nm
Massepunkt am Getriebe	20 Nm
Massepunkt an der Karosserie M6 (M8)	8 Nm (15 Nm)
Plusanschluss M5 / M6 / M8	4 Nm / 6 Nm / 15 Nm
Scheinwerfer	4,5 Nm
Scheinwerferträger	4,5 Nm

Sonstige Verschraubungen

Schraubengröße	M4	M5	M6	M8	M10	M12	M14	M16
Anzugsdrehmoment	0,5 Nm	3 Nm	10 Nm	20 Nm	45 Nm	60 Nm	100 Nm	200 Nm

WEITERE INTERESSANTE BÜCHER ZUM THEMA

In diesem Band (Nr. 1351) wird das Modell Mercedes Sprinter 907 der Modelljahre 2019 bis 2023 mit folgenden Dieselmotoren behandelt:

2,0 Liter 110 kW (114 PS), 2,0 Liter 125 kW (170 PS), 2,0 Liter 140 kW (190 PS), 2,2 Liter 84 kW (114 PS), 2,2 Liter 105 kW (143 PS), 2,2 Liter 120 kW (163 PS), 3,0 Liter 140 kW (190 PS)

Viele Explosionszeichnungen und detailgetreue Abbildungen vermitteln leicht verständlich die wesentlichen Bauelemente der Fahrzeugtechnik.

208 Seiten, 331 Abb., 21 x 28 cm
€ 39,90 | ISBN 978-3-7168-2324-8

In diesem Band (Nr. 1347) werden alle Benzin- und Dieselmotoren der Modelljahre 2013 - 2018 behandelt. Benzinmotoren: - 1,0 - 1,2 - 1,4 - 1,5 - 1,6 - 1,8 - 2,0 Dieselmotoren: - 1,6 - 2,0 Viele Explosionszeichnungen und detailgetreue Abbildungen vermitteln leicht verständlich die wesentlichen Bauelemente der Fahrzeugtechnik. Die Handbuchreihe bietet Ihnen: · Logische Arbeitsbeschreibungen · Übersichtliche Zeichnungen · Präzise Bilderklärungen · Praktische Erfahrungen des Autorenteams (Motor, Getriebe, Antrieb, Fahrwerk, Bremsen usw.)

212 Seiten, 320 Abb., 21 x 28 cm
€ 29,90 | ISBN 978-3-7168-2315-6

Kompetent und verständlich erklärt Christoph Pandikow alles, was der ambitionierte Bastler wissen muss, um seinen VW T6 fit zu machen. Dabei behandelt er in bewährter »Jetzt-helfe-ich-mir-selbst«-Form alle wichtigen Themengebiete. Von der Modellvorstellung über die Karosserie, bis hin zu Zündanlage, Fahrwerk und Fahrzeugelektrik werden hier wichtige Ratschläge und konkrete Anwendungstipps gegeben. Wie immer bietet auch dieser Band der Reihe ganz konkrete Informationen dazu, worauf man achten sollte, was man selbst machen kann und wie man letztlich bares Geld spart.

200 Seiten, 350 Abb., 20 x 26,5 cm
€ 24,90 | ISBN 978-3-613-04342-8

Über 1.200 Reparaturanleitungen für PKW, Transporter, Motorräder, Young- und Oldtimer!
Inhaltsverzeichnisse und Leseproben jetzt direkt anschauen unter
www.schrauberzeit.de

Überall, wo es Bücher gibt, oder unter
WWW.MOTORBUCH-VERSAND.DE
Service-Hotline: 0711 / 78 99 21 51

Änderungen in Preis und Lieferfähigkeit vorbehalten.

facebook.com/MotorbuchVerlag
instagram.com/motorbuch.automotive

Motor buch Verlag · bucheli verlag · SCHRAUBERZEIT